震后泥石流治理工程设计简明指南（增订版）

——泥石流工程学基础

蒋忠信　编著

西南交通大学出版社

·成都·

内容简介

本增订版是著者数十年尤其是 2008 年"5·12"汶川地震后十多年来对千余条泥石流治理工程勘查设计技术的经验总结，系在《震后泥石流治理工程设计简明指南》（2014 年版）的基础上进行补充与修正而成，旨在全面论述泥石流的勘查技术和治理工程设计方法，坚持系统性、实用性与可操作性，突出震区特点，结合工程实践，解析技术难题。

全书内容集工程勘查、设计为一体，分编为上、下篇，共 9 章。上篇勘查篇分 4 章，分述泥石流参数计算、堆积与堵溃、非线性技术和震区泥石流特点；下篇设计篇分 5 章，论述泥石流的防治原则、工程设计和相关问题，重点是拦沙坝与排导槽的设计。数理模式推导和疑难问题探讨及典型实例作为附录，书末列相关附件。

作为泥石流治理工程勘查设计的技术指南性读本，本书具泥石流工程学雏形，可供从事震区和一般山区泥石流治理的工程技术人员参用，也可供科学研究人员和工程管理人士、大专院校师生阅读。

图书在版编目（CIP）数据

震后泥石流治理工程设计简明指南 / 蒋忠信编著.
增订版. -- 成都：西南交通大学出版社，2025.8
ISBN 978-7-5774-0402-8

Ⅰ．P642.23-62
中国国家版本馆 CIP 数据核字第 20256Z7L77 号

Zhenhou Nishiliu Zhili Gongcheng Sheji Jianming Zhinan
—Nishiliu Gongchengxue Jichu

震后泥石流治理工程设计简明指南（增订版）
——泥石流工程学基础

蒋忠信　编著	策划编辑／黄淑文	责任校对／蔡　蕾
	责任编辑／姜锡伟	封面设计／墨创文化

西南交通大学出版社出版发行
（四川省成都市金牛区二环路北一段 111 号西南交通大学创新大厦 21 楼　610031）
营销部电话：028-87600564　028-87600533
网址：https://www.xnjdcbs.com
印刷：成都蜀通印务有限责任公司

成品尺寸　185 mm × 260 mm
印张　20.75　字数　452 千
版次　2025 年 8 月第 1 版　印次　2025 年 8 月第 1 次
书号　ISBN 978-7-5774-0402-8
定价　138.00 元

图书如有印装质量问题　本社负责退换
版权所有　盗版必究　举报电话：028-87600562

前　言

似乎是转瞬之间，距《震后泥石流治理工程设计简明指南》（2014年版）出版已过去十个春秋。这十年中，虽然2008年"5·12"汶川8.0级地震的创伤已渐趋愈合，但其间仅四川山区又历经了2013年"4·20"芦山7.0级地震、2014年"11·22"康定6.3级地震、2017年"8·8"九寨沟7.0级地震、2022年"6·1"芦山6.1级地震和"9·5"海螺沟6.8级地震的洗礼，震区泥石流治理工作仍任重道远。

十年间，震区泥石流等山地地质灾害的治理，在各级国土（自然）资源部门的组织下，再次历经了漫长而艰辛的进程，在工程治理技术上也有所创新。为进一步总结这些新经验，研讨实践中凸显的新问题，笔者于2018年出版的《震后山地地质灾害治理工程勘查设计实用技术》第6章中补充研讨和改进了泥石流的特征参数和泥沙运动的计算方法，提出了泥石流判别和演化的非线性技术，解析了拦沙坝和排导槽设计的疑难问题；于2022年出版的《特殊岩土研究与道路工程实践》的附件5.3、5.4节中对拦沙坝的回淤坡度、半库工况、偏心距、垂裙埋深、小桥涵过流与设计等问题进行了探讨，对冲刷深度厘定、管涌土判别进行了修正。

以上论著虽基于上千处工程的经验，但又将泥石流勘查设计内容一分为三，甚不完整，后又有修正，难以通读，加之近年凸现的不少新问题有待研讨，遂合三为一，并加补正，汇为本"增订版"，篇幅为第一版的两倍，以期为泥石流工程学打下基础。

三著之外的新增内容（以楷体字区分）包含以下5个方面：

（1）修正和完善不够严谨的论述：

泥石流抗剪强度值（1.1.1之1与表1.17）；

稀性泥石流流速计算的修正（1.2.3之3与表1.4）；

水山高久凹岸超高公式及参数取值（1.7.1）；

大石冲击力弹性碰撞系数取值（1.9.2之1、7.2.1之2）；

泥石流总冲击力算例（1.9.3）；

堆积参数算式分析（2.2.1之1）；

白什滑坡坝溃决预测（2.3.5之4）；

I

拦沙坝水平荷载计算中土体重度选取（6.2.5.3 之 3、6.2.5.4 之 5、附录 6.2 之 2）；

空库与满库的坝基应力（6.2.6.1 之 1）；

圬工坝体抗剪检算实例（6.2.6.3 之 1）；

过坝落石坠击算式与算例（6.2.6.7 之 1）；

排导槽最佳宽深比（7.1.3 之 3）；

粘性泥石流排导槽不淤纵坡与重度的关系（7.2.1）

肋底槽与肋槛结构（7.2.2 之 2、8.4 之 2）。

（2）据正式出台的泥石流防治工程设计规范，对原基于其征求意见稿进行的讨论进行了修改，对其推出的以下新型工程结构或参数进行了讨论：

拦沙坝回淤纵坡算式（6.1.2.2 之 3）；

组装式拦沙坝（6.3.2.2 之 3）；

泥石流过坝后重度与流量折减（7.1.4 之 1 与附录 7.1）；

梯潭型排导槽（7.2.2 之 7）。

（3）对新近实践中凸显的技术问题，加以补充论述和探讨：

坡面侵蚀物源估算（2.1.3）；

堵河式之顶宽取值（2.3.3 之 2）；

泥石流危险区的定量划分（5.1.1）；

监测预警与群测群防（5.1.2）；

预防人为泥石流（5.1.3）；

道路泥石流减灾（5.2）；

坡面泥石流问题（9.5）；

冰川泥石流问题（9.6）。

（4）对一些重要的数学模式，完善了其推演过程：

泥石流成因要素的灾变预测、不等时距和 GM（1，3）灰色预测及马尔柯夫预测（附录 3.1）；

河流纵剖面形态模式与演化（附录 3.3）；

帕隆藏布泥石流沟谷纵剖面形态分析（附录 3.4）；

沟谷纵剖面演化的最小能耗模式（附录 3.5）；

气候序列的最优分割法（附录 4.2）；

冰碛湖溃决临界水文条件（附录 9.4）。

(5)基于新拜读的学术论著，完备了相关问题的论述：

泥石流的重度界限（1.1.2 之 3）；

排导工程台阶式加糙的糙率算图（1.2.5）；

急流黏性泥石流的流速（1.3.2 之 2）；

堰塞湖漫溢溃决诱因与实例（2.3.5）；

泥石流熵判据的应用（3.5.1 之 3）；

透过性坝闭塞条件（6.3.1.3 之 2）。

本版力图保持 2014 版的系统性、经验性、简明性、实用性和可操作性。对勘查以工作步骤为主线分步展开论述，对工程设计按工程类型分述工程方案与结构设计原理。对勘查设计中的疑难问题,逐一探讨与解答。书中提出与推荐了众多计算公式并辅以算例，篇末列参考文献，供探讨与参用的内容归为附录。

感谢国土、铁路、中国科学院、公路等系统和有关高校，尤其是四川省自然资源系统、中国科学院-水利部成都山地灾害与环境研究所（下称山地所）和中铁二院工程集团有限责任公司的同行、专家和领导提供的合作和实践机遇，以及西南交通大学蒋良潍博士提供的照片和对本书编印的协助。

限于本人的学识与经验，书中难免存在不足，恳请专家同仁不吝指教与雅正，助力防灾减灾技术进步，谨此由衷致谢！

蒋忠信

2024 年 10 月

目 录

绪 论 ·· 001

上篇 泥石流勘查

第1章 泥石流特征参数计算 ··· 006

1.1 重度与流体性质 ·· 006
    1.1.1 重度 ·· 006
    1.1.2 流体性质 ·· 008

1.2 流速（一）——稀性泥石流流速 ·· 010
    1.2.1 既有公式 ·· 011
    1.2.2 建议公式及相关系数 ·· 011
    1.2.3 公式的讨论与修正 ·· 013
    1.2.4 排导槽糙率 ·· 015
    1.2.5 加糙措施及其糙率计算 ·· 016

1.3 流速（二）——黏性泥石流流速 ·· 019
    1.3.1 推荐公式 ·· 020
    1.3.2 通用公式与急流公式 ·· 021
    1.3.3 排导槽黏性泥石流流速 ·· 022

1.4 流速（三）——理论公式 ·· 023
    1.4.1 表面流流速理论公式 ·· 023
    1.4.2 据弯道泥痕高差计算流速的理论公式 ···························· 024

1.5 峰值流量（一）——设计暴雨清水流量 ···································· 025
    1.5.1 推理公式 ·· 026
    1.5.2 西南小流域公式 ·· 026
    1.5.3 清水流量计算中其他注意问题 ·· 028

1.6 峰值流量（二）——泥石流峰值流量 Q_C ································· 030
    1.6.1 公式 ·· 030

I

  1.6.2 堵塞系数 ·· 031
  1.6.3 峰值流量计算的悖论与建议 ··· 032
 1.7 凹岸水位超高计算 ·· 034
  1.7.1 原推荐弯道超高公式的问题与校正 ·· 034
  1.7.2 其他理论公式 ··· 036
  1.7.3 公式的修正 ··· 037
  1.7.4 实例验证 ·· 037
 1.8 一次泥石流过程总量与堆积体积 ·· 039
  1.8.1 一次泥石流过程总量 ·· 039
  1.8.2 堆积体积 ·· 040
 1.9 泥石流冲击参数 ··· 040
  1.9.1 泥石流流体冲压力 ··· 040
  1.9.2 巨石冲击力 ··· 041
  1.9.3 泥石流总冲击力 ··· 042
  1.9.4 泥石流冲起高度与爬高 ··· 043
 附录1.1 泥石流体黏聚力和内摩擦角的取值方法 ···································· 044
 附录1.2 泥石流凹岸水位超高公式的推导 ··· 046

第2章 松散固体物源、堆积与堵溃 ·· 048

 2.1 松散固体物源动储量 ·· 048
  2.1.1 沟床揭底物源 ··· 048
  2.1.2 崩滑物源 ·· 049
  2.1.3 坡面侵蚀物源 ··· 051
  2.1.4 动态估算 ·· 054
  2.1.5 沟道冲刷起动粒径 ··· 054
  2.1.6 松散固体物源量的变化趋势预测 ··· 055
 2.2 堆积特征 ·· 058
  2.2.1 泥石流堆积范围、龙头到达距离的计算 ································· 058
  2.2.2 泥石流冲淤临界坡降计算 ·· 059
  2.2.3 拦沙坝回淤的坡度与体积的建议计算方法 ····························· 060
 2.3 沟河堵塞类型与溃决的预判与计算 ··· 062
  2.3.1 泥石流堵河既有判别公式 ·· 062

    2.3.2 泥石流堵河与崩滑堵沟按泥沙规模的建议判别公式…………… 063
    2.3.3 堰塞判别式的讨论 …………………………………………… 066
    2.3.4 部分堵塞与壅水的计算方法 ………………………………… 067
    2.3.5 溢流溃决临界水文条件估算方法 …………………………… 068
    2.3.6 溃坝类型及其流量计算 ……………………………………… 071
  附录 2.1 堰塞体体积计算 ……………………………………………… 072

第 3 章 判别泥石流沟及其演化的非线性方法 …………………………… 074

  3.1 泥石流沟谷纵剖面的形态与演化 ………………………………… 074
    3.1.1 泥石流沟谷纵剖面形态 ……………………………………… 074
    3.1.2 泥石流沟谷纵剖面演化的最小能耗模式 …………………… 075
  3.2 泥石流流域的斯特拉勒积分与稳定性 …………………………… 077
  3.3 泥石流流域系统的信息熵与稳定性 ……………………………… 078
  3.4 泥石流流域系统的超熵与稳定性 ………………………………… 079
    3.4.1 泥石流流域系统的超熵 ……………………………………… 079
    3.4.2 流域系统超熵与稳定性 ……………………………………… 080
  3.5 小结与成昆判别法 ………………………………………………… 081
    3.5.1 非线性方法小结 ……………………………………………… 081
    3.5.2 判别泥石流沟的成昆铁路法 ………………………………… 083
    3.5.3 泥石流沟谷演化的不等时距 GM（1，1）预测 ……………… 085
    3.5.4 人为活动影响的预测：高斯曲线模型与马尔柯夫模型 …… 087
  附录 3.1 应用于预测泥石流成因要素变化的数学方法 ……………… 088
    附 3.1.1 预测泥石流暴发年份的暴雨灾变预测方法 …………… 088
    附 3.1.2 预测泥石流沟谷纵剖面变化的不等时距 GM（1，1）
           灰色系统预测方法 ……………………………………… 089
    附 3.1.3 预测松散固体物质储量变化的 GM（1，3）
           灰色系统预测方法 ……………………………………… 090
    附 3.1.4 植被覆盖率的马尔柯夫预测方法 ……………………… 091
  附录 3.2 类比法的地理建模实例——地理系统的熵模型 …………… 093
  附录 3.3 理想流域河谷纵剖面的发育图式与演化规律 ……………… 094
  附录 3.4 西藏帕隆藏布泥石流沟谷纵剖面形态统计分析 …………… 097
    附 3.4.1 帕隆藏布北岸泥石流沟谷纵剖面形态 ………………… 097

　　　　附 3.4.2　泥石流沟谷纵剖面形态的沿程变化趋势⋯⋯⋯⋯⋯⋯⋯⋯⋯⋯⋯⋯098
　　　　附 3.4.3　各类泥石流沟谷纵剖面形态统计特征⋯⋯⋯⋯⋯⋯⋯⋯⋯⋯⋯⋯⋯099
　　附录 3.5　泥石流沟谷纵剖面演化的最小能耗原理⋯⋯⋯⋯⋯⋯⋯⋯⋯⋯⋯⋯⋯⋯⋯100
　　　　附 3.5.1　河流纵剖面演化的最小能耗原理⋯⋯⋯⋯⋯⋯⋯⋯⋯⋯⋯⋯⋯⋯⋯100
　　　　附 3.5.2　泥石流沟谷纵剖面演化的最小能耗模式⋯⋯⋯⋯⋯⋯⋯⋯⋯⋯⋯⋯102

第 4 章　地震区泥石流特点与对策⋯⋯⋯⋯⋯⋯⋯⋯⋯⋯⋯⋯⋯⋯⋯⋯⋯⋯⋯⋯⋯105

　　4.1　震区松散固体物源特点⋯⋯⋯⋯⋯⋯⋯⋯⋯⋯⋯⋯⋯⋯⋯⋯⋯⋯⋯⋯⋯⋯⋯⋯105
　　4.2　泥石流沟数量变化与判别⋯⋯⋯⋯⋯⋯⋯⋯⋯⋯⋯⋯⋯⋯⋯⋯⋯⋯⋯⋯⋯⋯⋯106
　　4.3　泥石流暴发频率、性质与规模的变化⋯⋯⋯⋯⋯⋯⋯⋯⋯⋯⋯⋯⋯⋯⋯⋯⋯⋯107
　　　　4.3.1　泥石流暴发频率增大⋯⋯⋯⋯⋯⋯⋯⋯⋯⋯⋯⋯⋯⋯⋯⋯⋯⋯⋯⋯⋯108
　　　　4.3.2　降雨随海拔的变化与暴雨的灾变预测⋯⋯⋯⋯⋯⋯⋯⋯⋯⋯⋯⋯⋯⋯109
　　　　4.3.3　泥石流重度、流量和规模增大⋯⋯⋯⋯⋯⋯⋯⋯⋯⋯⋯⋯⋯⋯⋯⋯⋯111
　　附录 4.1　山地降水的垂直分布模式⋯⋯⋯⋯⋯⋯⋯⋯⋯⋯⋯⋯⋯⋯⋯⋯⋯⋯⋯⋯⋯112
　　附录 4.2　气候序列的最优分割法⋯⋯⋯⋯⋯⋯⋯⋯⋯⋯⋯⋯⋯⋯⋯⋯⋯⋯⋯⋯⋯⋯114

（上篇）参考文献⋯⋯⋯⋯⋯⋯⋯⋯⋯⋯⋯⋯⋯⋯⋯⋯⋯⋯⋯⋯⋯⋯⋯⋯⋯⋯⋯⋯⋯116

下篇　泥石流治理工程设计

第 5 章　泥石流工程防治原则与道路减灾⋯⋯⋯⋯⋯⋯⋯⋯⋯⋯⋯⋯⋯⋯⋯⋯⋯⋯⋯122

　　5.1　防与治（非工程措施与工程方案）的选择⋯⋯⋯⋯⋯⋯⋯⋯⋯⋯⋯⋯⋯⋯⋯⋯122
　　　　5.1.1　泥石流危险区的定量划分⋯⋯⋯⋯⋯⋯⋯⋯⋯⋯⋯⋯⋯⋯⋯⋯⋯⋯⋯122
　　　　5.1.2　泥石流监测预警与群测群防⋯⋯⋯⋯⋯⋯⋯⋯⋯⋯⋯⋯⋯⋯⋯⋯⋯⋯123
　　　　5.1.3　预防人为泥石流灾害⋯⋯⋯⋯⋯⋯⋯⋯⋯⋯⋯⋯⋯⋯⋯⋯⋯⋯⋯⋯⋯124
　　5.2　道路泥石流减灾对策⋯⋯⋯⋯⋯⋯⋯⋯⋯⋯⋯⋯⋯⋯⋯⋯⋯⋯⋯⋯⋯⋯⋯⋯⋯126
　　　　5.2.1　预防为主、防治结合的总方针⋯⋯⋯⋯⋯⋯⋯⋯⋯⋯⋯⋯⋯⋯⋯⋯⋯126
　　　　5.2.2　泥石流灾害区减灾选线原则⋯⋯⋯⋯⋯⋯⋯⋯⋯⋯⋯⋯⋯⋯⋯⋯⋯⋯128
　　　　5.2.3　道路泥石流综合治理原则⋯⋯⋯⋯⋯⋯⋯⋯⋯⋯⋯⋯⋯⋯⋯⋯⋯⋯⋯130
　　5.3　震后泥石流防治工程有关问题⋯⋯⋯⋯⋯⋯⋯⋯⋯⋯⋯⋯⋯⋯⋯⋯⋯⋯⋯⋯⋯132
　　　　5.3.1　全流域统筹综合防治泥石流⋯⋯⋯⋯⋯⋯⋯⋯⋯⋯⋯⋯⋯⋯⋯⋯⋯⋯132
　　　　5.3.2　堰塞体溃决与利用问题⋯⋯⋯⋯⋯⋯⋯⋯⋯⋯⋯⋯⋯⋯⋯⋯⋯⋯⋯⋯133
　　　　5.3.3　主-支沟泥石流关联问题⋯⋯⋯⋯⋯⋯⋯⋯⋯⋯⋯⋯⋯⋯⋯⋯⋯⋯⋯134

5.4 单沟泥石流防治工程的原则与规模 ························· 135
  5.4.1 单沟泥石流防治工程的总体方案 ······················ 135
  5.4.2 设防标准和拦排泥石流固体物质总体规模 ················ 137
  5.4.3 固体物质拦与排的分配比例 ························ 138
5.5 泥石流治理工程施工图设计的一般要求 ······················ 138
  5.5.1 施工图设计的主要工作 ·························· 138
  5.5.2 施工图设计文件组成与内容 ························ 139
附录 5.1 帕隆藏布河谷崩塌滑坡、泥石流的分布规律 ················ 140

第 6 章 泥石流拦沙工程设计 144

6.1 总 论 ····································· 144
  6.1.1 拦沙工程类型 ······························· 144
  6.1.2 坝位与坝数 ································ 146
    6.1.2.1 坝位与库容 ··························· 146
    6.1.2.2 回淤坡度厘定 ·························· 147
  6.1.3 拦沙坝库容的建议计算方法 ························ 149
6.2 实体坝结构设计 ································ 151
  6.2.1 坝体设计 ································· 151
    6.2.1.1 坝体材质 ···························· 151
    6.2.1.2 截面设计 ···························· 152
    6.2.1.3 坝下冲刷深度计算 ······················· 155
  6.2.2 坝 基 ··································· 157
    6.2.2.1 扩大基础 ···························· 157
    6.2.2.2 桩基础 ····························· 159
  6.2.3 坝肩及沉降缝 ······························ 159
  6.2.4 溢流口与排水孔 ······························ 161
    6.2.4.1 溢流口 ····························· 161
    6.2.4.2 排水孔 ····························· 163
  6.2.5 坝的荷载组合与稳定性检算 ······················· 164
    6.2.5.1 计算工况与荷载组合问题 ··················· 164
    6.2.5.2 垂直力系与计算的建议 ···················· 167
    6.2.5.3 水平力系与计算的建议之一——满库工况 ············ 169

6.2.5.4 水平力系与计算的建议之二——空库工况下稀性泥石流…172
　　　6.2.5.5 水平力系与计算的商榷之三——空库工况下黏性泥石流…175
　　　6.2.5.6 荷载组合及其计算的汇总…176
　　　6.2.5.7 地震力…177
　　　6.2.5.8 检算公式…178
　　　6.2.5.9 抗滑检算与结构调整算例…178
　　6.2.6 坝的应力、强度检算及防冲设计…180
　　　6.2.6.1 坝基应力检算及结构调整…180
　　　6.2.6.2 坝基应力偏心距问题探讨…182
　　　6.2.6.3 坝体强度检算…183
　　　6.2.6.4 坝下消能防冲工程…185
　　　6.2.6.5 坝下护坦结构设计…186
　　　6.2.6.6 垂裙埋置深度的厘定…187
　　　6.2.6.7 落石坠击与铺石防冲…189
　　6.2.7 坝的优化设计…190
6.3 特殊坝结构设计…191
　　6.3.1 缝隙坝设计…191
　　　6.3.1.1 缝隙坝结构设计…191
　　　6.3.1.2 缝隙坝结构检算…193
　　　6.3.1.3 透过性坝闭塞条件…194
　　6.3.2 特殊坝型…196
　　　6.3.2.1 柔性坝——柔性网格坝与SNS柔性防护栅栏…196
　　　6.3.2.2 其他特殊坝型——桩林坝、拱承坝与组装坝…198
附录6.1 半库工况讨论…200
　　附6.1.1 坝的抗滑稳定性…200
　　附6.1.2 坝的抗倾稳定性…203
附录6.2 稀性泥石流拦沙坝偏心距算例…204

第7章 泥石流排导槽设计…208

7.1 平、纵、断面设计…208
　　7.1.1 平面…208
　　7.1.2 纵面…210

        7.1.3 断面结构形式 ·· 212
        7.1.4 坝下排护工程的泥石流重度与流量的重新厘定 ············· 214
        7.1.5 迭代修改断面 ·· 215
        7.1.6 槽底宽度和泥深的经验式 ·································· 216
        7.1.7 特殊段的处理 ·· 217
    7.2 排导槽结构设计 ·· 218
        7.2.1 边堤与凹岸加高 ·· 218
        7.2.2 排导槽类型 ··· 220
        7.2.3 排导槽算例 ··· 225
        7.2.4 容许流速与流速计算注意问题 ······························ 226
        7.2.5 冲刷深度 ·· 227
    7.3 V形槽 ·· 228
        7.3.1 V形槽结构 ·· 228
        7.3.2 V形槽断面平均流速计算问题 ······························· 229
    7.4 其他问题 ·· 230
        7.4.1 过流能力问题 ··· 230
        7.4.2 石笼 ··· 231
    附录7.1 泥石流过坝后重度与流量折减讨论 ···························· 232

第8章 其他泥石流防治工程措施 ·· 234
    8.1 固坡工程 ·· 234
    8.2 控水工程——水沙分流、筑坝削峰与引水冲沙 ····················· 235
        8.2.1 分水隧洞 ·· 235
        8.2.2 其他控水工程 ··· 236
    8.3 导流-防护堤 ·· 238
        8.3.1 一般设计原则 ··· 238
        8.3.2 圬工堤结构 ·· 240
        8.3.3 土堤及护面 ·· 240
        8.3.4 埋深及冲刷计算 ··· 241
        8.3.5 基础防冲措施 ··· 243
        8.3.6 防护堤经验教训 ··· 244
    8.4 潜槛群（肋槛与潜坝） ·· 245
    8.5 停淤场 ··· 247

	8.5.1 总体设计	247
	8.5.2 拦淤堤结构	248
8.6	泥石流渡槽	250
	8.6.1 渡槽形式	250
	8.6.2 渡槽结构参数	252
	8.6.3 跨线渡槽	252
8.7	生物工程	254
附录 8.1	输水隧洞、小桥涵水力计算	254

第9章 震后泥石流防治工程其他设计问题与特殊泥石流 — 257

9.1	坝的渗透破坏问题	257
9.2	跨沟桥涵问题	258
	9.2.1 既有小桥涵过流能力检算	258
	9.2.2 小桥涵设计原则	259
	9.2.3 桥涵顶入法施工	261
	9.2.4 桥墩台基础冲刷计算	262
9.3	施工运输、弃渣处置与通道恢复问题	263
	9.3.1 施工运输	263
	9.3.2 弃渣处置	264
	9.3.3 恢复坝区通道	265
9.4	清库、堤坝加高与维护问题	265
	9.4.1 清库和加高堤坝	265
	9.4.2 堤坝维护	267
9.5	坡面泥石流	267
	9.5.1 坡面泥石流特征	267
	9.5.2 坡面泥石流防治	269
9.6	冰川泥石流	270
	9.6.1 冰雪融水泥石流	270
	9.6.2 冰湖溃决泥石流	272
附录 9.1	渗透变形判别公式	274
附录 9.2	中国西部雪线的地带性与分布规律	275
	附 9.2.1 自然地带性正态频率分布函数曲线模式	275

附 9.2.2　中国西部雪线的分布规律 ································· 277

　附录 9.3　冰川泥石流相关地貌问题 ····································· 278

　附录 9.4　冰碛湖溃决及其水文条件 ····································· 280

　　附 9.4.1　冰碛湖溃决的临界水文模式 ································· 280

　　附 9.4.2　冰碛湖漫溢型溃决的临界水文条件及其控制因素 ············· 283

（下篇）参考文献 ··· 285

附件　成果汇总、《技术》补正与三著勘误

附件 1　泥石流治理工程勘查设计定量技术研讨成果汇总 ············· 290

　附件 1.1　泥石流特征参数厘定方法 ····································· 290

　附件 1.2　泥石流堆淤特征与堵溃判别 ··································· 292

　附件 1.3　泥石流评判与演化研究的非线性方法 ·························· 296

　附件 1.4　泥石流拦沙坝设计与稳定性的计算模式 ························ 300

　附件 1.5　泥石流排导槽的设计计算 ····································· 304

附件 2　《震后山地地质灾害治理工程勘查设计实用技术》补正 ········· 306

　附件 2.1　芦山地震机制与海螺沟震区谷坡锚固 ·························· 306

　附件 2.2　预应力锚索锚固应力与应变分布 ······························ 307

　附件 2.3　落石冲击力计算 ·· 308

附件 3　三著勘误 ·· 311

　附件 3.1　《震后泥石流治理工程设计简明指南》勘误 ····················· 311

　附件 3.2　《震后山地地质灾害治理工程勘查设计实用技术》第 6 章勘误 · 313

　附件 3.3　《特殊岩土研究与道路工程实践》5.3、5.4 勘误 ················ 314

绪　论

　　自 20 世纪 50 年代为建设川藏公路和成昆铁路而系统开展泥石流调查研究以来，我国对西部山区泥石流的勘查、研究和治理已历经了半个多世纪，以中国科学院成都山地所和兰州冰川所、铁道部第二设计院（铁二院，现中铁二院工程集团有限责任公司）和铁科院西南所（现中铁西南科学研究院有限公司）为代表的众多科研和设计单位已构建了泥石流学的基本理论框架，积累了较丰富的泥石流治理工程实践经验。

　　2008 年 5 月 12 日在地形地质环境复杂的龙门山区发生汶川 8.0 级特大地震后，相关单位排查出泥石流沟 1 279 条，这给泥石流的认识和防治提出了新课题。震后专家普遍预测泥石流将增多增强且持续若干年，是最主要的次生山地地质灾害类型。果然，当年 9 月 24 日即在震区普发泥石流，可谓雪上加霜。之后数年，震区都大范围暴发大规模泥石流，尤以 2010 年 8 月 13 日、2012 年 8 月 17 日和 2013 年 7 月 10 日灾害为重。

　　基于震后山体自身修复要有较长的时间进程，对震后山地地质灾害的特点也有一个加深认识的过程，按理说，山地地质灾害尤其是泥石流的治理应在震后若干年后进行。但灾区恢复重建在即，必须在震后迅即开展对泥石流等山地地质灾害的治理，重树安全屏障。因此，震后至今，仅在四川省，国土部门就已启动了上千条泥石流沟的工程治理，取得了宝贵经验，虽难免走些弯路，但仍使泥石流的勘查和工程治理技术迈上了新的台阶。

　　为在一般山区泥石流治理工程勘查设计技术的基础上，系统总结汶川地震以来的泥石流工程防治经验教训，笔者于 2014 年编著了《震后泥石流治理工程设计简明指南》（下称《指南 2014 版》），其后又于《震后山地地质灾害治理工程勘查设计实用技术》（下称《技术》）的第 6 章及《特殊岩土研究与道路工程实践》（下称《岩土》）的附件 5.3、5.4 节加以补充。三著的内容尚失之分散，本版对之汇总并加以补正，旨在进一步完善泥石流治理工程勘查设计的实用技术体系，进而构建泥石流工程学的基本框架，服务于泥石流工程防治实践。

　　但是，泥石流是固、液、气三相混成体，机理复杂；泥石流学科是地质、水利、水保与工程科学的交集，现今还处于半理论半经验阶段。要构建系统的勘查设计体系、形成技术指南进而构建泥石流工程学绝非易事。对此，本书还是勉为其难，推荐的公式和方法多属经验，若干对现有技术方法的补充和改进尤具探讨性质（具体见附件 1），尚待实践进一步检验。

一般地，以 1.3 t/m³ 的重度（编者注：由于涉及的时间跨度较大，本书中重度、容重未严格区分）界限值将泥石流与洪水相区分，重度 ≥1.3 t/m³ 的流体为泥石流，具有一定的类似土体的结构性特征。按激发水源，泥石流分降雨型和冰川型；按地貌形态，降雨型泥石流又分沟谷型与坡面型。地震山区泥石流多为暴雨型，本书着重论述暴雨型沟谷泥石流。至于坡面泥石流、高寒山区的冰川泥石流（冰雪融水泥石流和冰湖溃决泥石流），除流域地貌与诱发水源有别外，其勘查设计方法与暴雨泥石流类似，仅予简述。

勘查成果为工程设计之基础，书中叙述勘查在前、设计在后，分别归为上、下两篇。勘查篇系针对勘查要点逐一分述，并突出难点，归纳为泥石流参数计算、堆积与堵溃、非线性技术和震区泥石流特点等 4 个方面。工程地质测绘、勘探、试验等勘查手段与方法是地质人员的基本技能，并可参照相关规范进行，概不赘述。

重度、流速、流量、冲出量和冲击力等泥石流特征参数，是评判泥石流特点和进行治理工程设计的依据，这些工程学参数的厘定现多采用经验方法，书中对一些尚不够严谨的经验公式的改进,特别是对稀性泥石流流速公式进行的若干修正,还有待实践验证。丰富的松散固体物源是形成泥石流的必要前提，泥石流堆淤与堵溃则形成灾害链，故本书重点论述了固体物源动储量和堆淤参数的估算方法，并改进泥沙堵河的判别式，提出尚属空白的溃决预判方法。非线性方法是研究泥石流的新方向，主要涉及泥石流流域系统的熵和泥石流演化的预测，其中推介的艾南山及笔者的成果属探讨性质，判别泥石流沟的成昆铁路法也有待推广。地震后泥石流的物源、沟数、暴发频率、性质与规模均有变化，对之据前人既有成果加以了归纳。

泥石流治理工程设计重点是拟订防治原则，比选出工程方案，进行工程设计与结构计算。现采用最多的治理工程措施是拦沙工程中的拦沙坝及停淤场、排护工程中的排导槽及防护堤，这是下篇的重点。此外，本书还总结了控水、固床、渡槽、跨沟桥涵和工程维护的经验。

泥石流灾害的防治首先是防，监测预警与群测群防行之有效，道路泥石流减灾也积累了长期经验。治则要全流域统筹综合防治，而单沟泥石流治理原则体现为总体方案、工程规模和拦与排的比例。拦沙工程以实体坝与缝隙坝为主，在系统总结坝体各结构要素设计原则和结构计算方法的基础上，突出了对库容估算、半库工况、偏心距超标等问题的研讨和改进，尤其是重新构建的坝的水平荷载组合，改进的垂直、水平力系的计算方法，均属管见，望获进一步争鸣。对排导槽，重点总结平、纵、断面设计和槽型、边堤、槽底等结构设计的经验，其中对过坝泥石流重度与流量、凹岸加高、V形槽流速等公式的修正，可供尝试。

规范施工是实现设计意图的保证。泥石流治理工程施工复杂而条件艰巨，不乏经验教训，书中也适当总结。

潜在泥石流沟是指具备孕育泥石流的基本条件但尚未暴发过泥石流的沟谷，其中有潜在危害的也应纳入治理范畴。判定潜在泥石流沟、确定流体参数均为难点，特推荐了有关方法。

预防泥石流灾害的避让搬迁所要进行的新址泥石流灾害危险性评估，可参照上篇的勘查要求简要施行。

矿山地质环境恢复工程的泥石流勘查设计，亦可相应参用本指南。

上篇　泥石流勘查

泥石流勘查的重点是现场测绘勘探和地质调查，其难点不在于说教而在于行动，故本篇仅强调勘查要领，着重论述的是泥石流参数计算、松散固体物质堆淤堵溃、非线性技术方法及震后泥石流特点。

泥石流治理工程勘查要点如下：

1）调绘

（1）历次泥石流的性质、特征值、规模，堆积范围与体积，物源地与起动方式，危害及相应暴雨频率，泥痕尤其是弯道泥痕调查。

（2）危害对象与范围，防治目的与紧迫性。

（3）全流域及主支沟的汇水面积、流域分区、沟道纵坡、冲淤特征与分段。

（4）既有防治工程的结构、功效、稳定性、现状及其改造的可能性。

（5）主河的水文特征、输沙能力及可能的堵溃灾害。

（6）所穿公路桥涵的过流能力及改扩建的可能性。

（7）流域内水库的规模、运行方式及调洪能力。

（8）沟道与主河的堵溃特征，堰塞坝的结构与稳定性。

2）松散固体物源调查

（1）调查内容：分布、类型、规模、稳定性。

（2）类型：崩塌滑坡体、坡面侵蚀物、沟床堆积物。

（3）规模：静储量、动储量、一次堆积体积。

（4）粒度：室内颗粒分析、现场块径统计、堆积体孔隙度与大重度试验。

3）厘定泥石流特征值

（1）泥石流流体重度。

（2）泥石流断面平均流速（包括防治工程）。

（3）泥石流峰值流量。

（4）据泥痕尤其为弯道泥痕印证计算的流速、流量。

（5）一次泥石流流体总量、一次泥石流冲出的固体物质总量与堆积体积。

（6）泥石流体整体冲压力（对防治工程）。

（7）泥石流冲起高度与泥石流爬高（对防治工程）。

（8）泥石流弯道超高（对防治工程）。

4）地震区泥石流

（1）泥石流沟的判别：泥石流严重程度评判，泥石流沟及潜在泥石流沟判别。

（2）泥石流暴发频率与重度的调整。

（3）泥石流峰值流量的修正。

第 1 章 泥石流特征参数计算

供工程设计使用的泥石流基本特征参数包括：重度、流速、峰值流量、流体总量和堆积量以及系列冲击参数，工程勘查中按上述顺序逐一计算确定，设计阶段复核。工程勘查以地质调绘为主，辅以工程勘探与试验，具体参照《泥石流灾害防治工程勘查规范（试行）》（T/CAGHP 006—2018）[1]（下称《勘查规范》）。

泥石流是概率低、过程短、速度快的毁灭性灾害，要在现场捕捉、目击、量测泥石流的特征值谈何容易，甚至可谓铤而走险。泥石流又是固、液、气三相混成体，机理复杂，要建立计算泥石流特征值的理论模式绝非易事。因此，泥石流科学现今还处于半理论半经验阶段，作为治理工程设计依据的泥石流各特征值难以精准确定，对实际工作者是一大困惑。

此外，泥石流暴发后，流域条件会有所变化，继发的泥石流的特征值也会有所改变，将勘查所获已发泥石流的特征值用于未来泥石流的防治工程设计，尚为权宜之计，逻辑上存在困难。为解此惑，笔者提出了泥石流演化趋势预测方法（见第 3 章），可供探讨。

在泥石流各特征值中，尤感疑难的有泥石流体的重度、流速、凹岸超高、峰值流量、堆积量与冲击参数的厘定。

各泥石流特征参数计算流程如下：

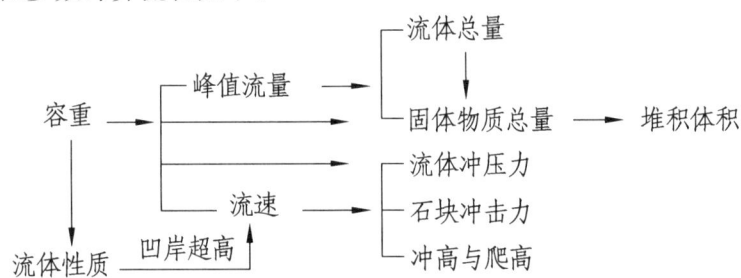

1.1 重度与流体性质

1.1.1 重度

在泥石流各特征值中，流体重度是应首先确定的泥石流参数，并据此确定流体性质。这是计算其他泥石流参数的基础，应尽可能准确。

1）原理

泥石流的水体体积含量占比为 0.82～0.18，具有水体的流动特性，垂直流速梯度大于 0.01 /s；其土体体积含量占比为 0.18～0.82，又具有土体的结构性，抗剪强度大于 0.05 kPa*。因此，泥石流是介于山洪与滑坡之间的特殊山区洪流[2]。

（*注：此值 0.05 kPa，是按对重度为 2.0 t/m³ 泥石流体剪切试验所得黏聚力 0.088 kPa，再换算为重度为 1.3 t/m³ 泥石流体的黏聚力；远大于诸文献所取的泥浆剪切试验结果。）

广义泥石流的重度介于 1.15～2.5 t/m³ 之间，一般取 1.3～2.4 t/m³。重度小于 1.3 t/m³ 为高含沙水流（下称洪流）。由于冲淤转换，重度也可在 1.3 t/m³ 上下变化，此时可统称山洪泥石流。

以黄河流域为例，据钱宁先生的统计图[3]推之，泥石流的重度最小为 1.1 t/m³，最大达 2.5 t/m³，集中于 1.3～2.3 t/m³。而高含沙水流的重度，当沟道纵比降小于 0.008 时，也可高达 1.6 t/m³。

2）现有方法

确定泥石流体的重度 γ_C，现《勘查规范》推荐采用配重法、查表法以及粒径法经验公式（余斌公式、杜榕桓公式、陈宁生公式）。较大流域可对主、支沟及各汇流、冲淤段分别确定。

但规范所列方法不易准确获取参数，经验公式亦具局限性。

（1）**查表法**：谭炳炎先生的"泥石流沟易发程度数量化评分表"[4]是用以评判泥石流发生概率的，这与暴发的泥石流的重度并无定量联系，查表结果偏差大，且各沟之间的差异小。

（2）**配浆法**：泥石流目击人甚少，慌乱奔逃中能清晰观察流体液态的目击人更少之又少，凭回忆与配浆体进行对比常不现实，结果的人为性大。建立在泥石流浆体重度基础上的泥石流体重度计算公式[5]也就难觅依据。

（3）**堆积粒径法**：主要适用于黏性泥石流。

据黏粒含量 P_{05}（粒径 < 0.05 mm，以小数表示）和粗粒含量 P_2（粒径 > 2 mm，小数）得出的余斌公式（1.1）[6]，仅适用于重度 γ_C 大于 1.5 t/m³ 的泥石流。

$$\gamma_C = 2.0 P_{05}^{0.35} P_2 + 1.5 \qquad (1.1)$$

据粒径 > 2 mm 的角砾含量（P_x，小数）和固体物质比重 γ_H（t/m³）的杜榕桓公式（1.2），对稀性泥石流偏差较大。

$$\gamma_C = (0.175 + 0.743 P_x) \cdot (\gamma_H - 1) + 1 \qquad (1.2)$$

例如，γ_H 取 2.65，对稀性泥石流（γ_C = 1.3～1.8），则据式（1.2），角砾含量 P_x 应为 0.0～0.417。

据黏粒含量（P_x，小数）的陈宁生公式（1.3）[5]，所得γ_C最小为 1.55 t/m³（$x=0$），x取最大值（0.47）时γ_C为 1.75 t/m³，其图示γ_C最大约为 2.2 t/m³（《技术》误为 1.916），适用范围过小，主要限于黏性泥石流（计算值与其图所示又有较大偏差）。

$$\gamma_C = -1320x^7 - 513x^6 + 891x^5 - 55x^4 + 34.6x^3 - 67x^2 + 12.5x + 1.55 \quad (1.3)$$

3）综合与反演

上述方法均有较大偏差或应用的局限性，因此单凭一种方法是不可靠的，应据各种方法相互印证，综合取值。并在有条件时据式（1.4）反演泥石流体重度（t/m³）。

据勘查所得该次泥石流堆积体积 V_H（m³）及其平均孔隙率 n、真实的泥石流历时 T（s）、按弯道形态勘查所得泥石流峰值流量 Q_C（m³/s），可反演出泥石流重度γ_C。综合式（1.48）、式（1.50）、式（1.51），得反演公式为

$$\gamma_C = \frac{72 \cdot (1-n) \cdot V_H \cdot (\gamma_H - \gamma_W)}{19 \cdot T \cdot Q_C} + \gamma_W \quad (1.4)$$

式中：γ_H、γ_W——泥石流中固体物质的重度和水的重度（t/m³）。

γ_H、γ_W分别取 2.65、1.0（t/m³），则上式可简化为

$$\gamma_C = \frac{6.25 \cdot (1-n) \cdot V_H}{T \cdot Q_C} + 1 \quad (1.4\text{-}1)$$

算例：某沟暴发泥石流，固体物质全堆于沟口扇上，体积 55 000 m³，孔隙率 0.3，泥石流历时 1 h，出山口峰值流量 100 m³/s，则据式（1.4）得泥石流重度：

$\gamma_C = 72 \times (1-0.3) \times 55\,000 \times (2.65-1.0)/(19 \times 3600 \times 100) + 1.0 = 1.669$ t/m³。

式（1.4）有误差。除各计算参数取值外，误差还源于简化的经验式（1.48）。

1.1.2 流体性质

为实用计，将泥石流分为稀性泥石流和黏性泥石流。除按泥石流体的重度划分外，还可据经验和沉积特征评估。

1）重度 1.3～1.8 t/m³属稀性泥石流，1.8～2.4 t/m³属黏性泥石流

按土体粒度分布可将泥石流分为 3 种：主要由大小石块、砾石和砂组成的水石质泥石流（水石流），主要由黏土、细砂组成的泥质泥石流，由黏土、粉砂、细砂、粗砂、砾石和大小石块组成的泥石质泥石流。

按流体性质进行的泥石流分类对工程勘查设计更有意义，一般分为稀性泥石流和黏性泥石流。泥石流流体的性质可据泥石流的重度确定，现分界值从 1.6 t/m³有所提高，

倾向于稀性 1.3～1.8 t/m³，黏性 1.8～2.4 t/m³。也有将 1.6～1.8 t/m³ 定为过渡性或亚黏性泥石流的。

2）经验

泥石流流体的性质还可据经验评估。如陈宁生统计[5]，黏粒含量小于 3%时，重度多小于 1.8 t/m³，为稀性泥石流；黏粒含量为 3%～18%时，多为黏性泥石流。

崩滑体入沟形成的土力类泥石流多为黏性，沟床冲刷揭底形成的水力类泥石流多为稀性。水石流为稀性，泥石质和泥质泥石流可为稀性和黏性。

泥石流在沿沟运动过程中，因汇流和沉积，重度会变化，黏性与稀性可相互转化，甚至在长大流域的主沟（河）转化为高含沙水流。

3）讨论

钱宁先生[3]认为，泥石流为二相流，要有足够能量才能形成这一流态，提出以单位体积的两相混合物向下游运行单位距离中由固体颗粒所提供的能量 E_D 来划分泥石流与高含沙水流，即 $E_D > 0.01$ g/cm³ 为泥石流，且有

$$E_D = \gamma_S C_V J \tag{1.5}$$

式中：γ_S——颗粒容重，取 2.65 g/cm³；

C_V——两相流中固体颗粒体积比浓度（小数）；

J——流动的坡降（小数）。

据上式推之，$(C_V J) > 0.0038$ 为泥石流。据其文中图 1 可知，对黄河流域，泥石流一般的 $J > 0.035$，$C_V > 0.2$。相应地，泥石流重度 > 1.33 t/m³。一般山区泥石流沟的 J、C_V 均满足这一条件，以流体重度 1.3 t/m³ 作为划分泥石流与高含沙水流的阈值是合适的。

但对纵坡甚缓的主河道，能量的降低会使二相流转化为一相流，划分泥石流与高含沙水流的重度阈值应有所提高。其文中图 1 显示，当 $J < 0.008$（0.5°）时，高含沙水流的 C_V 可达 0.4，此时其流体重度已高达 1.65 t/m³。

据上，划分泥石流的阈值一般应为流体重度 1.3 t/m³ 且纵比降 0.035（2°）。当支沟的稀性泥石流汇入纵坡缓于 3.5%尤其是 0.8%的主沟或主河时，即使重度维持高位，也可能转化为高含沙的洪水。

4）运动机理与沉积特征

稀性与黏性泥石流的运动机理和流态均有区别，运动参数的计算模式也不尽相同。稀性泥石流中粗粒体在离散力支承下以悬移、推移（滚动、跳跃）形式运动，速度小于浆体，有明显的垂直交换过程，为固液两相紊动流。黏性泥石流除巨石外，粗粒体在结构力和离散力承托下与浆体呈整体运动，无垂直交换，为伪一相层动流。

从沉积结构可初步判断泥石流流体的性质。崔之久[7]将黏性泥石流沉积层自上而下划分为 A 相粗粒泥石流层、A_1 相细粒泥石流层、B 相表泥层、C 相冲刷层和 D 相底泥层，有的地方还有 E 相泥层。A 相最粗，分选性不好，级配呈多峰形。C 相是经洪水改造而成，多为砂与粗砂，级配呈双峰形，具倒转结构。剖面上一个完整的旋回是，底部 D 相或 E 相泛滥沉积，向上变为 C 相和 B 相沉积，顶部是 A 相。

泥球为黏性泥石流底泥沿沟床滚动而成，碎石、角砾绕球心呈环状排列。泥球成为黏性泥石流的一种标志，反映了层状流的特性（图 1.1）[7]。尤其是偏稀的黏性泥石流的泥球较多[8]。如绵竹文家沟 2010 年 8 月 13 日泥石流暴发后，沟床堆积中普遍散布黏土质泥球，直径可达 20 cm，为现场确定该次泥石流的流体类型提供了依据。

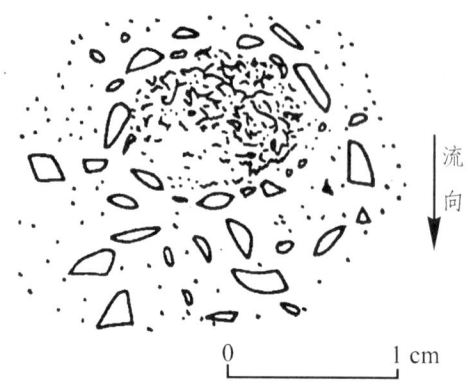

图 1.1　贵州盘县（今盘州市）冷水沟泥石流中粉土质泥球的构造[7]

1.2　流速（一）——稀性泥石流流速

流速是计算泥石流各参数的力学依据。因泥石流固液两相混合的运动机理十分复杂，流速计算还多停留在经验性阶段，因而公式众多，地域局限性强，使人莫衷一是。但有以下两点共同认识：

一是稀性泥石流与黏性泥石流的流态不同，稀性泥石流呈连续运动，可有阵性变化；黏性泥石流多呈阵性运动，沿途铺床前进，每阵泥石流状如游龙出山，因而二者应采用不同的公式计算流速。

二是泥石流流速在垂向和横向上均有差异，计算流速则为断面平均流速，采用以谢才-曼宁公式为基础的斯式改进公式，据重度、水力半径、水力坡度和糙率进行计算，且应对沟道各节点处和各工程部位分别计算。

以下先论述稀性泥石流流速的计算，包括天然沟道中以及与之有别的排导工程中的流速计算。

建议：稀性泥石流流速用公式（1.6）计算，水力半径大于 1.0 m 时用其修正公式（1.9）计算，有条件时用理论公式（1.19）印证。

1.2.1 既有公式

计算泥石流断面平均流速的众多公式，都是采用以谢才-曼宁公式为基础的斯式改进公式，结合地区经验修正而成，应用受限于地域与样本。

稀性泥石流流速计算公式主要有西南地区的铁二院公式、西北地区的铁一院公式、华北地区的铁三院公式、北京地区的市政院公式等，形式大同小异，可归纳为式（1.6）：

$$V_\mathrm{C} = \frac{1}{\sqrt{\gamma_\mathrm{H}\Phi_\mathrm{C}+1}} \cdot \frac{1}{n} \cdot R_\mathrm{C}^{\frac{2}{3}} \cdot I^{\frac{1}{2}} \qquad (1.6\text{-}1)$$

式中：V_C——泥石流断面平均流速（m/s）。

γ_H——泥石流固体物质比重（t/m³）。

Φ_C——泥石流泥沙修正系数：

$$\Phi_\mathrm{C} = \frac{\gamma_\mathrm{C} - \gamma_\mathrm{W}}{\gamma_\mathrm{H} - \gamma_\mathrm{C}} \qquad (1.6\text{-}2)$$

其中：γ_C、γ_W——泥石流体、水体的重度（t/m³）。

R_C——泥石流水力半径（m），天然沟道可用平均泥深（水深）H_C 代替；排导槽深宽比要较天然沟道大得多，其水力半径（过水断面面积/湿周），不能采用平均泥深代替。

I——泥石流水力坡度（小数），天然沟道可用沟床纵坡代替。

n——糙率（称 $1/n$ 为糙率系数，糙率系数是糙率的倒数）。

各地区公式的区别仅在于糙率系数 $1/n$ 的取值。西南公式的 $1/n$ 为巴克诺夫斯基糙率系数 M_C，北京公式用河床外阻力系数代替 $1/n$，华北公式将 $1/n$ 取为定值 15.5，西北公式将 $1/n$ 取为定值 15.3（同时将 $I^{\frac{1}{2}}$ 改为 $I^{\frac{3}{8}}$）。可见，西南公式与北京公式较缜密与适用。

1.2.2 建议公式及相关系数

1）公式

现《勘查规范》[1]和《指南 2014 版》推荐采用的西南地区（铁二院陈光曦）公式（1.6），有扎实的理论基础且应用广泛，较适用。合理选取糙率 n 或糙率系数（$1/n$）是流速计算的关键。

西南地区公式中的 $1/n$ 取巴克诺夫斯基糙率系数 M_C，天然沟道查表取值（表 1.1，建议主要按表中第4、5组结合纵坡取值），排导槽按材质比照1.2.4节取值。

表1.1 巴克诺夫斯基糙率系数 M_C 值[9]

河槽特征	M_C值 极端值	M_C值 平均值	坡度
糙率最大的泥石流河槽：河槽中堆置着不能滚动的棱角石或稍能滚动的大石块；河槽被树木（树干、树枝、树根）严重地阻塞，无水生植物；河底以阶梯式急剧降落	3.9~4.9	4.5	0.375~0.174
糙率较大的不平整的泥石流河槽：河槽中无急剧凸起部分，堆置着大大小小可以滚动的块石；河槽被各种形式的树木所阻塞，沿河槽主要长有草本植物；河床形状不平整，有洼坑，但无急剧凸起；河底以阶梯式降落	4.5~7.9	5.5	0.199~0.067
较弱的泥石流河槽，但具有较大的阻力：河槽由滚动的砾石和细卵石所组成；河槽常因有稠密的灌木丛而被严重地阻塞；河槽形状不平整、崎岖，表面因大石而凸起	5.4~7.9	6.6	0.187~0.116
流域在山区的中下游泥石流河段的河槽：河槽经过光滑的岩石，有时经过大小不等的阶梯（瀑布）河床；河槽的阻塞轻微，但在宽阔的河段阻塞严重，阻塞物系树木与中等大小可滚动的砂石，无水生植物	7.7~10.0	8.8	0.220~0.112
流域在山区及近山区的河槽：河槽经过砾石卵石河床，由中小粒径与能完全滚动的材料所组成；河槽阻塞轻微，河岸有草本及木本植物；河底降落较均匀，无巨大的阶梯	9.8~17.5	12.9	0.090~0.022

注：糙率系数取值与水深、坡度有关，水深、坡度较大时，应取区间中的较小值。

2) 泥沙修正系数 Φ_C 和流速修正系数 Φ_V

建议：定义 $\dfrac{1}{\sqrt{\gamma_H \Phi_C + 1}}$ 为相对于清水流（重度1.0 t/m³）的泥石流流速修正系数，设为 Φ_V。当 γ_H、γ_W 分别取2.65、1.0（t/m³）时，不同重度泥石流的泥沙修正系数 Φ_C 和流速修正系数 Φ_V 值列于表1.2，供参用。表1.2显示稀性泥石流随其重度的增大，流速修正系数从0.793减小至0.535，流速为清水流的79.3%~53.5%。

表1.2 不同重度泥石流的泥沙修正系数 Φ_C 和流速修正系数 Φ_V

泥石流重度 γ_C/(t/m³)	1.30	1.40	1.50	1.60	1.70	1.80
泥沙修正系数 Φ_C	0.222	0.320	0.435	0.571	0.737	0.941
流速修正系数 Φ_V	0.793	0.736	0.682	0.631	0.582	0.535

1.2.3 公式的讨论与修正

1）公式的适用条件

式（1.6）基于清水流流速的谢才公式 $V = C \cdot R^{1/2} \cdot I^{1/2}$，其中流速系数 C 按曼宁公式 $C = \frac{1}{n} \cdot R^y$（$y = 1/6$），再乘以泥石流流速修正系数 $\frac{1}{\sqrt{\gamma_H \Phi_C + 1}}$ 而得，物理意义清晰。y 取 1/6 的适用范围为糙率 $n < 0.02$，水力半径 $R < 0.5$ m，这对于渠道比较适合。但对泥石流排导槽，n 可能大于 0.02，R 一般也超过 0.5 m；尤其是沟谷泥石流，n、R 都远超出该适用范围。因此建议，对泥石流流速，y 宜按巴甫洛夫斯基公式（1.7）取值。

$$y = 2.5\sqrt{n} - 0.13 - 0.75\sqrt{R}\left(\sqrt{n} - 0.10\right) \tag{1.7}$$

式（1.7）适用于 $0.011 < n < 0.04$、$0.1 \text{ m} < R < 3.0 \text{ m}$ 的情况（当 $R = 1.0$ m、$n = 0.016$ 即约为混凝土糙率时，$y = 1/6$）。泥石流排导槽一般符合此范围，适用此式。沟谷泥石流 R 一般小于 3 m，但 n 大于 0.04，可参考此式。

2）建议公式的误差

据式（1.7）算得的 y 值，一般大于 1/6，因此在 $R > 1.0$ m 的普遍情况下，计算的流速会比式（1.6）大，见表 1.3，浆砌石排导槽约大 7%，沟谷泥石流约大 1/8～1/4。因此，实践中按式（1.6）计算泥石流流速时，往往会刻意对 $1/n$ 偏高取值，以提高流速计算结果，使之更符合实际。

表 1.3 据式（1.7）所得的 y 值及相应流速值

n	R/m	y	式（1.7）流速 v_y	式（1.6）流速 $v_{1/6}$	流速增大率（$v_y/v_{1/6}$）
0.02（混凝土槽）	1.0	0.192	$50.0\Phi_V I^{1/2}$	$50.0\Phi_V I^{1/2}$	1.00
	3.0	0.170	$104.4\Phi_V I^{1/2}$	$104.0\Phi_V I^{1/2}$	1.00
	5.0	0.154	$143.2\Phi_V I^{1/2}$	$146.2\Phi_V I^{1/2}$	0.98
0.04（浆砌槽）	1.0	0.295	$25.0\Phi_V I^{1/2}$	$25.0\Phi_V I^{1/2}$	1.00
	2.0	0.260	$42.3\Phi_V I^{1/2}$	$39.7\Phi_V I^{1/2}$	1.07
	3.0	0.240	$56.4\Phi_V I^{1/2}$	$52.0\Phi_V I^{1/2}$	1.08
	5.0	0.202	$77.4\Phi_V I^{1/2}$	$73.1\Phi_V I^{1/2}$	1.06
0.10（自然沟道）	1.0	0.498	$10.0\Phi_V I^{1/2}$	$10.0\Phi_V I^{1/2}$	1.00
	1.5	0.460	$14.8\Phi_V I^{1/2}$	$13.1\Phi_V I^{1/2}$	1.13
	2.0	0.430	$19.1\Phi_V I^{1/2}$	$15.9\Phi_V I^{1/2}$	1.20
	3.0	0.380	$26.3\Phi_V I^{1/2}$	$20.8\Phi_V I^{1/2}$	1.26
	5.0	0.298	$36.1\Phi_V I^{1/2}$	$29.2\Phi_V I^{1/2}$	1.24

3）公式的修正

巴甫洛夫斯基公式的简便公式为

$$y = A\sqrt{n} \tag{1.8}$$

当 $R < 1.0$ m 时，$A = 1.5$；当 $R > 1.0$ m 时，$A = 1.3$。

建议：当 $R > 1.0$ m 时，式（1.6）中的 $R_C^{\frac{2}{3}}$ 项应修正为 $R_C^{\frac{1}{2}+1.3\sqrt{n}}$，式（1.6）相应修正为

$$V_C = \frac{1}{\sqrt{\gamma_H \varPhi_C + 1}} \cdot \frac{1}{n} \cdot R_C^{\frac{1}{2}+1.3\sqrt{n}} \cdot I^{\frac{1}{2}} \tag{1.9-1}$$

对沟谷泥石流，R_C 一般大于 1.0，故按修正式（1.9）计算的流速要比式（1.6）大，R_C 愈大、n 愈大则相差愈大，即大 $R_C^{\left(1.3\sqrt{n}-\frac{1}{6}\right)}$ 倍（《技术》中误为 $R_C^{1.3\sqrt{n}}$）。如表 1.4，差别甚大，不容忽视。

表 1.4 按修正式（1.9）与式（1.6）计算的断面平均流速值之比（$v_{1.9}/v_{1.6}$）

糙率 n	0.2					0.12				0.06			
R_C*/m	1	2	3	4	5	2	3	4	5	2	3	4	5
$v_{1.9}/v_{1.6}$**	1.00	1.33	1.58	1.78	1.95	1.22	1.36	1.48	1.58	1.11	1.19	1.25	1.30

注：*$R_C > 3.0$ 后仅供参考；**《技术》中此栏数字有误。

对排导槽，R_C 可小于 1.0，此时修正式为（1.9-2）：

$$V_C = \frac{1}{\sqrt{\gamma_H \varPhi_C + 1}} \cdot \frac{1}{n} \cdot R_C^{\frac{1}{2}+1.5\sqrt{n}} \cdot I^{\frac{1}{2}} \tag{1.9-2}$$

建议：泥深或水力半径 R_C 为 1.0~3.0 m 时，采用式（1.6）的修正式（1.9-1）；R_C 小于 1.0 m 时，采用修正式（1.9-2）。

算例：一沟谷纵坡 $I = 120‰$，糙率 $n = 0.08$，过重度 $\gamma_C = 1.6$ t/m³ 的泥石流时泥深 $H = 2.0$ m。因 $H = R_C > 1.0$ m，故应采用修正式计算流速 V_C。γ_H 取 2.65，$\frac{1}{\sqrt{\gamma_H \varPhi_C + 1}}$ 据表 1.2 为 0.631，则据式（1.9-1）得

$$V_C = 0.631 \times \frac{1}{0.08} \times 2^{0.5+1.3\times\sqrt{0.08}} \times \sqrt{0.12} = 4.99 \text{ m/s}$$

如按式（1.6）则得 $V_C = 4.34$ m/s，偏小 15%。

1.2.4 排导槽糙率

自然沟道与排导槽的糙率有别，过水流与过泥石流的糙率也有别。

对自然沟道，糙率据沟道特征与水深查巴克诺夫斯基糙率系数 M_C 表 1.1 取值。

对排导槽，设肋槛的软底槽会加大糙率，减小糙率系数；铺底槽会减小糙率，加大糙率系数。但二者现尚仅有部分行洪经验可资定量参考应用。例如，行洪渠道的糙率 n，浆砌块石为 0.025，混凝土为 0.015～0.017。

而行泥石流时，其 n 值则显然应大于行洪值。因为圬工槽与自然沟道不同，不仅底部而且两边堤均具糙率，致糙面积的增大会使流速与之成正比地减小。虽然计算排导槽流速时的 R 值采用的是比自然沟道的泥深值要小的水力半径，但流速仅以 R 的 2/3 次方减小，R 取值的减小所致计算流速的减小，尚达不到致糙面积增大所致的流速减小幅度，因此，稀性泥石流排导槽计算流速应通过增大糙率的途径加以修正。

设矩形槽的宽度为 L、流深为 H，则槽的水力半径 $R = \dfrac{L \cdot H}{L + 2H}$，相对于自然沟道 R 取 H 时，计算流速的比例（《指南 2014 版》中误为"减小比例"）为

$$\Delta R = \frac{\left(\dfrac{L \cdot H}{L + 2H}\right)^{2/3}}{H^{2/3}} = \left(\frac{L}{L + 2H}\right)^{2/3}$$

同时，槽的致糙面积与底面积之比为 $\left(\dfrac{L + 2H}{L}\right)$，故相对于自然沟道，计算流速的比例（《指南 2014 版》中误为"减小比例"）为

$$\Delta n = \frac{L}{L + 2H}$$

因 $\dfrac{L}{L + 2H} < 1$，故 $\left(\dfrac{L}{L + 2H}\right)^{2/3} > \dfrac{L}{L + 2H}$，即 R 取值减小所致计算流速减小幅度比致糙面积增大所致减小幅度要小，两因素所致计算流速之比 $\Delta = \dfrac{\Delta n}{\Delta R} = \left(\dfrac{L}{L + 2H}\right)^{1/3}$。因此，计算排导槽泥石流的流速时，所取糙率应按水流的 $\dfrac{1}{\left(\dfrac{L}{L + 2H}\right)^{1/3}} = \left(\dfrac{L + 2H}{L}\right)^{1/3}$ 倍增大。

槽内泥深一般为槽宽的 1/4～1 倍，据上则糙率相应增大 1.14～1.44 倍，故浆砌块石应取 0.029～0.036，混凝土取 0.019～0.024。更细化的取值见表 1.5。

表 1.5　建议的行泥石流矩形圬工槽的糙率 n 修正值

[《泥石流防治工程设计规范（试行）》（T/CAGHP 021—2018）
（下称《设计规范》）中列为表 B.3]

槽的宽/深比	8	4	2	1.0	0.5
糙率 n 增大比	1.077	1.145	1.260	1.442	1.710
浆砌块石槽 n 增加值	0.001 9	0.002 6	0.006 5	0.011 1	0.017 8
浆砌块石槽 n*	0.026 9	0.028 6	0.031 5	0.036 1	0.042 8
混凝土槽 n 增加值	0.001 3	0.002 5	0.004 4	0.007 5	0.012 1
混凝土槽 n*	0.018 3	0.019 5	0.021 4	0.024 5	0.029 1

注：*水流 n 取 0.017（混凝土槽）、0.025（浆砌槽）。

建议：行泥石流的糙率 n，按表 1.5 取值；一般对浆砌块石取 0.03~0.04，对混凝土取 0.02~0.025，槽较宽浅则偏小取值。

1.2.5　加糙措施及其糙率计算（《设计规范》[10]中将公式和表列为附录 B）

对排导槽、急流槽和坝下护坦，当流速甚大、冲刷堪忧时，可采用加大槽底糙率的措施以降低流速，包括在底面设横肋、方块与阶梯加糙，分别按式（1.10）+式（1.11）和表 1.6，式（1.10）+式（1.12），表 1.7 和图 1.2、图 1.3 计。

下述的加糙糙率针对行洪，行泥石流则按表 1.5 再加增大值。

1）横肋加糙

设矩形截面横肋的混凝土铺底槽的糙率会成倍增大，参见式（1.10）与表 1.6[11]：

$$n = \frac{1}{C} R^y \tag{1.10}$$

式中：n——直线横肋加糙糙率。

当肋距为 8 倍肋高时：

$$C = \frac{1000K}{47.5 - 1.2B + 0.1\beta} \tag{1.11}$$

式中：当纵比降 $I = 0.10、0.15、0.20~0.25$ 时，K 取 0.90、1.00、1.11；$B = h/P$（h 为肋上水深，P 为沟底以上的迎水面肋高，m）；$\beta = b/h$（b 为沟道宽度，m）；R 为水力半径（m）；y 一般取 1/6。

由 $R = \dfrac{b(P+h)}{2(P+h)+b} = \dfrac{b(h/B+h)}{2(h/B+h)+b}$，可得 $\beta = \dfrac{b}{h} = \left(\dfrac{1}{B}+1\right) \cdot \left(\dfrac{b}{R}-2\right)$，故式（1.11）也可写为

$$C = \frac{1\,000K}{47.5 - 1.2B + 0.1(1/B + 1)(b/R - 2)} \tag{1.11-1}$$

可见，横肋越高，水深越小，则糙率越大，加糙越明显。

据式（1.10）与式（1.11），可制成表 1.6 供内查外延参用。

表 1.6　设横肋 C15 混凝土铺底槽行洪糙率 n 值表

（对《指南 2014 版》有校正与完善）（肋间距为 8 倍肋高、$I = 0.15$、$b = 4$ 时）

水力半径 R/m	0.25				0.5			
肋上水深/肋高	8	5	3	1	8	5	3	1
n	0.0313	0.0343	0.0363	0.0390	0.0344	0.0376	0.0398	0.0423
水力半径 R/m	1.0				2.0			
肋上水深/肋高	8	5	3	1	8	5	3	1
n	0.0381	0.0417	0.0442	0.0467	0.0425	0.0466	0.0493	0.0520

注：加糙前的 C15 混凝土铺底的糙率为 0.017；I 不等于 0.15 或肋间距不为 8 倍肋高时要酌情调整，建议间距调整系数为（8/实际倍数）；b 的影响甚微，以 $b = 4$ 代表。

2）棋盘式方块加糙

其 C 值按式（1.12）计算：

$$C = \frac{1\,000K}{52 - 5.1B - 0.8\beta_1} \tag{1.12}$$

式中：$B = h/P$（h 为方块上水深，P 为沟底以上的方块迎水面高，m）。

$$\beta_1 = \frac{b - NP}{h + P} \tag{1.13}$$

其中：N 为每横排平均方块数；b 为沟道宽度（m）。

式（1.12）适用于 $B = 2 \sim 5$、$\beta_1 = 1 \sim 12$。

可见，方块相对越高，块数越多，则糙率越大，加糙越明显。

3）台阶状加糙

纵比降 0.20 以上多采用台阶状加糙，多用于急流槽和坝下护坦。其主要适用范围为纵比降 0.24～0.62。其浆砌片石台阶高 30～80 cm、宽 50～180 cm，混凝土台阶高 15～35 cm、宽 40～80 cm。

对截排水沟急流槽段台阶状消能的加糙糙率 n，可分两种材质从图 1.2、图 1.3 查得；也可近似从表 1.7 中取值。用于阶状消能的泥石流排导槽和拦沙坝下护坦时，过泥石流应再按表 1.5 加大取值。

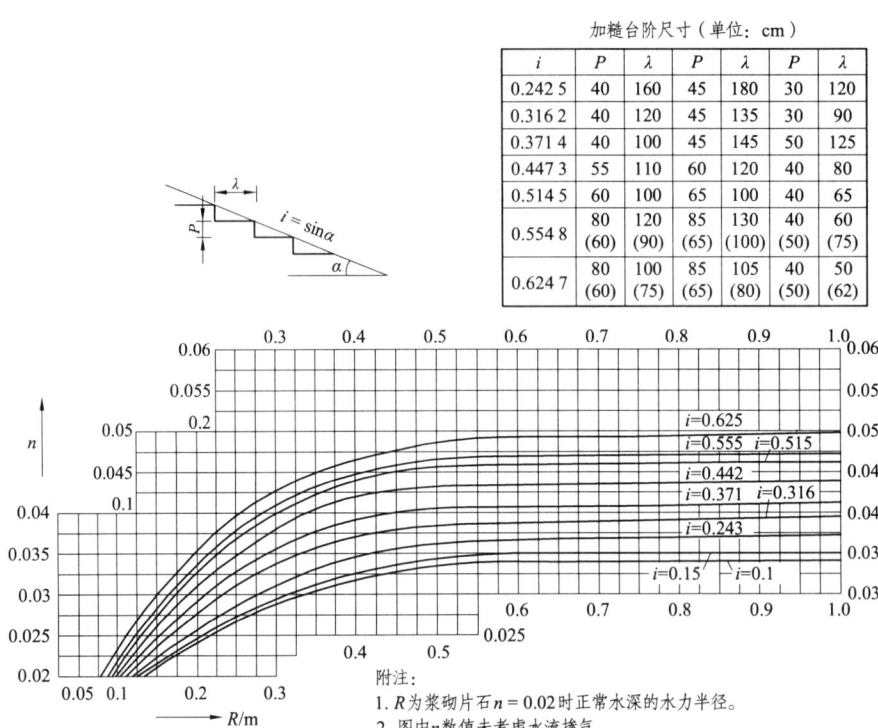

图 1.2　浆砌片石台阶状加糙行洪糙率 n 的算图[11]

R 为浆砌片石 $n=0.02$ 时正常水深的水力半径，i 值在 0.242 5 至 0.624 7 间可内插。

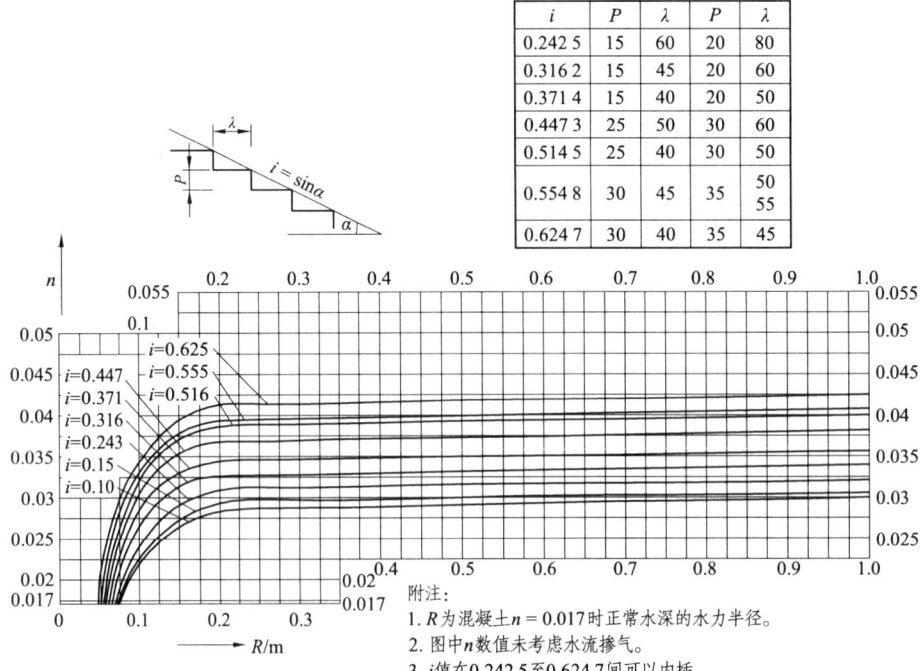

图 1.3　混凝土台阶状加糙行洪糙率 n 的算图[11]

表1.7 台阶状消能的加糙行洪糙率 n 值（据图1.2、图1.3估计）

（正常水深的水力半径≥0.5 m时，可据纵比降内插）

浆砌片石台阶		混凝土台阶	
纵坡综合比降 I	n	纵坡综合比降 I	N
0.10	0.034	0.15	0.030
0.625	0.049 5	0.625	0.042

可见，纵坡愈陡，台阶愈密，则糙率越大，加糙越明显。

4）算例

一混凝土排导槽宽8 m，水深3 m，纵比降0.12，过重度1.6 t/m³的稀性泥石流，则据表1.5内插，n取0.021，$R = (8 \times 3)/(3 \times 2 + 8) = 1.714$；因$R$较大，应据式（1.9）计算流速，为15.08 m/s，必须加糙降速。

槽底设迎水面高1 m、间距8 m的横肋加糙，$B = (3-1)/1 = 2$，$\beta = 8/2 = 4$，K取0.94，则据式（1.11）得 $C = 1000 \times 0.94/(47.5 - 1.2 \times 2 + 0.1 \times 4) = 20.66$；再据式（1.10），得 $n = 1.714^{1/6}/20.66 = 0.053\ 0$，行泥石流据表1.5内插再增0.005 5，$n$增为0.058 5。流速相应降为5.78 m/s，可行。

槽底设迎水面高1 m、纵向间距8 m、横向4个1.0 m见方的方块加糙，$B = 2$，$\beta_1 = (8-4\times1)/(2+1) = 4/3$，$K$取0.94，则据式（1.12）得 $C = 1\ 000 \times 0.94/(52 - 5.1 \times 2 - 0.8 \times 4/3) = 23.08$；再据式（1.10）得 $n = 1.714^{1/6}/23.08 = 0.047\ 4$，行泥石流再增0.005 5，$n$增为0.052 9。流速相应降为6.36 m/s，仍可行。

槽底设高1.2 m、间距10 m的浆砌石台阶加糙，据表1.7内插得 $n = 0.034\ 6$，行泥石流再增0.005 5，n增为0.040 1。流速相应降为8.21 m/s，基本可行。

1.3 流速（二）——黏性泥石流流速

黏性泥石流流速计算公式可归纳为式（1.14）：

$$V_C = \frac{1}{n} \cdot R_C^\alpha \cdot I^\beta \tag{1.14}$$

与稀性泥石流流速公式对比，式（1.14）取消了流速修正项 $\frac{1}{\sqrt{\gamma_H \Phi_C + 1}}$，泥深$R_C$与坡降$I$的幂指数$\alpha$与$\beta$均未采用统一值。东川改进式的$\alpha = 2/3$，$\beta = 1/5$，$1/n$用流速参数$K$代替；古乡公式的$\alpha = 3/4$，$\beta = 1/2$，$n$一般取0.45；武都公式和通用公式的$\alpha = 2/3$，$\beta = 1/2$，

$1/n$ 采用各自糙率系数表中的值。实践表明，东川改进式较适用。

对天然沟道，建议按推荐公式（1.15）计算，采用理论公式（1.19）印证，对中、高阻黏性泥石流还可用通用公式（1.17）印证。对排导槽，建议试用通用公式（1.17），式中泥深改为水力半径，$1/n_C$ 按式（1.17-1）计算值的 1.5 倍计。对一般急流的黏性泥石流，试用式（1.18）。

1.3.1 推荐公式

1）公式

现《勘查规范》推荐采用的公式中，东川泥石流改进公式（铁二院陈光曦）较简明适用：

$$V_C = K H_C^{2/3} I_C^{1/5} \tag{1.15}$$

式中：K 为黏性泥石流流速系数，查表 1.8 取值。

由于黏性泥石流的底泥铺床，运动阻力与沟床特征关系不大，表 1.8 显示 K 仅与泥深负相关，是合理的。

表 1.8 黏性泥石流流速系数 K 值表

H_C/m	＜2.5	3	4	5
K	10	9	7	5

与稀性泥石流流速式（1.6）比较，流速系数 K 是糙率系数（$1/n$）与流速修正系数 $\left(\dfrac{1}{\sqrt{\gamma_H \Phi_C + 1}}\right)$ 的综合；由于 $I_C < 1$，故 $I_C^{1/5} > I_C^{1/2}$，表明纵坡影响流速的权重，黏性泥石流要比稀性泥石流大。当 $I_C = 0.1$ 时，$I_C^{1/5}$ 约为 $I_C^{1/2}$ 的 2 倍。

正由于黏性泥石流的底泥铺床减小了运动阻力，据式（1.15）所得流速一般会比按稀性泥石流公式（1.6）所得流速要大，尤其是泥深较小时。例如，纵比降为 0.1，泥深为 1.0 m、2.5 m 时，据式（1.15）得黏性泥石流流速分别为 6.31 m/s、11.62 m/s；而即使按重度为 1.3 t/m³ 稀性泥石流计，据式（1.6）要算得这两个流速值，糙率系数均应在 25 左右，对天然沟道显然过大。

2）流速系数选取

流速系数 K 的选取是关键，表 1.8 显示流速系数与泥深呈负相关关系，有条件时可试用式（1.17-1）、式（1.16）与表 1.8 相印证。由于式（1.15）中的流速系数仅据泥深取值，故有唯一性，避免了据沟道特征取值所致的随意性，实用性较强。

实际上，除泥深这一主要因素外，黏性泥石流的流速系数还与沟槽特征、黏附层特性有关，统一公式由王裕宜导出[12]：

$$K = \frac{1}{0.033 R_{ns}^{-0.51} \exp(0.34 R_{ns}^{0.17}) \ln h} \tag{1.16}$$

式中：R_{ns} 为泥石流浆体泥沙比（粒径 < 0.05 mm 含量与粒径 > 0.05 mm 含量之比，小数）；
h 为最大泥深（m）。

式（1.16）中，泥深的影响程度比表 1.8 小；泥沙比与流速系数正相关（《指南 2014 版》中误为负相关），即泥石流中固体颗粒愈粗，泥沙比愈小，所得流速系数 K 则愈小。

1.3.2 通用公式与急流公式

1）通用公式

式（1.15）是以东川蒋家沟和大白泥沟等为代表的低阻型泥石流为样本建立的，可能有一定局限性。综合低阻型泥石流、以甘肃武都火烧沟为代表的中阻型泥石流、以西藏古乡沟和云南大盈江浑水沟为代表的高阻型泥石流，康志成等据 3 000 多阵次资料归纳的黏性泥石流流速通用经验公式[2]（1.17）似更具普适性。式中用糙率系数（$1/n_C$）取代流速系数 K，查表 1.9 取值；但取值的变幅甚大，不易操作。

$$V_C = \frac{1}{n_C} H^{\frac{2}{3}} I^{\frac{1}{2}} \tag{1.17}$$

建议：$1/n_C$ 按表 1.9 视纵坡与泥深取值，纵坡较缓时按式（1.17-1）计算。

表 1.9 黏性泥石流 [式（1.17）] 糙率系数（$1/n_C$）表（据文献[2]简化；H 为泥深）

泥石流体特征	沟床特征	流通区纵坡/%	$1/n_C$
泥石流体中石块与浆体呈整体运动状态。石块较大，大小极悬殊，一般粒径 30~50 cm，3~5 m 的约占 20%。龙头几乎全由大石块组成，易停积，流速小于龙身。停积后形成明显垄岗	沟床极粗糙，有巨石，挟树木，多弯道与跌水，无法通行	10~15	平均为 3.57，H > 2 m 时为 2.25
泥石流体中石块与浆体呈整体运动状态。石块较大，一般粒径 20~30 cm，少量 2~3 m。流体搅拌较均匀，龙头紊动剧烈，有烟雾与火花，流速与龙身一致，停积后亦有垄岗堆积	沟床较粗糙，凹凸不平，石块较多，有弯道与跌水	7~10	H < 1.5 m 时为 20~30，平均为 25；H > 1.5 m 时为 10~20，平均为 15
泥石流体搅拌十分均匀，如拌合之混凝土。石块一般粒径 10 cm 左右，偶有 2~3 m 大石。龙头紊动十分剧烈，浪花飞溅。停积后石块与浆体不分离，向四周扩散呈叶片状	沟床较固定，石块较均匀，沟底不平整且粗糙；流水沟两侧基本平顺，但干而粗糙	5.5~7.0	0.1 < H < 0.5 m 时为 23，0.5 < H < 2.0 m 时为 13，2.0 < H < 4.0 m 时为 10
泥石流体搅拌十分均匀，如拌合之混凝土。石块一般粒径 10 cm 左右，偶有 2~3 m 大石。龙头紊动十分剧烈，浪花飞溅。停积后石块与浆体不分离，向四周扩散呈叶片状	泥石流铺床后，在原沟底黏附了一层泥浆体；变得光滑平顺，利于泥石流体运动，可视为人工河槽		0.1 < H < 0.5 m 时为 46，0.5 < H < 2.0 m 时为 26，2.0 < H < 4.0 m 时为 20

与稀性泥石流流速公式（1.6）比较，此式中泥深、坡降的形式与之相同，但取消了流速修正系数 $\left(\dfrac{1}{\sqrt{\gamma_H \varPhi_C + 1}}\right)$；与黏性泥石流的式（1.15）比较，纵坡的权重不同。

周必凡[13]据实验得糙率系数（$1/n_C$）与泥深（H_C，m）的关系为式（1.17-1），适用于流时较长的黏性泥石流，计算值与表 1.9 中第 3 栏基本一致。当 $H_C = 0.1$、0.5、2.0、4.0 时，$1/n_C = 34$、19、11、9。

$$1/n_C = 14.615 H_C^{-0.3654} \tag{1.17-1}$$

2）急流公式

黏性泥石流运动机理复杂，东川泥石流改进公式的流速系数取值显得粗放，理论公式（见后）的碰撞系数、流体内摩擦角取值也难以准确，通用经验公式的糙率系数更难确定。

近年，余斌等[14]引用泥沙不均匀系数 $K(= d_{50}/d_{10})$，用以表征黏性泥石流的运动阻力特征，并与运动速度相关，据云南蒋家沟、浑水沟和甘肃柳弯沟的观测资料，得出计算黏性泥石流平均流速 U（m/s）的经验公式为

$$U = 1.1 (gR)^{\frac{1}{2}} \cdot S^{\frac{1}{3}} \cdot \left(\dfrac{d_{50}}{d_{10}}\right)^{\frac{1}{4}} \tag{1.18}$$

式中：S——沟道纵比降（小数）；

d_{50}、d_{10}——泥沙颗粒中百分比小于 50%、10%的颗粒粒径（mm）。

上式经多沟验证，用于一般急流的黏性泥石流速度计算，计算结果较准确。故通过全粒径分析获取了较准确的 d_{50}、d_{10} 值时，推荐试用。

1.3.3 排导槽黏性泥石流流速

排导槽中黏性泥石流流速计算现尚属空白，由于其运动机理与稀性泥石流有别，也难以在行洪经验的基础上加以修正计算。黏性泥石流在排导槽中铺床，在槽底及槽壁形成黏附层，使之变得光滑平顺，流速几乎与在天然沟道中无异，因此建议试用黏性泥石流通用公式（1.17）计算其流速，但式中泥深 H 改为水力半径 R，$1/n_C$ 按表 1.9 中最后一栏取值并按下述加以修正。

据游勇进行的黏性泥石流水槽实验[15]，平均泥深 $H = 0.29$ m，矩形槽宽 $B = 0.5$ m，故水力半径 $R = (0.29 \times 0.5)/(2 \times 0.29 + 0.5) = 0.134$ m，纵比降 0.11。由表 1.9，$1/n_C$ 取 46，则据式（1.17），得断面平均流速 $V = 4.00$ m/s。实测流速平均值为 2.88 m/s。实

验值为计算值的 72%，即实际的 $1/n_C$ 约为 33.1，为按式（1.17-1）计算的 $1/n_C$（23.0）的 1.44 倍。故 $1/n_C$ 宜按式（1.17-1）计算值的 1.5 倍取值：

0.1 < H < 0.5 m 时 $1/n_C$ = 34，0.5 < H < 2.0 m 时 $1/n_C$ = 20，2.0 < H < 4.0 m 时 $1/n_C$ = 15。

据此所得排导槽流速与稀性泥石流的式（1.6）相近。例如，当泥深为区间中值 0.3 m、1.25 m、3.0 m 时，对重度为 1.8 t/m³ 的泥石流，按稀性泥石流的式（1.6）所算流速与按黏性泥石流的式（1.17）计算结果一致，则其糙率系数应分别取 64、37、28，与修正后的稀性泥石流排导槽糙率系数大体相当。

其实，对会铺槽的黏性泥石流排导槽，流速式（1.17）中的 H 并不必采用水力半径，而仍用泥深，$1/n_C$ 也直接按式（1.17-1）计算。如此，上例的计算流速 V_C = 22.97 × 0.29^{2/3} × 0.11^{1/2} = 3.338 m/s，为实验值 2.88 的 116%。据此流速设计治理工程稍偏于安全，人们还是乐于接受的。

建议：排导槽中黏性泥石流流速按式（1.17）计算，式中泥深改为水力半径，$1/n_C$ 按式（1.17-1）计算值的 1.5 倍计（即《设计规范》[10]之式 B.3）。或者稍偏于安全地直接按式（1.17）+ 式（1.17-1）计算，式中的 H 仍为泥深。

1.4 流速（三）——理论公式

1.4.1 表面流流速理论公式

经比较，表面流流速理论公式较符合实际，且黏性与稀性泥石流均适用，周必凡将公式化简为[16]

$$V_C = \left(0.5 + \frac{2H_C}{3}\right)\sqrt{g \cdot \frac{\sin\theta - \cos\theta \tan\varphi_m}{\alpha}} \cdot \sqrt{H_C} \quad (1.19)$$

式中：H_C 为泥深（m）；

θ 为沟床纵坡（°）；

φ_m 为泥石流体内摩擦角，$\tan\varphi_m$ 一般取 0.04 ~ 0.06；

α 为碰撞系数，黏性泥石流取 0.01 ~ 0.02，稀性泥石流取 0.02 ~ 0.03。

相对于 $\tan\varphi_m$、α 取区间中值，纵坡 100‰时，理论公式 $\tan\varphi_m$ 项区间端值的最大偏差（对《指南 2014 版》有校正）为 9.6%、−10.56%，α 项区间端值的最大偏差为 22.5%、−13.4%（黏性）与 15.5%、−18.4%（稀性）。这比经验公式中糙率系数、流速系数一般取值的人为性要小，可以试用。

建议：在 φ_m、α 取值有据且非极值情况下，可用理论公式（1.19）计算流速。

黏性泥石流实例：对低阻型的蒋家沟和大白泥沟、中阻型的火烧沟，分别按地区经验公式、通用公式（1.17）和理论公式（1.19）的计算流速，并与实测流速对比，文献[16]

所得结果见表 1.10。表中数据显示理论公式误差最小，式（1.15）等地区公式居中，通用公式误差较大。

表 1.10　黏性泥石流流速计算值与实测值（m/s）的对比[16]

泥石流阻力分类	沟名	暴发日期	泥石流实测资料				流速计算值/（误差/%）		
			重度/（t/m³）	纵坡	泥深/m	流速/（m/s）	地区公式	式(1.17)	式(1.19)
低阻型	蒋家沟	1966-06-25	2.13	54‰	4.28	9.22	9.53/3	12.25/33	10.70/16
		1974-07-16	2.21	63‰	2.00	7.36	9.20/25	10.36/41	7.17/-3
	大白泥沟	1959-07-01	2.06	40‰	1.57	4.55	7.10/56	8.65/90	3.85/-15
中阻型	火烧沟	1972-08-26		105‰	2.20	15.0	8.77/-42	7.13/-53	15.53/4
		1973-06-13		105‰	1.18	6.70	7.24/8	6.51/-3	7.44/11

1.4.2　据弯道泥痕高差计算流速的理论公式

上述各泥石流流速计算公式中，都有或类似有糙率系数项 $1/n$，查表或据经验取值。计算的流速值直接与 $1/n$ 成正比，$1/n$ 对流速计算的影响远高于 γ_C、R_C、I 等其他参数，尽量准确地选取 $1/n$ 值，是流速计算的关键。

但不无遗憾的是，各公式的糙率系数表的赋值区间过大（最大与最小相差数倍至十数倍），取值依据繁复，难以据之准确取值，有人为随意性。例如，常用的巴克诺夫斯基糙率系数表，原本是用于河床的，现移用于山区沟床，二者情况有别，据之取值勉为其难。

正因为可成倍左右流速计算结果的糙率系数取值相当困难，有必要尽量创造条件，据弯道泥痕高差，采用流速公式计算流速（进而用形态勘查法印证峰值流量）。该公式系理论推导式，无糙率系数项，严谨而避免了人为性。

根据弯道泥痕调查所得凹、凸岸泥痕之高差值 ΔH（m），在前人工作的基础上，归纳出据之计算流速的理论公式如下[17]：

稀性泥石流：
$$V = \sqrt{R \cdot g \cdot \left(\frac{\Delta H}{B} - \tan\varphi\right)} \qquad (1.20)$$

黏性泥石流：
$$V = \sqrt{R \cdot g \cdot \left(\frac{\Delta H}{B} - \tan\varphi - \frac{c}{H \cdot \gamma \cdot \cos^2\theta}\right)} \qquad (1.21)$$

式中：V——断面平均流速（m/s）；

R——沟道中心曲率半径（m）；
g——重力加速度（m/s²）；
B——水流断面宽度（m）；
φ、c——泥石流流体的内摩擦角（°）、内聚力（kN/m²），据附录1.1估算；
θ——泥面倾角（°）；
H——平均泥深（m）；
γ——流体重度（kN/m³）。

如果φ、c值难以获取，考虑可能发生洪流冲刷，可偏于安全地按洪水公式计算。

$$v = \sqrt{R \cdot g \cdot \frac{\Delta H}{B}}$$ （《勘查规范》J.3.1误将此式表述为泥石流流速） （1.22）

案例：据游勇进行的黏性泥石流水槽实验[15]，得计算参数$\Delta H = 0.475$ m，$H = 0.29$ m，$R = 1.2$ m，$B = 0.5$ m，$\theta = 43.5°$，$\gamma = 20$ kN/m³；据相同重度流体的剪切试验，$\varphi = 4.5°$，$c = 0.088$ kN/m²。

据式（1.21），得断面平均流速：

$$v = \sqrt{1.2 \times 9.81 \times \left(\frac{0.475}{0.5} - \tan 4.5° - \frac{0.088}{0.29 \times 20 \times \cos^2 43.5°} \right)} = 3.149 \text{ m/s}$$

实测流速平均值为2.88 m/s，计算值比实验值大9.3%。

如按洪水公式（1.22）计算，则$v = \sqrt{1.2 \times 9.81 \times \frac{0.475}{0.5}} = 3.344$ m/s，比按黏性泥石流计算值大6.2%，偏于安全。

建议：流体的抗剪强度指标选取有据时，用式（1.20）、式（1.21）计算流速；如偏于安全，则可用式（1.22）计算流速，进而按式（1.36）计算流量。

1.5 峰值流量（一）——设计暴雨清水流量

峰值流量为最大洪峰流量，是泥石流治理工程结构设计的重要依据，又是计算泥石流总量和固体物质冲出量的基础。对沟道各节点和各工程部位按剖面分段进行计算。

在重度相同和无渗流的情况下，下一断面流量应比上一断面流量大。不能以下一断面上游全部汇水面积产流和两断面间沟段的重度、堵塞系数来计算通过该断面的泥石流流量，下一断面流量应为上一断面流量与两断面间汇水面积产流之和（详见1.9.3）。

设计暴雨清水流量是计算泥石流峰值流量的基础。建议：西南山区宜采用西南小流域公式（1.28）计算，以推理公式印证；其他地区采用推理式（1.23）或式（1.24）计算。

1.5.1 推理公式

频率为 P 的设计暴雨清水流量 Q_P（m³/s），可按水科院推理公式计算[11]。

$$Q_P = 0.278\alpha \cdot \left(\frac{S_P}{\tau^n}\right) \cdot F \tag{1.23}$$

式中：α——洪峰流量系数。当全面汇流，产流历时 $t_c \geq$ 汇流时间 τ 时，上式变为

$$Q_P = 0.278 \cdot \left(\frac{S_P}{\tau^n} - \mu\right) \cdot F \tag{1.24}$$

当部分汇流，$t_c < \tau$ 时，式（1.23）中 α 按式（1.25）计算：

$$\alpha = n(t_c / \tau)^{1-n} \tag{1.25}$$

$$t_c = \sqrt[n]{(1-n) \cdot \frac{S_P}{\mu}} \tag{1.26}$$

S_P——暴雨参数。$S_P = H_{tP}t^{n-1}$，$H_{tP} = K_P H_t$；当采用 H_{24} 时，$S_P = H_{24P}(24)^{n-1}$，$H_{24P} = K_P H_{24}$。K_P 按表内插取值，H_{24} 查地区等值线图选用。

τ——流域汇流时间（h）：

$$\tau = 0.278 \frac{L}{m \cdot \sqrt[4]{Q_P} \cdot \sqrt[3]{I}} \tag{1.27}$$

其中：L 为流域全长（km），I 为平均比降，m 为汇流参数（查图选用）。

n——暴雨参数，查地区等值线图选用。

μ——损失参数，查图或计算确定。当 $t_c > 24$ h 时，$\mu = (H_{24} - h_{24})/24$。$h_{24}$ 为 24 h 降雨的径流深，查图表确定。

F——汇水面积（km²）。

由于近年气候异常，暴雨频发，应采用最新颁布的包含近期极端气候资料序列所重新厘定出的不同频率的雨量标准。其同一频率的雨量会有所增大，计算流量会相应增大。

1.5.2 西南小流域公式

推理公式普适性较强，相对于地区公式则误差可能较大。对西南山区的泥石流小流域，铁二院提出的采用小时雨强的西南地区小流域流量计算公式（1.28）则较简明适用[11]，更有针对性。

$$Q_m = 0.278 \cdot F \cdot C \cdot a_m \cdot y_m \tag{1.28}$$

式中：Q_m——暴雨洪峰流量（m³/s）。

F——流域面积（km²）。

C——产流系数，按表 1.11 取值。

表1.11 产流系数 C 值[18]

土壤名称	土壤等级	含沙量/%	C		
			前期大雨	前期中雨	前期小雨
黏土，山地草甸土	II	5~15	0.90	0.80	0.60
紫色土，黄壤，红壤，砂黏土	III	15~35	0.85	0.75	0.55
棕壤，褐土，生草黏砂土	IV	35~65	0.80	0.65	0.50
黏砂土，生草的沙	V	65~85	0.60	0.50	0.40
沙	VI	85~100	0.45	0.35	0.25

a_m——设计频率的最大小时暴雨强度（mm/h），查等值线图取值，无图时可按式（1.29）换算。

$$a_m = 6^{n_1} S \qquad (1.29)$$

其中：n_1 为短历时暴雨强度衰减指数，S 为设计频率一小时降雨量（mm），均从水文手册查取。

y_m——最大径流函数，据径流因子 γ 从图1.4或表1.12内插取值。γ 据式（1.30）计算：

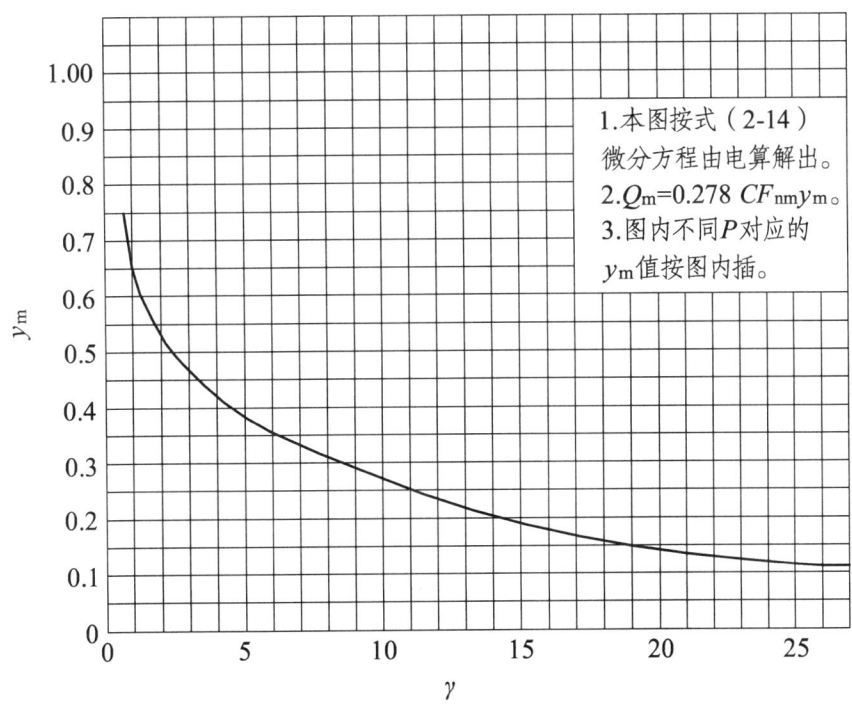

图1.4 据径流因子 γ 的最大径流函数 y_m 算图（文献[18]中图2.6）

表 1.12 最大径流函数 y_m 值（据图 1.4 查制）

γ	0.7	1.0	2.0	4.0	6.0	10.0	15.0	20.0	25.0	27.0
y_m	0.750	0.650	0.530	0.425	0.360	0.275	0.195	0.145	0.122	0.115

$$\gamma = 0.36 \cdot a_m^{0.4} \cdot \tau \quad (1.30)$$

$$\tau = \frac{L^{0.72}}{1.2 A_1^{0.6} I^{0.21} F^{0.24} a_m^{0.24}} \quad (1.31)$$

其中：τ 为流域最远点到达出口断面之径流运动时间（h）；L 为流域分水岭沿流程至计算断面处之沟道长（km）；A_1 为阻力系数，从表 1.13 取值；I 为流域平均坡度（小数），等于平均高程与计算断面高程之差除以两者间沟道长之商，详见图 1.6。

表 1.13 阻力系数 A_1 值[18]

地貌与河（沟）槽情况	A_1
山坡陡峻，森林竹林茂密；沟谷多为旱地，河槽乱石交错，沟槽陡峻	1.0
中密竹林或树林山坡；沟谷为稻田与旱地，大卵石沟槽	1.0~1.5
一般山坡，有灌木杂草和旱地；沟谷有少量稻田，沟道中等弯曲，砂或卵石沟槽	1.5~2.0
坡面平缓，有少量小树；沟道较顺直，两侧为稻田，小卵石或砂质沟槽	2.0~2.5
坡面光秃，有稀少杂草；流域大部为稻田，沟道顺直，细砂或泥质沟槽	2.5~3.0

算例：已知西南某小流域之 $F = 4.94 \text{ km}^2$，$L = 3.63 \text{ km}$，$I = 0.16$，查表 1.13 得 $A_1 = 1.25$，查表 1.11，得 $C = 0.85$（紫色土，前期大雨），查等值线图得 20 年一遇最大暴雨强度 $a_m = 80 \text{ mm/h}$，则据式（1.31）：

$$\tau = 3.63^{0.72}/(1.2 \times 1.25^{0.6} \times 0.16^{0.21} \times 4.94^{0.24} \times 80^{0.24}) = 0.645 \text{ h}$$

再据式（1.30），$\gamma = 1.340$；据 γ 内插图 1.4 或表 1.12，得 $y_m = 0.609$；最后据式（1.28），得

$$Q_{5\%} = 0.278 \times 4.94 \times 0.85 \times 80 \times 0.609 = 56.9 \text{ m}^3/\text{s}$$

1.5.3 清水流量计算中其他注意问题

1）计算公式的适用条件

《指南 2014 版》中推荐了水电推理公式和铁路西南小流域公式，两式的适用条件对比于表 1.14。

表1.14 水电推理公式和铁路西南小流域公式适用条件对比

适用条件	水电推理公式	铁路西南小流域公式
流域性质	建水电站的大江河	建铁路小桥涵的沟谷小流域
流域形态	概化为矩形	一般为扇形与菱形
暴雨强度指标	24 h 雨强	小时雨强
产流量	降雨-渗流	降雨-渗流+补给

泥石流沟为非矩形的小流域，在西南山区采用铁路西南小流域公式较合适。

西北、华北、华南山区则可分别采用铁一、三、四院的小流域暴雨径流公式，参见文献[11]。对流域面积大于 50 km² 的小河，用水电推理公式较合理。

2）水电推理公式的两种形式

水电推理公式的一般式中，据汇流范围，α有两种表达式，进而推理公式也有两种形式：

（1）流域全面汇流，产流历时 $t_c \geqslant \tau$：

$$\alpha = 1 - \frac{S_P}{\mu}\tau^n \tag{1.32}$$

代入式（1.23），则得前述式（1.24）：

$$Q_P = 0.278 \cdot \left(\frac{S_P}{\tau^n} - \mu\right) \cdot F$$

（2）泥石流往往为局地暴雨诱发，仅部分汇流，$t_c < \tau$，则得（1.25）式：

$$\alpha = n \cdot \left(\frac{t_c}{\tau}\right)^{1-n}$$

此时式（1.23）改为

$$Q_P = 0.278 \cdot \alpha \cdot \left(\frac{S_P}{t_c^n}\right) \cdot f \tag{1.33}$$

式中：f 为形成洪峰流量的那部分流域面积（km²）。

3）损失参数 μ 的两种形式

（1）当产流历时 t_c 大于 24 h 时：

$$t_c = \frac{H_{24} - h_{24}}{24} \quad (1.34)$$

式中：H_{24} 为 24 h 雨量（mm）；

h_{24} 为 24 h 降雨的径流深（mm）。

（2）泥石流小流域产流历时 t_c 往往小于 24 h，此时：

$$t_c = (1-n) \cdot n^{\frac{n}{1-n}} \cdot \left(\frac{S_P}{h_{24}^n}\right)^{\frac{1}{1-n}} \quad (1.35)$$

1.6 峰值流量（二）——泥石流峰值流量 Q_C[19]

1.6.1 公式

有雨洪法和形态调查法。

1）形态调查法

$$Q_C = W_C V_C \ (\text{m}^3/\text{s}) \quad (1.36)$$

式中：W_C——泥石流过流断面面积（m²），据残留泥痕和沟道断面计算。泥痕应区别于溅痕并不宜选在下切沟段，否则结果会偏大。只有在可恢复原沟道断面时方可采用下切沟段泥痕进行计算。

V_C——泥石流断面平均流速（m/s），直道据流速公式计，弯道据超高公式计（见 1.4.2）。

2）雨洪法

$$Q_C = (1 + \Phi_C) Q_P D_C \quad (1.37)$$

式中：Φ_C——泥石流泥沙修正系数，据式（1.6-2）计；

Q_P——频率为 P 的设计暴雨清水流量（m³/s）；

D_C——泥石流堵塞系数，见表 1.15。

表 1.15 泥石流堵塞系数 D_C 值

堵塞程度	特征	堵塞系数 D_C	容重 /(t/m³)	黏度 /(Pa·s)
严重	河槽弯曲，河段宽窄不均，卡口、陡坎多。大部分支沟交汇角度大，形成区集中。物质组成黏性大，稠度高，沟槽堵塞严重，阵流间隔时间长	>2.5	1.8~2.3	1.2~2.5
中等	沟槽较顺直，沟段宽窄较均匀，陡坎、卡口不多。主支沟交角多小于60°，形成区不太集中。河床堵塞情况一般，流体多呈稠浆~稀粥状	1.5~2.5	1.5~1.8	0.5~1.2
轻微	沟槽顺直均匀，主支沟交汇角小，基本无卡口、陡坎，形成区分散。物质组成黏度小，阵流的间隔时间短而少	<1.5	1.3~1.5	0.3~0.5

讨论：式（1.36）计算的关键是确定流速时的糙率选取；有弯道泥痕的，应据理论公式确定流速，避免糙率选取的人为性，偏于安全以式（1.22）为宜。式（1.37）计算的关键是确定清水流量（重度 1.0 t/m³）和选取堵塞系数。

建议：有残留泥痕的按形态调查法公式（1.36）、式（1.22）计算，无泥痕时用雨洪法公式（1.37）计算。

1.6.2 堵塞系数

正确选用堵塞系数 D_C 是流量计算的关键，一般可据沟道特征与泥石流重度查表 1.15 选用，即轻微堵塞 D_C < 1.5（但不小于 1.0）、中等堵塞 D_C = 1.5~2.5、严重堵塞 D_C > 2.5（但不大于 4.0）。

对各计算节点，堵塞系数分别据实按节点以上全沟段平均计取，可以有所区别。堵塞系数与堵塞时间、泥石流流量有关，据此阵性黏性泥石流堵塞系数也可用以下东川地区两经验式[2]计算印证：

$$D_C = 0.87 t^{0.24} \quad (1.38)$$

$$D_C = 5.8 / Q_C^{0.21} \quad (1.39)$$

式中：t——堵塞时间（s）；

Q_C——泥石流流量（m³/s）。

震区崩滑体常堵沟，堵塞系数多已超出查表范围。因此，必须评判主要崩滑体的稳定性与堵沟的可能性，作为提高堵塞系数取值的依据。另一方面，如设计中已考虑崩滑体固源措施，则堵塞系数不能套用自然沟道，取值应有所降低。

1.6.3 峰值流量计算的悖论与建议

1）计算的峰值流量向下游减小的悖论与原因分析

对泥石流沟中的节点和拟设工程部位均要计算泥石流峰值流量，作为拦排工程设计的依据。但在勘查报告审查中，常发现用雨洪法计算所得下游断面的峰值流量小于上游断面，有的是泥石流峰值流量向下游断面减小，有的则是清水流量即向下游断面减小。

在无渗流的通常情况下，清水流量应向下游逐渐增大；在不大量沉积的通常情况下，泥石流峰值流量也应向下游增大。出现下游断面的峰值流量小于上游断面的计算结果，是一个悖论。

出现这一悖论的原因是计算参数的取值问题，包括以下两方面：

一是分段取值，即计算下游断面流量时，按其与上一断面之间的范围取值（详见后述）。

二是断崖式取值，即在查图、表时，上、下游断面处于分界线的两边，分别取值形成断崖式差异，这对计算流量的影响是显而易见的，包括暴雨强度 S_P、汇流参数 m、暴雨参数 n 等。

2）计算参数分段取值的问题与改正

常见的分段取值问题出现在平均比降与堵塞系数中，分别影响清水流量与泥石流峰值流量的合理计算。

（1）平均比降取值方法对清水流量计算的影响[11]。

要强调的是，水电系统推理公式中的平均比降 I 是"沿最远流程的平均比降"，即各计算断面均应从沟头起算平均比降，而不能采用两断面间的比降。据推理公式，清水流量 $Q_P \propto (1/\tau^n)$，而 $\tau \propto 1/I^{1/3}$，故 $Q_P \propto I^{n/3}$。

比如，西藏加马其美沟（图1.5）A 断面以上与以下，主沟长度比为 4∶1，汇水面积比为 10∶0.7，主沟平均比降比为 2.6∶1，则比降参数所致 A 断面流量与沟口流量之比 K 应为 $(1/2.6 = 0.386)^{n/3}$。设 $n = 0.6$，则 $K = 0.826$，即比降取值不当这一因素就使计算的沟口流量比 A 断面减小 17.4%；即使从沟口断面起算的汇水面积 F 增大 7%（$Q_P \propto F$），计算流量仍会比 A 断面小约 10%，呈现计算流量向下游减小之惑。

因此，计算下一断面流量所用平均比降值也应从沟头起算，全程平均。上例中，沟头至沟口的平均比降与沟头至 A 断面平均比降之比为 [（2.6×4+1×1）/（4+1）]/2.6 =

87.7%，$K = 0.877^{0.2} = 0.974$，即比降因素使计算的沟口流量比 A 断面减少 2.6%；但汇水面积大 7%，计算的沟口流量仍会比 A 断面大约 4.4%，解流量计算之悖。

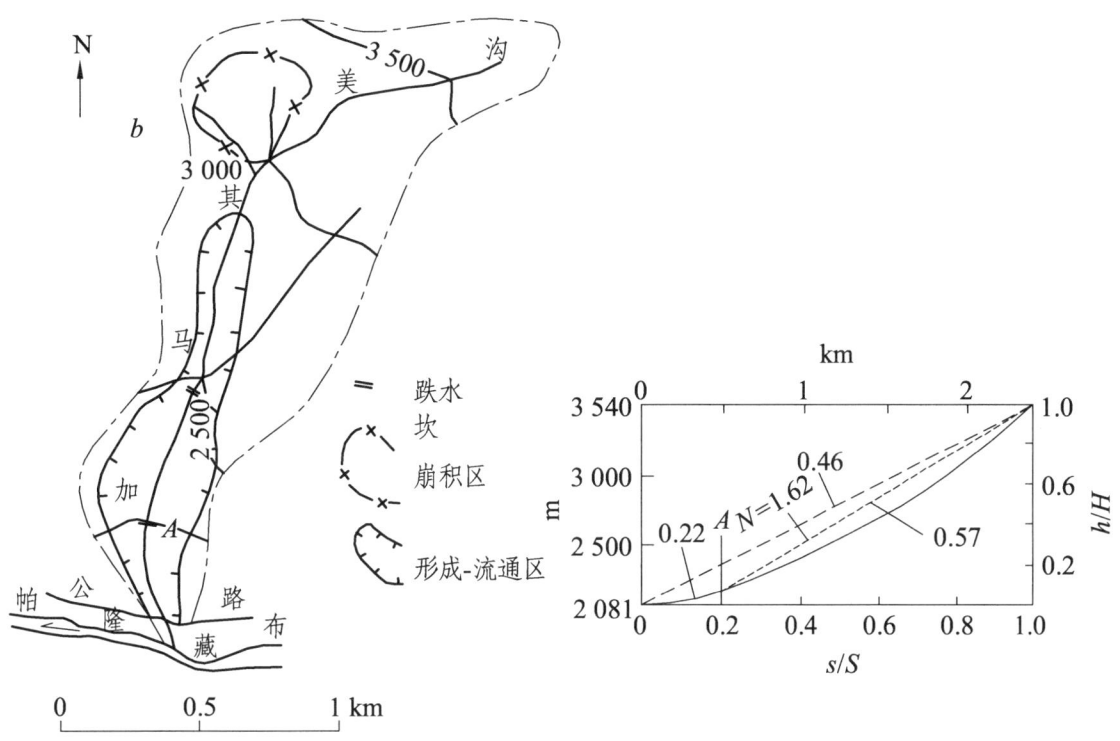

图 1.5　西藏加马其美沟平均比降取值图示

此外要注意，铁路系统西南公式中平均比降 I 的计算方法与水电公式有别，系以位于计算断面以上的全流域平均高程 $\overline{H}$ 处作为计算之起点，即 $I = (\overline{H} - $ 计算断面处高程$)$/计算断面至平均高程处的沟长 l_0（图 1.6 左）；也可简化按面积补偿法计算（图 1.6 右）。对下凹形沟道纵剖面，铁路西南公式所采用的平均比降要比水电公式的小。

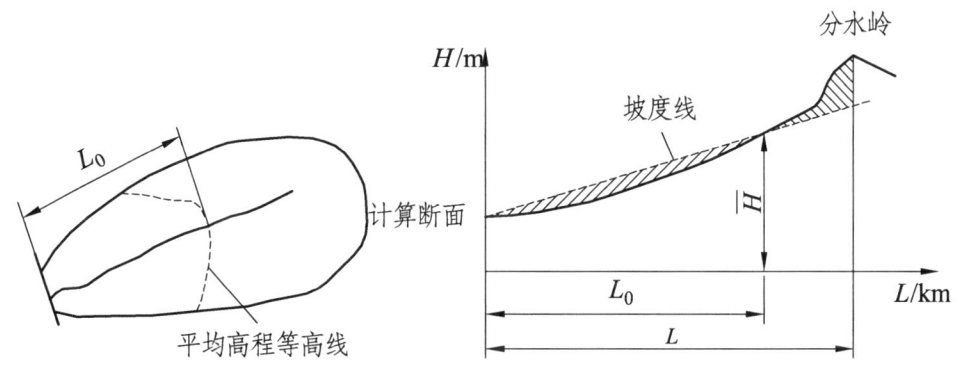

图 1.6　西南公式中平均比降 I 的计算方法[11]（$\overline{H}$ 竖线两侧的斜影区面积相等）

（2）**堵塞系数取值方法对泥石流峰值流量计算的影响。**

堵塞系数也不能分段取值，否则会导致计算的泥石流峰值流量失常。例如，从沟头至上一断面沟段与上下两断面间相比，堵塞系数为1.2倍，清水流量为0.9倍，则计算的泥石流峰值流量之比为（1.2×0.9）∶1，即1.08∶1。此时，上一断面计算流量比下一断面大8%，出现计算泥石流流量向下游减小的失误。

因此，任何计算断面均应从沟头综合选取堵塞系数值，全程加权平均。上例中沟头至上、下两断面处的沟长之比为9∶10，从沟头起算的下断面堵塞系数的加权平均比值应为（9×1.2+1×1）/10 = 1.18，则计算的泥石流峰值流量之比变为（1.2×0.9）∶（1.18×1），即1.08∶1.18，计算流量合理地向下游增大9.3%。

1.7 凹岸水位超高计算

泥石流排导槽、防护堤等排护工程在弯道凹岸要考虑泥位超高，即超出沟道中线处泥位的高度，据此加高凹岸的排护工程。但在《指南2014版》与《勘查规范》中，凹岸超高计算公式的表述还不够严谨，应予校正并进一步探讨。

1.7.1 原推荐弯道超高公式的问题与校正

1）公式（图1.7）

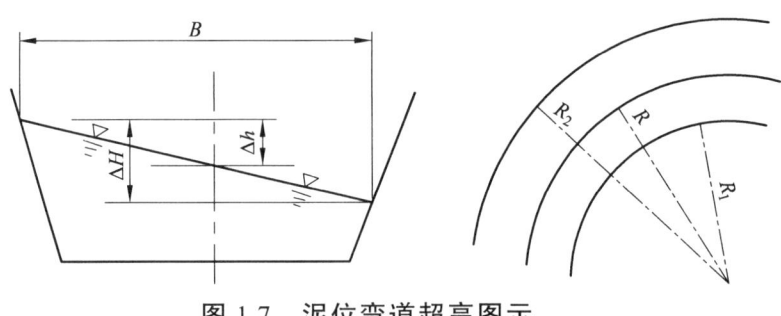

图1.7 泥位弯道超高图示

《指南2014版》与两版泥石流勘查规范（2006，2018）推荐了计算弯道水位超高的水山高久实验公式[20]：

$$\Delta H = a \cdot \frac{B \cdot V_C^2}{R \cdot g} \tag{1.40}$$

（式中 a 现多偏于安全取2.0）和王韦的理论公式[21]：

$$\Delta H = \frac{V_C^2}{g}\ln\frac{R_2}{R_1} = 2.3\frac{V_C^2}{g}\lg\frac{R_2}{R_1} \tag{1.41}$$

式中：R_2、R_1、R——凹岸、凸岸、沟道中心线的曲率半径（m）；

　　　V_C——泥石流流速（m/s）；

　　　B——泥石流表面宽度（m）。

由于对两公式的理解尚不够全面，对比也不够严谨，导致计算结果的偏差较大。

2）问题

（1）两公式的 ΔH 为弯道水位高差值。

弯道高差 ΔH 为凹岸与凸岸的水位之差，不是通常的凹岸超高 Δh（凹岸水深与沟道中线处水深之差），ΔH 应为 Δh 的 2 倍。

（2）两公式 V_C 的取值不同。

实验公式的流速 V_C 为断面平均流速；而理论公式的流速 V_C 为流核的平均流速（对泥流）或表面的液相流速（对稀性泥石流），其值都比断面平均流速大。

（3）理论公式不针对黏性泥石流。

上述理论公式是针对泥流或稀性泥石流推导出的，针对黏性泥石流的理论公式为[19]

$$\Delta H = \frac{B \cdot V_C^2}{R \cdot g} \tag{1.42}$$

形式同清水流，但流速 V_C 采用表面流速。

3）校正

（1）由于表面流速比断面平均流速大，且现尚未见表面流速的简易计算公式，因此应用理论公式是有条件的。

如有条件获取泥石流的表面流速，则对稀性泥石流用公式（1.41）、对黏性泥石流用公式（1.42）计算弯道两岸的水位高差 ΔH，但应取 ΔH 的一半作为真正的凹岸超高值。

（2）当未知泥石流的表面流速，而采用断面平均流速试用水山高久实验公式计算凹岸超高值时，也应注意以下使用条件。

① 水山高久的实验是针对稀性泥石流的；

② 水山高久实验公式是在清水流理论公式 $BV_C^2/(R \cdot g)$ 的基础上乘以针对泥石流的调整系数 a，计算值为清水流的 a 倍。

③ a 取值与 R/B 有关，在实验条件 $R/B = 5$ 时，在 $\Delta H/2$ 与 $BV_C^2/(R \cdot g)$ 的散点图（文献[20]之图 8）中，实验点位于 $a = 0.5$ 与 $a = 1.65$ 两线之间。故 a 可偏于安全地取 1.65，

a 取 2.0 则偏大，即

$$\Delta h = \frac{1}{2} \cdot \frac{1.65 \cdot B \cdot V_C^2}{R \cdot g} \quad (1.40\text{-}1)$$

④ 实验值与其现场观测值尚有较大差异，现场观测所得的 a 最高可达 10，故此式应在试用验证 a 的取值后方宜纳入规范。

4）最大超高出现位置

近年来，山地所的模型试验显示[22]，泥石流进入弯道后逐渐产生超高，顺弯道转过一定的幅角后超高才升到最大，而后又逐渐降低。

例如，黄远红等[23]用转角 90°、半径 1.2 m、沟宽 0.4 m 的模型进行的试验表明，最大超高出现的幅角对黏性、亚黏性、稀性泥石流分别为 45°、60°、75°，即最大超高位置随泥石流重度的减小而变远。

据此，凹岸工程超高的渐变段宜设于最大超高段（建议在转角较大时以最大超高点上下游约 15°幅角段计）与直道沟段之间。

1.7.2 其他理论公式

1）清水流凹岸超高公式

根据离心力与横向力平衡，可推导出清水流凹岸超高 Δh 计算公式[20]：

$$\Delta h = \frac{B \cdot V_C^2}{2 \cdot R \cdot g} \quad (1.43)$$

式中：V_C——泥石流断面平均流速（m/s）；
　　　g——重力加速度（m/s²）。

笔者主编的《中国山区道路灾害防治》[24]将此式应用于泥石流，结果会偏小，特此校正。

2）黏性泥石流弯道高差公式

周必凡等[13]推导出黏性泥石流弯道两岸水位高差 ΔH 的计算公式：

$$\Delta H = B \cdot \left(\frac{V_C^2}{R \cdot g \cdot \cos\theta} + \tan\varphi \right) \quad (1.44)$$

式中：θ——水面斜度（°）；
　　　φ——泥石流体内摩擦角（°）。

1.7.3 公式的修正[17]

泥石流与清水流不同,其流体内的高黏性和固相颗粒体间摩擦碰撞的离散切力,使其运动阻力甚大,其弯道超高计算模式理应考虑黏性和粒间切力的影响。

借用黏聚力和内摩擦角来分别表征流体黏性和粒间切力的影响,按照离心力与横向力平衡的思路,可推导出泥石流凹岸超高计算式(1.45),推导过程见附录1.2。

$$\Delta h = \frac{B}{2} \cdot \left(\frac{V_C^2}{R \cdot g} + \tan\varphi + \frac{c}{H \cdot \gamma \cdot \cos^2\theta} \right) \quad (1.45)$$

式中:B、θ——泥石流表面宽度(m)与水面斜度(°);
V_C、H——泥石流断面平均流速(m/s)与平均泥深(m);
R——沟道中心线的曲率半径(m);
g——重力加速度(m/s^2);
φ、c、γ——泥石流体的内摩擦角(°)、黏聚力(kPa)与重度(kN/m^3);c、φ取值[16]参考附录1.1,建议取值:稀性泥石流$\varphi \leqslant 4°$,黏性泥石流$\varphi = 4° \sim 10°$(γ大则取大值),$c \geqslant 0.07 \sim 0.10$ kPa。

1)黏性泥石流

黏性泥石流体的黏度和颗粒间的离散切力都较大,同时考虑这两方面阻力的式(1.45)首先适用于黏性泥石流。

2)稀性泥石流

稀性泥石流体的黏度小,黏聚力可忽略,即式(1.45)中$c/(H\gamma\cos^2\theta)$项为0,故其凹岸超高式为

$$\Delta h = \frac{B}{2} \cdot \left(\frac{V_C^2}{R \cdot g} + \tan\varphi \right) \quad (1.46)$$

3)泥流

泥流流体的粒间离散切力可忽略,即式(1.45)中$\tan\varphi$项为0,故其凹岸超高式为

$$\Delta h = \frac{B}{2} \cdot \left(\frac{V_C^2}{R \cdot g} + \frac{c}{H \cdot \gamma \cdot \cos^2\theta} \right) \quad (1.47)$$

1.7.4 实例验证

1)黏性泥石流

据游勇[15]进行的黏性泥石流水槽实验:断面平均流速取两次实验的平均值 $V_C =$

（2.75 + 3.01）/2 = 2.88 m/s；平均泥深 H = 0.290 m；水槽中心曲率半径 R = 1.2 m；泥面宽度 B = 0.5 m；泥面斜度 θ = 43.5°；流体重度 γ = 20 kN/m³。据相同重度流体的剪切试验[16]，内摩擦角 φ = 4.5°，黏聚力 c = 0.088 kPa。

据式（1.45），得凹岸泥位超高：

$$\Delta h = \frac{0.5}{2} \cdot \left(\frac{2.88^2}{1.2 \times 9.81} + \tan 4.5° + \frac{0.088}{0.29 \times 20 \times \cos^2 43.5°} \right) = 0.406 / 2 = 0.203 \text{ m}$$

实测凹、凸岸泥位高差取两次平均值：ΔH =（0.50 + 0.45）/2 = 0.475 m，凹岸超高 $\Delta h = \Delta H/2 = 0.2375$ m。计算值比实验值小 14.5%。

如按实验公式（1.40），a 取 1.65，则 ΔH = 0.581 m，Δh = 0.2905 m，比实验值大 22.3%。

如按原理论公式（1.44），得 Δh = 0.2625 m，比实验值大 10.5%。

对利子依达沟 1981 年 7 月 9 日泥石流凹岸超高的计算与印证见附录 1.1 之 3）。

此外，黄远红等[23]通过模型试验认为，式（1.45）用于黏性泥石流，平均实验误差小于其他公式，仅为 13%。

2）稀性泥石流

四川省汶川县磨子沟 2005 年 8 月 17 日暴发稀性泥石流，流体重度为 15 kN/m³，勘测所得参数如下[25]：

（1）凸岸曲率半径为 10.3 m，凹岸曲率半径为 13.3 m，沟道中心曲率半径 R = 11.8 m。

（2）泥面宽度 B = 13.3 − 10.3 = 3.0 m。

（3）按经验公式所得流速 V_C = 3.513 m/s。

据经验，内摩擦系数 $\tan\varphi$ = 0.07，则据式（1.46），算得凹岸泥位超高：

$$\Delta h = \frac{3.0}{2} \cdot \left(\frac{3.513^2}{11.8 \times 9.81} + 0.07 \right) = 0.265 \text{ m}$$

实测弯道两岸泥位高差 ΔH = 0.5 m，凹岸超高 Δh = 0.25 m，计算值比实验值大 6.0%。

如按实验公式（1.40），a 取 1.65，则 ΔH = 0.528 m，Δh = 0.264 m，比实验值大 5.6%；如 a 仍取 2.0，则 ΔH = 0.640 m，Δh = 0.320 m，比实验值大 28.0%。

如按原理论公式（1.41），表面流速为 4.38 m/s，ΔH 才为 0.5 m；按平均流速 3.513 m/s，则 Δh 为 0.161 m，比实验值小 35.6%。

此外，黄远红等[23]的模型试验表明，式（1.46）用于稀性泥石流，平均实验误差偏小 28%。

结论：计算凹岸超高，采用断面平均流速时，对黏性泥石流用式（1.45），对稀性泥石流用式（1.46）或水山高久修正式（1.40-1）；有条件采用表面流速时，方对黏性泥石流用式（1.42），对稀性泥石流用式（1.41）。

1.8 一次泥石流过程总量与堆积体积

1.8.1 一次泥石流过程总量

一次泥石流过程总量包括泥石流流体总量和固体物质冲出总量，是确定拦沙或停淤规模和预测主河次生灾害之依据。泥石流流体总量据式（1.48）计，固体物质冲出总量按式（1.50）计。

1）泥石流流体总量

一次泥石流流体总量 Q 据峰值流量和历时的简化公式（1.48）计算[13]：

$$Q = 19TQ_C/72 \quad (\text{m}^3) \tag{1.48}$$

式中：T——泥石流历时（s），多据调查访问确定，对连续流也可据式（1.31）估算流过主沟全长所用的时间；

Q_C——泥石流峰值流量（m³/s）。

此式系将流量过程线简化成多边形而导出，对于有多条支沟暴发泥石流的大型泥石流沟，支沟多次汇流，且支沟口和沿主沟均有泥沙沉积，流量沿程增减变化大而频繁，公式（1.48）难免有误差，且结果偏小。此时应主、支沟分别计算，主沟的一次泥石流流体总量应包含沉积泥沙量。

有经验式供参考：

$$Q_C = 0.0188Q^{0.79} \tag{1.49}$$

2）固体物质冲出总量

一次泥石流冲出的固体物质总量 Q_H 按式（1.50）计算：

$$Q_H = Q \cdot \frac{\gamma_C - \gamma_W}{\gamma_H - \gamma_W} \quad (\text{m}^3) \tag{1.50}$$

式（1.50）中的泥石流流体总量 Q，如按出山口峰值流量算得，则式（1.50）所得仅为沟口扇上一次泥石流冲出的固体物质总量，还应加上支沟口和沿主沟的沉积泥沙量。

计算中，固体物质的重度 γ_H 取 26.5～27.0 kN/m³，未考虑堆积后颗粒间的空隙，所得一次泥石流冲出固体物质总量是无空隙的量，小于实际堆积体积，以此作为确定拦停工程库容的依据偏于不安全，这是泥石流拦沙坝设计库容不足，以致迅速淤满失效的原因之一（另外的原因是一次泥石流冲出固体物质总量、回淤纵坡不准确进而导致库容的计算不准）。

1.8.2 堆积体积

Q_H 为流体中的固体物质总量，未考虑堆积后的孔隙，不能等同于堆积体积。正如游勇所指出的，泥石流堆积是多孔的，体积应比粒间无孔时更大。因此，应将一次泥石流固体物质堆积体积 V_H 作为另一个泥石流勘查参数，作为厘定拦沙坝和停淤场库容的真实依据。

据 Q_H 确定堆积体积 V_H（m³），包括拦沙坝和停淤场库容时，应据孔隙率 n，按式（1.51）计算。

$$V_H = \frac{Q_H}{1-n} \quad (1.51)$$

式中：n 为堆积体之孔隙率，通过对现有泥石流堆积的分析来获取。

当然，如果现场有条件测试出泥石流堆积体的容重 ρ_H（包含孔隙的单位体积的重量，kN/m³），则可用以代替式（1.50）中的 γ_H，其计算的结果即为堆积体积 V_H。

为实用计，对只设排导、停淤工程的泥石流沟，勘查中一次泥石流堆积的体积 V_H 包括沟口扇上该次泥石流堆积及入主河被冲蚀的堆积。对设有拦沙、固床工程的泥石流沟，则还应包括支沟口和主沟沟床的该次堆积。

1.9 泥石流冲击参数

泥石流冲击参数包括泥石流流体冲压力和巨石冲击力、泥石流冲起高度与爬高，分别是拦沙坝结构检算和排护工程高度确定的力学依据。

对稀性泥石流，流体冲压力一般不控制，分算水的侧压力和巨石冲击力即可；对黏性泥石流，对流体冲压力和巨石冲击力除分算外，还因水石难分，而综合流体冲压力和巨石冲击力，进而简易地合算为泥石流总的冲击力。

1.9.1 泥石流流体冲压力

计算泥石流流体冲压应力 δ，现《勘查规范》和《指南 2014 版》中推荐采用的铁二院陈光曦（成昆、东川两线）公式（1.52）[26]，虽是针对泥石流体对桥墩台的冲击，但仍具一定的普适性，现又无其他替代公式，建议仍采用。

$$\delta = \lambda \cdot \frac{\gamma_C}{g} \cdot V_C^2 \sin\alpha \quad (\text{kPa}) \tag{1.52}$$

式中：λ——建筑物形状系数，圆形 1.0，矩形 1.33，方形 1.47，对拦沙坝，水流冲压时宜取 1.47，水石合算冲击时取值提高，详见 1.9.3；

γ_C——泥石流重度（kN/m³）；

V_C——泥石流断面平均流速（m/s）；

α——泥石流冲击角度（°），正冲时 $\sin\alpha = 1$。

泥石流流体冲压力 δ 是应力单位（kPa），乘以泥深后方得单位长度所受的力（kN/m）。

此外，对黏性泥石流，魏鸿[27]通过试验，提出了龙头冲击力公式。因其计算参数不易厘定，似难应用。曾超等[28]应用水动力公式，引入弗劳德数 Fr 对公式中的系数进行拟合，所得泥石流流体的动压力经验式，尚待验证。

1.9.2 巨石冲击力

巨石冲击力采用公式（1.53）计算；能确定撞击接触面积时，则采用理论公式（1.54）计算。

1）建议公式

现《勘查规范》和《指南 2014 版》中推荐采用的铁二院陈光曦（成昆、东川两线）公式[26]，虽是针对泥石流中石块对桥墩台的冲击，但仍被较普遍地应用于泥石流拦沙坝结构检算。

$$F = r \cdot V_C \cdot \sin\alpha \cdot \sqrt{\frac{W}{C_1 + C_2}} \quad (\text{kN}) \tag{1.53}$$

式中：r——动能折减系数（$s/\sqrt{m}$），对圆形端（正面撞击）$r = 0.3$，斜面撞击 $r = 0.2$，对拦沙坝取 0.3；

V_C——泥石流断面平均流速（m/s）；

α——泥石流冲击角度（°），正冲时 $\sin\alpha = 1$；

W——石块重量（kN），按最大石块计；

C_1、C_2——巨石、桥墩的弹性变形系数，原式之（$C_1 + C_2$）取 0.005 m/kN。对拦沙坝，**笔者建议取** 0.000 5 m/kN，这既因为坝的截面远大于桥墩（按 b、h 分别为 5.0、2.5 倍），故其惯性矩也远大于桥墩（为 78.1 倍），与惯性矩的 0.2 次方成反比的变形系数会小于桥墩（为 1/2.39），而且经达德沟［见 6.2.6.3 之 1］和利子依达沟［见 7.2.1 之 2）］的铁路桥墩台破坏实例验证，宜对冲击力取 2.0 的安全系数，即（$C_1 + C_2$）宜为 0.005/9.56，故近似取（$C_1 + C_2$）为 0.000 5 m/kN。

2）理论公式

如能调查确定石块与被撞物的接触面积 A（m^2），则可采用章书成的理论公式[29]计算石块冲击力 F：

$$F = \rho_d \cdot c_1 \cdot V \cdot A \quad (kN) \tag{1.54}$$

式中：ρ_d——石块之密度，一般取 $2.65 \sim 2.70\ kN \cdot s^2/m^4$；

c_1——石块的弹性纵波波速，一般取 4 000 m/s；

V——石块运动速度（m/s）。

由于石块与被撞物的接触面积难以确定，上式的应用受限。

1.9.3 泥石流总冲击力

据 1975 年对云南蒋家沟黏性泥石流总冲击应力的 24 次实测数据[2]，包含粒径 $1 \sim 2\ m$ 的石块冲击的实测值远大于单独按式（1.52）计算的泥石流体冲压力，为式（1.52）λ 取 1.0 计算值的 $1.4 \sim 4.2$ 倍，平均约 3 倍。

据之，建议根据所挟石块最大粒径 D 将式（1.52）的 λ 取值作如下调整，用以合算泥石流总冲击力：

$D \leq 0.5\ m$，λ 取 1.47；$D = 1.5\ m$，λ 取 2.7；$D = 3.0\ m$，λ 取 4.0；$D > 3.0\ m$，λ 最大取 8.0；可内插取值（《设计规范》中列为 C.2.4）。

故建议：对黏性泥石流，水石的总冲击应力（kPa）按采用 λ 修正值的式（1.52）估算，当流速较小时可用表 1.16 经验值印证；乘以泥深后可得单位长度所受的总冲击力（kN/m）。

表 1.16　С.М.Флейщман 设计刚性拦挡坝所取泥石流总冲击应力[2]

泥石流规模	最大泥深/m	石块最大粒径/m	冲击应力/kPa
小	< 2.0	< 0.5	50 ~ 60
中等	2.0 ~ 3.0	< 0.7	70 ~ 80
较大	3.0 ~ 5.0	< 1.5	90 ~ 100
大	5.0 ~ 10.0	2.5 ~ 3.0	110 ~ 150
特大	> 10.0	> 3.0	150 ~ 300

除实体坝外，于献彬等[30]将上述总冲击力估算方法应用于透过型坝开口率的研究，结论也较合理。

还可进行泥石流冲击力的现场测试[31]。蒋家沟黏性泥石流冲击应力实测值为 $19.1 \sim 182\ kPa$[2]。苏联 С.М.Флейщман 列出了设计刚性拦挡坝时不同规模泥石流的总冲击力，见表 1.16[2]，反映出泥深和粒径对冲击力的影响，适用于流速较小的情况，流速较大时结果比式（1.52）的计算值要偏小。

实例[2]（对《指南 2014 版》有改正）：云南达德沟 1981 年 6 月 30 日泥石流冲断铁路桥台，台高 4 m，宽 3 m，泥石流重度 22.0 kN/m³、流速 12.5 m/s，挟直径 3 m 巨石（约 20 m³）。

分算水、石冲压力，水的冲压应力据式（1.52），λ 取 1.47，得 515.1 kPa，按泥深 4 m、宽 3 m，则冲压力为 6 181.2 kN；大石冲击力据式（1.53），（$C_1 + C_2$）取 0.000 5，则得 3 860.9 kN；合计总冲击力 10 042.1 kN。

[计算大石冲击力 F 时，如（$C_1 + C_2$）取 0.005，则仅得 1 220.9 kN，显然偏小。如按理论公式（1.54），ρ_d 取 2.70，c_1 取 4 000，V 为 12.5，即使偏小地取 $A = 0.1$，F 仍高达 13 500 kN，显得偏大]。

合算水石冲击力，对式（1.52），λ 取 4.0，得总冲击应力达 1 401.6 kPa，总冲击力为 16 819.2 kN。合算的总冲击力大于（$C_1 + C_2$）取 0.000 5 分算的结果 [远大于（$C_1 + C_2$）取 0.005 分算的结果；但又远小于据理论公式分算的结果]，适中。

1.9.4 泥石流冲起高度与爬高

对受正冲或斜冲的防护堤（墙）和排导槽的高度，要在直道的基础上叠加泥石流的冲起高度或爬高；飞溅较零星，可不考虑飞溅高度，以免过于保守。爬高大于冲高，有直接危害对象者才叠加爬高，一般只叠加冲高即可。长大凹岸的下游段，除考虑弯道超高外，还可能叠加冲起高度。

1）泥石流最大冲起高度 ΔH_1（m）

建议按修正的式（1.55）计算：

$$\Delta H_1 = \frac{V_C^2}{2g} \cdot \sin \alpha \tag{1.55}$$

式中：V_C——泥石流断面平均流速（m/s）；

α——泥石流与岸堤交角（°），对弧形堤岸难以直接量出交角，建议按主流线与所冲堤岸处的切线的交角计；

$\sin \alpha$——修正项，不正冲时的折减。

泥石流尤其是黏性泥石流的龙头中央动能巨大，直进性强，弯道外侧可产生大于山洪两倍的泥位超高，遇障碍时可产生龙头高度 3~5 倍的冲高。

2）泥石流爬高 ΔH_2（m）

建议按修正的式（1.56）计算：

$$\Delta H_2 = \frac{bV_C^2}{2g} \cdot \sin\alpha \approx (0.6 \sim 0.8) \cdot \frac{V_C^2}{g} \cdot \sin\alpha \quad (1.56)$$

式中：b——迎面坡度的函数，对爬高取 1.2，对泥浆飞溅高度取 1.6；

V_C——泥石流断面平均流速（m/s）；

$\sin\alpha$——修正项，不正冲时的折减。

爬高、溅高要大于最大冲起高度，分别为 ΔH_1 的 1.2、1.6 倍。

据赵海鑫等的试验研究[32]，按断面平均流速计算的爬高值小于实测值，用表面流流速计算的爬高值与实测值较吻合，因此式（1.56）中的 V_C 应取表面流流速。由于表面流流速的计算公式繁复且偏差可能较大，亦可对式（1.56）乘以（表面流流速/平均流速）。赵海鑫等的水槽实验中，表面流流速约为平均流速的 1.35～1.40 倍，偏于安全可取 1.4。

3）区分正冲与斜冲

对于泥石流遇阻的冲起高度与爬高应区分正冲与斜冲，所得结果差异甚大。

现有文献、规范中的泥石流流体冲击力与大石冲击力公式，均列有斜冲折减项 $\sin\alpha$，唯冲起高度与爬高的公式未有此修正项。冲高/爬高公式基于动能转化为势能，斜冲时动能的正交分量会按 $\sin\alpha$ 折减，故建议在冲起高度与爬高的计算公式中增加斜冲修正项 $\sin\alpha$。正冲时 $\sin\alpha = 1$，上述两式中的 $\sin\alpha$ 项隐去。

康志成[33]推导的爬高公式的形式与式（1.56）相同，但其 α 为沟壁坡度。

附录 1.1　泥石流体黏聚力和内摩擦角的取值方法

（摘自《中国泥石流》[16]）

1）泥石流体黏聚力的取值方法

泥石流体的黏聚力 c 现尚难定量测定，暂近似地以泥石流体中泥浆的剪切强度 τ_0 代替（因泥浆体的内摩擦角近于 0）。蒋家沟泥石流泥浆的静切力试验结果列于表 1.17，可供参用。

表 1.17　蒋家沟泥石流流体中不同密度（kN/m³）泥浆的剪切强度（0.1 kPa）[16]

泥浆密度 ρ_m	15.6	15.0	14.5	14.0	13.5	13.0	12.5	12.0	11.5	11.0
剪切强度 τ_0	0.243	0.093	0.078	0.040	0.020	0.010	0.005	0.003	0.001	0.0005

注：$\rho_m = 15.0$ 时，$\tau_0 = 0.093$，《技术》中误为 0.098；τ_0 的单位，《技术》中误为 kPa。

2）泥石流体内摩擦角的取值方法

泥石流体的内摩擦角 φ_m 现尚难定量测定，可用以下公式近似推算：

$$\tan \varphi_m = \frac{C_V(\rho_S - \rho_y)\tan \varphi_S}{\rho_C} \tag{1.57}$$

式中：土体体积比 $C_V = \dfrac{\rho_C - 1}{\rho_S - 1}$；$\rho_S$、$\rho_C$ 分别为泥石流体中土的重度（kN/m³）、泥石流重度（kN/m³）。

泥石流体中土的密度参数 $\rho_y = (P_C + P_d) \cdot \rho_S + (1 - P_C - P_d) \cdot \rho_m$（kN/m³）；

φ_S 为泥石流体中松散土的内摩擦角（°），对黏性泥石流取 18°~20°，对稀性泥石流取 30°~33°；

P_C 为泥石流体中黏土和粉土颗粒所占重量百分比；P_d 为粒径 > 0.05 mm 颗粒与粒径等于 D_0 二者之间的土粒所占重量百分比，且

$$D_0 = 216 \cdot \frac{\tau_0}{(\rho_S - \rho_m) \cdot g} \text{（m）} \tag{1.58}$$

式中：ρ_m 为泥浆密度（颗粒粒径 < 0.05 mm，kN/m³）。

供参考的一些实测参数列于表 1.18。

表 1.18　几处黏性泥石流体的实测参数值[16]

泥石流沟名	C_V	ρ_C/（kN/m³）	ρ_m/（kN/m³）	ρ_y/（kN/m³）	P_C
东川蒋家沟	0.73	21.2	15.02	23.56	0.15
盈江浑水沟	0.77	22.5	13.41	23.64	0.08
利子依达沟	0.79	23.5	15.20	21.99	0.19
西昌黑沙河	0.61		12.79		0.13
武都火烧沟	0.63		12.00		0.08
东川大桥河	0.75		13.51		0.09
东川达德沟	0.73		14.98		0.16
武都泥湾沟	0.73		16.81		0.26
东川白泥沟	0.73		13.23		0.09

3）实例：利子依达沟 1981 年 7 月 9 日泥石流[34, 35]

桥位处实测：$\rho_S = 27.0$ kN/m³，$\rho_m = 15.2$ kN/m³，$\rho_C = 23.5$ kN/m³，$\tau_0 = 0.034$ kPa，

$\rho_y = 21.99 \text{ kN/m}^3$，$C_V = 0.79$，$\varphi_S$ 取 $20°$，得

$$\tan\varphi_m = \frac{0.79 \times (27.0 - 22.0)\tan 20°}{23.5} = 0.0612\,(\varphi_m = 3.5°)$$

又 $B = 90$ m，$V_C = 9.9$ m/s，$H = 3.5$ m，$R = 250$ m，$\theta = 12.7°$，则据式（1.45），得两岸泥位高差：

$$\Delta H = 90 \times \left(\frac{9.9^2}{250 \times 9.81} + 0.0612 + \frac{0.034}{3.5 \times 23.5 \times \cos^2 12.7°}\right) = 9.12 \text{ m}$$

实测凹岸最大泥深 8.5 m，凸岸泥深为 0，故两岸泥位高差为 8.5 m，与计算值 9.12 m 相近。又中线泥深约为 3.5 m，故凹岸泥位超高 = 8.5 − 3.5 = 5.0 m。

附录 1.2　泥石流凹岸水位超高公式的推导

（摘自蒋忠信《基于弯道超高的泥石流流速计算探讨》[17]）

单位长度泥石流体的离心力（kN/m）：$F_d = \dfrac{H \cdot B \cdot \gamma \cdot V_C^2}{R \cdot g}$

泥石流体离心力沿泥面的分力：$F_d' = F_d \cos\theta = \dfrac{H \cdot B \cdot \gamma \cdot V_C^2}{R \cdot g} \cdot \cos\theta$ （1）

式中：H、γ、V_C——泥石流的平均泥深（m）、流体重度（kN/m³）、平均流速（m/s）；

　　　B、θ——泥石流表面的宽度（m）、斜度（°）；

　　　R——沟道中心线的曲率半径（m）；

　　　g——重力加速度（m/s²）。

单位长度泥石流体的横向力 F_m 为横向剪切力 F_1 与内摩擦力 F_φ、黏聚力 F_c 之差。

横向剪切力：$F_1 = H \cdot B \cdot \gamma \cdot \sin\theta$

内摩擦力：$F_\varphi = H \cdot B \cdot \gamma \cdot \cos\theta \tan\varphi$ [φ 为泥石流体内摩擦角，（°）]

黏聚力：$F_c = c \cdot L = \dfrac{c \cdot B}{\cos\theta}$ [c 为泥石流体的黏聚力（kPa），L 为泥面斜宽（m）]

因此，单位长度泥石流体横向力 F_m（kN/m）为

$$F_m = F_1 - (F_\varphi + F_c) = H \cdot B \cdot \gamma \cdot \sin\theta - H \cdot B \cdot \gamma \cdot \cos\theta \tan\varphi - \frac{c \cdot B}{\cos\theta}$$

$$F_m = H \cdot B \cdot \gamma \cdot (\sin\theta - \cos\theta \tan\varphi) - \frac{c \cdot B}{\cos\theta} \quad (2)$$

当 $F_d' = F_m$ 时，弯道两岸泥面高差 ΔH（m）为最大值，由式（1）、式（2）得

$$\frac{H \cdot B \cdot \gamma \cdot V_C^2}{R \cdot g} \cdot \cos\theta = H \cdot B \cdot \gamma \cdot (\sin\theta - \cos\theta \tan\varphi) - \frac{c \cdot B}{\cos\theta}$$

$$\frac{H \cdot B \cdot \gamma \cdot V_C^2}{R \cdot g} = H \cdot B \cdot \gamma \cdot (\tan\theta - \tan\varphi) - \frac{c \cdot B}{\cos^2\theta}$$

$$\frac{V_C^2}{R \cdot g} = (\tan\theta - \tan\varphi) - \frac{c}{H \cdot \gamma \cdot \cos^2\theta}$$

故
$$\tan\theta = \frac{V_C^2}{R \cdot g} + \tan\varphi + \frac{c}{H \cdot \gamma \cos^2\theta} \tag{3}$$

由 $\Delta H = B\tan\theta$ 及式（3），得

$$\Delta H = B \cdot \left(\frac{V_C^2}{R \cdot g} + \tan\varphi + \frac{c}{H \cdot \gamma \cdot \cos^2\theta} \right) \tag{4}$$

由 $\Delta h = \Delta H/2$，得泥石流凹岸超高 Δh（m）计算的一般模式：

$$\Delta h = \frac{B}{2} \cdot \left(\frac{V_C^2}{R \cdot g} + \tan\varphi + \frac{c}{H \cdot \gamma \cdot \cos^2\theta} \right) \tag{1.45}$$

第 2 章　松散固体物源、堆积与堵溃

泥石流是固液两相体，松散固体物质（统称泥沙）以沟底冲刷、沟岸坍塌的方式进入水流形成泥石流，沿途在缓坡降沟段与沟口段沉积下来，甚至部分或全部输入主河，导致主河堵塞，继而溃决，构成泥石流泥沙运动的全过程。对坍塌、冲刷、沉积、堵溃等各个环节的定性评判和定量计算，是泥石流勘查的又一主要内容。

泥石流所携松散固体物质的来源包括谷坡和分水区的崩塌、滑坡及其堆积体（统称崩滑体），坡面冲刷与侵蚀土体，沟底和沟口扇上的松散堆积层。

要区分松散固体物源的静储量、动储量和一次冲出量，这是评价泥石流规模和厘定拦沙目标的重要依据，应分别估算。静储量是物源体的总体积，通过勘查不难估算；一次泥石流固体物质冲出量可实地调查或据泥石流流量与重度计算（见 1.8.1）。以下首先重点阐述动储量的估算方法。其次，勘查中为评价泥石流规模变化和沟口淤埋成灾范围，还应预测松散固体物量变化趋势和估计其在沟口的堆积范围。此外，为应对溃决泥石流灾难，还应预判崩滑体堵沟、泥石流堵河及其溃决的可能性，预估堵溃所致灾害。

2.1　松散固体物源动储量

动储量是工程有效期内会起动加入泥石流体的量，包括可入沟的崩塌滑坡体、坡面侵蚀物、可起动的沟床堆积物等。动储量应按这三类物源类型科学、动态地估算。

在泥石流固体物质动储量的三大来源中，谷坡坍塌与沟床冲刷占主要地位，坡面侵蚀物因细小而多被一般洪水带走，剩下参与泥石流的并不多。

在坍塌、冲刷物的估算中，《勘查规范》中列出了文献[36]的定量模式与《指南 2014 版》提出的评判模式，二者尚可有机结合，且定量模式还有值得商榷之处。

2.1.1　沟床揭底物源

震后沟道堆积量巨大，其冲刷揭底是泥石流动储量的重要部分，应据堆积物粒径确定其起动流速，据不同频率泥石流流速判断其起动粒径，再据级配计算可起动颗粒的数量。

沟道冲、淤在时间上和空间上都可能是交替的，应按不同纵坡分段评价起动粒径与数量。即使对尚未揭底冲刷的堆积沟段，也要分析在强降雨下起动的可能性。对沟口堆积扇，一般不计动储量。

在堆积深厚且沟床质随深度变化不大的沟段，也可按现场调查的沟床一次下切规模估算沟床动储量，但应叠加工程有效期内可能暴发的各次泥石流的下切规模。

沟床冲刷掏蚀与谷坡崩滑坍塌在时间上是前后衔接的两个阶段，沟床下切形成陡峭谷坡，继而坍塌入沟。由于沟床沉积在自重作用下往往已达一定的密实度，沟床下切形成的岸坡坡度α应比松散堆积物的自然休止角θ要大，甚至近于垂直，且一般近似于直线而非凹曲线。沟床垂直下切塑造的岸坡坡度α可按下式计算：

$$\alpha = 45° + \frac{\varphi}{2} \tag{2.1}$$

将α替换为《勘查规范》公式（C.6）中的θ，则沟床下切物源量V_{01}（m^3）的估算式可改为

$$V_{01} = h \cdot h \cdot \tan\left[90 - \left(45° + \frac{\varphi}{2}\right)\right] \cdot \frac{1}{2} \cdot L = \frac{h^2 \cdot L}{2} \cdot \tan\left(45° - \frac{\varphi}{2}\right) \tag{2.2}$$

式中：h——垂直下切深度（m）；

L——下切沟段的长度（m）；

φ——沟床沉积物的内摩擦角（°）。

故建议：按起动粒径的数量或沟床下切规模［式（2.2）］估算沟床下切物源量。起动粒径的确定见 2.1.5。

据经验，土力类泥石流在沟床的起动临界土层厚度为 20～200 cm[2]。

此外，沟头对坡体的溯源侵蚀也提供松散物质。我国甘肃环县的东道乡 1920—1970 年和毛井乡 1933—1970 年，沟头分别溯源增长了 39 m、44 m；美国孙的尼尔溪 1946—1948 年、死人溪 1944—1948 年和英国新森林 1959—1962 年，沟头分别后溯了 7.6 m、12 m、25.6 m[37]。

2.1.2 崩滑物源

建议：按失稳的崩滑规模或临空面的破裂楔体估算崩滑物源量［式（2.5）］。

对崩塌滑坡体，要据现状和沟底下切形成的临空面来评价其整体稳定性和边坡稳定性，据失稳规模计为动储量。对中高频泥石流，要叠加多次泥石流下切所导致的坡体失稳规模。

1）稳定性评判

岸坡坍塌物源量估算的前提是岸坡因过陡而不稳定，整体稳定性检算可参考《技术》3.2.1。

边坡稳定性据卡尔曼公式（2.3-1）(《勘查规范》列为式C.5）临界高度H_{cr}评判。边坡实际高度大于临界高度H_{cr}（m）者，边坡不稳定。不稳定边坡的滑塌角β（°）按经典公式（2.4）确定；对直立边坡临界高度H，式（2.3-1）简化为库仑破裂角公式（2.3-2），详见《技术》3.2.2。将边坡体被滑塌角切割的破裂楔体作为失稳坡体，计为动储量。

$$H_{cr} = \frac{4 \cdot c}{\gamma} \cdot \frac{\sin\alpha\cos\varphi}{1-\cos(\alpha-\varphi)} \quad (2.3\text{-}1)$$

$$H = \frac{4c}{\gamma} \cdot \tan\left(45° + \frac{\varphi}{2}\right) \quad (2.3\text{-}2)$$

$$\beta = \alpha/2 + \varphi/2 \quad (2.4)$$

式中：c、φ、γ——边坡土体的黏聚力（kPa）、内摩擦角（°）与重度（kN/m³）；

α——边坡角（°）。

一般地，谷坡坡度在15°以上者，多以崩塌、滑坡提供固体物质。

2）定量模式的完善

边坡坍塌是顺破裂角β而非顺松散堆积物的自然休止角θ，破裂角近似于直线而非凹曲线。应将边坡体被滑塌角切割的破裂楔体作为失稳坡体，计为动储量。对此，推导于下。

在坡顶水平的条件下，坍塌体断面面积为△OAB的面积（图2.1）。

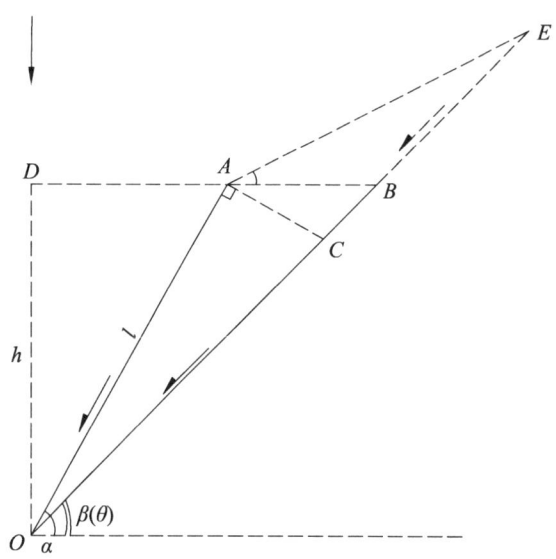

图2.1 岸坡坍塌物源量计算图式

由 $S_{\triangle OAB} = S_{\triangle ODB} - S_{\triangle ODA}$，且

$$S_{\triangle ODB} = 1/2 \times h \times DB = 1/2 \times h \times h \times \tan(90° - \beta) = \frac{h^2}{2} \cdot \tan(90° - \beta)$$

$$S_{\triangle ODA} = \frac{h^2}{2} \cdot \tan(90° - \alpha)$$

故

$$S_{\triangle OAB} = \frac{h^2}{2} \cdot \left[\tan(90° - \beta) - \tan(90° - \alpha)\right]$$

将式（2.4）、式（2.1）代入，得

$$S_{\triangle OAB} = \frac{h^2}{2} \cdot \left[\tan\left(90° - \frac{\alpha}{2} - \frac{\varphi}{2}\right) - \tan\left(90° - 45° - \frac{\varphi}{2}\right)\right],$$

再将式（2.1）代入，得

$$S_{\triangle OAB} = \frac{h^2}{2} \cdot \left[\tan\left(90° - 22.5° - \frac{\varphi}{4} - \frac{\varphi}{2}\right) - \tan\left(45° - \frac{\varphi}{2}\right)\right]$$

$$= \frac{h^2}{2} \cdot \left[\tan\left(67.5° - \frac{3\varphi}{4}\right) - \tan\left(45° - \frac{\varphi}{2}\right)\right]$$

得长 L 岸坡段坍塌物源量 V_{02}（m³）的估算式为

$$V_{02} = \frac{h^2 \cdot L}{2} \cdot \left[\tan\left(67.5° - \frac{3\varphi}{4}\right) - \tan\left(45° - \frac{\varphi}{2}\right)\right] \tag{2.5}$$

此外，平顶岸坡坍岸范围 $b = AB = DB - DA = h[\tan(90° - \beta) - \tan(90° - \alpha)]$，即

$$b = h(\cot\beta - \cot\alpha) \tag{2.5-1}$$

3）讨论

（1）《勘查规范》中所列估算侧蚀物源量的公式 $V_{02} = \frac{l^2}{2} \cdot \tan(\alpha - \theta) \cdot L$，计算的是 $\triangle OAC$ 的面积，少计了 $\triangle ABC$ 的面积。

（2）对坡顶倾斜的情况，岸坡坍塌物源量应在 $\triangle OAB$ 的基础上，再增加 $\triangle AEB$ 的面积。

2.1.3　坡面侵蚀物源

坡面侵蚀包括面状侵蚀与沟道侵蚀。

1）面状侵蚀作用

面状侵蚀包括雨滴溅蚀与坡面片蚀。

（1）溅蚀。

雨滴落速最高可达 $7\sim9$ m/s，冲击力不可忽视；土粒受雨滴冲击可溅到 60 cm 高和 1.5 m 远，使土壤缓慢地向坡下蠕移；一次倾盆大雨可扰动 225 t/hm² 的土壤[38]。单位面积（m²）单位时间（min）的雨滴溅蚀总量 S_r（g）可按笔者改进的以下经验公式估算[39]：

$$S_r = 7.459(EI)^{0.544}\alpha^{0.471} - 150.05 \qquad (2.6)$$

式中：E 为雨滴动能（J/m²）；

I 为降雨强度（mm/min）；

α 为地表坡度（°）。

上式的实验范围：$I = 0.822\sim2.037$ mm/min，$\alpha = 10°\sim30°$，$S_r = 340.13\sim1805.6$ g。

（2）片蚀。

坡面片流侵蚀与岩土性质、植被和盖度、地形和坡度、气候尤其是降雨量及其强度有关。据美国犹他州某实验流域的观测，暴雨对土壤的侵蚀量与植被覆盖度呈高斯曲线型下降关系；有经验表明，降雨冲刷量与坡度的 0.75 次方、与降雨强度的 0.5 次方成正比[38]。

据实验，坡度在 20°～60°之间的坡面侵蚀量最大。但实际上，较陡坡体以崩塌滑坡为主，故一般地，谷坡坡度为 5°～15°的裸地，坡面侵蚀提供的固体物质相对较多。

2）面状侵蚀物源量估算

尽管如此，据之具体计算溅蚀和片蚀的数量仍有困难。因影响因素复杂，综合溅蚀和片蚀的面状侵蚀物源量也难以按全流域平均侵蚀深度计，宜分区按侵蚀模量（t/km²）计算工程有效期内侵蚀总量。但因其粒度较小，易被常年洪水带走，仅部分可计为泥石流动储量，故应按常年洪水可输移的粒径所占比例予以折减。

贵州盘县（今盘州市）段家河泥石流流域通过 ^{137}Cs 测试，定量研究了面状土壤侵蚀规律，可资借鉴[40]（《勘查规范》将其纳为 C.4.2）。对植被覆盖完密的天然林地，基本上不存在土壤侵蚀；较平坦的农耕地，土壤侵蚀很轻微，平均年侵蚀量在 500 t/km² 上下；原农耕地和新垦耕地，属中度侵蚀区，平均年侵蚀量为 1 500～1 900 t/km²；坡耕地侵蚀严重，最大侵蚀量可达 7 000 t/(km²·a)。该流域地处中亚热带湿润区，属季风气候。年均雨量 1 433 mm，年暴雨 1～5 次，最大日雨量 136.3 mm。

除土壤侵蚀外，软弱岩坡的剥蚀亦不可小觑。据山地所对四川遂宁红色泥岩与粉砂岩坡度为 27.7°荒坡的现场观测[41]，1984—1989 年的 6 年间，年雨量在 654.9～1 243.0 mm，平均 976.8 mm；年剥蚀速率在 5.62～20.90 mm，平均 9.20 mm；年侵蚀模量在 7 595～28 228 t/(km²·a)，平均高达 12 427.6 t/(km²·a)，比前述坡耕地还严重。

建议：结合植被、坡度、岩土性质和降雨特征，参照上述实例，按侵蚀模量分区估算并折减。

3）坡面的沟道侵蚀物源

坡面沟道一般按以下顺序由浅入深、由小而大地发育：

纹沟（最细小，无沟缘线，沟底纵剖面与坡面一致，耕犁即消失）→细沟（宽≤0.5 m，深0.1～0.4 m，长数米至数十米；纵剖面上凸，横剖面为宽浅V形，下游出现跌水）→切沟（切过耕作层，宽、深均可达1～2 m，长可超过数十米；纵坡与坡面不一致，多陡坎，谷缘明显，如图2.2所示）→冲沟（纵剖面下凹，沟头、沟壁均较陡，常崩塌；规模大，长以km计，深以10 m计）→坳沟（冲沟壁崩塌而加宽了沟槽，沟底平坦、稳定，不再下切，有冲积物）。

图2.2 土耳其卡帕多奇亚玫瑰谷新第三系凝灰岩坡面的密集切沟（蒋良潍摄）

可见，在沟道物源中，纹沟微不足道，冲沟以下切和崩滑为主，真正的坡面沟道侵蚀物源则主要为切沟，其次为细沟。因此，沟道侵蚀总量按切沟及细沟的年下蚀沟道空间规模乘以工程有效年限计。

同时，坡面沟道的发育数量是受限的，理论上存在一个极大值。例如，对黄土塬峁区，笔者按正六边形模式改进的流域沟壑密度理论极值公式为[42]

$$D = \frac{1}{h_0 \cot\theta + a} - \frac{1}{h_m \cot\theta + a} \tag{2.7}$$

式中：D——单位面积上的沟壑长度（km/km²）；

h_0、h_m——沟壑的最小、最大深度（km）；

θ——地表坡度（°）；

a——沟道最窄处的半宽（km）。

实例：黄土丘陵区之砖窑沟，$h_0 = 50$ m，$h_m = 150$ m，$\theta = 27°49'$，$a = 3$ m。据上式算得 $D = 6.55$ km/km²，实际的沟壑密度为 6.24 km/km²，表明沟壑发育充分，已接近最大密度。

2.1.4 动态估算

因不同频率泥石流的流速和下切规模不同，所能起动的松散固体物质的规模理应不同，动储量应按工程有效期内可能暴发的各次不同频率泥石流所能起动的固体物质规模叠加计算。

现勘查存在的一个主要问题就是动储量估算偏小，估算方法不科学是一原因，而仅按现状一次性地估算而未动态地叠加若干次则是重要原因，未据不同频率泥石流进行估算是又一原因。

动储量难以计量时，可试用乔建平等提出的汶川地震区经验式（2.8）[36]进行估计：

$$动储量 = 0.428 \times 静储量 - 11.04 \quad (10^4 \text{ m}^3) \tag{2.8}$$

式（2.8）的静储量最小值为 25.8 万立方米（《指南 2014 版》中有误），显然只适用于震区的较大泥石流沟，其误差来源于样本的动、静储量精度。

2.1.5 沟道冲刷起动粒径

确定沟道起动粒径是估算沟床动储量的依据，建议视条件选用式（2.9）计算并用经验值印证。

1）计算公式

泥石流堆积物粗细混杂，属广义非均匀沙，其起动流速机理复杂，公式众多。经验上，非均匀沙起动流速主要与粒径 d、水深 H 有关，可试用笔者公式（2.9-1）计算[43]，其较适用于粒径 0.5~20 mm 的粗砂砾石；更大粒径采用毛昶熙公式[44]的化简式（2.9-2）较合适。见表 2.1 中计算值，可视粒径分别选用。

$$V_C = 2.81 H^{0.14} d^{0.21} \tag{2.9-1}$$

$$V_C = A H^{1/6} d^{1/3} \tag{2.9-2}$$

式中：H（m），d（m）；对正规水流（直道、匀坡）A 取 6.08，对非正规水流（弯道、变坡）的局部冲刷 A 取 3.02。

对沟床堆积，正规水流的情况下用式（2.9-2）较合适，非正规水流的局部冲刷用式（2.9-1）较合适。按平均粒径 d_{50} 计算卵石起动流速的长江科学院公式（$V_C = 4.4 H^{1/7} d^{0.357}$）结果比经验值小，不予推荐。

2）供印证的不冲刷流速经验值

非均匀砂的不冲刷流速经验值参见表 2.1，公式计算值印证于括号中。

表 2.1 非均匀砂不冲刷流速（m/s）表[11]（《设计规范》列为表 D.1）

土名	粒径/mm	H_c/m		
		1.0	3.0	5.0
黏土	0.005~0.05	0.20~0.30	0.25~0.45	0.40~0.55
砂	0.05~2.50	0.30~0.75 （0.35~0.80）	0.45~0.90 （0.41~0.93）	0.55~1.00
砾石	2.50~15.0	0.75~1.20 （0.80~1.16）	0.90~1.50 （0.93~1.35）	1.00~1.65 （1.00~1.45）
卵石	15.0~75.0	1.20~2.40 （1.16~2.56］	1.50~3.10 （1.35~3.00）	1.65~3.30 （1.45~3.35）
大卵石	75.0~200	2.40~3.80 ［2.56~3.56］	3.10~4.65 ［3.00~4.27］	3.30~5.00 ［3.35~4.66］
漂石	200~500	3.80~［3.56~4.83］	4.65~5.50 ［4.27~5.63］	5.00~6.00 ［4.66~6.05］

注：（ ）内为式（2.9-1）计算值，［ ］内为式（2.9-2）（正规水流）计算值。

石质土也可能被冲蚀，仅规模有限，经验的不冲刷流速参见表 2.2。

表 2.2 石质土不冲刷流速（m/s）表[11]（《设计规范》中列为表 D.2）

土名	H_c/m		
	1.0	2.0	3.0
泥灰岩、页岩	2.5	3.0	3.6
石灰岩、砂岩	3.5~5.0*	4.0~6.0*	4.8~6.5
花岗岩、玄武岩、石英岩	18	20	22

注：*《指南 2014 版》中有笔误。

2.1.6 松散固体物源量的变化趋势预测

有多个年度的沟道下切观测值、植被覆盖率和固体物源量的变化值时，为评价泥石流规模的变化，可对泥石流松散固体物源量的变化趋势，采用 GM（1,3）灰色模型进行预测[45]（预测方法见附录 3.1.3）。

单位流域面积的松散固体物质动储量 Q（10^4 m³/km²）是评判泥石流活动性的物源指标，其来源为沟谷揭底侧蚀所致沟床堆积物起动和坡体滑塌以及坡面侵蚀，主要制约因素为沟谷地形（以纵剖面形态指数 N 代表）与植被（以林地率 F 代表，%），也与自身的基数有关，故可据不同年份的主沟谷纵剖面形态指数 N 和植被覆盖率 F 连同固体物源量 Q 本身采用 GM（1，3）模型预测物源量的动态变化，进而修正采用的动储量。

实例：利子依达流域从成昆铁路进入施工的 1965 年至通车后 10 年的 1981 年，16 年间环境恶化，林地面积减小 31.55 km^2，崩塌滑坡增至 29 处，松散固体物质动储量由 $1\,640\,(10^4 \text{ m}^3)$ 增至 $1\,930\,(10^4 \text{ m}^3)$，终于酿成 1981 年 7 月 9 日的灾难性泥石流。

据 Q、F 的 1965 年、1971 年、1979—1981 年、1987 年的 4 期数据，得

原始数列为
$$Q^{(0)} = (1\,639.7, 1\,748.5, 1\,929.9, 1\,928.9)$$
$$N^{(0)} = (1.78, 1.83, 1.93, 1.95)$$
$$F^{(0)} = (17.89, 17.31, 16.34, 14.77)$$

一次累加数列为
$$Q^{(1)} = (1\,639.7, 3\,388.2, 5\,318.1, 7\,247.0)$$
$$N^{(1)} = (1.78, 3.61, 5.54, 7.49)$$
$$F^{(1)} = (17.89, 35.20, 51.54, 66.31)$$

由
$$\boldsymbol{B} = \begin{bmatrix} -2\,513.95 & 3.61 & 35.20 \\ -4\,353.15 & 5.54 & 51.54 \\ -6\,282.55 & 7.49 & 66.31 \end{bmatrix}, \quad \boldsymbol{Y} = \begin{bmatrix} 1\,748.5 \\ 1\,929.9 \\ 1\,928.9 \end{bmatrix}$$

$$\boldsymbol{B}^{\mathrm{T}}\boldsymbol{B} = \begin{bmatrix} -2\,513.95 & -4\,353.15 & -6\,282.55 \\ 3.61 & 5.54 & 7.49 \\ 35.20 & 51.54 & 66.31 \end{bmatrix} \cdot \begin{bmatrix} -2\,513.95 & 3.61 & 35.20 \\ -4\,353.15 & 5.54 & 51.54 \\ -6\,282.55 & 7.49 & 66.31 \end{bmatrix}$$

$$= \begin{bmatrix} 64\,740\,294 & -80\,248.11 & -729\,448.28 \\ -80\,248.11 & 99.823\,8 & 909.265\,5 \\ -729\,448.28 & 909.265\,5 & 8\,292.427\,7 \end{bmatrix}$$

$$(\boldsymbol{B}^{\mathrm{T}}\boldsymbol{B})^{-1} = \begin{bmatrix} A_{11}/|A| & A_{21}/|A| & A_{31}/|A| \\ A_{12}/|A| & A_{22}/|A| & A_{32}/|A| \\ A_{13}/|A| & A_{23}/|A| & A_{33}/|A| \end{bmatrix}$$

式中：A_{ij} 为代数余子式，即

$$A_{11} = 1\,017.894\,7, \quad A_{21} = 2\,189\,495, \quad A_{31} = -150\,538.65,$$
$$A_{12} = 2\,189\,495, \quad A_{22} = 4\,759\,414\,077, \quad A_{32} = -329\,269\,981,$$
$$A_{13} = -150\,538.65, \quad A_{23} = -329\,269\,981, \quad A_{33} = 22\,863\,022。$$

$$|A| = \begin{vmatrix} 64\,740\,294 & -80\,248.11 & -729\,448.28 \\ -80\,248.11 & 99.823\,8 & 909.265\,5 \\ -729\,448.28 & 909.265\,5 & 8\,292.447\,7 \end{vmatrix} = 6\,159\,461$$

故
$$(\boldsymbol{B}^{\mathrm{T}}\boldsymbol{B})^{-1} = \begin{bmatrix} 0.000\,165\,257\,1 & 0.355\,468\,6 & -0.024\,440\,23 \\ 0.355\,468\,6 & 772.699\,767 & -53.457\,597 \\ -0.024\,440\,23 & -53.457\,597 & 3.711\,851 \end{bmatrix}$$

又
$$\boldsymbol{B}^{\mathrm{T}}\boldsymbol{Y} = \begin{bmatrix} -2\,513.95 & -4\,353.15 & -6\,282.55 \\ 3.61 & 5.54 & 7.49 \\ 35.20 & 51.54 & 66.31 \end{bmatrix} \cdot \begin{bmatrix} 1\,748.5 \\ 1\,929.9 \\ 1\,928.9 \end{bmatrix} = \begin{bmatrix} -24\,915\,196 \\ 31\,451.192 \\ 288\,919.605 \end{bmatrix}$$

故
$$\hat{a} = \begin{bmatrix} a_1 \\ b_1 \\ b_2 \end{bmatrix} = (\boldsymbol{B}^{\mathrm{T}}\boldsymbol{B})^{-1}\boldsymbol{B}^{\mathrm{T}}\boldsymbol{Y} = \begin{bmatrix} 1.236\,554 \\ 811.080\,6 \\ 54.498\,33 \end{bmatrix}$$

得累加值预测式：

$$\hat{Q}^{(1)}(t+1) = \left[Q^{(0)}(1) - \frac{b_1}{a_1}N^{(1)}(t+1) - \frac{b_2}{a_1}F^{(1)}(t+1)\right] \cdot e^{-a_1 \cdot t} + \frac{b_1}{a_1}N^{(1)}(t+1) + \frac{b_2}{a_1}F^{(1)}(t+1)$$

$$= (1\,639.7 - 655.92N - 44.073F) \cdot e^{-1.2366 \cdot t} + 655.92N + 44.073F$$

（2.10-1）

残差修正后，累加值预测式为

$$Q^{(1)} = (1\,528.0 - 611.24N - 41.071F)\,e^{-1.236\,554t} + 611.24N + 41.071F \quad (2.10\text{-}2)$$

故预测式为

$$Q^{(0)}(t) = Q^{(1)}(t) - Q^{(1)}(t-1) \quad (2.10\text{-}3)$$

式中：N、F 采用一次累加值 $N^{(1)}$、$F^{(1)}$。

预测的 Q 值（$10^4\,\mathrm{m}^3$）随时间而波动变化，从 1971 年的 1 507.4↗1979 年的 2 132.5↘2005 年的 1 899.0↗2045 年的 1 999.5↘2053 年的 1 967.0↗2061 年的 2 119.7，总体稳定在 2000 万立方米上下。这是由于植被破坏引起固体物源增加，而流域地貌渐趋稳定又使崩滑物源减少，泥石流会间歇性暴发但不致加剧。

2.2 堆积特征

在《指南 2014 版》、诸文献与《勘查规范》中对确定泥石流堆积特征的定量方法的基础上，加以补充完善。

2.2.1 泥石流堆积范围、龙头到达距离的计算

对泥石流堆积范围、堆积纵坡、堆积纵剖面形态与龙头到达距离等特征值的计算，《指南 2014 版》中所列多为经验式，尚不够普适与成熟，实际应用颇感困难。这些问题又是评判泥石流冲淤、估算拦沙工程库容、预测泥石流危害范围的关键所在，故就国内外学者的相关理论与实验公式进行分析讨论，以拓展思路，丰富泥石流堆积的勘查方法。

1）沟口一次泥石流堆积范围

可试用以下刘希林等的实验公式预测[46]：

长度（m）
$$L = 8.71 \times \left(VG \frac{\gamma}{\ln \gamma}\right)^{1/3} \quad (2.11\text{-}1)$$

厚度（m）
$$T = 0.017 \times \frac{(V\gamma)^{1/3}}{G^{2/3}(\ln \gamma)^{1/3}} \quad (2.11\text{-}2)$$

面积（m²）
$$S = 38.41 \times \left(VG \frac{\gamma}{\ln \gamma}\right)^{2/3} \quad (2.11\text{-}3)$$

式中：V 为一次泥石流固体物质冲出量（m³）。冲出量应与堆积范围、厚度成正比关系，故上式中一维的 L、T 均与 V 的 1/3 次方成正比，二维的 S 与 V 的 2/3 次方成正比，较合理。

G 为堆积区坡度（小数）。因坡度与流速正相关，流速大则堆积范围大、厚度小，故上式中一维的 L 与 G 的 1/3 次方成正比，二维的 S 与 G 的 2/3 次方成正比，T 与 G 的 2/3 次方成反比（《指南 2014 版》中评述有误），较合理。

γ 为泥石流重度（t/m³）。因重度与流速负相关，在 $\gamma = 1.3 \sim 2.4$ 时，$(\gamma/\ln\gamma) \propto 1/\gamma$，即流速与 $(\gamma/\ln\gamma)$ 成正增长关系，故上式中的 L、S 与 $(\gamma/\ln\gamma)$ 成正增长关系较合理；而 T 也与 $(\gamma/\ln\gamma)$ 成正增长关系，则貌似不合理，其重度是否与堆积量正相关，尚待阐明（《指南 2014 版》中评述有误）。

2）龙头到达距离的高桥保公式

高桥保提出的计算泥石流龙头到达距离 L（m）的理论公式[47]为

$$L = \frac{V^2}{G} \quad (2.12)$$

$$V = V_\mathrm{u} \cdot \cos(\theta_\mathrm{u} - \theta) \cdot \left\langle 1 + \frac{\left[(\sigma - \rho) \cdot C_\mathrm{d} \cdot K_\mathrm{a} + \rho\right] \cos\theta_\mathrm{u}}{2\left[(\sigma - \rho) \cdot C_\mathrm{d} + \rho\right]} \cdot \frac{g \cdot h_\mathrm{u}}{V_\mathrm{u}^2} \right\rangle \quad (2.12\text{-}1)$$

$$G = \frac{(\sigma - \rho) \cdot g \cdot C_\mathrm{d} \cdot \cos\theta \cdot \tan\varphi}{(\sigma - \rho) \cdot C_\mathrm{d} + \rho} - g \cdot \sin\theta \quad (2.12\text{-}2)$$

式中：V_u、h_u、θ_u——上段沟的流速（cm/s）、泥深（cm）、坡降［（°），《技术》中误为小数］；

σ、ρ——固体颗粒的重度、水的重度（g/cm³）；

C_d——泥石流固体颗粒浓度；

K_a——主动土压力系数；

g——重力加速度（981 cm/s²）；

θ——下段沟坡降［（°），《技术》中误为小数］；

φ——松散固体物质（《技术》中未明确）内摩擦角（°）。

3）分析比较

刘希林等的堆积长度实验公式（2.11-1）与高桥保式（2.12）比较：

（1）高桥保式中的$\left[(\sigma - \rho) \cdot C_\mathrm{d} + \rho\right]$为泥石流的重度；再综合泥深$h_\mathrm{u}$和流速$V_\mathrm{u}$，则体现了固体物质冲出量，故对刘希林式中的三参数均已包含。

（2）高桥保式还突出了上下段沟道坡降的差异，正是因为坡降变缓才会发生堆积。可将出山口以上作为式中之上段，以下的堆积扇为下段。

（3）高桥保式的参数多，较严密，但累积的计算误差也较大，可通过实践进一步验证与应用，并与刘希林式相印证。

2.2.2 泥石流冲淤临界坡降计算

1）经验

对天然沟道的泥石流冲淤临界坡降（不冲不淤坡降），《指南2014版》中所列成昆、东川两铁路的经验值[24]：泥石流重度为2.4 t/m³、1.8 t/m³、1.3 t/m³时分别为80‰、110‰和65‰。所列排导槽的陈宁生[48]和甘肃的经验值是稀性3%～7%/10%，黏性5%～18%；游勇实验式的最小不淤纵坡J[49]（γ_C与γ_S分别为泥石流与固体物质的重度）：

$$J = 0.062 + 0.11 \cdot \frac{\gamma_\mathrm{C}}{\gamma_\mathrm{S}} \quad (2.13)$$

（上式对稀性泥石流结果偏大，即使按$\gamma_\mathrm{C}=1.3$计算，J仍高达11.5%，实验似针对的黏性泥石流。）

综合以上经验与公式，建议的排导槽不淤纵坡，对稀性泥石流取 3%～10%，对黏性泥石流取 5%～16%。

2）计算公式

鉴于上述经验的范围局限性和取值区间过大所致的不确定性，可试用高桥保公式[50]定量计算。

高桥保（1977）在实验基础上建立的临界淤积坡降 J（°）的公式为

$$\tan J = \frac{C_d(\sigma-\rho)\tan\varphi}{C_d(\sigma-\rho)+\rho\left[1+0.52\cdot\left(\dfrac{q_0^2}{g\cdot d^3}\right)^{\frac{1}{3}}\right]} \quad (2.14)$$

式中：q_0——单位宽度的水流量（m²/s）；

d——平均粒径（cm）；

其余符号意义同式（2.12）。

上式中，分子体现泥沙体抗剪力，分母体现流体重度，即坡降与抗剪力正相关、与重度负相关；分母还显示坡降与粒径正相关、与流量负相关的关系，均较合理。

3）实验印证[50]

高桥保的水槽试验参数：$C_d=0.65$，$\sigma=2.60$ g/cm³，$\rho=1.0$ g/cm³，$\tan\varphi=0.8$，$q_0=75.5$ m²/s，$d=0.546$ cm。由式（2.14）得

$$\tan J = \frac{0.65\times(2.60-1.0)\times 0.8}{0.65\times(2.60-1.0)+1.0\times\left[1+0.52\times\left(\dfrac{75.5^2}{981\times 0.546^3}\right)^{\frac{1}{3}}\right]} = 0.2217$$

故 $J=12.5°$。

实验中，泥沙堆积于坡降从 15°降为 10°的水槽段，计算结果与实验相合。

2.2.3 拦沙坝回淤的坡度与体积的建议计算方法

拦沙坝回淤纵坡是计算库容的控制参数，但因其受多因素控制而很难确定。《指南 2014 版》中推荐采用的经验值取值范围大，不易掌握，有必要另辟蹊径，从数学模式入手，直接预估拦沙工程的库容（见 6.1.3）。

1）回淤的纵剖面形态模式

江崎一博通过实验表明，拦沙坝回淤的纵剖面形状并不是严格的直线形，而是略为下凹的指数曲线形。曲线方程[51]为

$$H_x = I \cdot x + H_0 \cdot e^{-\left(\frac{I}{H_0}\right) \cdot x} \tag{2.15}$$

式中：x——坝后堆积点与坝之间的水平距离（m）；

H_x——坝后 x 处堆积顶面高出设坝处沟底的高度（m）；

I——坝后沟床平均纵坡（小数，似宜针对明显回淤沟段）；

H_0——坝的有效高度（m）。

2）预估回淤体积的回淤厚度法

由式（2.15）不难看出，坝后回淤的实际厚度随远离坝位而呈指数递减，指数曲线方程为

$$h_x = H_0 \cdot e^{-\left(\frac{I}{H_0}\right) \cdot x} \tag{2.16}$$

据式（2.16），可计算出回淤曲线上各代表性节点 x 处的淤积厚度 h_x，以这些节点竖直条分回淤体的纵剖面为若干梯形，各梯形面积之和即为单位坝长的回淤体积，可称之为回淤厚度法。

3）预估回淤体积的面积积分法

对式（2.16）中的距离 x 进行积分，可得回淤体纵剖面的面积，再乘以回淤的折算宽度，即为总的回淤体积。

由定积分式 $\int_0^\infty e^{-ax} dx = \frac{1}{a}$，则回淤体纵剖面的面积 S：

$$S = \int_0^\infty h_x dx = \int_0^\infty \left[H_0 \cdot e^{-\left(\frac{I}{H_0}\right) \cdot x}\right] dx = H_0 \int_0^\infty \left[e^{-\left(\frac{I}{H_0}\right) \cdot x}\right] dx = H_0 \cdot \frac{H_0}{I}$$

故：
$$S = \frac{H_0^2}{I} \tag{2.17}$$

结论：回淤体纵剖面的面积 S 等于有效坝高 H_0 的平方除以回淤段沟床平均纵坡降 I（小数），可称之为面积积分法。

4）江崎一博公式的讨论

（1）式（2.16）指数曲线反映的坡降，在近坝段甚缓，向上游逐渐变陡，且可回淤至

无穷远处，故指数曲线模式与实际回淤还有所差异，计算结果会有偏差。相应地，坝后沟床平均纵坡应为坝后全长平均，结果显然偏大；似局限于明显回淤沟段，但如何界定该段又是问题。

（2）式（2.16）的指数参数采用I/H_0，文献[51]中用坡降平缓（0.017~0.0378）的三例验证，偏差甚小（5.9%~27%）；而山区泥石流沟的坡降一般都较陡，参数I/H_0是否应据地区经验校正，尚待进一步实践检验。

2.3 沟河堵塞类型与溃决的预判与计算

由泥石流沟谷中和主河中的堰塞体溃决所形成的溃决泥石流是产生巨大灾害的重要原因，"5·12"汶川地震诱发崩滑形成的堰塞湖就多达256处，其中堰塞坝高度大于10 m的有33处，处于高和极高溃决风险的有18处[52]。堰塞体抬高水位对上游区的淹没危害范围远大，要从堰塞体的形成、溃决和利用三方面加以研判。而堰塞体的评判与溃决的预测则是尚在探索的难题，以下对此加以探讨。

建议：泥石流和崩滑体是否足以堵河，可据流量判别式（2.18）和规模判别式（2.21）、（2.22）判别，是否足以堵沟可据简化式（2.23）判别，部分堵塞用式（2.24）判别，部分堵塞壅水高度用式（2.27）判别；产生溢流溃决的临界流量用式（2.32）计算。

2.3.1 泥石流堵河既有判别公式

泥石流和崩滑体是否足以堵河（沟），有按流量判别和按泥沙规模判别两种途径。在按泥沙规模判别中，泥石流堵河与崩滑体堵沟的形态和评判模式还有所区别。堵河多为泥石流堆积，堰塞体纵坡较缓，顺流向的剖面形似三角形，宜按三角形堵河式判别。堵沟多为谷坡崩滑体，堰塞体纵坡较陡，顺流向的剖面形似梯形，宜按梯形堵沟式判别。

1）据流量判别

根据流量判别是否堵河可试用崔鹏团队提出的下式[53]：

$$C_P = \ln\frac{Q_M}{Q_B} - 0.883 \times (1-\cos\theta)^2 - 2.587\frac{\gamma_C}{\gamma_M} \quad (2.18)$$

式中：Q_M、Q_B分别为主河、泥石流的单宽流量（m³/s）；

θ为泥石流与主河的交角（°），顺主河流向为0；

γ_C、γ_M分别为泥石流、主河水流的重度（t/m³）。

判别系数 C_P 小于 -8.572 即会堵河。当泥石流与主河正交、主河水流重度为 $1.0\ \text{t/m}^3$ 时，重度为 $1.3\ \text{t/m}^3$、$1.8\ \text{t/m}^3$、$2.4\ \text{t/m}^3$ 的泥石流堵河的临界单宽流量比（Q_M/Q_B）分别为 0.0132、0.048、0.228，即泥石流单宽流量分别为主河的 76、21、4.4 倍。

2）据泥沙规模判别

针对正交入主河的三角形堰塞体堵河，估算所需最小泥石流体积总量 Q_C（m^3）有山地所以下两经验式[16]：

对黏性泥石流：

$$Q_C = \left(\frac{1}{2\tan 14°} + \frac{1}{2\tan \varphi} \right) \cdot B \cdot H^2 \qquad (2.19)$$

对稀性泥石流，水土分离：

$$Q_C = \frac{0.7 \times \left(\dfrac{1}{2\tan 14°} + \dfrac{1}{2\tan \varphi} \right) \cdot B \cdot H^2}{C_V - P_s \cdot C_V} \qquad (2.20)$$

式中：Q_C 为堰塞所需泥石流泥沙之最小体积（m^3）；

B 为主河水面宽度（m）；

φ 为堰塞土体内摩擦角［水下安息角，（°）］；

H 为主河水深（m）；

C_V 为泥石流浆体泥沙比（小数）；

P_s 为砂粒及以下土粒的重量比（小数）。

算例：1981 年 7 月 9 日成昆铁路利子依达泥石流堵塞大渡河，河宽 120 m，平均水深 13 m，泥石流为黏性，按 $\varphi=25°$ 计，则按式（2.19）算得堵河所需泥石流固体物质为 62 462 m^3，远小于此次泥石流输入的固体物质总量 67.5 万立方米[54]。

上述二式假设泥石流堆积扇纵坡为 0，且顺主河截面是严格的三角形，与实际差异较大，所得的所需泥石流总量偏小，只是极端条件下的最小值，堵河评价显得保守，不予推荐。

2.3.2 泥石流堵河与崩滑堵沟按泥沙规模的建议判别公式

实际上，泥石流堆积扇有一定纵坡，且顺主河截面也不是严格的三角形。尤其是滑坡堰塞体，纵坡更大，顺主河还有一定顶宽，更不宜用上述两式评判。将顺河截面近似为三角形和梯形，推导的估算公式为式（2.21）与式（2.22），推荐试用。具体推导参见附录2.1。

1）三角形堵河[图2.3(b)、(c)]

对三角形堵河所需的泥石流堆积体体积 Q_S（m³），由式（2.21）判定，主要适用于泥石流堆积。

$$Q_S = \frac{B}{2} \times \left(\frac{1}{\tan 14°} + \frac{1}{\tan \varphi_w} \right) \cdot \left(\frac{\tan^2 \varphi_C \cdot B^2}{3} + \tan \varphi_C \cdot h \cdot B + h^2 \right) + \frac{(\tan \varphi_C \cdot B + h)^3}{3 \times \tan \varphi_w \cdot (\tan \alpha - \tan \varphi_C)} \quad (2.21)$$

式中：B、h 分别为河面宽度、水深（m，泥石流不正交入主河者，河宽 B 按斜宽计）；

α 为沟口原堆积扇或岸坡的坡度（°）；

φ_C 为泥石流堆积体纵坡，无实测时按 1/2～3/4 堆积扇纵坡估计（°）；

φ_w 为堆积体水下安息角[（°），20°～30°]。

算例：前述利子依达泥石流堵塞大渡河，沟口段纵坡 $\alpha = 6.73°$，堆积纵坡 φ_C 按最大值 0.75α 计为 5°，泥石流为黏性，φ_w 按 25° 计，则按式（2.21）算得堵河所需泥石流固体物质体积为

$$Q_S = \frac{120}{2} \times \left(\frac{1}{\tan 14°} + \frac{1}{\tan 25°} \right) \cdot \left(\frac{\tan^2 5° \times 120^2}{3} + \tan 5° \times 13 \times 120 + 13^2 \right) + \frac{(\tan 5° \times 120 + 13)^3}{3 \times \tan 25° \times (\tan 6.73° - \tan 5°)} = 430\,350 \text{ m}^3$$

43 万立方米虽为式（2.19）的 6.89 倍，但仍小于此次泥石流输入的固体物质总量 67.5 万立方米，堵河是必然的。事实上，该堵塞体水上部分长约 200 m，宽约 100 m，高出河面近 1 m，3 h 后被流量仅 3 800 m³/s 的河水冲走[24]。

2）梯形堵沟[图2.3(d)、(e)]

对梯形堵沟所需的崩滑堆积体体积 Q_S（m³），由式（2.22）判定，主要适用于崩滑堆积。

$$Q_S = \left[\frac{B}{2} \times \left(\frac{1}{\tan \varphi_1} + \frac{1}{\tan \varphi_2} \right) + b \right] \cdot \left(\frac{\tan^2 \varphi_L \cdot B^2}{3} + \tan \varphi_L \cdot h \cdot B + h^2 \right) + \left(\frac{(\tan \varphi_L \cdot B + h)^2}{\tan \alpha - \tan \varphi_L} \right) \cdot \left(\frac{\tan \varphi_L \cdot B + h}{3 \times \tan \varphi_0} + \frac{b}{4} \right) \quad (2.22)$$

式中：b 为崩滑堆积体顺河之顶宽（m，可近似采用崩滑体后缘主控裂缝长度或前缘临空面最高段的长度计）；

φ_L 为崩滑堆积体纵坡[（°），不陡于安息角]；

φ_0 为崩滑堆积体的安息角（°），一般为 35°；

φ_1 为崩滑堆积体的安息角与 14°按高度的加权平均值；

φ_2 为崩滑堆积体的安息角与水下安息角按高度的加权平均值；

其余符号意义同式（2.21）。

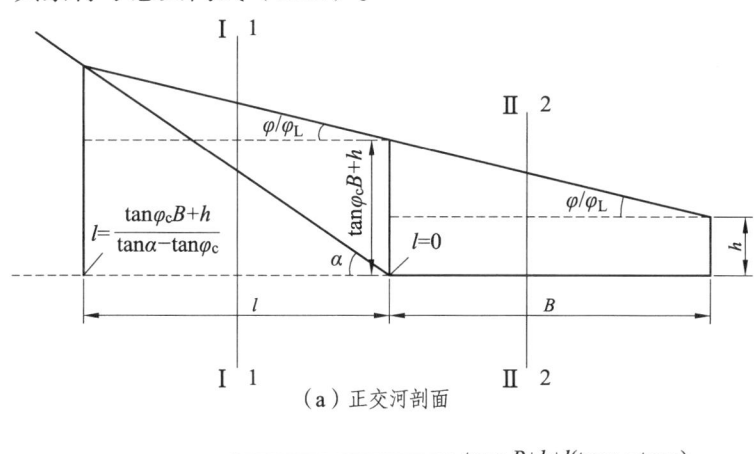

（a）正交河剖面

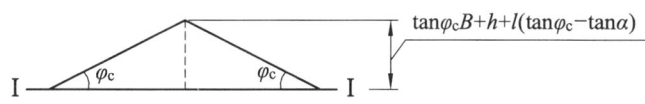

（b）扇上泥石流堆积体顺河三角形剖面

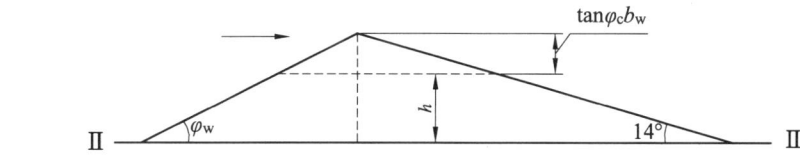

（c）河中泥石流堆积体顺河三角形剖面

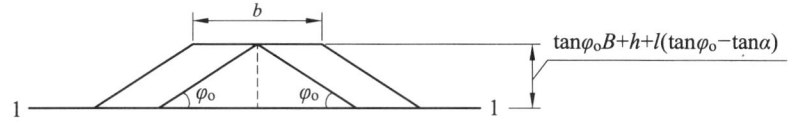

（d）岸坡滑坡堆积体顺河梯形剖面

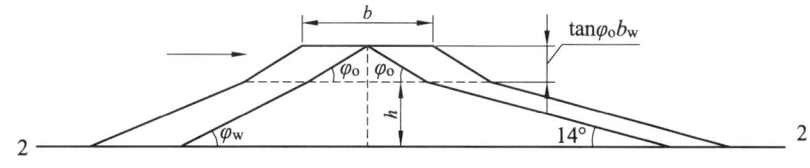

（e）河中滑坡堆积体顺河梯形剖面

图 2.3　堵河（沟）堆积体示意剖面图

[《指南 2014 版》中 $\tan\varphi_C B+h$ 误为 $\tan(\varphi_C B+h)$]

2.3.3 堰塞判别式的讨论

1）山地所经验式[16]

堵河式（2.21）中，不计岸坡加积项 $\dfrac{(\tan\varphi_C \cdot B + h)^3}{3 \times \tan\varphi_w \cdot (\tan\alpha - \tan\varphi_C)}$，且堰塞体纵坡 φ_C 为 0，则可简化为山地所的黏性泥石流经验式（2.19）。

显然，式（2.19）仅适用于岸坡为 90°直壁、堆积纵向水平的极端情况，结果一般会偏小。

2）误差

与三角形堵河式（2.21）相比，梯形堵沟的式（2.22）增加了堰塞体顶宽参数 b，两坡坡角取值有别。

将堰塞体横剖面概化为三角形还是梯形，都是近似的，堰塞体的纵坡、两横坡坡角和梯形顶宽的取值也是经验性的。这虽会给计算结果带来一些偏差，但对于是否会堵塞的评判，其精度还是可以满足要求的。

一般地，泥石流沟相对窄小，入河后顺流向堆积易近似呈三角形截面；而崩滑体相对宽大，易堆积成准梯形的截面。堆积成的纵坡、水上和水下安息角均与粒度、级配有关，对建议的经验性取值可进一步验证。至于崩滑而下形成的梯形截面的顶宽 b，崩滑前难以预计，建议近似按崩滑体后缘主控裂缝长度或前缘临空面最高段的长度计，是因为崩滑体积的沿岸分布也近似呈以主裂缝或最高临空面为顶宽的梯形。

3）堵沟简化公式

对泥石流沟谷，沟床狭窄，谷坡高陡，高位崩滑体突发，形成的松散堆积锥往往直接堵沟，此时堆积纵坡 φ_L 也达安息角 φ_0，一般取 35°，φ_1、φ_2 均近似取为 30°，则堵沟所需堆积体的体积据式（2.22）可近似地简化为式（2.23）：

$$Q_S = (1.732 \times B + b) \cdot (0.1634 \times B^2 + 0.7 \times h \cdot B + h^2) + \left[\dfrac{(0.7 \times B + h)^2}{\tan\alpha - 0.7}\right] \cdot \left(\dfrac{B+h}{3} + \dfrac{b}{4}\right)$$

（2.23）

算例：某泥石流沟，沟床宽 $B = 10$ m，深 $h = 4$ m，预计堆积体顶宽 b 约为 5 m，谷坡坡度 $\alpha = 40°$。欲形成最小厚度为 4 m 的堵塞体，据式（2.23），所需堆积体积为

$$Q_\mathrm{S} = (1.732 \times 10 + 5) \times (0.1634 \times 10^2 + 0.7 \times 4 \times 10 + 4^2) + \left[\frac{(0.7 \times 10 + 4)^2}{\tan 40° - 0.7}\right] \times \left(\frac{0.7 \times 10 + 4}{2.1} + \frac{5}{4}\right)$$

$$= 22.32 \times 60.34 + 869.88 \times 6.49 = 6\,992 \text{ m}^3$$

2.3.4 部分堵塞与壅水的计算方法

上述泥石流堆积的堵河判别式（2.21），是针对全部堵断主河的。当泥石流入河堆积量稍小，不足以堵断但仍可部分堵塞主河时，也会形成壅水之害，推导的预测式如下。

1）泥石流堆积部分堵塞主河的计算

设堵塞体按水上纵坡顺延至河对岸，但在对岸的堆积高度 h_s 小于河的水深 h，形成部分堵河，此时式（2.21）改写为

$$Q_\mathrm{S} = \frac{B}{2} \times \left(\frac{1}{\tan 14°} + \frac{1}{\tan \varphi_\mathrm{w}}\right) \cdot \left(\frac{\tan^2 \varphi_\mathrm{C} \cdot B^2}{3} + \tan \varphi_\mathrm{C} \cdot h_\mathrm{s} \cdot B + h_\mathrm{s}^2\right) + \frac{(\tan \varphi_\mathrm{C} \cdot B + h_\mathrm{s})^3}{3 \times \tan \varphi_\mathrm{w} \cdot (\tan \alpha - \tan \varphi_\mathrm{C})} \tag{2.24}$$

部分堵塞主河的计算步骤：

（1）从式（2.24）析出 h_s 值。
（2）按 $h_\mathrm{w} = h - h_\mathrm{s}$ 求对岸水深 h_w。
（3）按下式求出堵塞体水上长度 B_L：

$$B_L = B_W - \frac{h_\mathrm{w}}{\tan \varphi_\mathrm{C}} \tag{2.25}$$

2）壅水高度

部分堵塞之堰塞体所形成的壅水高度 H_w 可据流量平衡确定，即主河流量与堰口流量相等。堰口流量按宽顶堰公式计算：

$$Q = m B_0 \sqrt{2g} \cdot h_0^{\frac{3}{2}} \quad (\text{m}^3/\text{s}) \tag{2.26}$$

式中：m——流量系数，m 与 H_w 正相关，取 0.343～0.355。
B_0——溢流口宽度（顺坝轴向，m），矩形堰为底宽，梯形堰为平均宽；
h_0——过口水深（m）。

据式（2.26）得壅水高度 H_w（m）：

$$H_w = \left(\frac{Q}{mB_0\sqrt{2g}} \right)^{\frac{2}{3}} \tag{2.27}$$

式中：Q 采用主河流量（m³/s）；

按壅水高度 H_w 确定回水的淹没范围。

2.3.5 溢流溃决临界水文条件估算方法[55]

堰塞体的溃决分渗流破坏（管涌）与溢流破坏两类，以坝顶溢流冲刷下切破坏型为主。溢流溃决现无成熟之判别模式，笔者以下述探讨讨教于读者。

溢流溃决主要取决于堰塞体粒度与坝顶溢流高度，粒度决定冲刷起动的难易，溢流高度决定流速从而决定冲刷能力。溢流高度在一般山区又取决于暴雨洪峰等因素，对高寒冰碛湖则取决于入湖之冰崩与冰滑坡、雪崩[56]，对高烈度地震区则取决于地震涌浪[57]。此时，在这些首浪及后续折返涌浪的作用下，溃口逐渐形成，并在下蚀、溯源侵蚀和侧蚀的共同作用下，最终形成上游窄下游宽的梯形平面的溃口[58, 59]。坝体沿河长度不是溢流溃决主要因素，现在未溃也不等于将来不溃。

溢流溃决临界水文条件为临界流量 Q_{cr}，按以下三步确定。

1）溢流溃决的临界水头 H_{cr}

泥石流堰塞坝与冰川堰塞坝相似，据笔者等对冰碛湖溃决的研究[55]，设坝全长为 B（m）；溃口宽度为 b（m），溃前预测溃口宽度有困难，建议对凹形断面的堰塞坝用溢流段长度代表，对梯形断面的堰塞坝用平底段长度代表，对长大堰塞坝也可按西藏经验取（0.069~0.28）B；累积粒度曲线上对应于 95% 体积的粒径为 d_{95}（m）。

则导致漫溢溃坝的临界水头高度 H_{cr}（m）可用式（2.28）估算：

$$H_{cr} = 23.4 \times \frac{d_{95}^{0.583}}{10^{0.833 \cdot \frac{b}{B}} \cdot \left(\frac{B}{b}\right)^{0.694}} \tag{2.28}$$

2）溢流溃决的临界流速 V_{cr}

将溃决时的溃口流速视为临界流速 V_{cr}，则据肖克利契瞬间局部坝段一溃到底的溃口流速公式，有

$$V_{cr} = 0.9 \times 10^{0.3 \times \frac{b}{B}} \cdot \left(\frac{B}{b}\right)^{0.25} H_{cr}^{0.5} \tag{2.29}$$

将式(2.28)代入,得

$$V_{cr} = 4.35 \times 10^{-0.116 \times \frac{b}{B}} \cdot \left(\frac{B}{b}\right)^{-0.097} d_{95}^{0.292} \tag{2.30}$$

3)溢流溃决的临界流量 Q_{cr}

设溃口为底宽为 b(m)、两坡坡角为 α(°)、高为临界水头高度 H_{cr}(m)的等腰倒梯形,则其面积 A(m²)为

$$A = \left(b + \frac{H_{cr}}{\tan \alpha}\right) \cdot H_{cr} \tag{2.31}$$

溢流溃决的临界流量 Q_{cr} 为

$$Q_{cr} = A \cdot V_{cr} \tag{2.32}$$

洪峰流量大于临界流量 Q_{cr},预计堰塞坝发生溃决的可能性大,故宜以 Q_{cr} 作为避灾撤离警戒值。再考虑足够的安全系数 1.5,则以 ($Q_{cr}/1.5$) 作为预警预报值。

如堰塞体块度大,流域暴雨洪峰小,经估算达不到溃决所需条件,可以认为堰塞体是稳定的。该式试用于北川白什后山滑坡堰塞体,基本符合实际[60]。

郎少林[61]对"5·12"汶川地震形成的茂县宗渠沟堰塞湖,应用上述方法进行漫溢溃决的预测,得出 50 年一遇洪峰时,溃决的风险才较大的结论。

此外,艾洪舟将上述溃决判据与地震涌浪计算模式相结合,给出了地震效应下的冰湖溃决风险评估程式[62]。田林桃[63]据实验而建立的考虑摩阻效应的地震涌浪计算公式,利用漫溢型溃决临界水文条件,提出了冰湖溃决之判据。

4)算例——白什滑坡坝溃决预测(对文献[60]有修正)

白什滑坡坝由北川县白什乡老街后山滑坡突滑堵塞白水河而成。白水河流域面积 70.2 km²,年雨量近 1 400 mm,多年平均流量 31.9 m³/s,5、10、20、50、100 年一遇洪峰流量分别为 141、196、250、320、370 m³/s。滑坡堆积体面坡 35°~40°(平均 38°),最大粒径超过 1 m;其堵河形成的堰塞坝,顺河厚约 350 m,长约 30 m 且平顺,高出原河面约 15 m(图 2.4)。

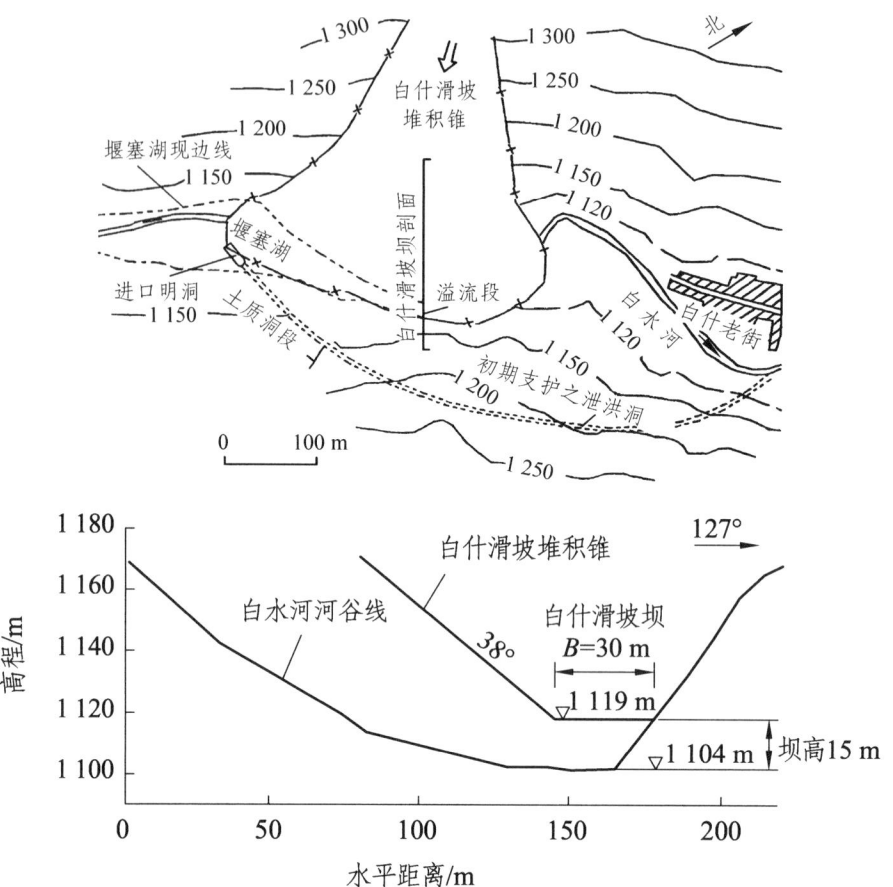

图 2.4 白什滑坡坝平面图（上）、剖面图（下）[60]

据式（2.28），取 $d_{95} = 1.0$ m，$B = 30$ m；因坝平顺，溃口宽度 b 按坝的全长计，即 $b = B$。将 $b/B = 1.0$ 代入式（2.28），则

$$H_{cr} = 23.4 \times 1.0^{0.583}/[10^{0.833 \times 1} \times (1/1)^{0.694}] = 3.437 \text{ m}$$

即漫溢溃坝临界水头最小为 3.437 m。

进一步据式（2.29），按 $b/B = 1$ 算得溃坝临界流速：

$$V_{cr} = 0.9 \times 10^{0.3 \times 1} \times (1/1)^{0.25} \times 3.437^{0.5} = 3.329 \text{ m/s}$$

按 $B = 30$ m、$H = 3.437$ m，则据式（2.31），溃口水面宽度 $= 30 + 2 \times 3.437 \times \cot 38° = 38.80$ m。将溃口断面视为底宽 30 m、顶宽 38.80 m、高 3.437 m 的倒梯形，则溃口断面面积：

$$A = (30 + 38.80)/2 \times 3.437 = 117.2 \text{ m}^2$$

因此，导致溃坝所需临界流量最小为

$$Q_{cr} = 118.2 \times 3.329 = 393.5 \text{ m}^3/\text{s}$$

即与白水河100年一遇洪峰流量370 m³/s相近。取安全系数1.5，则为262 m³/s，与白水河20年一遇洪峰流量250 m³/s相近。

结论：在泄洪洞完全堵塞的现实情况下，白水河至少在发生100年一遇洪水时，滑坡坝才有可能溃决的风险。因此建议，以白水河20年一遇洪水作为预警线，以100年一遇洪水作为撤离线。

2.3.6 溃坝类型及其流量计算（详见谢任之《溃坝水力学》[64]）

堰塞体溃决分瞬间部分溃、瞬间全溃和逐渐溃三种情况，其溃坝流量 q_m（m³）的计算模式有别。滑坡坝应选择土石坝的相关公式、连续波流公式；从瞬间全溃、瞬间部分溃或逐渐溃的公式中选择计算式；且采用瞬间一溃到底的公式。

1）瞬间部分溃

常见情况为瞬间部分溃，《指南2014版》与《勘查规范》中均推荐采用肖克利契经验公式（2.33）计算瞬间部分溃决的流量 q_m：

$$q_m = 0.9 \times \left(\frac{B}{b}\right)^{0.25} b \cdot H_0^{1.5} \tag{2.33}$$

式中：B——堰塞坝全长（m），为河谷宽度减去滑坡堆积锥宽度所余较平缓坝段的长度；

b——溃口宽度（m）；

H_0——溃坝前坝上游水深（m），等于（溢流段）坝高加上临界漫溢水头值。

2）瞬间全溃

少见瞬间全溃，不建议采用《勘查规范》中推荐的铁科院公式，而建议采用谢任之连续波流统一公式（2.34）计算瞬间全部溃决的流量 q_m（m³）[64]：

$$q_m = \lambda B g^{0.5} H_0^{1.5} \tag{2.34}$$

$$\lambda = m^{m-1} \left[\frac{2\sqrt{m} + \dfrac{u_0}{\sqrt{g \cdot H_0}}}{1 + 2m} \right]^{2m+1} \tag{2.35}$$

式中：m——河谷断面形态指数，对矩形、三角形、抛物线形河谷，m 分别取1、2、1~2，建议沟谷取1.5，河谷取1.25；

u_0——溃坝前河道平均流速（m/s）。

3）逐渐溃

宜借用谢任之公式计算溃口最大宽度 b_m（m）：

$$b_m = \frac{W^{0.423} \cdot \phi \cdot H_0}{3E} \tag{2.36}$$

式中：W——总库容（m³）；

ϕ——土质系数，对崩塌堆石坝取 0.495，对以石为主的滑坡坝取 1.68，对以土为主的滑坡坝取 3.65，对土质滑坡坝取 6.7（密实）、12.5（松散）。

E——坝横断面积（m²），采用可能被冲走的那部分坝体的横断面积。

将 b_m 代替 B，仍用式（2.34）计算溃决流量。

附录2.1 堰塞体体积计算（图2.3，蒋忠信，2014）

1）泥石流堆积体三角形堵河

堆积体与主河正交，设正交河的截面由河中横梯形和扇上三角形组成。河中横梯形底平、高 h（彼岸）与（$B\tan\varphi_c + h$，此岸）、顶斜 φ_c，其顺河的横截面为高（$b_w\tan\varphi_c + h$）、迎水坡 φ_w、背水坡 14°、底平的三角形；扇上三角形的端高（$B\tan\varphi_c + h$）、底斜 α、顶斜 φ_c、长 $l = \dfrac{\tan\varphi_c \cdot B + h}{\tan\alpha - \tan\varphi_c}$（$\alpha > \varphi_c$），其顺河的横截面为高 $H = \tan\varphi_c \cdot B + h + l \cdot (\tan\varphi_c - \tan\alpha)$、两坡均为 φ_c、底平的三角形。则：

河中顺河三角形面积：$\Delta_1 = \left(\dfrac{1}{2\times\tan 14°} + \dfrac{1}{2\tan\varphi_w}\right) \cdot (\tan\varphi_c \cdot b_w + h)^2$

沿河宽 b_w 从 h 至（$B\tan\varphi_c + h$）对上式积分，得河中泥石流堰塞体的体积（m³）：

$$Q_1 = \frac{B}{2} \times \left(\frac{1}{\tan 14°} + \frac{1}{\tan\varphi_w}\right) \cdot \left(\frac{\tan^2\varphi_c \cdot B^2}{3} + \tan\varphi_c \cdot h \cdot B + h^2\right)$$

扇上顺河三角形面积：$\Delta_2 = \dfrac{1}{\tan\varphi_c} \cdot \left[\tan\varphi_c \cdot B + h + l \cdot (\tan\varphi_c - \tan\alpha)\right]^2$

沿底长 l 从 0 至 $\dfrac{\tan\varphi_c \cdot B + h}{\tan\alpha - \tan\varphi_c}$ 对上式积分，得扇上泥石流堆积体的体积（m³）：

$$Q_2 = \frac{(\tan\varphi_c \cdot B + h)^3}{3\times\tan\varphi_w \cdot (\tan\alpha - \tan\varphi_c)}$$

故泥石流堰塞所需总体积 $Q = Q_1 + Q_2$，即为式（2.21）。

$$Q = \frac{B}{2} \times \left(\frac{1}{\tan 14°} + \frac{1}{\tan \varphi_w} \right) \cdot \left(\frac{\tan^2 \varphi_c \cdot B^2}{3} + \tan \varphi_c \cdot h \cdot B + h^2 \right) + \frac{(\tan \varphi_c \cdot B + h)^3}{3 \times \tan \varphi_w \cdot (\tan \alpha - \tan \varphi_c)}$$

（2.21）

2）滑坡堆积体梯形堵河

堆积体与主河正交，设正交河截面仍由河中横梯形和扇上三角形组成。河中横梯形底平、高 h（彼岸）与（$B\tan\varphi_L + h$，此岸）、顶斜 φ_L，其顺河截面为高（$b_w\tan\varphi_L + h$）、平均顶宽 b、迎水坡 φ_2、背水坡 φ_1、底平的梯形；扇上三角形端高（$B\tan\varphi_L+h$）、底斜 α、顶斜 φ_L、长 $l = \frac{\tan\varphi_L \cdot B + h}{\tan\alpha - \tan\varphi_L}$（$\alpha > \varphi_L$），其顺河截面为高 $H = \tan\varphi_L \cdot B + h + l \cdot (\tan\varphi_L - \tan\alpha)$、顶宽按平面三角形为 $0 \sim b$（平均 $b/2$）、两坡均为 φ_0、底平的梯形。则：

河中顺河梯形面积：

$$S_1 = \left(\frac{1}{2 \times \tan \varphi_1} + \frac{1}{2 \times \tan \varphi_2} \right) \cdot (\tan \varphi_L \cdot b_w + h)^2 + b \cdot (\tan \varphi_L \cdot b_w + h)$$

沿河宽 b_w 从 h 至（$B\tan\varphi_L + h$）对上式积分，得河中滑坡堰塞体的体积（m³）：

$$Q_1 = \left[\frac{B}{2} \times \left(\frac{1}{\tan \varphi_1} + \frac{1}{\tan \varphi_2} \right) + b \right] \cdot \left(\frac{\tan^2 \varphi_L \cdot B^2}{3} + \tan \varphi_L \cdot h \cdot B + h^2 \right)$$

岸坡顺河梯形面积：

$$S_2 = \frac{1}{\tan \varphi_L} \cdot [\tan \varphi_L \cdot B + h + l \cdot (\tan \varphi_L - \tan \alpha)]^2 + b \cdot [\tan \varphi_L \cdot B + h + l \cdot (\tan \varphi_L - \tan \alpha)]$$

沿底长 l 从 0 至 $\frac{\tan\varphi_L \cdot B + h}{\tan\alpha - \tan\varphi_L}$ 对上式积分，得岸坡滑坡堆积体的体积（m³）：

$$Q_2 = \left[\frac{(\tan \varphi_L \cdot B + h)^2}{\tan \alpha - \tan \varphi_L} \right] \cdot \left(\frac{\tan \varphi_L \cdot B + h}{3 \times \tan \varphi_0} + \frac{b}{4} \right)$$

故滑坡堰塞所需总体积 $Q = Q_1 + Q_2$，即为式（2.22）。

$$Q = \left[\frac{B}{2} \times \left(\frac{1}{\tan \varphi_1} + \frac{1}{\tan \varphi_2} \right) + b \right] \cdot \left(\frac{\tan^2 \varphi_L \cdot B^2}{3} + \tan \varphi_L \cdot h \cdot B + h^2 \right) + \left[\frac{(\tan \varphi_L \cdot B + h)^2}{\tan \alpha - \tan \varphi_L} \right] \cdot \left(\frac{\tan \varphi_L \cdot B + h}{3 \times \tan \varphi_0} + \frac{b}{4} \right)$$

（2.22）

第 3 章 判别泥石流沟及其演化的非线性方法

潜在泥石流沟是至今尚未暴发过泥石流但又具备形成泥石流的必要条件，未来有可能暴发泥石流的沟谷。判别沟谷是否未来可能演化为泥石流沟是一重要的难题，因为漏判会带来灾害隐患，虚判又会浪费不必要的防治工程。

《指南 2014 版》中推荐，除对暴发过泥石流的沟采用谭炳炎方法[4]评判泥石流的严重程度之外，对潜在泥石流沟的判别则采用汶川震区法[65]和成昆铁路法[66]，但二法都有经验局限性，有待引入其他方法。

成昆铁路法开始应用流域系统的熵这一非线性理论，但未能展开论述。克劳修斯 1865 年首次提出"熵"的概念，后由玻尔兹曼对热力学熵作出微观解释。广义的熵是能给系统的不确定程度以某种整体量度的量，如申农的信息熵。为评价流域的稳定性，艾南山等建立了流域系统的信息熵与超熵[67-69]，笔者据之将对河谷和泥石流沟谷纵剖面发育的伊凡诺夫曲线描述转化为信息熵与超熵描述[70,71]，使流域系统的信息熵与超熵可以作为评判泥石流沟及其稳定性的重要指标[72]（详见附录 3.2）。

此外，基于流域面积-高程曲线的泥石流流域的斯特拉勒积分，是评判流域演化与稳定性的另一非线性指标[73]；泥石流沟谷纵剖面的演化还遵循最小能耗原理，也为定量描述这一演化规律提供了新的非线性手段[74]。

3.1 泥石流沟谷纵剖面的形态与演化

3.1.1 泥石流沟谷纵剖面形态[75]

研究发现，滇西北的金沙江、澜沧江、怒江及其支流的河谷纵剖面的形状，可用伊凡诺夫的河流纵剖面方程来描述[76]：

$$h = H \cdot \left(\frac{l}{L}\right)^N \tag{3.1}$$

式中：h 为纵剖面上某点与河口的高差（m）；

l 为该点与河口之间的水平距离（m）；

H 和 L 分别为河源与河口之间的高差与水平距离（m）。

形态指数 N 恒为正。当 $0 < N < 1$ 时，剖面上凸；$N = 1$ 时，剖面为直线；$N > 1$ 时，剖面下凹（图 3.1，详见附录 3.3）。

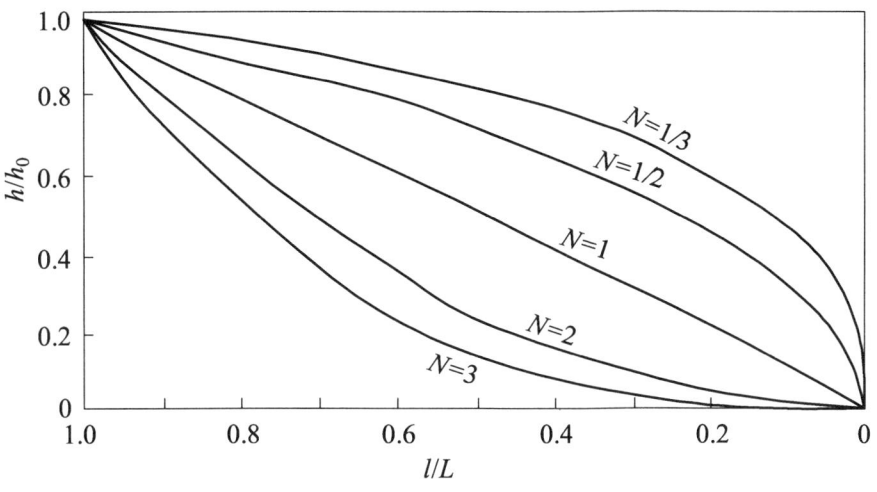

图 3.1 小流域沟谷纵剖面的理想形态

对泥石流小流域，平面形态常为以出山口（堆积扇顶）为顶点的扇形或菱形，流域内产水产沙条件较均一，其沟谷纵剖面形态仍类似式（3.1）描述的伊凡诺夫曲线[76]。

N 值按式（3.1）拟合而得。计算步骤为：

（1）在从沟头至出山口的主沟段间隔选点，计得各点与出山口的沟谷水平长度 l 与高差 h。

（2）分别除以沟段水平全长 L 与高差 H 而得 l/L 与 h/H。

（3）以一定步长据经验逐一假设 N 值，计算各点的 $(l/L)^N$ 值，得 h/H 与 $(l/L)^N$ 之差 Δ 值。

（4）求各点 Δ 的平方和，偏差平方和 $\sum\Delta^2$ 最小时的假设 N 值即为所求。

3.1.2　泥石流沟谷纵剖面演化的最小能耗模式[74]

河流地貌演化的最小能耗原理[77,78]，表述为在维持输沙平衡的前提下，冲积河流将调整其坡降和几何形态，力求使单位水体的能量消耗率趋向于当地具体条件下所许可的最小值。单纯考虑纵剖面时，则为调整坡降使单位水体沿全程作最快流动，使摩阻耗能最小（详见附录 3.5）。

对以下切为主但冲淤盛行的泥石流沟谷，其纵剖面演化也遵循最小能耗原理，即通过调整坡降使流速均值增大，表现为单位流体流速的全程平均值 $\bar{u}$ 与纵剖面形态指数 N 正相关：

$$\bar{u} \propto f(N) \tag{3.2}$$

式中：$f(N)$ 可称为流速函数。

（1）对雨水型泥石流沟：

$$f(N)=\left[\frac{1}{3}-\frac{2}{(N+1)\cdot(N+2)\cdot(N+3)}\right]^{\frac{1}{2}} \quad (3.2\text{-}1)$$

（2）对冰雪融水型泥石流沟[79]：

$$f(N)=\left[\frac{2}{3}-\frac{2}{(N+1)\cdot(N+3)}\right]^{\frac{1}{2}} \quad (3.2\text{-}2)$$

（3）对溃决型泥石流沟：

$$f(N)=\left(\frac{N}{N+1}\right)^{\frac{2}{3}} \quad (3.2\text{-}3)$$

在构造急剧抬升继以长期稳定的戴维斯地貌侵蚀旋回中，沟谷纵剖面的演化因遵循最小能耗原理，力图使全程的流速平均值 $\bar{u}$ 值由小变大，与之正相关的纵剖面形态指数 N 值也相应由小变大，沟谷纵剖面的形态从上凸抛物线形（$N<1$）经直线形（$N=1$）向下凹抛物线形（$N>1$）演化，流域地貌从幼年期经壮年期向老年期演化，泥石流相应由孕育、发展、旺盛，向衰减阶段演替（表3.1、图3.2）。且泥石流流速随 N 值增大而增大的速率，按雨水型、冰雪融水型、溃决型的顺序递增，即沟谷纵剖面下凹化的演化速率按此顺序递增。

表3.1 泥石流沟谷地貌各演化阶段的纵剖面形态指数 N 与流速函数 $f(N)$ 值

沟谷地貌演化阶段	泥石流演化阶段	形态指数 N 值	雨水泥石流 $f(N)$ 值	融水泥石流 $f(N)$ 值	溃决泥石流 $f(N)$ 值	泥石流暴发频率与规模
深切侵蚀阶段	泥石流演化阶段	0.62	0.451	0.571	0.527	无
深切侵蚀阶段	泥石流发展阶段	1.23	0.517	0.674	0.673	中等
过渡阶段	泥石流旺盛阶段	1.62	0.536	0.708	0.726	大
均衡调整阶段	泥石流衰减阶段	2.00	0.548	0.730	0.763	小
均衡调整阶段	流域稳定阶段	3.71	0.548	0.777	0.853	无

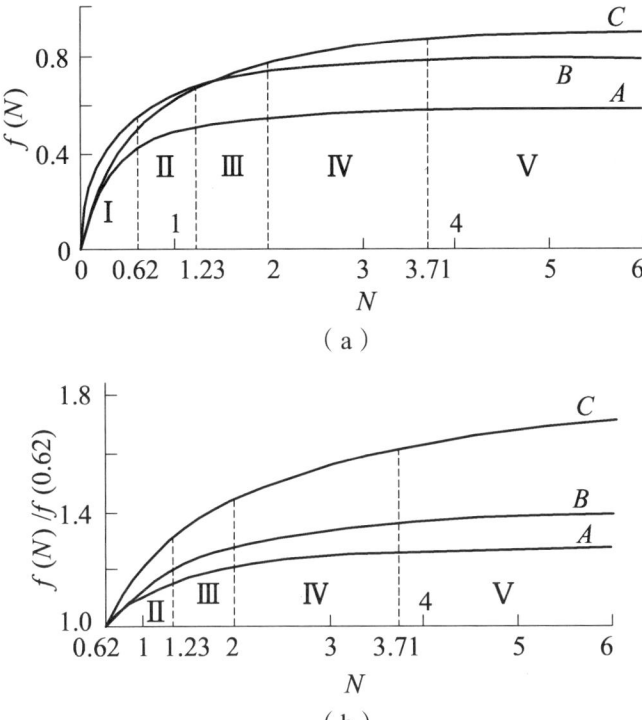

A—雨水泥石流沟；B—融水泥石流沟；C—溃决泥石流沟
Ⅰ—泥石流孕育阶段；Ⅱ—泥石流发展阶段；Ⅲ—泥石流旺盛阶段；
Ⅳ—泥石流衰减阶段；Ⅴ—流域稳定阶段。

图 3.2 泥石流沟演化阶段与流速函数 $f(N)$ [74]

3.2 泥石流流域的斯特拉勒积分与稳定性

1）泥石流流域的斯特拉勒积分[70]

对包括泥石流沟在内的扇形或菱形的小流域，其斯特拉勒流域面积-高程曲线方程为

$$\frac{h}{H} = \left(\frac{a}{A}\right)^{N/2} \quad (3.3)$$

式中：h、H 分别为过主沟上某点与出山口间的高差、沟头与出山口间的高差（m）；

a、A 分别为过主沟上某点的等高线所圈围的流域面积、全流域面积（m²）。

对式（3.3）参数归一化后积分，得用纵剖面形态参数 N 表达的斯特拉勒积分值 S：

$$S = \int_0^1 \left(\frac{a}{A}\right)^{N/2} \mathrm{d}\left(\frac{a}{A}\right) = \frac{2}{N+2} \quad (3.4)$$

2）斯特拉勒积分与流域稳定性[73]

斯特拉勒积分值 S 随流域演化而由大变小，是评判小流域所处戴维斯侵蚀循环阶段的地貌指标：

（1）$S > 0.6$ 为幼年期，流域地貌处于孕育和形成泥石流的阶段。
（2）$0.35 < S \leq 0.6$ 为壮年期，流域地貌有利于泥石流前期发育旺盛，后期开始衰退。
（3）$S \leq 0.35$ 为老年期，流域地貌趋于稳定，泥石流停息。

3.3 泥石流流域系统的信息熵与稳定性[72]

1）泥石流流域系统的信息熵

艾南山[67]定义侵蚀流域的信息熵为

$$P = \int_{-\infty}^{\infty} g(x) \ln g(x) \mathrm{d}x \tag{3.5}$$

对包括泥石流沟在内的扇形或菱形的小流域，其密度函数 $g(x)$ 为

$$g(x) = \frac{N+2}{2}\left(\frac{a}{A}\right)^{N/2} \tag{3.6}$$

数据归一化后，笔者据式（3.5）与式（3.6），得泥石流等小流域系统的地貌信息熵[70]为

$$P = \int_0^1 \frac{N+2}{2}\left(\frac{a}{A}\right)^{N/2} \ln\left[\frac{N+2}{2}\left(\frac{a}{A}\right)^{N/2}\right] \mathrm{d}\left(\frac{a}{A}\right)$$

$$P = \ln\frac{N+2}{2} - \frac{N}{N+2} \tag{3.7}$$

2）流域系统信息熵与稳定性

流域系统信息熵随流域演化而由小变大，是表征流域所处侵蚀循环阶段和稳定性的非线性指标：

（1）$P < 0.091$（$N < 1.33$，$S > 0.6$）为深切侵蚀前期：戴维斯侵蚀循环幼年期，流域地貌趋向复杂，沟谷纵剖面由上凸向下凹演化，谷坡剥蚀加剧，流域稳定性变差，导致泥石流等灾害得以孕育与暴发。

（2）$P = 0.091 \sim 0.193$（$N = 1.33 \sim 2.0$，$S = 0.60 \sim 0.50$）为深切侵蚀后期：戴维斯侵蚀循环壮年前期，流域地形变陡，沟谷纵剖面呈上游陡下游缓的下凹形，暴雨径流集中迅速，谷坡崩塌滑坡盛行，泥石流旺盛。

（3）$P = 0.193 \sim 0.40$（$N = 2.0 \sim 3.71$，$S = 0.50 \sim 0.35$）为均衡调整期：戴维斯侵蚀循环壮年后期，流域地貌渐趋和缓，谷坡剥蚀减轻，沟谷中下游纵坡甚缓，流域开始稳定，泥石流衰退。

（4）$P > 0.40$（$N > 3.71$，$S < 0.35$）为均衡剖面期：戴维斯侵蚀循环老年期，流域地貌已趋稳定，泥石流停息。

泥石流沟谷纵剖面形态指数 N、流域斯特拉勒积分 S、流域系统信息熵 P 的对应关系示于图 3.3。

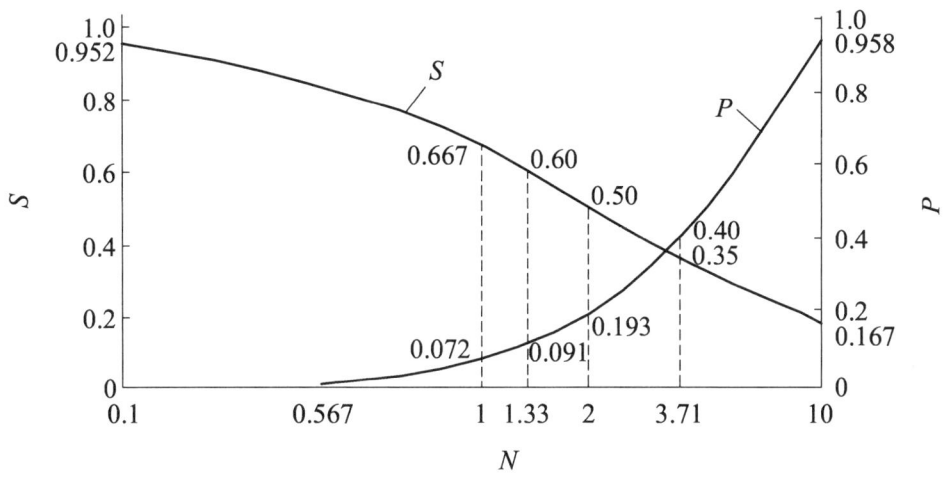

图 3.3 泥石流流域的 N、S、P 值之对应关系图[70]

3.4 泥石流流域系统的超熵与稳定性

信息熵是线性平衡态熵，而流域系统是远离平衡态的耗散结构，非线性、非平衡态的超熵更适宜于评价流域系统的稳定性。

3.4.1 泥石流流域系统的超熵

对特定的流域系统，岳天祥、艾南山[69]给出超熵的一般表达式为

$$\delta_x P = \frac{-\beta \alpha^3 (\alpha - 1)(\alpha + 1)}{\alpha(-\beta - 1) - 3} \qquad (3.8)$$

$\delta_x P$ 值的正负表征流域系统的稳定性，$\delta_x P$ 的绝对值表征稳定性的程度。$\delta_x P > 0$，流域稳定，绝对值愈大稳定性愈高；$\delta_x P < 0$，流域不稳定，绝对值愈大愈不稳定。

对泥石流等小流域，$\alpha = N/2$，$\beta = \dfrac{2+N}{2-N}$，故笔者推导的小流域超熵[71]为

$$\delta_x P_\mathrm{m} = \frac{N^3(N^2-4)(N+2)}{32(6-N)} \tag{3.9}$$

3.4.2 流域系统超熵与稳定性[71]

据泥石流流域系统的超熵 $\delta_x P_\mathrm{m}$ 和相应的沟谷纵剖面形态指数 N 值，可将泥石流划分为两个地貌演化期和 5 个演化阶段，如图 3.4 所示。

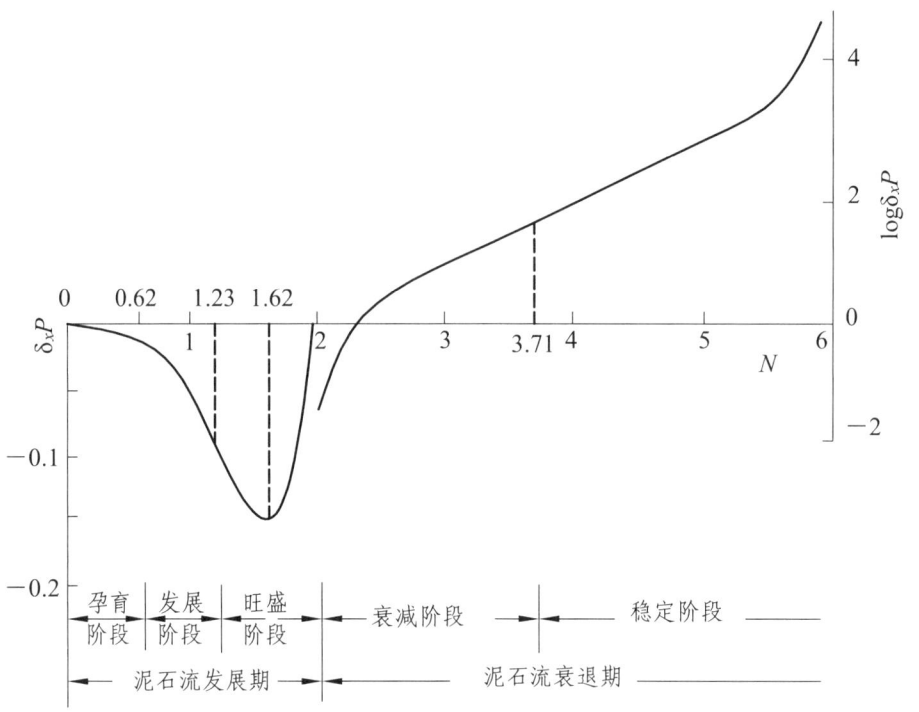

图 3.4 据常见范围的泥石流沟谷纵剖面形态指数 N 和
按相应泥石流流域系统超熵 $\delta_x P$ 划分的泥石流发育阶段[71]

1）泥石流发育期（$\delta_x P < 0$，$N < 2$）：流域系统不稳定

（1）泥石流孕育阶段：$\delta_x P$ 为（0，−0.013 1]，N 为（0，0.62]。负超熵绝对值较慢地递增，流域系统开始趋向不稳定，各种促发泥石流的因素开始萌发，但不足以暴发泥石流，属于泥石流沟的概率近于0。

（2）泥石流发展阶段：$\delta_x P$ 为（−0.013 1，−0.097 9]，N 为（0.62，1.23]。负超熵绝对值加速递增，流域系统不稳定性剧增，形成泥石流的各种条件速备，最终可促成泥石流的暴发，大多属泥石流沟或潜在泥石流沟。

（3）泥石流旺盛阶段：$\delta_x P$ 由 −0.097 9 降至 −0.151（$N=1.62$）再增至 0，N 为（1.23，2.0）。负超熵递减至极小值后再递增至 0，流域系统极不稳定，形成泥石流的各种条件十分成熟，泥石流发育旺盛，划为泥石流沟与潜在泥石流沟。

2）泥石流衰退期（$\delta_x P \geq 0$，$2 \leq N < 6$）：流域系统趋向稳定

（1）泥石流衰减阶段：$\delta_x P$ 为 [0, 38.85)，N 为 [2.0, 3.71)。超熵转为正值，泥石流衰退但仍可零星暴发，属泥石流沟的概率较小。

（2）泥石流停息阶段：$\delta_x P$ 为 [38.85, ∞)，N 为 [3.71, 6.0)。正超熵大，流域系统稳定，泥石流消亡，属泥石流沟的概率为 0。

3.5 小结与成昆判别法

3.5.1 非线性方法小结

1）各非线性指标的内涵与应用

流域斯特拉勒积分值 S、流域系统信息熵 P 和超熵 $\delta_x P$ 都是评判流域稳定性的非线性地貌指标，但内涵有差异，应用有区别。

（1）流域斯特拉勒积分值 S 基于流域平面二维地形，信息量较基于沟谷纵剖面一维地形的信息熵要大，但据之评判的流域地貌演化阶段还属封闭的戴维斯侵蚀循环模型，因此宜用于山区的河流（> 50 km²）。

（2）流域系统信息熵 P，在封闭系统中表征侵蚀循环的阶段（不同于戴维斯侵蚀循环模型），并在开放系统中一定程度上表征流域的稳定性，因此宜用于构造抬升继以长期稳定的山区小流域。

（3）流域系统超熵 $\delta_x P$，在内外营力同时作用的开放系统中表征内外营力对抗的强度，即流域的稳定性。由于主河的下切与加积交替，支流流域经常有外部物质和能量的输入，用超熵评判小流域的稳定性和泥石流发育阶段要比信息熵更为客观与精细。

2）沟谷纵剖面形态指数 N 的原理

S、P 和 $\delta_x P$ 等非线性地貌指标都可用沟谷纵剖面形态指数 N 来表达，据 N 值可从这些指标来评判小流域的稳定性和泥石流发育阶段。

构造抬升期，作为地区侵蚀基准的主河快速下切，水动力较弱的支流下切跟不上，且支沟下切有从沟口向沟头溯源传递与积累的进程，故支沟纵剖面形成坡降从沟头向下游逐渐变陡的上凸抛物线状，$N < 1$。这与向下游流量的增大不匹配，大流量要寻求小坡降，必然继续下切侵蚀。构造稳定、主河停止下切后，支流向坡降与水动力相适当的均衡方向发展，遵循最小能耗原理使沟谷纵剖面向下凹抛物线形演化，$N > 1$。支沟泥石流也相应经历孕育、发展、旺盛、衰减、停息的全过程。但是，急剧抬升继以长期稳定的构造环境在山区并非现实，往往是构造抬升与短暂稳定频繁交替，侵蚀循环极不完整。

相应地,沟谷纵剖面形态会复杂化与多旋回化,给拟合的 N 值带来误差,给应用 N 值评判流域稳定性和泥石流发育造成麻烦。同时,泥石流的发育过程也难以完整,往往演化不到泥石流停息阶段。

3) 流域非线性指标的局限性

各非线性指标只是评判流域稳定性和泥石流发育的综合性地貌指标。虽然流域地貌与径流汇集、谷坡剥蚀、崩滑体发育有密切关系,但在促发泥石流的因素中,水动力仍以暴雨条件为主,松散固体物源与岩性、地质构造密切相关,植被则与径流形成与坡面侵蚀相关。因此,单据各非线性地貌指标评判泥石流还不够充分,故研究提出了判别泥石流沟的成昆铁路法[66],其除采用以 N 值表示的超熵外,还补充了暴雨、岩性、断裂、植被、松散固体物源等 5 项指标,将全部指标评分总和大于 50 分的判为泥石流沟或潜在泥石流沟。

这些指标中,除以 N 值表示的地貌指标外,暴雨、植被、松散固体物源也遵循一定的演化规律,故研究采用以灰色系统为主的预测方法,建立了相应的预测模型,以从多方面综合预测泥石流的演化趋势[80]。

尽管如此,由于非线性指标是流域系统的综合性地貌指标,用以评判泥石流发育的阶段,是诸如流域平面形态、沟谷纵坡降、流域高差、谷坡坡度、沟谷横断面等单一地貌指标所无法比拟的,是值得倡导的非线性技术。以成昆铁路沙湾至泸沽段沿线为例,用流域系统超熵评判处于泥石流孕育阶段的沟谷,全为非泥石流沟,判别正确率达100%;评判处于泥石流旺盛阶段的,67.6%为泥石流沟,判别正确率达2/3(表3.2[66])。

表3.2 用流域系统超熵评判成昆铁路沙沪段沿线沟谷所处泥石流的发育阶段

沟数与比例	孕育阶段 (非泥石流沟)	发展阶段	旺盛阶段 (泥石流沟)	衰减阶段	停息阶段 (非泥石流沟)
总沟数 (所占比例)	8(5.7%)	50(35.7%)	68(48.6%)	14(10.0%)	0
泥石流沟数	0	22	46	5	
非泥石流沟数	8	28	22	9	
泥石流沟所占 比例	0	44.1%	67.6%	35.7%	

近年来,基于沟谷纵剖面形态指数 N 的流域系统超熵已开始较广泛应用于划分泥石流沟谷的演化阶段,进而评价其危险度或活跃度。

例如,罗文功等[81]统计中巴公路奥布段的 53 条泥石流沟谷,在活动性强的 27 条冰川泥石流沟谷中,$N \geq 1$ 的占 81%;而在活动性较弱的 26 条雨水泥石流沟谷中,$N \geq 1$ 的仅占 50%。岳俊生等[82]在对大渡河某电站库区 21 条沟谷的调查中，根据沟谷纵剖面的凹凸形态，将其中的 4 条划归泥石流孕育期，14 条划归泥石流发展期，3 条划归泥石流旺盛期。邹强等[83]依据超熵值，将川藏公路鲜水河段的 58 条沟谷，判定为处于活跃期、较活跃期、较稳定期的分别为 26 条、30 条、2 条，结果与实际情况相一致。麦华山[84]根据流域系统的超熵，对川西雅西高速公路的 10 条泥石流沟，评判处于旺盛期的 7 条（N = 1.37～1.55），近年泥石流暴发频率呈上升趋势；处于旺盛期偏老的 8 号沟（N = 1.87），泥石流暴发频率企稳；处于发展期的 2 条（N = 1.13、1.22），泥石流暴发频率较低。

3.5.2 判别泥石流沟的成昆铁路法[66]

成昆铁路法为 6 因子评分法（表 3.3）。判识因子为暴雨、流域、地貌、地质、松散固体物质与植被。

表 3.3 泥石流沟简易判别方案[66]

判别指标	单位	分值	评分								
H_{24}	mm		≤40—50—60—70—80—100—120—150								
		30	0	5	9	12	15	20	24	27	30
N			≤0.62		0.62—1.0 2.0—3.71		1.0—1.3 1.8—2.0		1.3—1.8		
		20	0		7		14		20		
岩性		15	硬岩/5			中硬岩/10			软岩/15		
Q	$10^4 \text{m}^3/\text{km}^2$		≤1——2——5——10———20								
		15	2.5	5		7.5	10		12.5		15
F	km/km²		0—0.1—0.2—0.3—0.4—0.5—0.6—0.7—0.8—0.9—1								
		10	0	1	2	3	4	5	6	7	8	9	10
P	%	10	（1-P）×10								

表中：H_{24}——年最大 24 h 雨量的多年平均值，可据历年的日雨量最大值的平均值乘以改正系数 K 而得，对四川 K = 1.11 或 1.16；或从水利部门所编 H_{24} 等值线图查取。

N——沟谷纵剖面形态指数，可从沟谷纵剖面图量计。

Q——单位流域面积松散固体物质动储量，可从航片判读，现场抽样校核。

F——单位流域面积断裂长度，可从区域地质图量计。

P——流域林地率，可从航片判释。

判别阈值具地区经验性。对成昆铁路北段，总分 50 以上为泥石流沟，50 分以下为非泥石流沟（图3.5、表3.4）。对内昆铁路，判别阈值为56分[85]。表3.4显示，地面条件5项指标总得分，与泥石流沟占比正相关，基本上反映了区域泥石流的发育程度。

本判别法可室内作业，效率较高，虽有错漏判，但应用于工作量大的初勘阶段，对泥石流沟进行初筛还是便捷的。对判认的泥石流沟和评分接近阈值的非泥石流沟，则在详勘阶段补作进一步的现场调研工作。

对沟谷泥石流的演化趋势，还可根据主沟纵剖面形态、固体物源量、植被覆盖率、人为活动等因素随时间的变化采用灰色系统等模型进行预测。

表3.4 成昆铁路北段各河段泥石流沟判别评分和结果

河段	5项地面条件指标判别得分总分	沟谷条数	泥石流沟条数	泥石流沟/%	判别阈值	漏判泥石流条数/%	错判为泥石流条数/%	判别正确率/%
大渡河	31.34	48	13	37.1	52	4/30.8	1/2.9	89.58
牛日河	37.24	34	23	67.6	49	4/17.4	3/27.3	79.41
普雄河	37.57	28	15	53.6	49~50	3/20.0	2/15.4	82.14
孙水河	40.91	30	22	73.3	52	3/13.6	0/0	90.00
全段	36.06	140	73	52.1	50	15/20.55	10/14.93	82.14

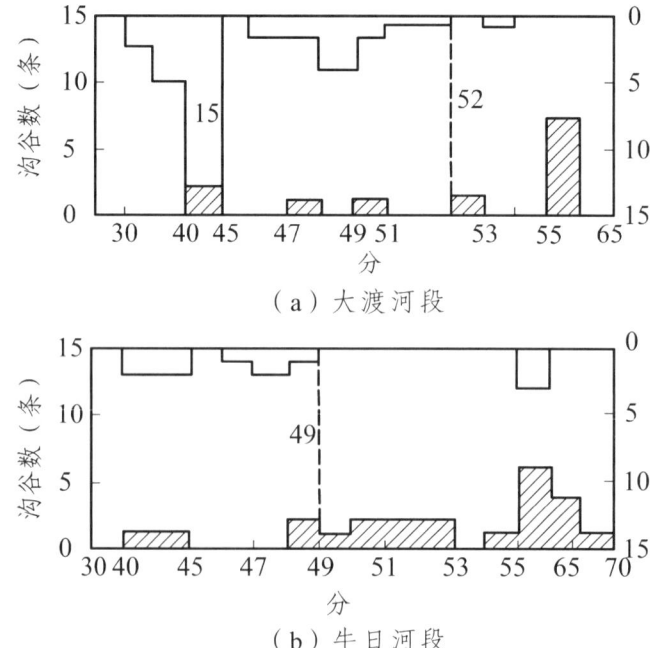

(a) 大渡河段

(b) 牛日河段

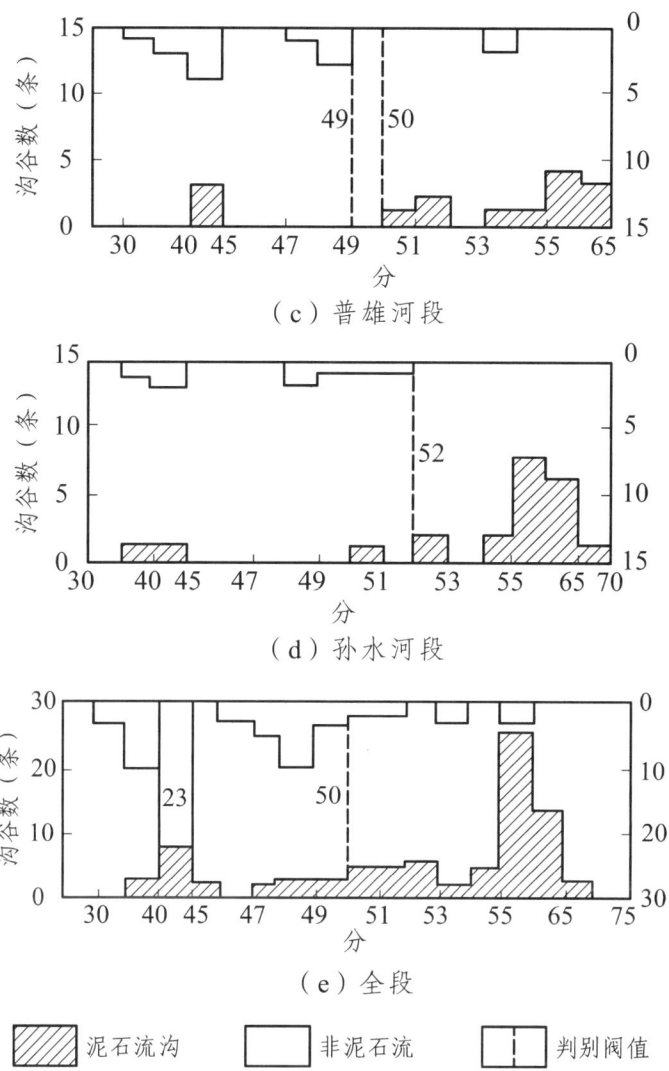

图 3.5 成昆铁路沙湾至泸沽段泥石流沟与非泥石流沟判别得分的频数分布[66]

其中，泥石流沟谷纵剖面形态演化采用不等时距的 GM（1，1）灰色模型预测（见3.5.3），松散固体物源量的变化采用 GM（1，3）灰色模型预测（见 2.1.6），植被覆盖的变化采用马尔柯夫模型预测［见 3.5.4 之 2）］，人为采掘弃渣活动的变化采用高斯模型预测［见 3.5.4 之 1）］，按各因素的预测结果重新评分，按得分之和评判演化趋势。

3.5.3 泥石流沟谷演化的不等时距 GM（1，1）预测[86]

泥石流溯源下切沟道的纵坡较原沟道要陡，约为原纵坡的 1.1～1.5 倍（稀性）或 1.0～1.2 倍（黏性）[24]。

以沟谷纵剖面形态指数 N 为代表，以利子依达沟为例，采用不等时距灰色预测模型预测成昆铁路 1971 年通车后 100 年的沟谷演化趋势（图 3.6，方法见附 3.1.2）。

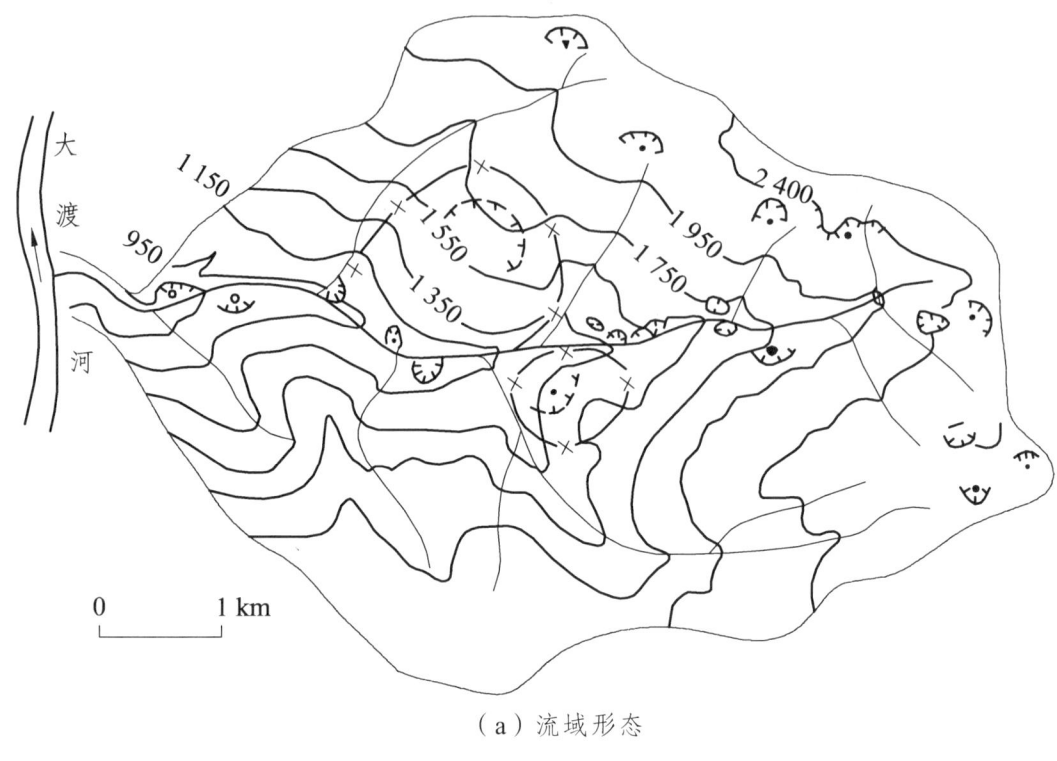

(a)流域形态

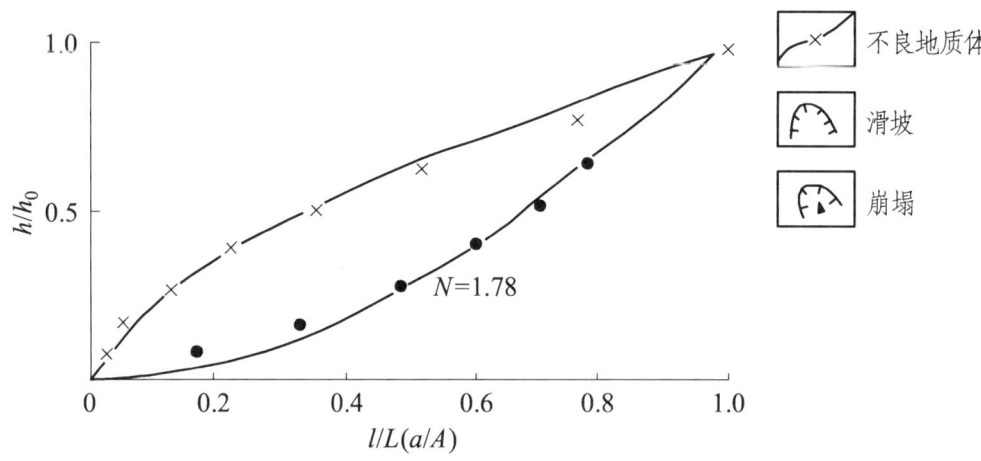

(b)沟谷纵剖面(下)与流域面积-高程曲线(上)

图 3.6 利子依达沟的流域形态(a)、沟谷纵剖面[(b)下]
与流域面积-高程曲线[(b)上]

利子依达沟 1965 年、1971 年、1981 年、1987 年的 N 值分别为 1.78、1.83、1.93、1.95,以 1965 年为起算点,时间 t(年)的序列为(0,6,16,22),N 的原始数列:

$$N^{(0)} = (1.78, 1.83, 1.93, 1.95)$$

建立 GM（1，1）模型：

$$\hat{N}^{(0)} = 1.7917 \cdot e^{0.003944t} \tag{3.10}$$

自 1997 年始，取其后每隔 8 年的 t（1997，2005，…，2077），代入式（3.10），得 $N = 2.03$，2.10，…，2.79。

表明 1990 年以前，利子依达沟虽处于泥石流旺盛的地貌阶段（$1.23 \leq N < 2.0$），但已越过流域最不稳定期（$N = 1.62$），开始向稳定演化。进入 1990 年以后，N 值已大于 2.0，演化至泥石流衰减的地貌阶段，且 N 值随时间进一步增大，流域渐趋稳定。

3.5.4 人为活动影响的预测：高斯曲线模型与马尔柯夫模型[87]

1）采矿弃渣的高斯曲线模型预测

以南昆铁路沿线的段家河泥石流区小煤窑为例，因矿山有发展再衰亡的过程，故采用高斯曲线模型预测与弃渣量成比例的采煤量的变化。

段家河上游采煤始于 1971 年，开采量逐年增长，至 1991 年已累计采煤 243（10^4 t），共弃渣约 10.0（10^4 t），建立的高斯曲线模型预测式为

$$Y = 38.475 \cdot e^{-0.002412(t-34)^2} \tag{3.11}$$

预测结果：2004 年为峰值年，采煤 38.5（10^4 t）；至 2043 年基本停采，年采煤 1.0（10^4 t）以下；累计采煤 1 387.5（10^4 t）（图 3.7）。

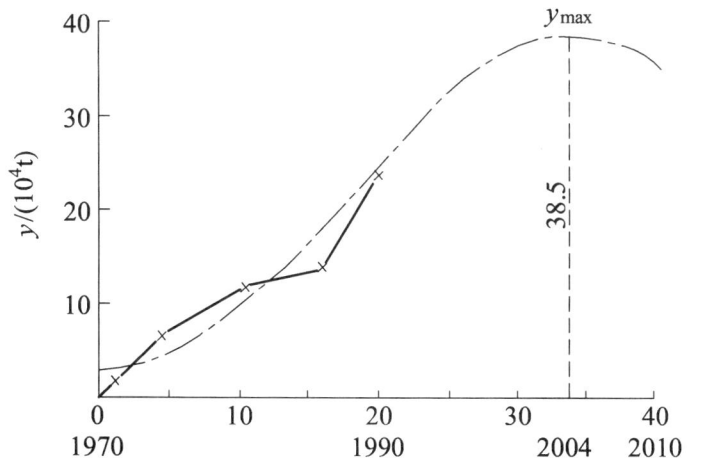

图 3.7　段家河小煤窑采煤规模（实线）及其预测曲线（点画线）[87]

2）植被覆盖率的马尔柯夫模型预测

以南昆铁路沿线的冷水沟为例，因植被覆盖的变化近似于马尔柯夫过程[88]，故采用马尔柯夫模型预测林地率的变化（详见附 3.1.4）。

冷水沟 1957 年暴发泥石流后，开始护林、植树，林地锐减的势头得到遏制，1985 年与 1973 年相比，毁林 0.294 km²，植树 0.279 km²，全流域林地面积为 0.365 km²，林地率为 11.59%。1985 年初始状态 $S^{(0)}=(11.59，88.41)$，转换概率矩阵为

$$\boldsymbol{P}=\begin{bmatrix} 0.226\,3 & 0.773\,7 \\ 0.100\,7 & 0.899\,3 \end{bmatrix}$$

预测下状态（1997 年）：

$$\boldsymbol{S}^{(1)}=\boldsymbol{S}^{(0)}\cdot\begin{bmatrix} P_{11} & P_{12} \\ P_{21} & P_{22} \end{bmatrix}=[11.59\quad 88.41]\cdot\begin{bmatrix} 0.226\,3 & 0.773\,7 \\ 0.100\,7 & 0.899\,3 \end{bmatrix}=[11.526\quad 88.474]$$

即 1997 年林地率为 11.53%，林地面积为 0.363 km²，基本达到毁林与植树的动态平衡，生态环境趋于稳定。林地稳定率：

$$\boldsymbol{S}^{(n)}=\begin{bmatrix} -0.773\,7 & 0.100\,7 \\ 1 & 1 \end{bmatrix}^{-1}\cdot\begin{bmatrix} 0 \\ 1 \end{bmatrix}=\begin{bmatrix} 0.115\,2 \\ 0.884\,8 \end{bmatrix}$$

可见，冷水沟未来林地率仍将稳定在 11.52%，面积为 0.363 km²。

附录 3.1 应用于预测泥石流成因要素变化的数学方法

附 3.1.1 预测泥石流暴发年份的暴雨灾变预测方法
（摘自蒋忠信《气候序列的最优分割与暴雨的灾变预测》[89]）

确定触发区域性泥石流的暴雨阈值 s 后，将该地区原始暴雨序列中大于阈值的数据抽出，组成灾变序列：

$$X_s=\left(x[q(1)],\ x[q(2)],\cdots,\ x[q(n)]\right)$$

与之对应的灾变年份序列为

$$Q^{(0)}=q(1),q(2),\cdots,q(n)$$

对灾变年份序列建立 GM（1，1）模型。对 $Q^{(0)}$ 作一次累加生成序列：

$$Q^{(1)}=\left(q^{(1)}(1),q^{(1)}(2),\cdots,q^{(1)}(n)\right)$$

式中：$q^{(1)}(i) = \sum_{j=1}^{i} q(j)$ $i = 1, 2 \cdots n$。

再作 $Q^{(1)}$ 的紧邻均值生成序列：

$$D^{(1)} = \left(d^{(1)}(1), d^{(1)}(2), \cdots, d^{(1)}(n)\right)$$

式中：$d^{(1)}(i) = \frac{1}{2}\left(d^{(1)}(i) + d^{(1)}(i-1)\right)$ $i = 1, 2 \cdots n$

设 $$Q^{(0)} + aD^{(1)} = b$$

由 $$\boldsymbol{B} = \begin{bmatrix} -d^{(1)}(2) & \cdots & 1 \\ -d^{(1)}(3) & \cdots & 1 \\ \vdots & & \vdots \\ -d^{(1)}(n) & \cdots & 1 \end{bmatrix}, \quad \boldsymbol{Y} = \begin{bmatrix} q^{(2)} \\ q^{(3)} \\ \vdots \\ q^{(n)} \end{bmatrix}$$

则 $$\hat{a} = \begin{bmatrix} a \\ b \end{bmatrix} = \left(\boldsymbol{B}^{\mathrm{T}}\boldsymbol{B}\right)^{-1}\boldsymbol{B}^{\mathrm{T}}\boldsymbol{Y}$$

得灾变年份序列的 GM（1，1）序号响应式：

$$\hat{Q}(k+1) = \left(d^{(1)}(1) - \frac{b}{a}\right) \cdot \mathrm{e}^{-ak} + \frac{b}{a} \tag{3.12-1}$$

累减得灾变年份顺号的预测式：

$$\hat{Q}(k+1) = \hat{Q}^{(1)}(k+1) - \hat{Q}^{(1)}(k) \tag{3.12-2}$$

附 3.1.2 预测泥石流沟谷纵剖面变化的不等时距 GM（1，1）灰色系统预测方法（摘自蒋忠信《泥石流沟谷演化的不等时距灰色预测》[86]）

泥石流沟谷纵剖面形态的变化，可据其按抛物线拟合的形态指数 N 的变化来反映。在构造抬升与稳定交替的山区，沟谷 N 值的变化具有某种不确定性，因而可应用 GM（1，1）灰色系统方法预测。该法要求的原始数据序列是等间距的，而 N 值是从地形图量计而得，诸期地形图的成图时间不可能是等间距的，造成应用该预测方法的困难。

为解决不等时距问题，黄阳才等[90]在数据累加或累减过程中考虑时距的权重，即将时距 $(T(k) - T(k-1))$ 全权赋予在 $x^{(0)}(k)$ 上。但这样处理后所得的预测值的残差和残差率均较大，有必要加以修正。

笔者经研究认为[86]，时距$(T(k)-T(k-1))$系$x^{(0)}(k-1)$与$x^{(0)}(k)$之间的时间间隔，时距权不应全赋予在$x^{(0)}(k)$上，而应部分赋予在$x^{(0)}(k-1)$上。经验算，将时距$(T(k)-T(k-1))$的1/4赋予在$x^{(0)}(k-1)$上，3/4赋予在$x^{(0)}(k)$上的预测结果最佳。

据此，原始数据的一次累加式为

$$k=1 \text{ 时}, \quad x^{(1)}(k) = x^{(0)}(k) \quad (3.13\text{-}1)$$

$k \geq 2$ 时，

$$x^{(1)}(k) = x^{(1)}(k-1) + 1/4(T(k)-T(k-1))\times x^{(0)}(k-1) + 3/4(T(k)-T(k-1))\times x^{(0)}(k)$$

$$(3.13\text{-}2)$$

据之作 GM（1，1）预测，得预测值的累加量$\hat{x}^{(0)}(k)$。再按$\hat{x}^{(0)}(k) = \hat{x}^{(1)}(k) - \hat{x}^{(1)}(k-1)$计算预测值。

进一步进行后检差检验。据式（3.14）得残差率的均值：

$$\overline{\Delta} = \sum_{i=1}^{n}\left[\left(x^{(0)}(i) - \frac{\hat{x}^{(0)}(i)}{x^{(0)}(i)}\right)\right]/n \quad (i=1,2\cdots n) \quad (3.14)$$

据上式修正预测值，得修正后的预测式：

$$\hat{x}^{(0)} = \frac{\hat{x}^{(1)}(k) - \hat{x}^{(1)}(k-1)}{1-\overline{\Delta}} \quad (3.15)$$

上述赋权法尚属经验方法，胡斌等对之作了进一步的改进，参见文献[91]。

附3.1.3 预测松散固体物质储量变化的 GM（1，3）灰色系统预测方法
（参照邓聚龙《灰色系统》[92]）

GM（1，3）是灰色状态模型，反映两个变量对因变量一阶导数的影响，称为3个序列的一阶线性动态模型。其建模步骤如下：

设变量Q、N、F组成的原始数据列X_i为

$$Q^{(0)} = \left(Q^{(0)}(1), Q^{(0)}(2), \cdots, Q^{(0)}(n)\right)$$
$$N^{(0)} = \left(N^{(0)}(1), N^{(0)}(2), \cdots, N^{(0)}(n)\right)$$
$$F^{(0)} = \left(F^{(0)}(1), F^{(0)}(2), \cdots, F^{(0)}(n)\right)$$

对$X_i^{(0)}$分别作一次累加生成，得新的数列

$$Q^{(1)} = \left(Q^{(1)}(1), Q^{(1)}(2), \cdots, Q^{(1)}(n)\right)$$

$$N^{(1)} = \left(N^{(1)}(1), N^{(1)}(2), \cdots, N^{(1)}(n)\right)$$

$$F^{(1)} = \left(F^{(1)}(1), F^{(1)}(2), \cdots, F^{(1)}(n)\right)$$

建立微分方程：$\mathrm{d}Q^{(1)}/\mathrm{d}t + a_1 Q^{(1)} = b_1 N^{(1)} + b_2 F^{(1)}$

系数向量 $\hat{a} = [a_1, b_1, b_2]^{\mathrm{T}}$，用最小二乘法求解：

$$\hat{a} = \left(\boldsymbol{B}^{\mathrm{T}} \boldsymbol{B}\right)^{-1} \boldsymbol{B}^{\mathrm{T}} \boldsymbol{Y}$$

式中：$\boldsymbol{B}$ 为累加矩阵，$\boldsymbol{Y}$ 为常数项向量，分别为

$$\boldsymbol{B} = \begin{bmatrix} -1/2\left(Q^{(1)}(1) + Q^{(1)}(2)\right) & N^{(1)}(2) & F^{(1)}(2) \\ -1/2\left(Q^{(1)}(2) + Q^{(1)}(3)\right) & N^{(1)}(3) & F^{(1)}(3) \\ \vdots & \vdots & \vdots \\ -1/2\left(Q^{(1)}(n-1) + Q^{(1)}(n)\right) & N^{(1)}(n) & F^{(1)}(n) \end{bmatrix}$$

$$\boldsymbol{Y} = \left[Q^{(0)}(2), Q^{(0)}(3), \cdots, Q^{(0)}(n)\right]^{\mathrm{T}}$$

求得微分方程的解：

$$\hat{Q}^{(1)}(t+1) = \left(Q^{(0)}(1) - \frac{b_1}{a_1} N^{(1)}(t+1) - \frac{b_2}{a_1} F^{(1)}(t+1)\right) \cdot \mathrm{e}^{-a_1 t} + \frac{b_1}{a_1} N^{(1)}(t+1) + \frac{b_2}{a_1} F^{(1)}(t+1)$$

(3.16-1)

式中：$Q^{(0)}(0)$ 取为 $Q^{(0)}(1)$。

累减还原式：$\hat{Q}^{(0)}(t+1) = a^{(1)} \hat{Q}^{(1)}(t+1) = \hat{Q}^{(1)}(t+1) - \hat{Q}^{(1)}(t)$ (3.16-2)

据上式进行预测。

附3.1.4 植被覆盖率的马尔柯夫预测方法

（摘自蒋忠信等《段家河流域植被覆盖和人为环境的动态变化及趋势预测》[87]）

当系统在 $k = 0$ 的初始状态 $S^{(0)}$ 为已知时，马尔柯夫预测模型为[88]

$$S_j^{(k+1)} = \sum_{i=1}^{N} S_i^{(k)} \cdot P_{ij} \quad (k=0,1,2\cdots;\ j=1,2\cdots N) \tag{3.17}$$

式（3.17）用向量表示为 $S^{(k+1)} = S^{(k)} \cdot \boldsymbol{P}$

上式有如下递推公式： $S^{(k+1)} = S^{(k)} \cdot \boldsymbol{P} = S^{(0)} \boldsymbol{P}^{k+1}$

写成矩阵形式为

$$S^{(k+1)} = S^{(0)} \cdot \begin{bmatrix} P_{11} & P_{12} & \cdots & P_{1N} \\ P_{21} & P_{22} & \cdots & P_{2N} \\ \vdots & \vdots & & \vdots \\ P_{N1} & P_{N2} & \cdots & P_{NN} \end{bmatrix}^{k+1}$$

式中，一个系统由状态 i 经一步转移到状态 j 的概率为 P_{ij}，系统全部一步转移概率的集合所组成的矩阵 $\boldsymbol{P}$，称为转移矩阵。

在较长时间后，马尔柯夫过程逐渐趋于稳定，而且与初始状态无关。稳定状态概率设为

$$\boldsymbol{S}^{(n)} = \boldsymbol{P}_1^{-1} \boldsymbol{b} \tag{3.18}$$

式中 $\boldsymbol{P}_1 = \begin{bmatrix} P_{11}-1 & P_{21} & \cdots & P_{N1} \\ P_{12} & P_{22}-1 & \cdots & P_{N2} \\ \vdots & \vdots & & \vdots \\ P_{1N-1} & P_{2N-1} & \cdots & P_{NN-1} \\ 1 & 1 & \cdots & 1 \end{bmatrix}$，$\boldsymbol{S}^{(n)} = \begin{bmatrix} S_1^{(n)} \\ S_2^{(n)} \\ \vdots \\ S_N^{(n)} \end{bmatrix}$，$\boldsymbol{b} = \begin{bmatrix} 0 \\ 0 \\ \vdots \\ 1 \end{bmatrix}$

以段家河流域为例，1985 年与 1973 年相比，有 6.713 km² 林地被毁，植树造林仅 0.957 km²，林地面积剩 3.86 km²，占全流域的 8.68%。故 1985 年初始状态 $S^{(0)} = (8.68, 91.32)$。

转移概率矩阵： $\boldsymbol{P} = \begin{bmatrix} 0.1970 & 0.8030 \\ 0.0265 & 0.9735 \end{bmatrix}$

预测下一状态（1997 年）：

$$\boldsymbol{S}^{(1)} = [8.68, 91.32] \cdot \begin{bmatrix} 0.1970 & 0.8030 \\ 0.0265 & 0.9735 \end{bmatrix} = [4.130, 95.870]$$

即预测 1997 年全流域林地率为 4.13%，林地进一步缩小为 1.84 km²。当然，林地缩小也非无限制，未来稳定的林地率可由 $S^{(n)}$ 表征。

由 $\boldsymbol{P}_1 = \begin{bmatrix} -0.803\,0 & 0.026\,5 \\ 1 & 1 \end{bmatrix}$, $\boldsymbol{b} = \begin{bmatrix} 0 \\ 1 \end{bmatrix}$, $\boldsymbol{P}_1^{-1} = \begin{bmatrix} -1.205\,5 & 0.031\,9 \\ 1.205\,5 & 0.968\,1 \end{bmatrix}$

得 $\boldsymbol{S}^{(n)} = \begin{bmatrix} 0.031\,9 \\ 0.968\,1 \end{bmatrix}$

可知，全流域林地率稳定在 3.19%，林地面积为 1.42 km²。

附录 3.2　类比法的地理建模实例——地理系统的熵模型

（摘自徐建华著《计量地理学》第 2 版，2014[93]）

地理学家都希望将熵这一概念引入自己的研究领域，以推动当代地理学的发展。

斯特拉勒曲线是 20 世纪 50 年代美国理论地貌学家斯特拉勒（Strahler）提出的流域地貌的面积-高程分析（The area-altitude analysis）方法。

艾南山曾根据斯特拉勒（1952）曲线对地貌系统的状态描述，建立了地貌系统的信息熵。

艾氏地貌系统的信息熵： $H = \int_{-\infty}^{+\infty} g(x) \ln g(x) \mathrm{d}x$ （1）

式中： $g(x) = \begin{cases} f(x)/S & 0 \leqslant x \leqslant 1 \\ 0 & x \notin [0,1] \end{cases}$

蒋忠信（1987）研究发现，滇西北的金沙江、澜沧江、怒江及其支流河谷纵剖面的演化，可用伊凡诺夫（И.В.ИВаИОВ）的河流纵剖面方程来描述：

$$h = H \cdot \left(\frac{l}{L}\right)^N \quad (2)$$

式中：h 为纵剖面上某点与河口的高差。l 为该点与河口之间的水平距离。H 和 L 分别为河源与河口之间的高差与水平距离。形态指数 N 恒为正。当 $0 < N < 1$ 时，剖面上凸；$N = 1$ 时，剖面为直线；$N > 1$ 时，剖面下凹。

受艾氏地貌系统信息熵的启示，蒋先生也将河谷纵剖面发育的伊凡诺夫曲线描述转化为信息熵描述。其做法是：设 $x = (L-l)/L$，$y = h/H$，则（2）式变为

$$y = f(x) = (1-x)^N \quad (3)$$

显然，$0 \leqslant f(x) \leqslant 1$，$0 \leqslant x \leqslant 1$。这样，仿艾氏地貌系统的信息熵，蒋忠信（1989）定义了河谷纵剖面演化的信息熵为

$$H = \int_{-\infty}^{+\infty} g(x) \ln g(x) \mathrm{d}x \tag{4}$$

式中：
$$g(x) = \begin{cases} (N+1)f(x) & 0 \leqslant x \leqslant 1 \\ 0 & x \notin [0,1] \end{cases}$$

无论是用斯特拉勒曲线还是用伊凡诺夫曲线定义的信息熵，都表示了地貌系统演化的阶段。各个演化阶段与信息熵及有关指标的对应比较关系见表 3.5。

表 3.5 信息熵与河谷纵剖面和流域地貌演化阶段

河谷纵剖面演化				流域地貌演化			
演化阶段	河谷纵剖面抛物线形状	形态指数 N	信息熵 H	演化阶段	斯特拉勒曲线	斯特拉勒积分 S	信息熵 H
侵蚀回春期	下游上凸	$N<1$	<0.193	幼年期	上凸	>0.60	<0.111
	上游下凹	$N>1$					
深切侵蚀期	上凸	$N<1$	<0.193	壮年期	接近直线	$0.35 \leqslant S \leqslant 0.60$	0.111~0.40
过渡期	接近直线	$N=1$	=0.193				
均衡调整期	下凹	$N>1$	>0.193	老年期	下凹	<0.35	>0.40
均衡剖面期	下凹	$N>1$	>0.193				

附录 3.3 理想流域河谷纵剖面的发育图式与演化规律

（据蒋忠信《滇西北三江河谷纵剖面的发育图式与演化规律》[76]，推导有改进）

1）理想流域河谷纵剖面的发育图式

对气候和植被状况均一、水系匀称、岩性单一、构造简单的理想矩形流域，其产水、产沙条件在流域内无明显差异。故流量 Q 与距河口的距离 l 近似成反比关系：

$$Q = a/l \tag{1}$$

河谷纵比降 J 与流量 Q 有成反增长的双曲线型经验关系：

$$J = K/Q^n \tag{2}$$

式中 $n<1$。同时，纵比降 J 为落差 Δh 与相应河段水平距离 Δl 之比，故

$$J = \Delta h/\Delta l = K/Q^n = Kl^n/a^n \tag{3}$$

当 $\Delta l \to 0$ 时，
$$J = \mathrm{d}h/\mathrm{d}l = Kl^n/a^n \tag{4}$$

河谷纵剖面即为 h 的沿程变化。对（4）式积分：

$$h = Ka^{-n}\int l^n \mathrm{d}l = Ka^{-n}\frac{1}{n+1}l^{n+1} \tag{5}$$

设系数 $A = K/[a^n(n+1)]$，$N = n+1$，则 $h = Al^N$。将 h、l 归一化，即将 h/A 变换为 $\dfrac{h}{A}\Big/\dfrac{H}{A} = h/H$，$l$ 变换为 l/L，得

$$h = H \cdot \left(\frac{l}{L}\right)^N \tag{3.1}$$

式中：h 和 l 分别为纵剖面上某点与河口的高差与水平距离；H 和 L 分别为河源与河口之间的高差与水平距离。

式（3.1）即为以河口为原点的伊凡诺夫抛物线曲线。N 为纵剖面形态指数，恒为正。纵剖面的形态：当 $0 < N < 1$，为上凸抛物线；$N = 1$，为直线；$N > 1$，为下凹抛物线（图 3.1）。

2）理想流域河谷纵剖面的演化规律

按戴维斯侵蚀循环学说，在构造抬升之前，始准平原上先成河及其支沟的纵剖面均处于均衡状态（图 3.8 中 0）。

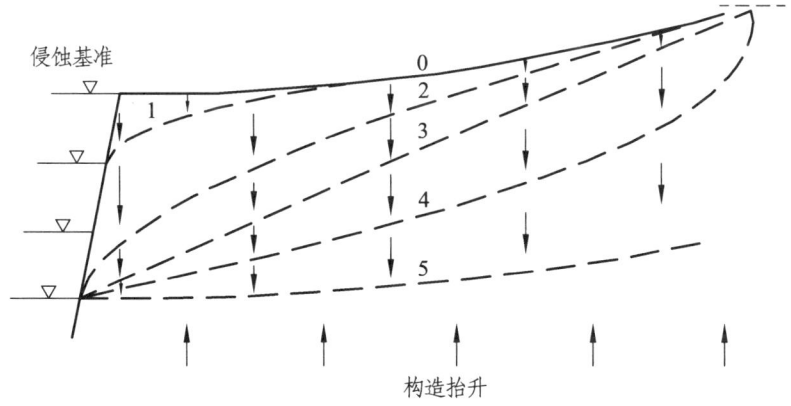

图 3.8　河谷纵剖面发展演化图示

开始抬升，侵蚀基准下降，河口首先下切，形成深切 V 谷，处于幼年侵蚀期。其以上河段尚未被溯源侵蚀所波及，仍处于均衡状态，整个纵剖面为复合型，由上凸状河口段及其上游的下凹状均衡段组成（图 3.8 中 1）。

抬升持续，河口段不断下切，形成的溯源侵蚀波向上游推进，使河口以上各河段依次进入幼年侵蚀期。抬升持续而均匀，形成的溯源侵蚀波细小而密集，纵剖面宏观上近似于圆滑的曲线。如抬升间歇，纵剖面会形成一系列裂点而成阶状。

抬升持续，造床流量来不及塑造与之适应的比降，下切跟不上侵蚀基准的下降，故纵坡变陡，且愈近河口愈陡，整个纵剖面形成上凸抛物线形（图3.8中2）。抬升阶段，河口段因持续下切而显高山峡谷景观。愈向上游，下切历时愈短，河谷深度、谷坡陡度向上游递减。河源段刚开始下切，宽谷曲流的老年期地貌犹存。

抬升终止后，河口段首先停止下切。其上游河段的深切侵蚀仍在进行，溯源侵蚀波仍向上游推进，调整比降的原地冲刷也未停顿，源头因溯源侵蚀而后退。结果，纵坡愈大的河段的流速愈大，下切愈迅速，使河谷向均一纵坡的直线形纵剖面发展（图3.8中3）。

侵蚀基准长期稳定后，河谷逐渐向坡降与水动力相适应的均衡剖面发展，纵剖面向愈近河口坡降愈缓的下凹抛物线演进（图3.8中4）。河源至河口，坡降、流速变小，冲积物相应变细。河床底质愈细则要愈缓的坡降与之适应，从而加剧纵剖面下凹化的进程，最终发展为侵蚀与堆积相平衡的新均衡剖面（图3.8中5）。

从侵蚀循环伊始到终结，纵剖面形态指数 N 由小变大，即由上凸形（$N<1$），过渡为直线形（$N=1$），演变为下凹形（$N>1$），且凹度愈益加大，归纳于表3.6。

表3.6 河谷纵剖面的发展演化阶段

构造	时间	阶段	河谷纵剖面		流域地貌景观
			形态类型	形态指数 N	
稳定	末期	0. 均衡剖面	下凹抛物线	$N>1$	准平原
持续匀速抬升	初期	1. 侵蚀回春期	下游上凸抛物线，上游下凹抛物线	下游 $N<1$ 上游 $N>1$	下游深切V谷，上游宽谷缓丘
	中、后期	2. 深切侵蚀期	上凸抛物线	$N<1$	从河口至河源，谷坡渐低缓，河谷渐宽，纵坡渐缓
稳定	初期	3. 过渡期	直线	$N=1$	
	中期	4. 均衡调整期	下凹抛物线	$N>1$	下游宽谷缓丘，上游深切V谷
	后期	5. 新均衡剖面期	下凹抛物线	$N>1$	宽谷缓丘，侧蚀盛行
	末期				准平原

附录3.4 西藏帕隆藏布泥石流沟谷纵剖面形态统计分析

（摘自蒋忠信《西藏帕隆藏布泥石流沟谷纵剖面形态统计分析》[94]）

附3.4.1 帕隆藏布北岸泥石流沟谷纵剖面形态

川藏公路所经帕隆藏布干流段全长232 km。据地形图和山地所1993年编《川藏公路西藏境内山地灾害分布图》，右岸共有支沟65条，其中6条长大河沟（长于22 km）不属于泥石流沟，其余59条中，特大型、一般（大、中、小型）、潜在型泥石流沟分别为16、28、15条，以黏性泥石流为主。冰雪融水型（有雨水或冰崩雪崩参与）冰川泥石流沟27条，雨水泥石流沟32条。

沟谷纵剖面形态以形态指数N表征，59条泥石流沟谷纵剖面示于图3.9。

可见，这些泥石流的沟谷纵剖面形态可分为凸、直线、凹、复合型等4类。其中，凸形11条，直线形9条，凹形29条，复合型10条。符合较规则抛物线、直线的纵剖面共37条，占63%。形态指数N值分布于0.40～1.64，$N<0.90$（总体上凸）14条，$N=0.90～1.10$（近直线形）11条，$N>1.10$（凹形）34条。

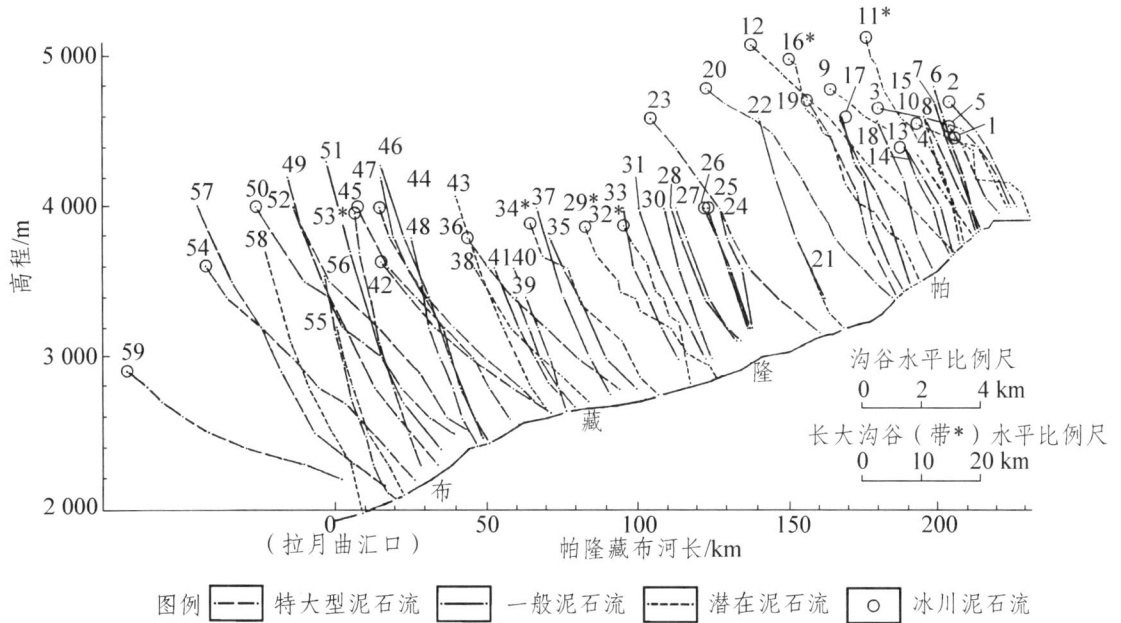

图3.9 帕隆藏布右岸泥石流沟谷纵剖面（沟谷序号同文献[95]之表）

然乌至迫龙的帕隆藏布干流各段河谷地貌特征如下：

（1）下游段（迫龙至角弄沟）：深陡V形峡谷。纵剖面近直线形，平均纵坡11‰。因其侵蚀基准雅江大拐弯段裂点溯源后退，本段开始了新的侵蚀旋回。

（2）中上游段（角弄沟至安目错）：纵剖面为下凹曲线形，平均纵坡 8.6‰，仍处于前一侵蚀旋回中的均衡调整阶段末期。河流纵坡向上游变大，河谷变窄，谷坡渐陡，河谷地貌类型依次为中游段的网状河宽谷、阶地宽谷、宽-峡相间节状谷和上游段（中坝以上）V 形峡谷。

（3）源头段：安目错冰川湖。

附 3.4.2　泥石流沟谷纵剖面形态的沿程变化趋势

从帕隆藏布下游向上游，北岸泥石流沟谷纵剖面的形态由下凹为主变为上凸为主，形态指数 N 值有由大变小之趋势。59 条泥石流沟 N 值与距起点河长 L（km）的回归分析结果：$N = 1.503 - 0.0029L$（图 3.10）。因为河谷地貌演变的溯源传递进程漫长，以帕隆藏布为侵蚀基准的支沟小流域地貌就愈向上游愈不成熟。表 3.7 反映，下游段、中游段支沟沟谷地貌主要处于泥石流旺盛阶段，次为泥石流发展阶段，未有处于泥石流孕育阶段的。而上游段（含源头段）支沟沟谷地貌则主要处于泥石流发展阶段，泥石流孕育阶段的沟谷全在本河段。

此外，按下游段、中游段、上游段的顺序，支沟纵剖面形态指数 N 和流域地貌系统超熵 $\delta_x P$ 的河段平均值依次减小，分别为 1.57∶1.43∶1 和 2.73∶2.45∶1。

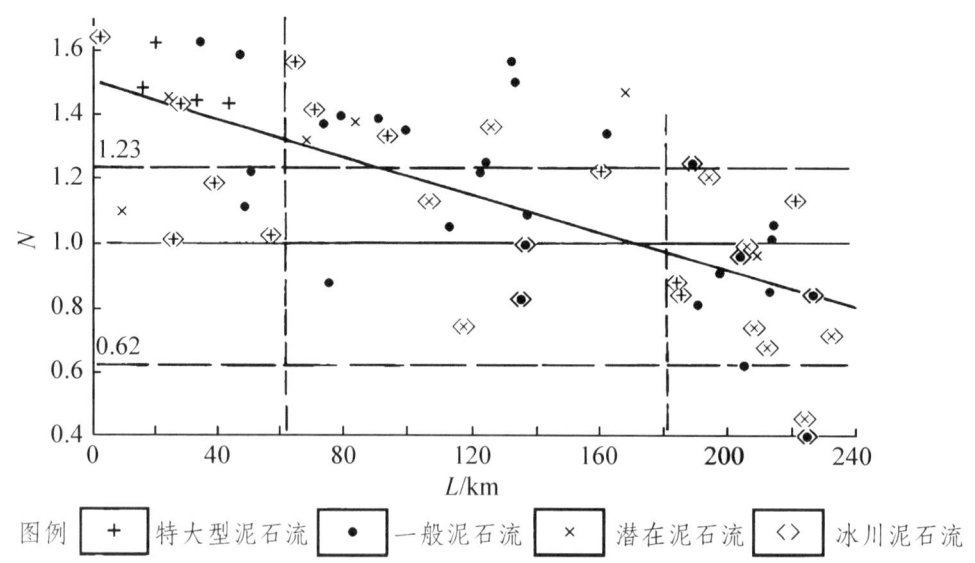

图例　+ 特大型泥石流　● 一般泥石流　× 潜在泥石流　◇ 冰川泥石流

图 3.10　泥石流沟谷纵剖面形态指数 N 与帕隆藏布河长 L 的关系

表 3.7 所处泥石流发育各地貌阶段的沟谷条数及其百分比

泥石流发育地貌阶段	特大泥石流	一般泥石流	潜在泥石流	帕隆藏布			合计
				下游段	中游段	上游段	
泥石流孕育阶段	0（0%）	1（1.7%）	1（1.7%）	0（0%）	0（0%）	2（3.4%）	2（3.4%）
泥石流发展阶段	7（11.9%）	16（27.1%）	9（15.2%）	6（10.2%）	9（15.2%）	17（28.8%）	32（54.2%）
泥石流旺盛阶段	9（15.2%）	11（18.6%）	5（8.5%）	9（15.2%）	15（25.4%）	1（1.7%）	25（42.4%）

附 3.4.3 各类泥石流沟谷纵剖面形态统计特征

1）特大型、一般性、潜在型泥石流沟谷纵剖面形态统计特征

表 3.7 显示，特大型泥石流沟谷地貌主要处于泥石流旺盛阶段，次为泥石流发展阶段。一般性和潜在型泥石流沟谷地貌主要处于泥石流发展阶段，次为泥石流旺盛阶段，个别处于泥石流孕育阶段，即泥石流的活动性按特大型、一般性、潜在型泥石流的顺序递减。按此顺序，沟谷纵剖面形态指数 N 和流域地貌系统超熵 $\delta_x P$ 的平均值依次减小，分别为 1.24：1.08：1 和 1.48：1.15：1。

采用方差分析检验各类泥石流 N 值的差异性，结果表明，已发（特大型和一般性）泥石流沟与潜在泥石流沟的 F 值大于 0.25 显著性水平，纵剖面形态的差异"稍显著"。特大型与一般性泥石流沟的 F 值大于 0.1 显著性水平，纵剖面形态的差异"较显著"。这说明除沟谷纵剖面形态外，还有其他因素影响泥石流的发育，应综合考虑。

对 59 条泥石流沟谷的沟长、高差、平均纵坡、沟头标高等形态要素分特大型、一般性、潜在型泥石流沟进行统计分析，均看不出有规律性差异。这反映沟谷纵剖面形态才是影响泥石流发育的代表性地貌指标。

2）冰雪融水型、雨水型泥石流沟谷纵剖面形态统计特征

冰雪融水型泥石流是冰川泥石流的主要类型，多分布于帕隆藏布中上游段冰川积雪区，虽有雨水参与，但激发水动力主要来自冰雪融水，且其地貌营力、松散固体物源与雨水型泥石流也有差异，因而其沟谷纵剖面形态特征也会有差异。

冰雪融水型泥石流沟谷因中上游段多受冰川刨蚀，纵剖面形态以凸型或下陡上缓复合型为主（27 条中占 14 条）。雨水泥石流多分布于帕隆藏布中下游段，纵剖面经历了侵蚀进程，演化多较成熟，形态多为凹型（32 条中占 20 条），18 条处于泥石流旺盛的地貌阶段。雨水泥石流与冰雪融水泥石流相比，沟谷纵剖面形态指数平均值大 20.4%，流域地貌系统超熵平均值大 47.2%。N 值的方差分析表明，这两类泥石流沟的 F 值大于 0.01 的显著性水平，纵剖面形态差异"显著"。

上述统计说明，由于冰雪融水的激发力比雨水强大，冰碛、冰水沉积等松散固体物质已足够丰富，因而对形成泥石流三要素中的另一要素即地形要素的要求相对较低。文献[71]中按代表性地貌指标 N 值划分的泥石流发育地貌阶段对于冰川泥石流宜相应调整，各阶段界限的 N 值应适当降低，对此有待进一步研究。

附录3.5 泥石流沟谷纵剖面演化的最小能耗原理

附3.5.1 河流纵剖面演化的最小能耗原理
（摘自蒋忠信《帕隆藏布河流纵剖面演化的最小功模式》[96]）

1）河流地貌最小能耗原理

河流地貌最小能耗原理被表述为在维持输沙平衡的前提下，冲积河流将调整其坡降和几何形态，力求使单位质量水体的能量消耗率趋向于当地具体条件下所允许的最小值。

单位质量水体从河源流动到河口的摩阻能耗：

$$W = gH - 0.5u^2 \tag{1}$$

对既定河流，重力加速度 g 和流域高差 H 为定值，欲使能耗 W 最小，就应使河口流速 u 最大，即全程平均流速 $\bar{u}$ 最大。单纯考虑纵剖面，最小能耗原理要求分段调整河床比降使单位水体从河源以最短时间流到河口。

单位质量流体的能量守恒式：

$$u = \left[2g(H-h) - 2W\right]^{1/2} \tag{2}$$

摩阻能耗 $W = \int f \cdot ds$，设单位河长 ds 上的水体质量为 m，则其摩阻力 $f = m\cos\theta\tan\varphi$。因河床纵坡 θ 一般很小，故 $\cos\theta \approx 1$，且摩擦系数 $\tan\varphi$ 与河床比降 i 近似成正比例，即 $f = m\tan\varphi = mi = md(H-h)/ds$，故 $W = m\int d(H-h) = m(H-h)$。

据此，式（2）可改写为

$$u = \left[2(g-m)(H-h)\right]^{1/2} \tag{3}$$

如前述，对矩形流域，其纵剖面形态为以河口为原点的抛物线［式（3.1）］。将之代入式（3），则

$$u = \left[2H(g-m)\right]^{1/2} \cdot \left[1-(s/S)^N\right]^{1/2} \tag{4}$$

即
$$u \propto \left[1-(s/S)^N\right]^{1/2} \tag{5}$$

式（5）中，S 为河全长，$(s/S)<1$，故流速 u 与纵剖面形态指数 N 成正增长关系，即在侵蚀旋回中，随纵剖面由凸向凹的演化（N 由小增大），水体流速相应由小变大，使全程摩阻能耗逐渐变小。可知纵剖面形态演化规律正是地貌最小能耗原理的体现。（科技馆中的滚球实验：球从三个长度、高差均相同但纵剖面分别为凸、直、凹的钢槽中滚下，凹槽的先到，凸槽的后到，直槽的居中）。

2）矩形流域河流纵剖面演化的最小能耗模式

对产水条件均一的矩形流域，其流量 Q 与河长 s 成正比沿程增加，即
$$Q=Q_0(S-s)/S \tag{6}$$

式中：Q_0 为河口流量。将式（6）代入动能式
$$0.5Qu^2=(g-m)Q(H-h)$$

得
$$0.5Qu^2=(g-m)Q_0\left[1-(s/S)\right](H-h) \tag{7}$$

将式（3.1）代入，得
$$0.5Qu^2=(g-m)HQ_0\left[1-(s/S)\right]\left[1-(s/S)^N\right] \tag{8}$$

则全程动能总和
$$\begin{aligned}\int^S 0.5Qu^2 &= \int^S \{(g-m)HQ_0[1-(s/S)]\cdot[1-(s/S)^N]\}\mathrm{d}s \\ &= (g-m)HQ_0S[0.5-1/(N+1)+1/(N+2)]\end{aligned} \tag{9}$$

据公式 $\sum n=\left(\sum n^3\right)^{1/2}$，全程流速总和 $\int u\mathrm{d}s=\left(\int u^3\mathrm{d}s\right)^{1/2}$。由 $u=Q/a$（a 为过流断面积），$u^3=u^2\cdot Q/a$。在河流几何条件不变的前提下 a 为定值，故

$$\int u\mathrm{d}s=\left(\int u^3\mathrm{d}s\right)^{1/2}=\left(\int^S Qu^2\mathrm{d}s\right)^{1/2}/a=\frac{[2(g-m)]^{1/2}}{a}(HQ_0S)^{1/2}\left[\frac{1}{2}-\frac{1}{(N+1)(N+2)}\right]^{1/2}$$

全程流速均值 $\bar{u}=\int u\mathrm{d}s/S$，故

$$\overline{u} = \frac{[2(g-m)]^{1/2}}{a} Q_0^{1/2} (H/S)^{1/2} \left[\frac{1}{2} - \frac{1}{(N+1)(N+2)}\right]^{1/2} \quad (3.19)$$

式（3.19）即矩形流域河流纵剖面演化的最小能耗模式。对特定河流，Q_0、(H/S) 均为定值，故流速均值 $\overline{u}$ 仅与 N 正相关，即 $\overline{u} \propto f(N)$。在侵蚀旋回中，水体流速随 N 由小增大而相应地变大，使全程摩阻能耗达到最小。

$f(N)$ 可称为流速函数，对矩形河流：

$$f(N) = \left[\frac{1}{2} - \frac{1}{(N+1)(N+2)}\right]^{1/2} \quad (3.20)$$

附 3.5.2 泥石流沟谷纵剖面演化的最小能耗模式

（摘自蒋忠信《藏东南泥石流沟谷纵剖面演化的最小功模式》[74]与《冰雪融水沟谷纵剖面的形态与演化模式》[79]，推导有改进）

1）雨水泥石流沟谷纵剖面演化的最小能耗模式[74]

对产水条件均一、平面形态典型（以菱形为例，扇形同理）的雨水泥石流流域，其沟中某点 s 的流量 Q_s 为

$$Q_s = 0.5A\tan(\alpha/2)(S-s)^2 \quad (10)$$

式中：A 为径流模数，α 为以沟口为顶点的菱形夹角。

将式（10）、式（3.1）两式代入动能式 $0.5Qu^2 = (g-m)Q(H-h)$，得

$$0.5Qu^2 = (A/2)(g-m)\tan(\alpha/2)H(S^2 - 2S\cdot s + s^2)\left[1 - (s/S)^N\right] \quad (11)$$

则全程动能总和：

$$0.5\int^S Qu^2 ds = \int^S \left\{(A/2)(g-m)\tan(\alpha/2)H\left(S^2 - 2S\cdot s + s^2\right)\left[1-(s/S)^N\right]\right\}ds$$

$$= (A/2)(g-m)\tan(\alpha/2)H\left[S^3 - S^3 + S^3/3 - S^3/(N+1) + 2S^3/(N+2) - S^3/(N+3)\right]$$

$$\int^S Qu^2 ds = A(g-m)\tan(\alpha/2)HS^3\{1/3 - 2/[(N+1)(N+2)(N+3)]\}$$

据公式 $\sum n = \left(\sum n^3\right)^{1/2}$，$u = Q/a$，$u^3 = u^2 \cdot Q/a$（$a$ 为定值），故全程流速总和

$$\int u\mathrm{d}s = \left(\int u^3 \mathrm{d}s\right)^{1/2} = \left(\int {}^S Qu^2 \mathrm{d}s\right)^{1/2} / a$$
$$= \left[\frac{A(g-m)}{a}\tan\left(\frac{\alpha}{2}\right)HS^3\right]^{1/2}\left[\frac{1}{3}-\frac{2}{(N+1)(N+2)(N+3)}\right]^{1/2}$$

全程流速均值 $\bar{u} = \int u\mathrm{d}s / S$，故

$$\bar{u} = \left[\frac{A(g-m)}{a}\tan\left(\frac{\alpha}{2}\right)HS\right]^{1/2} \cdot \left[\frac{1}{3}-\frac{2}{(N+1)(N+2)(N+3)}\right]^{1/2} \qquad (3.21)$$

式（3.21）即雨水泥石流沟谷纵剖面演化的最小能耗模式。其流速函数：

$$f(N) = \left[\frac{1}{3}-\frac{2}{(N+1)(N+2)(N+3)}\right]^{1/2} \qquad (3.2\text{-}1)$$

2）融水泥石流沟谷纵剖面演化的最小能耗模式[79]

对冰雪融水沟谷，其沿程汇水量从沟头的最大值 q_0 向沟口递减为 0，沟中某点 s 的流量 Q_s 为

$$Q_s = \int_s^S q_0(s/S)\mathrm{d}s = q_0(S/2 - s^2/2S) \qquad (12)$$

将式（12）、式（3.1）两式代入动能式 $0.5Qu^2 = (g-m)Q(H-h)$，得

$$0.5Qu^2 = q_0 SH(g-m)\left[1-(s/S)^2\right]\left[1-(s/S)^N\right] \qquad (13)$$

则全程动能总和：

$$0.5\int {}^S Qu^2 \mathrm{d}s = \int {}^S \left\{q_0 SH(g-m)\left[1-(s/S)^2\right]\left[1-(s/S)^N\right]\right\}\mathrm{d}s$$
$$= q_0 SH(g-m)\left[S - S/3 - S/(N+1) + S/(N+3)\right]$$

$$\int {}^S Qu^2 \mathrm{d}s = 2q_0(g-m)HS^2\left\{2/3 - 2/[(N+1)(N+3)]\right\}$$

据公式 $\sum n = \left(\sum n^3\right)^{1/2}$，$u = Q/a$，$u^3 = u^2 \cdot Q/a$（$a$ 为定值），故全程流速总和：

$$\int u\mathrm{d}s = \left(\int u^3 \mathrm{d}s\right)^{1/2} = \left(\int {}^S Qu^2 \mathrm{d}s\right)^{1/2}/a = \frac{2(g-m)}{a}(q_0 H)^{1/2}S\left[\frac{2}{3}-\frac{2}{(N+1)(N+3)}\right]^{1/2}$$

全程流速均值 $\bar{u} = \int u\mathrm{d}s/S$，故

$$\bar{u} = \frac{2\cdot(g-m)}{a}(q_0 H)^{1/2}\left[\frac{2}{3}-\frac{2}{(N+1)(N+3)}\right]^{1/2} \qquad (3.22)$$

式（3.22）即融水泥石流沟谷流纵剖面演化的最小能耗模式。其流速函数：

$$f(N)=\left[\frac{2}{3}-\frac{2}{(N+1)\cdot(N+3)}\right]^{\frac{1}{2}} \quad (3.2\text{-}2)$$

3）溃决泥石流沟谷纵剖面演化的最小能耗模式[74]

对堰塞坝溃决沟谷，其流量 Q 为溃决流量，全程恒定，故动能式为

$$u^2=2(g-m)(H-h) \quad (14\text{-}1)$$

将式（3.1）代入得

$$u^2=2(g-m)H[1-(s/S)^N] \quad (14\text{-}2)$$

全程流速平方和：

$$\int^s u^2 \mathrm{d}s=2(g-m)H\int^S[1-(s/S)^N]\mathrm{d}s=2(g-m)HS[N/(N+1)] \quad (15)$$

对于自然数列，$\sum n^2=n(n+1)(2n+1)/6$，$\sum n=n(n+1)/2$，则

$$\left(\sum n^2\right)^{2/3}\bigg/\sum n=(2/36^{1/3})[(4n^2+4n+1)/(n^2+n)]^{1/3}$$

当 $n\to\infty$ 时，$\lim\left[(4n^2+4n+1)/(n^2+n)\right]=4$，故

$$\left(\sum n^2\right)^{2/3}\bigg/\sum n=2\times(4/36)^{1/3}=0.9615$$

即

$$\sum n=\left(\sum n^2\right)^{2/3}/0.9615 \quad (16)$$

比照式（16），由式（15）得全程流速总和：

$$\int^s u\mathrm{d}s=\left(\int^s u^2\mathrm{d}s\right)^{2/3}/0.9615=2^{2/3}(g-m)^{2/3}H^{2/3}S^{2/3}[N/(N+1)]^{2/3}/0.9615$$

全程流速均值 $\bar{u}=\int u\mathrm{d}s/S$，故

$$\bar{u}=1.65(g-m)^{2/3}\frac{H^{2/3}}{S^{1/3}}\left(\frac{N}{N+1}\right)^{2/3} \quad (3.23)$$

式（3.23）即溃决泥石流沟谷纵剖面演化的最小能耗模式。其流速函数：

$$f(N)=\left(\frac{N}{N+1}\right)^{2/3} \quad (3.2\text{-}3)$$

第4章 地震区泥石流特点与对策

4.1 震区松散固体物源特点

地震后，震区松散固体物源剧增，高位物源难以查实，沟域上游可无清水区。固体物源增加是震区泥石流数量增多、暴发频繁、重度加大、规模增大的根本原因。因此，查实固体物源，尤其是高位物源，准确核定动储量与冲出量，相应加大工程防治规模，乃震区泥石流防灾的基本对策。

1）松散固体物源量剧增

震区山河破碎，松散固体物源量剧增，据崔鹏等估算，汶川地震产生的松散固体物源多达 57.73 亿吨，合 28.87 亿立方米，以距发震断裂 30 km 内为主，占其 85.8%[65]。以发震断裂长约 250 km 计，平均为 16.5×10^4 m³/km²。陈宁生[5]统计我国西部地震区松散固体物源量，在稀性泥石流沟为 $(10 \sim 200) \times 10^4$ m³/km²，在黏性泥石流沟则超过 200×10^4 m³/km²。

由于勘查困难，松散固体物源量碍难查实，动储量计算也因缺乏依据而失之粗放。勘查成果所得动储量和一次冲出量普遍偏小，致使震后所建泥石流拦挡工程往往力度不够，迅即被一两次泥石流淤满而失效。因此，应在查实固体物源、准确核定动储量与冲出量的基础上，相应加大拦沙规模。

如都江堰市八一沟，勘查估算固体物源动储量不足 40 万立方米，2010 年 8 月 13 日泥石流冲出固体物质上百万立方米，将已建的各拦沙坝全部淤埋，仅下游 1 号坝左坝肩露出一斑。坝下排导槽全长淤盈，沟道淤高 10 多米，并冲入龙溪河形成部分堵塞。连近沟口的工棚也难幸免而被埋，施工和监理的原始资料均荡然无存。

2）高位固体物源失察

由于高程放大效应，地震波的波幅随高程增加而加大，能量增大可达 4 倍，导致在沟域上游孕育了高位崩塌、滑坡体。碍于通行困难与树丛隐蔽，勘查难以查明分水岭区固体物源，仅针对中下游物源设拦固工程，一旦上游物源起动，工程即会失效。

如绵竹市小岗剑，针对人力可及沟域的固体物源，设计了较全面的拦沙、固床、护坡、分流、排导、停淤工程，完工不久即遭遇上游高位崩滑体起动形成的巨大泥石流，致坝满槽堵，停淤场满盈，拟保护的汉清公路被大段淤埋。清空停淤场后，2014年雨季前又发生两次高位崩滑，体积共约200万立方米，同年6月暴发泥石流将沟口停淤场再次淤满，并溢出淤埋汉清路。

3）泥石流流域可无清水区

因震区存在有大量高位崩滑体，一旦有足够的水动力即可起动，故流域上游不存在清水区，仍为形成区。

绵竹文家沟上游地震滑坡堆积体，原认为不易起动，基本为清水区，是中游设泄水洞成功分流的前提。但近年仍部分起动形成泥石流下泄，好在进洞前预设了两座停淤坝拦淤，隧洞才较顺畅泄流。

同时，泥石流分水区一般靠近最大降水高度，此区雨量往往大于沟口段，且近年极端气候事件增多，超强暴雨频发，均使高位物源易于起动。

4.2 泥石流沟数量变化与判别

震后泥石流沟数量增多，应选用汶川震区法或上述成昆铁路法判别新生的或潜在的泥石流沟，相应防治，不留隐患。

1）泥石流沟数量增多

丰富的松散固体物质，充沛的水动力，陡峻的沟谷地形，是形成泥石流的三大要素。影响泥石流起动的决定因素是底床坡降、水分状况和颗粒级配，崔鹏所得临界条件的经验式为[97]

$$\theta - 8.006\,2S_r - 2.485\,9S_r^2 - \frac{3.489\,6}{C - 0.099\,6} + 7.019\,5 = 0 \tag{4.1}$$

式中：θ 为底床坡度（°）；

S_r 为饱和度（小数）；

C 为细粒含量（小数）。

对震区宽级配弱固结土，崔鹏等提出了细颗粒运移→水层→剪切带的起动模式[65]。

地震区崩塌滑坡等松散固体物源剧增，为泥石流的形成和加剧创造了条件，使震前原本因缺乏松散固体物源条件而未暴发过泥石流的沟谷转化为泥石流沟或潜在泥石流沟，致泥石流沟数量增多。

如汶川羊店一组坡面3条未发过泥石流的冲沟，因2013年7月10日超强暴雨，齐发大规模泥石流，冲出泥沙上10万立方米，淤埋都汶高速公路。更有甚者，如连山村大桥旁坡面本无沟道,"7·10"暴雨迅速深切震松的坡体数米,形成泥石流,冲出泥沙数万立方米,也淤埋都汶高速公路。

2)泥石流沟判别的汶川震区法

足够的土体、适度的水体和一定的地形坡度是形成泥石流的基本条件。据此,对已确认的泥石流沟,其震后的严重程度,采用《勘查规范》所附谭炳炎方法[4]进行评判;而对震后新生的和潜在的泥石流沟的判别,尚无成熟方法,汶川震区法和成昆铁路法(见3.5.2)的优点是方法简便,可室内操作,但都有经验局限性,判别准确性有待提高,希望通过试用进一步完善。

崔鹏等据汶川震区样沟建立的线性组合判识方法[65]:

$$Y = -0.003\,445x_1 + 0.044\,980x_2 - 0.013\,280x_3 - 0.080\,969x_4 + 0.085\,978x_5 - 0.358\,127x_6$$

(4.2)

式中:x_1 为距断层距离(km)的倒数;

x_2 为流域完整系数,x_2 = 流域面积(km^2)/主沟长度(km);

x_3 为流域发育程度,x_3 = 流域最大高差(m)/流域周长(m);

x_4 为沟床平均比降(小数);

x_5 为山坡平均坡降(小数);

x_6 为岩组类型分值:上震旦系砂板岩与硅质岩 0.308 2,下寒武系砂板岩与粉砂岩 0.223 6,志留系茂县群千枚岩 0.157 1,前震旦系片麻岩 0.108 5,中晚元古界花岗岩 0.074 3,下三叠系飞仙关组泥页岩与砂岩 0.050 9,下泥盆系粉砂岩与灰岩 0.035 2,中志留系砂岩与灰岩 0.022 9,上二叠系、中三叠系、下石炭系灰岩 0.019 4。

判识阈值为 $-0.001\,646$,$Y > -0.001\,646$ 判为非泥石流沟,$Y < -0.001\,646$ 判为泥石流沟。判识因子为流域地貌与地质参数,试判准确率为 77.8%。讨论:山坡平均坡降 x_5 似应与泥石流的形成正相关,而非式(4.2)显示的负相关。因为谷坡较陡,崩滑物源就较多,汇流也较迅速。

此外,据前人经验,泥石流起动坡度,土力类约为 15°,水力类约为 12.5°。崔鹏等在汶川地震区的起动模式为[65]:坡度 8°~12.5°,冲蚀→冲沟→崩塌→堵塞→溃决→泥石流;坡度 12.5°~17.5°,侵蚀→泥石流;坡度 17.5°~25°,坡面流→入渗→失稳→下滑→液态化。

4.3 泥石流暴发频率、性质与规模的变化

震后泥石流的暴发频率和重度加大,流量和规模增大,极大地增加了灾害防治的难

度,工程治理的目标与规模、方案与结构都必须适应震后泥石流的这些特点,既是挑战也是机遇。

4.3.1 泥石流暴发频率增大

泥石流暴发频率决定于诱发泥石流的临界雨量。临界雨量包括前期有效雨量和当日雨强,目前尚无普适的成熟模式,地区差异性大。如陈宁生[5]统计的四川震区临界雨量1h为5~120 mm,24 h为35~235 mm,变幅达24倍与近7倍。

临界雨量可据当地经验和地形地质水文条件研判,尤其要从临界水量(《技术》中误为临界雨量)、起动类型、雨量垂直变化、极端气候事件、局地暴雨等以下新问题着手研究:

(1)地震后松散固体物源齐备,待水起动,形成土力类泥石流。此类泥石流的临界水量较水力类低,为泥石流体积的53%~10%。因此,诱发泥石流的临界雨量变小,暴发频率增大。

唐川等研究北川2008年9月24日泥石流发现,与震前相比,起动泥石流的前期累积雨量降低了14.8%~22.1%,小时雨强降低了25.4%~31.6%[98]。

(2)泥石流起动类型不同,临界雨量会不同。震后泥石流起动按主要固体物源可分为3种类型:一般的崩滑体转化型,堵沟溃决型(如红椿沟),揭底侧蚀型(如文家沟)。

坡体发生崩滑,沟中堰塞体溃决,沟底冲刷揭底,这三者的起动水力条件不同[24]。诱发坡体崩滑的降雨量最低,形成的泥石流相当于土力型;冲刷揭底形成的泥石流相当于水力型,其临界水量为泥石流体积的53%~82%,对应的降雨量较大;堰塞体溢流型溃决要求堰顶形成相当高的溢流水头,相应的降雨量最大。

因此,对地区经验性临界雨量还应据起动类型予以细化,解决地形地质条件相同的同一地区内泥石流不一定会群发的困惑。

(3)近年极端气候事件增多,暴雨频发,局地暴雨异常,也是泥石流暴发频率增大的重要原因。据近期的降水系列,可采用灰色模型对可能促发泥石流的灾变事件进行时间预测[见4.3.2之2)]。

(4)近年由于温室气体排放加剧,全球进入变暖周期,伴随大气环流的改变,地区降水也呈现波动变化。相应地,暴雨泥石流的频数和规模也会出现阶段性变化。划分气候变化的阶段性,可用有序样品的最优分割来实现,详见附录4.2。

(5)特大、大暴雨强度大、历时短、范围窄,常是局地暴发泥石流的动力条件,但激发雨量的地区差异大。前期降雨使土体饱和,后期暴雨更易促发泥石流。短历时(10 min)峰值雨量则是前期降雨不足时的泥石流激发雨量,西南山区为5.5~10 mm[24]。

2014年7月10日,汶川沿岷江的映汶高速公路所跨锄头沟突降约50年一遇大暴雨,激发大规模泥石流,刚竣工尚未验收的总库容达34万立方米的两座拦沙坝全被淤满,过坝洪流还漫溢上高速公路。而在其岷江对岸和上下游高速路沿线的20多条泥石流沟均未明显降雨,仅一沟暴发中型泥石流,凸显出锄头沟大暴雨的局地性。

(6)山区降水量常随海拔升高而出现峰值,泥石流形成区则比沟口更接近这一峰值,降水量远大于沟口,应布设分布式雨量计来揭示降雨的垂向变化趋势,获取形成区雨量信息(见下节)。

4.3.2 降雨随海拔的变化与暴雨的灾变预测

1)降雨随海拔的变化规律

泥石流山区的降雨量随海拔而变化。在一定高度内,当其他条件相同时,降水量随海拔增高而增大。例如,黄山、庐山、衡山等山顶的年降水量分别比山麓的黄山市、九江市、衡阳市高37.5%、22.5%、65.0%(图4.1)。常见沟口小雨而形成区局地暴雨所促发的泥石流,令人猝不及防。

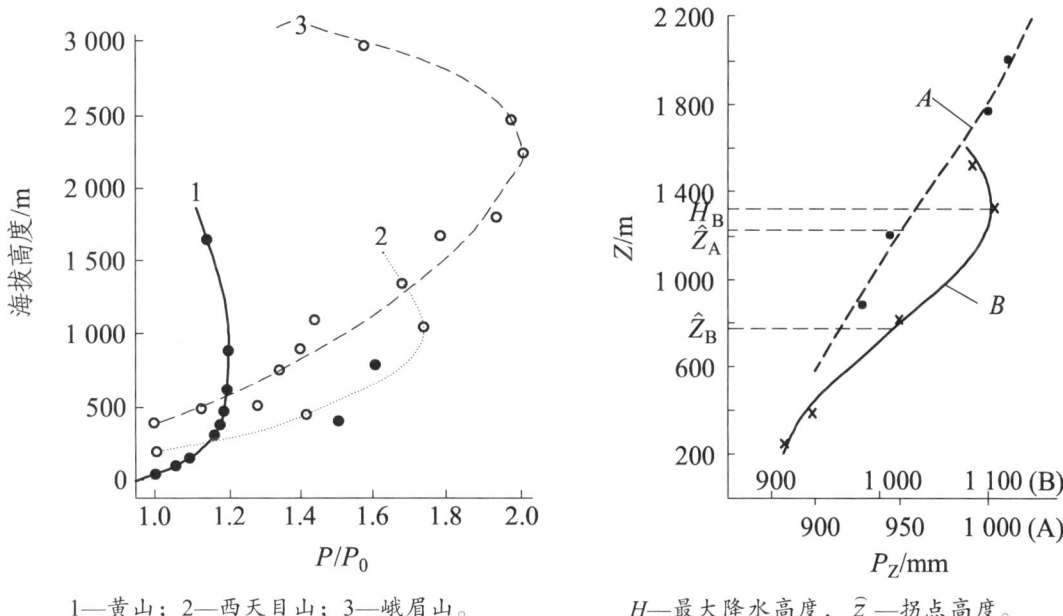

1—黄山;2—西天目山;3—峨眉山。　　　　　　　H—最大降水高度,$\hat{Z}$—拐点高度。

图4.1 山地降水量 P 与山麓降水量 P_0 比　图4.2 秦岭南坡(A)、伏牛山南坡(B)
　　　　值(P/P_0)随海拔的变化[99]　　　　　　　　年降水量 P_z 按高斯曲线模式的垂直分布[100]

但是,降水量随高度而增大是有极限的,一般是向上逐渐增大至极值再逐渐减小。同时还与坡向、坡形等因素相关[101],一般迎风坡及顺风河谷雨量大。最大降水高度,黄山和天目山为海拔1 000 m左右,峨眉山为海拔2 000 m左右,新疆西部山地为海拔2 000~4 000 m[99]。

降雨量 P_z 随海拔 z 的变化,可采用三参数高斯曲线来模拟[100]:

$$P_Z = a \cdot \exp\left[-b(Z-H)^2\right] + c \qquad (4.3)$$

式中：H 为最大降雨量的海拔；

a、b、c 为拟合参数。

例如，对年降雨量，最大降雨高度 H 在秦岭南坡为 2 340 m，在伏牛山南坡为 1 320 m（图 4.2）。对单场降雨量，最大降雨高度和雨量变化梯度则更大（详见附录 4.1）。

泥石流形成区一般紧邻最大降水高度，因此现有集镇或沟口段的观测雨量不能代表形成区，一般偏小。如成昆铁路利子依达沟于 1981 年 7 月 9 日暴发灾难性泥石流，沟口仅降雨 16.4 mm[54]。

2）暴雨的灾变预测的 GM（1，1）模型[89]

虽然评判泥石流的暴雨指标 H_{24}（年最大 24 h 雨量）的多年平均值在一段时期内是不变的，但暴雨的频数则可能有趋势性变化，导致泥石流暴发频度的变化，故尝试对暴雨造成的泥石流灾变进行预测。

以该地区促发泥石流的临界雨强为阈值，对超过这一阈值暴雨的出现时间，用灰色灾变模型[102]进行预测，以评价未来泥石流暴发频度的变化趋势（方法见附录 3.1.1）。

实例[89]，对泥石流沟较密集的云南宜良南盘江河谷区，促发泥石流的临界日雨量约为 100 mm，据县气象站 1959—1987 年共 29 年的年最大日雨量资料，大于灾变阈值（100 mm/d）的暴雨的出现年份有 1959 年、1968 年、1974 年、1979 年共 4 年，以 1959 年为第 1 年，4 个灾变年份的序号为 1、10、16、21，日雨量为 105.6 mm、118.7 mm、101.0 mm、127.4 mm。据此建立 GM（1，1）模型：

灾变年份序号序列为 $\quad Q^{(0)} = (1, 10, 16, 21)$

一次累加生成序列为 $\quad Q^{(1)} = (1, 11, 27, 48)$

$Q^{(1)}$ 的紧邻均值生成序列为 $\quad D^{(1)} = (1, 6, 19, 37.5)$

由 $\quad \boldsymbol{B} = \begin{bmatrix} -6 & 1 \\ -19 & 1 \\ -37.5 & 1 \end{bmatrix}, \quad \boldsymbol{Y} = \begin{bmatrix} 10 \\ 16 \\ 21 \end{bmatrix}$

$$\hat{a} = \begin{bmatrix} a \\ b \end{bmatrix} = \left(\boldsymbol{B}^{\mathrm{T}}\boldsymbol{B}\right)^{-1}\boldsymbol{B}^{\mathrm{T}}\boldsymbol{Y} = \begin{bmatrix} -0.343\ 2 \\ 8.485 \end{bmatrix}$$

故 $\quad Q^{(1)}(k+1) = \left(Q(1) - \dfrac{b}{a}\right) \cdot \mathrm{e}^{-ak} + \dfrac{b}{a} = 25.723\mathrm{e}^{0.343\ 2k} - 24.723$

灾变年份序号的预测式为

$$\hat{Q}(k+1) = (1 - \mathrm{e}^a) \cdot \left(Q(1) - \dfrac{b}{a}\right) \cdot \mathrm{e}^{-ak} = 7.473 \cdot \mathrm{e}^{0.343\ 2k} \qquad (4.4)$$

将 $k=4、5、6\cdots$代入式（4.4），得未来100年内灾变年份序号为29.49、41.57、58.89、82.57、116.4，灾变年份相应为1987年、2000年、2017年、2041年、2074年。这些具体年份可能有误差，但100年内仅出现5个灾变年，灾变年间隔呈加大趋势，表明未来泥石流暴发的暴雨条件有减少的趋势。

4.3.3 泥石流重度、流量和规模增大

1）泥石流重度多有增加

震后因松散固体物源的剧增，致所形成的泥石流的重度亦会变化，一般因松散固体物源的齐备而易形成黏性泥石流。

崔鹏等认为[65]，泥石流体容重比震前约提高30%，一般为黏性泥石流。他们对震区74条沟用公式（1.1）计算所得泥石流重度为$1.63\sim2.25\ \text{t/m}^3$，超过$1.80\ \text{t/m}^3$的黏性泥石流达66个，占89.1%。

黏性泥石流可呈阵性流，且冲出的固体物质的比例增大，这也是震后泥石流冲出规模加大的原因之一。

震区泥石流的重度可随时间、空间而变化。松散固体物源起动的规模、沿沟道冲与淤的变化、支沟汇流的性质，都影响泥石流的重度，故各次泥石流和泥石流沿程，重度均可不同，甚至出现泥石流与高含沙水流的转换，此时称之为"山洪泥石流"也并非不科学。

2）泥石流峰值流量增大

地震后松散固体物源大增，且崩滑体多入沟淤堵，使泥石流的重度和堵塞系数增大，加之近年降雨强度有增大趋势，致使泥石流峰值流量剧增，造成巨大灾害，教训殊深。

如2008年9月24日泥石流，据崔鹏等通过对8条沟的泥痕调查，计算的泥石流峰值流量为震前的$0.5\sim5$倍，平均为2倍[65]；固体物质一次冲出量，在北川魏家沟达100万立方米，唐家山支沟达30万立方米，大大超过预计值。

泥石流峰值流量远超设计预期的一个重要原因是崩滑体堵沟后溃决，形成溃决型泥石流。其规模最大，溃决流量和固体物质一次冲出量均远大于正常泥石流，往往造成巨大灾害。这不仅因为溃决之水流量大，更因为强大的溃决水流沿沟强烈侵蚀冲刷而使泥石流规模剧增。2010年8月13日红椿沟泥石流、2013年7月10日七盘沟和桃关沟泥石流的巨大灾情，就与溃决有关，堵溃点还不止一处。

如2013年7月10日汶川七盘沟泥石流，超强暴雨叠加沟内多处堵溃，致近100万立方米泥沙淤满已建拦沙坝后，由堆积扇上的排导槽漫溢而出，淤埋作为汶川县城副中心的部分安置点，并造成人员损失。

因此，在泥石流峰值流量计算中，应视崩滑体入沟已堵塞或将堵塞的情况，加大堵

塞系数 D_c 的取值；溃决型泥石流的形成过程特殊，当堵塞系数 D_c 的取值超出表列范围时，建议另设溃决系数，取溃决流量与正常流量之比为溃决系数。

防止崩滑体入沟堵溃是治理的重点，采取有效措施防崩滑堵沟后，泥石流峰值流量则仍可按正常的堵塞系数进行计算。

3）泥石流规模普遍增大

泥石流规模包含流体总量和固体物质冲出总量两方面，震后都普遍增大。

泥石流峰值流量增大是使泥石流规模增大的直接原因。此外，由于降雨历时增长和阵性流特点，一些泥石流的历时甚长，泥石流的总量也会大幅度增加。上述因素的叠加，使泥石流的总流量大有增加；再加之泥石流重度的增大，致固体物质冲出量增幅更大，使防治工程的规模远不能适应。

2013 年 7 月 10 日汶川羊岭沟泥石流，村民反映历时长达 6 h；桃关沟泥石流，引发的降雨并不太强，但明显为间隔较长的两阵，且前期降雨历时甚长，致冲出泥沙超过 90 万立方米，泥石流漫出下游工业园区自建的狭窄排导槽，淤埋了全区厂房。

有条件时应设高大的骨干坝，才能应对大型泥石流。如北川震后"9·24"魏家沟泥石流，冲出泥沙上百万立方米，淤埋大片老县城地震遗址，县委大楼被淤埋 4 层。后进行了综合治理，再无泥石流冲出，其中在出山口建甚高的 1 号骨干坝起到关键作用。

附录 4.1 山地降水的垂直分布模式

（摘自蒋忠信《山地降水垂直分布模式讨论》[100]）

1）傅氏经验公式及其闫氏改进

傅抱璞提出的山地降水垂直分布的经验公式为如下二次抛物线模式[101]：

$$P_z = -a \cdot z^2 + 2a \cdot H \cdot z + \left[P_h - a(2H-h)h \right] \quad (4.5)$$

式中：P_z、P_h 分别为海拔 z（m）、h（m）处的山地降水量（mm）；H 为最大降水高度（m）；a 为系数，与地区、季节有关。

令 $(2H-z)z = x$，$P_h - a(2H-h)h = b$，则上述抛物线方程直线化为

$$P_z = ax + b$$

假设不同的 H 值，用最小二乘法逐一算出相应的 P_z-x 直线的斜率 a 和截距 b，从中选取相关系数最大者还原成最佳抛物线方程，计算不同高度的降水量[103]。

闫育华引入降水平均递增率 $\Gamma \left[= (P_z - P_h)/(z - h) \right]$ 这一概念，将傅氏公式变换为线性式[104]：

$$\Gamma = -az + a(2H - h) \quad (4.6)$$

对 Γ 与 z 用最小二乘法直线回归，所得直线斜率即为 $(-a)$，截距为 $a(2H-h)$，从而一次性就算出各个参数的值。

但这样对傅氏抛物线式直线化后的最小二乘法回归的结果，仅对 Γ 与 z 的直线关系是最优的，而还原为抛物线式后，对 P_z 与 z 的曲线关系则不是最优的。对此，应以 P_z 与 z 的曲线相关系数 R 最大或剩余残差平方和 Q 最小时的结果为最优。以秦岭和伏牛山南坡为例，三种方法所得降水垂直分布如图4.3所示。

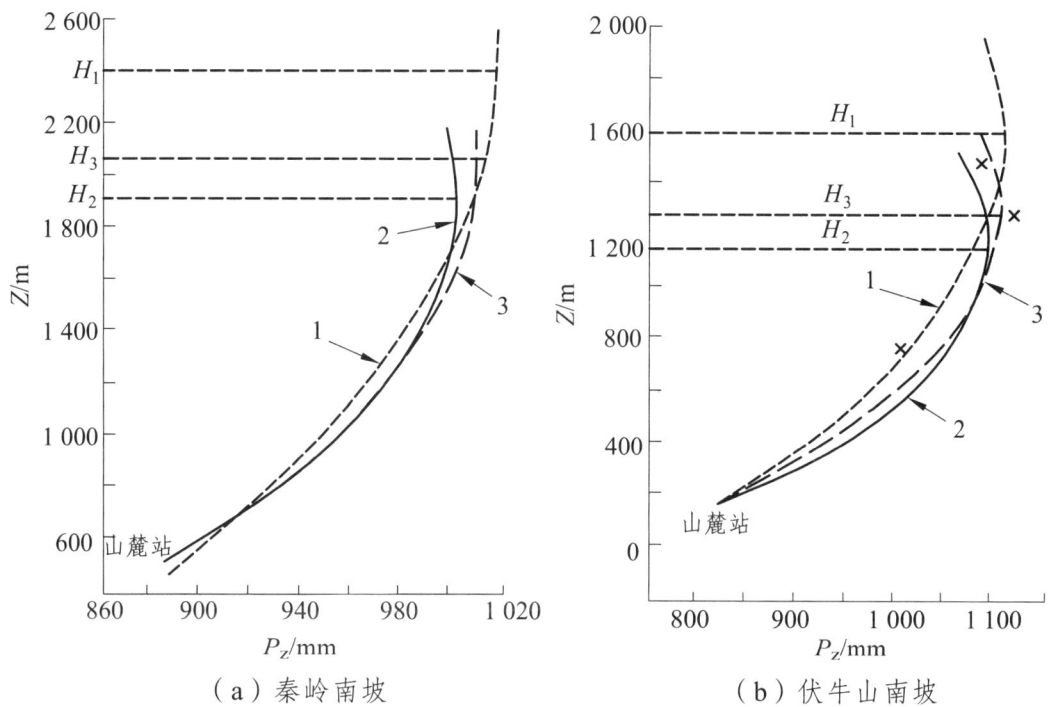

（a）秦岭南坡　　　（b）伏牛山南坡

1—傅氏法；2—阎氏法；3—用阎氏公式优选最小 Q 值时结果；H—最大降水高度。

图 4.3　年降水量 P_z 随海拔 z 的变化[100]

2）山地降水垂直分布的高斯曲线模式

观测显示，山地降水量一般是先随海拔的增高而增大，达最大值后又随海拔的增高而递减，即会出现极大值点。同时，降水随高度而增加的速率，在山麓带较慢，在山坡上较快，接近最大降水高度段又趋缓，即具有拐点。对这种具极值和拐点的曲线，用高斯曲线描述较抛物线式更为贴切，即

$$P_z = ae^{-b(z-H)^2} + c \tag{4.3}$$

式中系数 a、b、c 及最大降水高度 H 待定。这一方程可直线化为

$$\ln(P_z - c) = \ln a - b(z - H)^2 \tag{4.7}$$

与傅氏法相比，其 Q 值大幅度降低，最大降水高度 H 与实际更接近。

据实际观测资料 P_z、z，以一定步长假设 H、c 值，对 $\ln(P_z - c)$ 与 $(z-H)^2$ 进行直线回归，即可得出一组 a、b 及相应 Q 值。如此进行双因素选优，所得 Q 值最小的一组参数值，即为最佳。对前述二例，最佳分布见图 4.2。

高斯曲线模式的特征值为：① H 为最大降水高度；② 最大降水量 $P_{max} = a + c$；③ 曲线的上、下拐点（降水递增、递减由加速至减速的转折点）的海拔 $\hat{z} = \pm 0.707b$；④ c 为降水量在山麓最低处所趋近的下限。

附录 4.2 气候序列的最优分割法
（摘自蒋忠信《气候序列的最优分割与暴雨的灾变预测》[89]）

1）气候序列的最优分割法

气候要素主要是降水和气温，气候变化要同时考虑水、热条件的变化。由于气候序列是沿时间轴的有序样品序列，因此可应用有序样品的最优分割法[105]按水热双指标进行气候分期，以综合反映气候的定量变化。

这一方法的原理是，既考虑各年度气候指标的相似性，又照顾到年代的顺序性。对有 n 年观测资料的气候序列，采用降水和气温两项指标，则指标值矩阵为

$$X = \begin{bmatrix} x_{11} & x_{21} & \cdots & x_{n1} \\ x_{12} & x_{22} & \cdots & x_{n2} \end{bmatrix}^T$$

同一气候期中各年度之间的指标差异用距离系数 D 来刻画：

$$D(i,j) = \sum_{\alpha=i}^{j} \sum_{\beta=1}^{2} \left[x_{\alpha\beta} - \bar{x}_{\beta}(i,j) \right]^2 \quad (4.8)$$

式中：
$$\bar{x}_{\beta}(i,j) = \sum_{\alpha=i}^{j} x_{\alpha\beta} / (j - i + 1)。$$

$D(i, j)$ 称为该气候期 $(i, \cdots, j)$ 的直径。最优分割的目标，是将气候序列按时间顺序划分为若干个气候期：$(1, 2, \cdots, p)$、$(p+1, p+2, \cdots, q)$、$\cdots$、$(v+1, v+2, \cdots, n)$，各个气候期的差异（即直径）为 $D(1, p)$、$D(p+1, q)$、$\cdots$、$D(v+1, n)$，且要求各气候期直径之总和 S 达到最小值。

$$S = D(1, p) + D(p+1, q) + \cdots + D(v+1, n) \quad (4.9)$$

计算步骤如下：

（1）计算任意两年之间的距离系数 $D(i, j)$，$i = 1, \cdots, n$；$j = 1, 2$。得 $n \times nD$ 的角矩阵。

（2）据 $S_m^{(2)}(n) = D_{1,m} + D_{m+1,n}$，在 n 年中自动选出 $S_m^{(2)}$ 的最小值者，相应年份 m 即为划分两个气候期的分割点。

(3) 在 2 分点 m 的两侧序列中,各选出次一级的分割点 u_1 与 u_2,将 $S_{u_1}^{(3)}(n)=D_{1,u_1}+D_{u_1+1,m}+D_{m+1,n}$ 和 $S_{u_2}^{(3)}(n)=D_{1,m}+D_{m+1,u_2}+D_{u_2+1,n}$ 进行比较,较小的 $S_u^{(3)}$ 值对应的 u 即为划分 3 个气候期的分割点。以此类推,继续分割,直至得出 $n-1$ 个分割点及相应的直径总和 S。

(4) 点绘分期数 g 与直径总和 S 的关系曲线,S 随 g 的增大而减小,这一下降曲线由陡至缓的转折点所对应的 g 值,即为整个气候序列划分的气候期的期数。

2) 上海百年来气候最优分割

以中国气象观测序列最长的上海徐家汇站为例,对该站 1873—1980 年计 108 年的观测资料进行最优分割。其指标以年平均气温 T 和年降水量 W 为代表,且均采用 5 年滑动平均值,并进行归一化处理。其最优分割的结果见表 4.1。

表 4.1 徐家汇站气候序列最优分割结果及其气候分期

最优分割			气候期顺号	年度顺号	$T/℃$	W/mm	气候期	备注
分期数 g	分割点号	S 值						
2	58	8.57		1873—1875	15.33	1 190	—	
3	90	7.64	1	1876—1891	14.92	1 162	润寒期	
4	66	6.01	2	1892—1903	15.12	1 016	干凉期	
5	31	5.10	3	1904—1921	15.17	1 232	湿凉期	
6	49	4.42	4	1922—1938	15.47	1 050	干燥凉温期	升温
7	19	3.60	5	1939—1951	16.07	1 226	湿热期	
8	100	3.10	6	1952—1962	15.75	1 189	润温期	
9	79	2.80	7	1963—1972	15.60	1 012	干温期	
10	3	2.52	8	1973—1980	15.75	1 156	润温期	未结束
11	87	2.28						
12	61	2.14						
13	64	1.85						
14	56	1.46						

其中,2 分点(1930 年)主要反映气温变化,据此可将百年来上海气候分为 1930 年以前的低温阶段和 1931 年以来的高温阶段,这与上海气温突变于 1932 年的既有结论近于一致。3(1962)、5(1903)、6(1921)、7(1891)和 8(1972)分割点主要反映降水量的变化,显示气候的干、湿周期。其他分割点主要反映气温的次一级变化,凸现了 20 世纪 40 年代高温期。经归并,最后将上海 1873—1980 年的百余年气候划分为 8 个综合气候期,亦见表 4.1。

(上篇)参考文献

[1] 中国地质灾害防治工程行业协会. 泥石流灾害防治工程勘查规范(试行): T/CAGHP 006—2018. 北京:中国地质大学出版社,2018.

[2] 吴积善,等. 泥石流及其综合治理. 北京:科学出版社,1993.

[3] 钱宁,王兆印. 泥石流运动机理的初步探讨.水利学报,1984(1).

[4] 谭炳炎. 泥石流沟严重程度的数量化综合评判. 铁道工程学报,1986(4).

[5] 陈宁生,等. 泥石流勘查技术. 北京:科学出版社,2011.

[6] 余斌. 根据泥石流沉积物计算泥石流容重的方法研究. 沉积学报,2008(5).

[7] 崔之久,等. 南昆线段家河流域冷水沟泥石流沉积特征研究. 中国地质灾害与防治学报,1993(2).

[8] 田连权,等. 泥石流侵蚀搬运与堆积. 成都:成都地图出版社,1993.

[9] И П 斯米尔诺夫. 论泥石流粗糙系数//泥石流译文集(一). 铁科院西南所,1975.

[10] 中国地质灾害防治工程行业协会. 泥石流防治工程设计规范(试行): T/CAGHP 021—2018. 北京:中国地质大学出版社,2018.

[11] 铁道部第三勘测设计院. 铁路工程设计技术手册:桥涵水文. 北京:中国铁道出版社,1978.

[12] 王裕宜,等. 粘性泥石流体的应力应变特性和流速参数的确定. 中国地质灾害与防治学报,2003(1).

[13] 周必凡,等. 泥石流防治指南. 北京:科学出版社,1991.

[14] 余斌,唐川,等. 泥石流动力特性与活动规律研究. 北京:科学出版社,2016.

[15] 游勇. 粘性泥石流弯道运动的实验研究//泥石流(4). 北京:科学出版社,1995.

[16] 中国科学院-水利部成都山地灾害与环境研究所. 中国泥石流. 北京:商务印书馆,2000.

[17] 蒋忠信. 基于弯道超高的泥石流流速计算探讨. 岩土工程技术,2007(6).

[18] 铁道部第二勘测设计院. 铁路小桥涵设计. 北京:人民铁道出版社,1978.

[19] 沈寿长,等. 暴雨泥石流流量计算方法研究//铁科院1992年学术报告会论文集(三).

[20] 水山高久,等. 河弯上泥石流的流态//孟河清,译. 泥石流译文集(三). 铁道部科学研究院西南研究所,1985.

[21] 王韦. 泥石流排导沟弯曲段水面超高的估算//第四届全国泥石流学术讨论会论文集. 兰州：甘肃文化出版社，1994.

[22] 李龙. 泥石流弯道超高实验研究. 成都：成都理工大学，2017.

[23] 黄远红，等. 泥石流流体性质与弯道幅度角对超高影响的实验研究. 自然灾害学报，2017（5）.

[24] 蒋忠信，陈光曦，等. 中国山区道路灾害防治. 重庆：重庆大学出版社，1996.

[25] 丁明涛，等. 弯道超高法在泥石流流速计算中的应用. 中国地质灾害与防治学报，2006（3）.

[26] 陈光曦，等. 泥石流防治. 北京：中国铁道出版社，1983.

[27] 魏鸿. 泥石流龙头对坝体冲击力的试验研究. 中国铁道科学，1996（3）.

[28] 曾超，等. 泥石流浆体与大颗粒冲击力特征的试验研究. 岩土力学，2015（7）.

[29] 章书成，等. 泥石流中巨石冲击力的计算//泥石流观测与研究. 北京：科学出版社，1996.

[30] 于献彬，等. 透水型拦挡坝排泄孔开孔参数对坝体应力场影响规律研究. 防灾减灾学报，2016（6）.

[31] 胡凯衡，等. 泥石流冲击力的野外测量. 岩石力学与工程学报，2006（s1）.

[32] 赵海鑫，等. 泥石流最大爬高计算的试验研究. 自然灾害学报，2017（1）.

[33] 康志成. 云南东川蒋家沟泥石流运动流态特征//中国科学院兰州冰川冻土所集刊（4）. 北京：科学出版社，1985.

[34] 张赫文. 利子依达沟泥石流灾害成因浅析//铁路工程地质实例. 北京：中国铁道出版社，2011.

[35] 严璧玉. 成昆铁路利子依达沟泥石流灾害//铁路工程地质实例. 北京：中国铁道出版社，2011.

[36] 乔建平，等. 汶川地震极震区泥石流物源动储量统计方法讨论. 中国地质灾害与防治学报，2012（2）.

[37] 沈玉昌，等. 河流地貌学概论. 北京：科学出版社，1986.

[38] 吴正. 现代地貌学导论. 北京：科学出版社，2009.

[39] 蒋忠信. 关于雨滴溅蚀数学模型的改进意见. 水土保持通报，1991（6）.

[40] 李少龙，等. 用 ^{137}Cs 研究段家河流域土壤侵蚀的基本规律. 中国地质灾害与防治学报，1993（4）.

[41] 张根寿. 现代地貌学. 北京：科学出版社，2005.

[42] 蒋忠信. 流域沟壑密度理论极值数学模式商讨. 地理研究，1999（2）.

[43] 蒋忠信. 冰碛湖溃决临界漫溢水头公式的改进//第八次全国岩石力学与工程学术大会论文集. 北京：科学出版社，2004.

[44] 毛昶熙. 局部冲刷综合研究. 北京：水利水电出版社，1959.

[45] 蒋忠信. 泥石流固体物质储量变化的定量预测. 山地研究，1994（3）.

[46] 刘希林,等.泥石流危险范围的模型实验预测法.自然灾害学报,1993(3).

[47] 高桥保.泥石流停止和堆积机理的研究(二)//孟河清,译.泥石流译文集(三).铁道部科学研究院西南研究所,1985.

[48] 陈宁生,等.山区道路泥石流工程防治原则与模式.中国地质灾害与防治学报,2009(1).

[49] 游勇.泥石流排导槽最小不淤纵坡初步试验研究.水土保持通报,2000(6).

[50] 水山高久.泥石流堆积过程的实验研究//朱天慧,译.泥石流滑坡及其防治.兰州:甘肃科学技术出版社,1988.

[51] 江崎一博.拦沙坝堆积泥砂的纵剖面形状//孟河清,译.泥石流译文集(三).铁道部科学研究院西南研究所,1985.

[52] 陈晓清,等.5·12汶川地震堰塞湖危险性应急评估.地学前缘,2008(4).

[53] 崔鹏,等.泥石流输沙及其对山区河道的影响.山地学报,2006(5).

[54] 吕儒仁.利子依达沟泥石流形成特征、活动历史和发展趋势//泥石流(3).重庆:科学技术文献出版社重庆分社,1986.

[55] 蒋忠信,崔鹏,蒋良潍.冰碛湖漫溢型溃决临界水文条件.铁道工程学报,2004(4).

[56] 张福存.基于GIS的雪崩对冰川湖稳定性影响研究.兰州:西北师范大学,2012.

[57] 党超,等.冰碛湖溃决泥石流流量计算方法.冰川冻土,2019(1).

[58] 黄金辉,等.涌浪规模对冰碛湖溃决的影响研究.山地学报,2014(2).

[59] 牛志攀,等.冰碛堰塞湖冲刷及溃决试验研究.山地学报,2014(2).

[60] 蒋忠信.白什滑坡坝漫溢溃坝的水文条件预测.岩土工程技术,2008(4).

[61] 郎少林.宗渠沟堰塞体漫溢溃决水文条件及溃坝流量预测.科学技术与工程,2015(22).

[62] 艾洪舟.地震涌浪机理及冰碛堰塞湖溃决风险研究.成都:西南交通大学,2017.

[63] 田林桃,等.考虑湖盆摩阻效应的川藏铁路冰碛堰塞湖地震涌浪及溃决风险分析.铁道标准设计,2019(12).

[64] 谢任之.溃坝水力学.济南:山东科学技术出版社,1993.

[65] 崔鹏,等.汶川地震山地灾害形成机理与风险控制.北京:科学出版社,2011.

[66] 蒋忠信.西南山区暴雨泥石流沟简易判别方案.自然灾害学报,1994(1).

[67] 艾南山.侵蚀流域系统的信息熵.水土保持学报,1987(2).

[68] 艾南山,等.再论流域系统的信息熵.水土保持学报,1988(2).

[69] 岳天祥,艾南山,等.论流域系统稳定性的判别指标——超熵.水土保持学报,1989(2).

[70] 蒋忠信.矩形流域地貌信息熵的探讨.水土保持通报,1989(6).

[71] 蒋忠信. 泥石流流域系统的超熵. 中国地质灾害与防治学报, 1992（2）.

[72] 蒋忠信, 姚令侃, 艾南山, 等. 铁路泥石流非线性研究与防治新技术. 成都: 四川科学技术出版社, 1999.

[73] 艾南山, 等. 泥石流活动性的一种判别方法. 铁道工程学报, 1986（4）.

[74] 蒋忠信. 藏东南泥石流沟谷纵剖面演化的最小功模式. 地理科学, 2003（1）.

[75] 蒋忠信. 泥石流沟谷纵剖面形态与流域地貌信息熵//地质灾害国际交流论文集. 成都: 西南交通大学出版社, 1993.

[76] 蒋忠信. 滇西北三江河谷纵剖面的发育图式与演化规律. 地理学报, 1987（1）.

[77] 周筑宝, 等. 最小能耗原理及其应用. 增订版. 长沙: 湖南科学技术出版社, 2012.

[78] 黄克中, 等. 最小水流能量损失率理论在河相关系中的应用. 地理学报, 1991（2）.

[79] 蒋忠信. 冰雪融水沟谷纵剖面的形态与演化模式. 中国地质灾害与防治学报, 2003（4）.

[80] 蒋忠信. 灰色系统方法在泥石流变化趋势预测中的应用//灰色系统研究新进展. 武汉: 华中理工大学出版社, 1996.

[81] 罗文功, 等. 中巴经济走廊泥石流活动性分析. 冰川冻土, 2018（4）.

[82] 岳俊生, 等. "超熵"评价泥石流沟发育现状及危险度. 南水北调与水利科技, 2011（6）.

[83] 邹强, 等. 基于流域系统超熵的泥石流活跃度定量分析. 科技导报, 2012（18）.

[84] 麦华山. 基于流域系统地貌超熵的泥石流危险性定量评价. 广东水利水电, 2014（3）.

[85] 蒋忠信, 等. 内昆铁路安边至彝良段泥石流沟之简易判别//山地资源开发与持续发展. 成都: 成都科技大学出版社, 1997.

[86] 蒋忠信. 泥石流沟谷演化的不等时距灰色预测. 地理研究, 1994（3）.

[87] 蒋忠信, 徐晓琴, 袁茂林. 段家河流域植被覆盖和人为环境的动态变化及趋势预测. 中国地质灾害与防治学报, 1993（4）.

[88] 韩天恩. 实用统计预测. 北京: 冶金工业出版社, 1988.

[89] 蒋忠信. 气候序列的最优分割与暴雨的灾变预测. 自然灾害学报, 1996（4）.

[90] 黄阳才, 等. 滑坡体位移的不等时距灰色预测. 水文地质工程地质, 1992（3）.

[91] 胡斌, 等. 不等时距灰色预测模型. 北方交通大学学报, 1998（1）.

[92] 邓聚龙. 灰色系统. 北京: 国防工业出版社, 1985.

[93] 徐建华. 计量地理学. 2版. 上海: 华东师范大学出版社, 2014.

[94] 蒋忠信. 西藏帕隆藏布泥石流沟谷纵剖面形态统计分析. 中国地质灾害与防治学报, 2001（4）.

[95] 朱平一, 等. 川藏公路典型山地灾害研究. 成都: 成都科技大学出版社, 1999.

[96] 蒋忠信. 帕隆藏布河流纵剖面演化的最小功模式. 山地学报, 2002（1）.

[97] 崔鹏, 等. 泥石流起动的突变学特征. 自然灾害学报, 1993（1）.

[98] 唐川, 等. 汶川震区北川"9·24"暴雨泥石流特征研究. 工程地质学报, 2008（6）.

[99] 施雅风, 等. 中国东部第四纪冰川与环境问题. 北京：科学出版社, 1989.

[100] 蒋忠信. 山地降水垂直分布模式讨论. 地理研究, 1988（1）.

[101] 傅抱璞. 地形和海拔高度对降水的影响. 地理学报, 1992（4）.

[102] 刘思峰, 等. 灰色系统理论及其应用. 开封：河南大学出版社, 1991.

[103] 傅抱璞. 关于山地气候资料的推算问题//山地气候文集. 北京：气象出版社, 1984.

[104] 闫育华, 等. 利用降水平均递增率求山地最大降水高度. 地理研究, 1987(1).

[105] 任明达, 王乃樑. 现代沉积环境概论. 北京：科学出版社. 1985

下篇　泥石流治理工程设计

在勘查成果的基础上，进行泥石流的治理工程设计，本篇架构的泥石流治理工程设计体系如下：

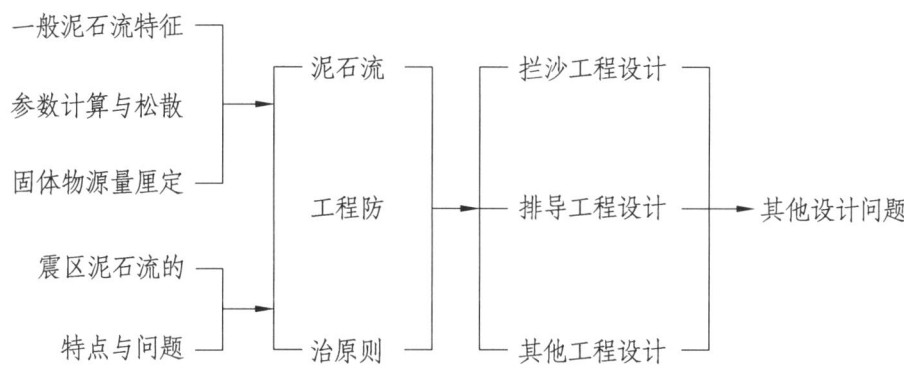

第5章 泥石流工程防治原则与道路减灾

震后泥石流防治，除普遍起动群策群防机制和建立监测预警体系，以及当防治效益比甚差时采用避让搬迁措施外，对危险性高、危害性大的泥石流沟则应采用工程措施进行治理。工程治理技术复杂、费用高、工期长，往往成为泥石流防治工作的重心。

震后泥石流工程防治的总体思路如下（图5.1）：

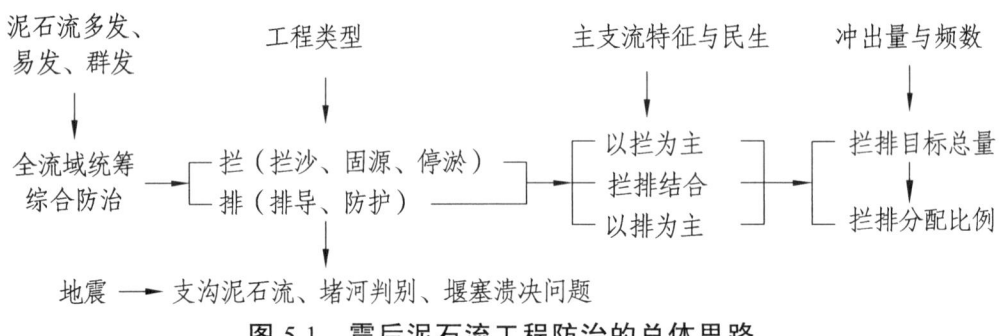

图 5.1 震后泥石流工程防治的总体思路

5.1 防与治（非工程措施与工程方案）的选择

泥石流等地质灾害的防治分防与治两类途径。预防灾害采用的非工程措施包括避让搬迁与绕避、监测预警与群测群防两个方面，治则是对泥石流沟进行工程治理。

5.1.1 泥石流危险区的定量划分

避让搬迁是将危险区内人员与建/构筑物搬至泥石流危险区之外的安全区避灾，绕避是对线性工程进行改线以绕避危险区。避让搬迁的依据是划分出泥石流危险区。

新中国成立初期，由于经验和投资所限，一些铁路、公路选在泥石流冲刷、冲击、堆积的危险区通过，遭灾后仍就地修复，屡遭破坏。20世纪60年代初，西南三线许多工厂靠山误入危险区，楼房、道路屡遭泥石流冲毁。西南山区少数民族新兴城镇受地形限制，从沟口扇两翼向泥石流的漫流堆积区扩展，甚至出现挟沟、跨沟建筑，城镇泥石流危害普遍严重。尤其自山区迎来建设热潮以来，水电、道路等施工工棚往往搭建于沟口泥石流扇上，又游离于地方防灾预警体系之外，屡遭泥石流袭击，前仆后继，应汲取教训！

因此，应在建设前期预做泥石流灾害评价，避免涉入泥石流危险区。**建议**按以下原则划定泥石流危险区：

（1）在泥石流堆积区，按设防标准的泥石流可能堆积淤埋的范围，乘以一定的安全系数划定危险区，主要在出山口以下的堆积扇上。堆积范围按式（2.11）、式（2.12）计算，辅以现场勘查印证。

对在工程有效期内会暴发多次泥石流的沟，堆积区域会在扇上重叠与摆动，应以堆积中脊的标高为全扇可能的堆积高度，将比中脊低下的两侧扇域也划归危险区。

（2）在泥石流流通区的沟道凹岸、堤防起端，将遇泥石流最大峰值流量时可能漫溢冲淤的路径和范围，和跨沟桥涵因过流净空不够或被下淤上堵而漫溢淤积的区域，均划入危险区。可借过堰流量公式（6.11）所得漫溢流量再据现场地形而估计。

（3）在泥石流形成区，对水流侧蚀和下切剧烈的沟段，岸坡将按破裂面坍塌。为安全计，建议按第二级坍塌的范围定为危险区的边界，具体位置为剖面图上第二级破裂面与岸坡坡面的交点。

第二级破裂角β_2（°），据侵蚀形成的岸坡坡度α（°）和土体内摩擦角φ（°），按下式计算：

$$\beta_2 = 0.25\alpha + 0.75\varphi \tag{5.1}$$

（4）堵溃危险区：在主弱支强的河段，较大泥石流可能完全或部分堵塞主河，形成堰塞湖，应将其可能淹没上游河岸的范围划为危险区。完全或部分堵塞的可能性按式（2.21）、式（2.24）评判，回水水位按式（2.27）计算。堰塞湖如溃决，形成的溃决洪水将冲蚀其下游河岸，应将坍岸范围划为危险区，溃决流量按式（2.33）~式（2.36）计，坍岸范围可据边岸地形地质条件，比照式（2.5-1）划定。

沟岸上较大的欠稳定的崩塌滑坡体，在沟道被水流冲切后可能失稳突滑入沟，堵塞沟道而形成更大更猛的溃决泥石流，席卷下游。应按溃决流量比照前述划定更大的堆积危险区和冲蚀危险区。堵沟的可能性按式（2.22）、式（2.23）评判，溃决流量按式（2.33）~式（2.36）计。

5.1.2 泥石流监测预警与群测群防

1）泥石流监测

对泥石流沟的常规监测方法是安设雨量计。因降雨的垂直差异大，应尽量将雨量计设于最大降水高度带，有条件时可在沟域的不同高度分设。此外，当崩塌滑坡为主要固体物源时，还应对崩滑体进行简易的变形监测，预判突滑。

对有严重危害的泥石流沟，还可进行专业监测与适时监测，诸如泥石流的泥位、泥声、流速监测和地声监测，最好是开发、安装自动预警系统。

2）暴雨泥石流预警

据降雨量进行暴雨泥石流预警。促发泥石流的临界雨量应综合当场暴雨量与前期降雨量。前期降雨使土体含水饱和、强度降低，更易被后期暴雨起动形成泥石流。临界雨量的地区差异甚大（表5.1），应结合当地的地形地质条件细加研判。

表5.1 激发泥石流的降雨量（mm）[1]

地区	东北	北京怀柔	秦岭以北/以南	浑水沟	加马其美沟	蒋家沟	藏东南
一次降雨量		80~100	>50/<50	30	10		
日雨量	100~200					20~50	10~15

此外，雨强越大，激发泥石流的临界雨量越小；强震后，震区的临界雨量变小。土力类泥石流起动水量较水力类低，其临界雨量相应要低于水力类。

建议将预警雨量分为两级，接近临界雨量为黄色警戒级，达到临界雨量为红色撤离级，俗称"小雨不睡觉，大雨往外跑"。

3）群测群防

（1）组织专/兼职巡查员，对沟道、坡体、林草、塘堰进行定期巡查，开展简易监测，发现异常及时上报。

（2）对沟域村民进行减灾防灾安全教育；尤其要打破条块限制，对外来人员和务工人员一并开展教育，不得遗漏。

（3）在沟域竖立泥石流警示牌，对各户、各工棚发放明白卡，明确预警信号、责任人和撤离路线。

（4）现场进行避灾演习，规划安全撤离路线，不能顺沟跑，而应向两侧高地疏散。

（5）雨季期间，及时拆迁沟口扇上的施工工棚和机具，劝离盲目入沟的游客与车辆，必要时进行交通管制。由于泥石流预报技术目前尚不完全成熟，难免虚报，不能因此产生麻痹情绪，尤其是驻沟口扇上的施工队伍，不能视预报为"狼来了"而产生侥幸心理。

（6）遏止不合理的人类活动，预防人为泥石流灾害。

5.1.3 预防人为泥石流灾害

1）控制工程建设造成的松散土体，妥善处置弃渣弃土

（1）矿山剥山皮、开采、选矿及采石产生大量弃渣，处置不妥会引发矿山泥石流。采空区坍塌滑坡也会转化为泥石流。仅新中国成立的前30年，全国规模和危害较大的矿山泥石流就有28处[2]。

例如，盐井沟泥石流停歇80余年后，泸沽铁矿1号露天矿区在离沟口3 km的左侧山坡设排土场，弃渣大量进入沟中，于1970年、1972年两次暴发矿山泥石流，峰值流量达240 m³/s、280 m³/s，堵塞沟口公路桥，并漫溢成灾，1970年泥石流使铁路施工队伍104人丧生。至1985年共暴发泥石流9次，共冲出土体13万立方米，下游河床仅在1972—1982年就淤高1.5 m，威胁滨河泸沽镇的安全。据1985年调查，该排土场尚存渣243万立方米，且边坡陡达36°，极易坍塌，加之沟内淤有泥沙110万立方米，流域植被又遭破坏，故矿山泥石流仍可能大规模暴发。据之拟订了稳渣、固沟、拦沙等系统防治方案（图5.2）[1]。

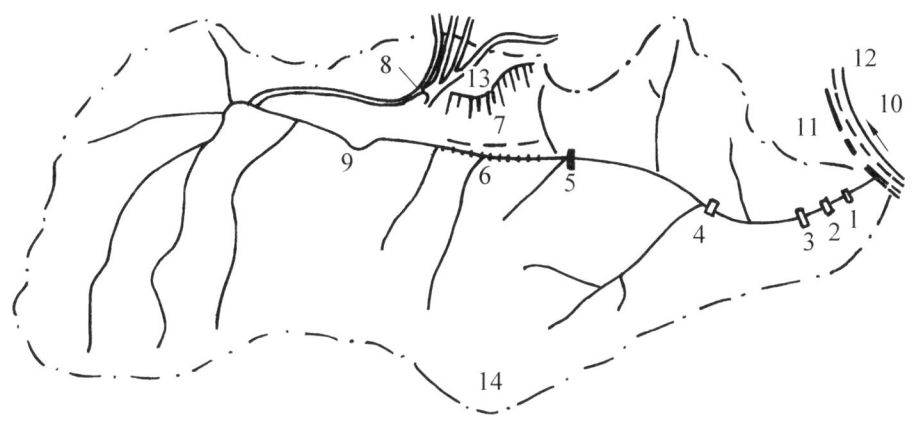

1~5—拦沙坝；6—防冲肋；7—停淤场围堤；8—原建截水沟；9—盐井沟；10—安宁河；11—铁路；12—公路；13—1号露天矿排土场；14—2号矿区。

图5.2 泸沽铁矿盐井沟泥石流防治系统总体布局图[1]

（2）修建铁路公路劈坡弃渣，可引起山体坍滑，引发和加剧泥石流灾害。例如，孙水河罗汉沟上游矿区公路弃渣数万立方米堵沟，1972年5月14日形成强大泥石流，冲入新铁村车站，掩埋铁道、站房、车辆以及长250 m的泸喜公路；至1973年共使铁路断道11次。

（3）泥石流治理工程自身也会产生大量弃方，尤其是坝基、槽基、堤基挖方甚多，施工便道也弃土不少。工程设计应尽量使填挖平衡，将挖基土回填于堤背，施工便道半挖半填。对剩余弃方，就近选取安全的弃土场处置，必要时设挡渣墙。

2）避免水利工程渗溃为泥石流提供水体和跨沟道路阻碍过流

（1）水渠渗漏溃决常致山体失稳，产生或加剧泥石流。如东川老干沟，原为老泥石流沟，1959年修建沿山水渠引起山体坍滑，致使当年雨季泥石流复活，并发展为危害东川铁路和昆会公路的最大泥石流之一[3]。

水库塘堤溃决形成的泥石流为害更大。如安宁河弯丘沟中游的水塘设计标准过低，1973年土坝溃决激发泥石流，掩埋弯丘站三股铁道[3]。

(2）矿井地表水、地下水处理不当，也会激发泥石流。如东川铜矿马店平坑于 1974 年 4 月掘开地下水通道，地下水突涌入关上沟，形成黏性泥石流，堵断小江[2]。

（3）道路通过泥石流沟，跨沟桥涵要留足够净空，不能压缩过流断面，尤其在弯道处。如都江堰市干沟，在弯道段建桥压缩过流净高，2013 年 7 月 13 日泥石流从凹岸桥头溢出，淤埋民房。

填筑过沟路堤会堵水，可能溃堤成灾。北川青宁沟村道在 1 号拦沙坝上游筑路堤通过沟道，后溃堤形成泥石流，冲毁下游拦沙坝坝肩。

3）保护生态环境，禁止滥伐、滥垦、滥牧

东川蒋家沟、大小白泥沟等地破坏生态环境，加剧泥石流发育的过程是：人口剧增—民居、耕地、水渠、道路向陡坡林地拓展—数年后陡坡耕地因土壤流失而搁荒，成为薪炭灌丛或放牧草坡—灌草日渐稀疏而成荒坡—暴雨汇流加速，径流增大—滑坡、崩塌、面蚀、沟蚀加剧—泥石流激发条件降低、暴发频率增高、规模增大[4]。

火后泥石流也是生态环境劣化的结果。枯木堵塞跨沟桥涵则往往导致泥石流漫溢成灾。顺沟漂木遇阻，可导致溃决灾害，岷江叠溪大小海子就曾因漂木叠置抬高水头而发生溃决，殃及岷江下游直至都江堰。

顺坡溜放木材和施工材料，易新生泥石流。在东川铁路施工中，顺多牛沟溜放施工木材，使多牛沟发生泥石流，掩埋多牛沟小桥，灌入两端隧道，只好将小桥改为明洞，两端隧道连接成长 1 612 m 的多弯道隧道。

5.2 道路泥石流减灾对策

5.2.1 预防为主、防治结合的总方针

山区铁路、公路线长站多，多沿河行进于高山深谷中，沿线泥石流等山地灾害频发。道路为线状延伸的串联系统，一处受灾断道，全线瘫痪，成灾率高，敏感性强，影响面广。因此，首先应对泥石流等采取积极预防的措施，减灾避害。同时，对不能完全躲避的泥石流沟，应避重就轻，进行治理。因此，对道路泥石流灾害，要贯彻预防为主、防治结合的方针。

防治原则：全面规划、突出保路，综合治理、主次分明、控制不合理人为活动，因害设防、讲求实效，因地制宜、合理设计，达到投资省、效益高、技术可行、与环境协调的目的。

预防道路泥石流等山地灾害有以下两方面内容：

1）减灾选线

在道路选线时，对灾害密集、治理困难的地段加以绕避。如修桥跨河到泥石流灾害较轻的彼岸，线路内移、修建隧道下穿躲避本岸泥石流沟，即贯彻减灾选线的原则。

成昆铁路南段龙川江沿岸泥石流等山地灾害密布，地质选线绕避灾害却很成功。龙川江下游拉旧至黄瓜园长 13 km 路段，选用了拉旧、海螺、朱布三跨龙川江的左右岸综合方案，绕避了灾害和矿区，利用了两岸有利的地形和地质条件。在中游的阿南庄至龙骨甸段，在长 11 km 路段内跨江 10 次之多，对地质不良地段采取避重就轻、反复跨河的方案，收效较好。其中，在长 6.4 km 的黑井至湖路塘段，绕避了两岸 11 条泥石流沟（图 5.3）。在沿龙川江 118 km 的线路中，共设龙川江大桥 49 座，这是解决两岸不良地质体交错分布问题的重要措施[1]。

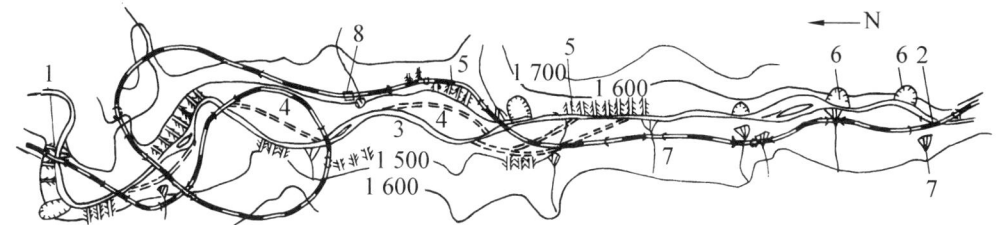

1—湖路塘大桥；2—黑井大桥；3—龙川河；4—河槽故道；5—峭壁；
6—坍塌；7—泥石流；8—龙骨甸车站。

图 5.3　成昆铁路黑井至湖路塘段龙川河特征图[3]

成昆铁路马厂沟在通车后多次暴发泥石流，堵塞净高仅 2.85 m 之铁路小桥。后原线提坡，将小桥净高提高至 4.08 m，并在上游建两座拦沙坝，下游建直通孙水河之排导槽。但 1985 年 7 月 1 日泥石流再次堵塞桥孔，泥浆上道。因线路无外移争取足够净空的条件，只好内移建隧道从沟底穿过（图 5.4）[1]。

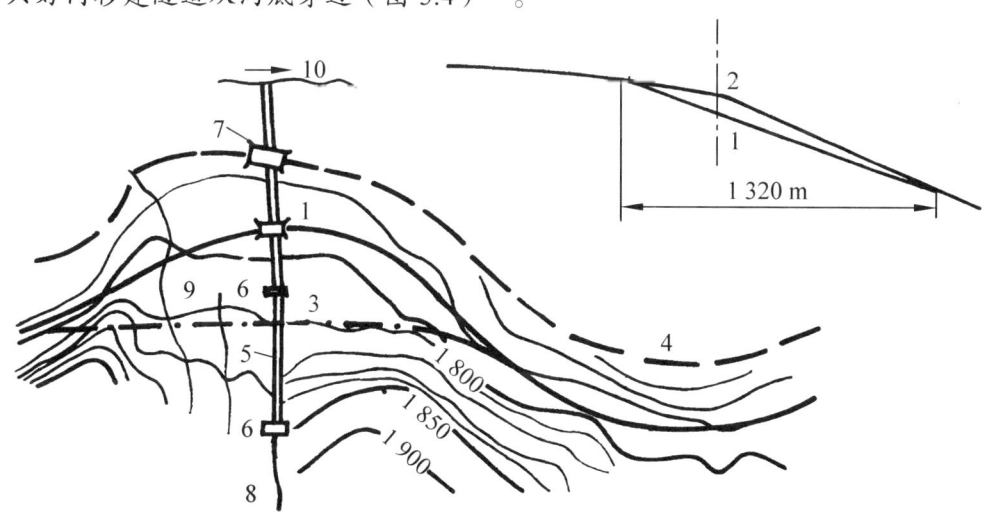

1—原通车线；2—原通车线提线；3—改建通车线；4—喜泸公路；5—排导槽；6—拦沙坝；
7—改建公路桥；8—马厂沟；9—可能漫流通道；10—孙水河。

图 5.4　成昆铁路过马厂沟泥石流方案图[3]

此外，近于东西流向的河流，泥石流等山地地质灾害的发育，因谷坡坡向的水热条件差异导致自然地理要素的差异，而显现一定的坡向差异[5]。朝南的阳坡与朝北的阴坡相比，日照时间长、太阳辐射强、热量较充沛、气温与土温高、日较差大，空气与土壤的湿度较低。这导致阳坡与阴坡在植被、水文、土壤、地形等自然地理要素方面存在差异。总体上，在其他地质地理环境相似的条件下，阳坡比阴坡易于发生各种山地地质灾害，表现为灾害分布的坡向差异。以西藏帕隆藏布河谷为例（见附录5.1），崩塌滑坡、泥石流在北岸比南岸数量多，规模大，灾害重。著名灾点除米堆沟外均在北岸[6]。因此，在其他条件相似的河段，河谷坡应尽量走南岸，以趋利避灾。

2）监测预警

对泥石流等山地灾害的监测预警，包括道路沿线的巡守、重点路段的监测、灾害的短期预报和危急工点的预警。

铁路系统对危害严重的泥石流沟安装自动预警系统，已处于推广阶段。泥石流的泥位、泥声、流速监测和降雨、地声监测预警技术现日益成熟。系统可靠性高，可保证平均无故障时间不低于3 000 h；能实现对所有测点的实时连续监测，避免人工定时测读；基于工程情况定制监测软件，可实现数据的连续采集、实时显示、定时分析整理和超限报警。

5.2.2 泥石流灾害区减灾选线原则

1）泥石流区选线原则

（1）绕避处于发育旺盛期的特大型泥石流、大型泥石流和泥石流群，以及淤积严重的泥石流沟。冰湖溃决泥石流地段和泥石流堵河地段，线路要远离冲刷岸段和堵河范围内的河岸。

（2）峡谷河段据泥石流规模和泥痕，确定线路位置与高程。平面上道路宜靠河，利用堆积扇尾部被主河洪水下切而畅排泥石流的条件，以矮桥、路基通过。而在泥石流分布集中河段，则尽可能走高线。

（3）宽谷河段据沟（河）床淤涨率和主河摆动趋势，确定线路位置与高程。在变迁性河段，道路离河应宁远勿近。

2）泥石流区定线原则

（1）跨越流通区时，平面上线位要利泄防冲，避开沟床纵坡由陡变缓的转折处和平面上的急弯部位。

（2）在沟口或扇顶通过时，要注意出山口可能的淤积或下切，及扇顶的可能上伸或下移。

（3）跨越泥石流扇时，线路尽量与流向正交，据扇面淤积率确定线路标高，不应在扇上挖沟设桥或作路堑。

（4）跨沟建筑物不得压缩沟床断面，不改沟并桥，沟中不宜设墩；标高根据泥痕高度、残留层厚度和输移大漂石所需高度等而定，留足净高。

3）道路泥石流工点平剖面分区设计要点

（1）跨越流通区道路。

在流通区跨越的有利条件是：沟道较稳定，桥较短，桥头路基易避开泥石流威胁；沟床纵坡陡，冲淤幅度小，桥涵净高易控制；上下游泥石流防治工程少，整个桥渡工程较小。

因流通区泥石流流速大，破坏力强，故应尽量不设斜交桥、曲线桥，并不得在沟道弯曲处设桥。流通区地势较高时，为减小桥梁两端堤坡引线，常选在出山口或堆积扇顶通过。但对出山口可能淤积或下切、堆积扇顶可能上伸或下移者，应据沟床冲淤变幅，对桥下净高留有富余。

（2）跨越堆积扇道路。

堆积扇地形起伏小，道路平剖面条件好。但扇上漫流危害严重，尤其是主强支弱型河段的扇缘会大冲大淤，危害跨沟工程。

跨越堆积扇定线应满足有足够净高、与流向正交和工程小这三项条件。铁路和高等级公路因限坡小，跟不上堆积扇的地形起伏，应先确定控制点的最小净高，然后以允许的曲率半径沿堆积扇等高线定线。尤其在坡面泥石流和小型沟谷泥石流密集区，各堆积扇在平面上不顺，在剖面上起伏大，定线时更应提高线路，大致经各扇顶通过；或压低线路，穿切较凸出的几个扇缘通过；如果都困难，则设隧道从各泥石流沟底穿过。

沿宽谷河段的一般公路，应多选在堆积扇中部通过。其线路平面上顺直，纵面上可随地形而升降，还可用较小桥涵甚至过水路面排泄泥石流，即使桥涵路基被淤堵漫道也易修复，远离山脚可避坡面泥石流，也避免经扇缘而多占农田。

安宁河泸沽至漫水湾段，左岸洪积阶地破碎，右岸有两群泥石流。标准不太高的川云西公路，能随破碎地形起伏弯曲，走左岸避开了泥石流的威胁。而不能随地形上下转折的成昆铁路，原拟走左岸，其外线以路基为主的方案边坡陡而挂不稳，中线隧道加高桥方案的高桥台和高边坡有大问题，内线长隧道方案的地质条件差。故比选和采纳了右岸方案，线路尽量靠泥石流扇中部通过，以较大净高设桥跨越泥石流群（图5.5），虽两跨安宁河，但造价并不比走左岸高。1985年回访，右岸11条水石流未出现病害[1]。

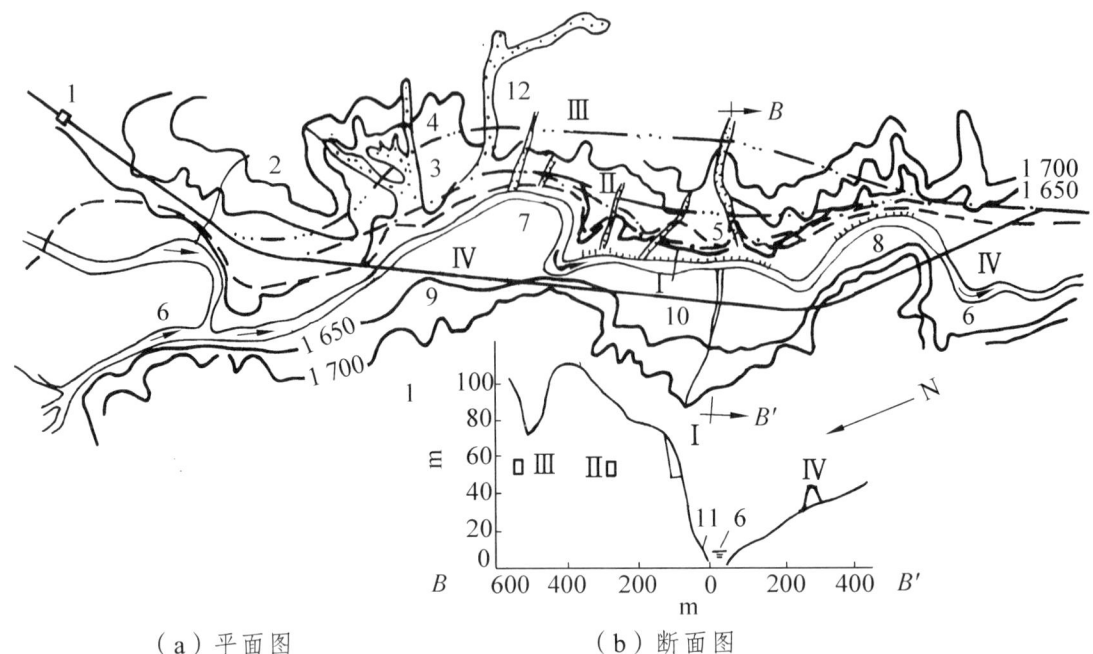

(a) 平面图　　　　　　　　　(b) 断面图

Ⅰ、Ⅱ、Ⅲ—成昆铁路左岸外、中、内线方案；Ⅳ—成昆铁路通车线；
1—泸沽站；2—转山嘴；3—正沙村；4—错落体；5—老鹰岩；6—安宁河；7—犀牛湾；8—漫水湾；
9—犀牛湾泥石流群；10—羊草沟泥石流群；11—古驿道；12—冲沟。

图 5.5　成昆铁路安宁河泸沽至漫水湾段方案图[7]

5.2.3　道路泥石流综合治理原则

道路泥石流灾害综合防治体现在防治工作的系统性和防治措施的综合性。

1）防治工作的系统性

道路泥石流灾害的系统防治包括以下三个方面。

（1）整条道路山地灾害防治的系统性。

把全线作为一个大系统，各灾段、灾点作为子系统，统筹防治工作。否则一处断道，全系统会陷入瘫痪。

成昆铁路中段顺安宁河，南段顺金沙江、龙川河伸延，虽然崩滑流灾害密集，但采取了系统的综合防治措施，铁路几跨安宁河，40多次跨龙川河，一些重点泥石流沟得以综合治理，通车30余年来很少因受灾而断道。而北段沙湾至泸沽段，因系统防治不够，通车后滑坡、泥石流灾害频发，几乎每年雨季都受灾断道，损失重大。

（2）一个地区或一个流域山地灾害防治的系统性。

某地区道路的灾害防治要作为全地区灾害防治系统的一个子系统，与之有机结合，方易收效。

成昆铁路黑沙河泥石流治理是一范例。通过对全流域的封山育林、荒山造林和在上游建水库调洪削峰、在中游建拦沙坝、谷坊拦渣固床和在下游建导流堤排洪，20多年来不仅保障了铁路安全，而且扩大了农田灌溉面积，增加耕地130多公顷，还保障了下游公路及村镇、工厂的安全，并利用泥石流扇地发展桑蚕业，取得突出的经济、生态、社会等综合防治效益[8]。

但长期以来，囿于条块分割，道路部门往往难以与地方政府联合进行全地区的灾害系统防治，只是就道路自身采取防治避灾措施。这不能根治灾害，且事倍功半。如南昆铁路段家河流域，为防治泥石流和河床淤涨之害，研究提出了全流域综合治理规划，但审查时和者甚寡，不能全面实施。

（3）工点灾害防治全过程的系统性。

道路通过泥石流沟，首先要从勘查着手，了解泥石流的性质、成因、主要特征和发展趋势。据此在选线定线时或加绕避，或在有利于灾害稳定的部位通过。在灾害治理工程设计中，要加强总体性，强调施工组织的合理性和施工工艺的可行性；在运营通车后，要加强现场监测，必要时布置预警系统，进行预测预报。

2）防治措施的综合性

道路泥石流治理措施包括跨越、穿过、防护、排导和拦挡等工程以及生物措施。防治模式如图5.6。

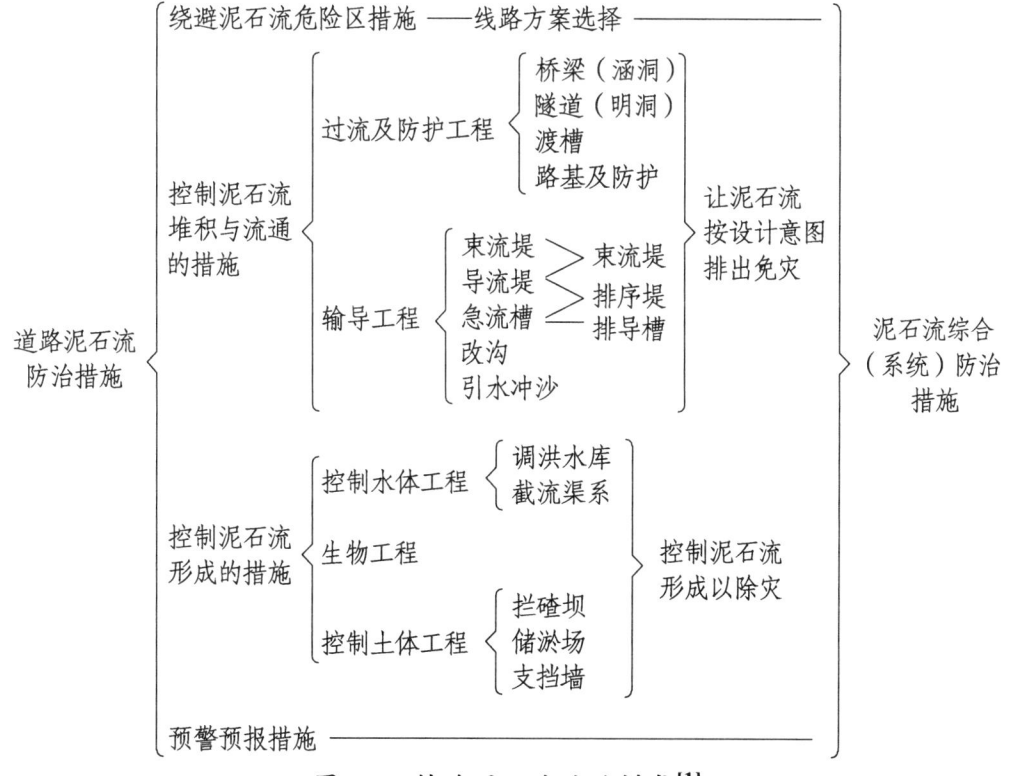

图 5.6 铁路泥石流防治模式[1]

南昆铁路段家河流域泥石流的综合防治规划[9]，包括在上游筑坝截拦采煤炼焦的下沟弃渣,对中游泥石流支沟实施稳定形成区滑坡和其下沟床的拦沙工程(拦沙坝、谷坊),在下游加宽放陡人工河道，达到输沙动态平衡目的。全流域兴建水源涵养林、水土保持林和改坡为梯,体现了以下综合防治内涵：

(1) 全流域治理：上、中、下游相结合，固人为弃渣于上游，拦泥石流于中游，改造人工河道于下游。实施水土保持于全流域。

(2) 措施综合化：既考虑工程措施，又考虑生物措施；既考虑治坡，又考虑治沟；既考虑治水，又考虑固土；工程措施中，既拦又排；改造人工河道，既要加陡纵坡防淤又在渠底设肋防冲。

(3) 防、治结合，软、硬并举：以可持续发展为目标，贯彻矿山法、环保法和森林法，统筹规划经济活动，妥善处理弃渣弃土，逐步实施封山育林，控制乱采乱弃、毁林开荒、陡坡垦殖等促灾人类活动。

5.3 震后泥石流防治工程有关问题

5.3.1 全流域统筹综合防治泥石流

"5·12"汶川地震主震区多个流域内泥石流沟增多，暴发频率增大，常群发泥石流，应根据全流域灾后重建规划，贯彻整个流域统筹综合防治泥石流的原则。

综合防治原则应视主、支流地貌与水文特征而定。在主河宽坦，纵坡平缓，大量泥石流固体物质输入后不会发生堵溃灾害或不再起动为次生泥石流的河段，可考虑加大泥石流固体物质的排放，将主河作为停淤场所，相应减少甚至取消拦沙工程，转而对两岸有保护对象岸段按淤积后水文条件修建防护堤加以防洪，大量减少泥石流治理工程，如位于极震区的北川县之擂鼓镇的苏宝河中下游段和陈家坝镇的通口河段。

陈家坝新老场镇所在的通口河两岸分布有 5 条泥石流沟与 5 处崩塌滑坡体，全面治理这 10 处地质灾害体的费用估算为 1.6 亿元，改宽深的箱形通口河作为纳淤场，少治多排，并对岸坡不够高的局部岸段加以护岸，费用概算仅为 0.6 亿元，减少 60%。

统筹防治原则体现为全流域统筹兼顾确定主河纳淤范围与规模，国土与建设、交通、水利等部门联动，各部门的规划对接，淤积的范围和高度要不危及安置规划区和沿河公路，并与水利部门的堤防和清淤规划相衔接。

如 2010 年 8 月 13 日群发泥石流后的都江堰市龙溪河，首期将 3 条对沟口民居有危害的泥石流沟用拦固工程加以治理，并在出口外滩地设停淤场，使之不排输大量固体物质进入已淤高的龙溪河,以免影响河堤、沿河公路和重建的龙池场镇。

各部门的协调联动十分重要。以国土与交通部门的分工协调为例,诸如改扩建过泥石流沟的桥涵由谁实施,尤其是交通部门难以全覆盖的县乡公路;新增下穿道路的排导工程先由交通部门开挖路槽,国土部门再修排导槽的协调与衔接;施工期间的临时交通管制措施的拟订与实施。

汶川的连山村大桥泥石流沟,设计采用排导槽接连下穿318国道与映汶高速公路,318国道跨槽桥涵原拟由交通部门实施,后因318国道改隧道绕避,原国道只起村道作用,跨槽桥涵只好改由国土部门实施;排导槽所穿连山村大桥淤埋的桥孔拟先由交通部门清理,再由国土部门砌筑排导槽,2014年雨季前一直协调未果。

5.3.2 堰塞体溃决与利用问题

拟订震后泥石流工程治理方案还要研判三大问题:崩滑体、泥石流堵河判别问题,堰塞体的溃决与利用问题,主-支沟泥石流关联问题。

泥石流沟谷中堰塞体溃决形成的溃决泥石流是产生巨大灾害的重要原因。

1) 堰塞体的形成

地震促发的大型崩滑体入沟堵断沟道,或泥石流入主河堵塞河道,形成堰塞体,其后积水形成堰塞湖。有的震后已溃,有的至今未溃。此外,地震孕育的众多崩滑体,震后在沟道下切与侧蚀下,也可能失稳堵沟形成堰塞体。

崩滑体入沟、泥石流入主河都要有相当规模才能堵断或部分堵塞沟道,能否形成堰塞体或部分堵塞的研判另见2.3.2与2.3.4。

2) 堰塞体的溢流溃决

预测溃决是当今难题。溢流溃决判别见2.3.5。

堰塞体的溃决分渗流破坏(管涌)与溢流破坏两类,崩滑堰塞体的溃决以坝顶溢流冲刷下切破坏为主。

溢流溃决主要取决于堰塞体块度与坝顶溢流高度,块度决定被冲刷下切的难易,溢流高度决定流速从而决定冲刷下切的能力,溢流高度又取决于暴雨洪峰等因素。坝体沿河长度不是影响溢流溃决的主要因素,现在未溃也不等于将来不溃。

例如,1933年叠溪地震形成的岷江海子,除震后第45 d首次溃决外,大、小海子还于1986年、1992年两次溃决,原因是漂木叠于坝顶形成6 m多高的溢流水头[10]。西藏易贡藏布滑坡坝沿河长约2 000 m,在抢修溢流槽的过程中就发生了溢流溃决[11]。

3）堰塞体的其他破坏

除溢流溃决外，由于崩滑堰塞体松散、颗粒粗大，在坡度甚陡时，也有管涌破坏之可能。例如，文家沟中游巨型滑坡堆积体的顶部凹地因 2013 年 7 月 10 日大暴雨而汇水成塘，积水从下部坡面多点涌出，总流量超过 5 万立方米/日之巨，有未来可能产生管涌破坏之虑，遂进行了泄流处理。

此外，尚有堰塞体上兴建构筑物所致溃决。例如，北川青宁沟堰塞体上新筑的高 3 m 之过沟土质路堤，抬高了过堰水头，路堤在 2012 年 8 月 17 日特大暴雨中被冲毁，导致堰塞体下切，下游拦沙坝被冲损。

4）堰塞体的利用

对稳定的堰塞体可加以利用，在采用混凝土面板或挂网喷射混凝土等护面工程并留泄洪道之后，可作为拦沙坝或谷坊坝使用，甚至可用以发电，如唐家山堰塞湖。

对现未溃或残留的堰塞体，为防其溃决成灾，可紧邻其下游筑坝回淤，顶压堰塞体使之稳定，如汶川七盘沟在炸药库堰塞体下修建框架式桩林坝企稳。

5.3.3 主-支沟泥石流关联问题

震后有的泥石流沟因流域面积大，主沟宽坦，纵坡平缓，泥石流主要在其支沟暴发，固体物质主要堆积于主沟中。此时的问题：一是支沟泥石流对支沟口有无危害，二是主沟床淤积物是否可能被起动下泄，三是下泄中是否可能被两岸汇流而稀释成高含沙水流。

对支沟口有危害对象或入主沟后可能起动下泄的支沟泥石流，应予治理。例如，甘肃镜铁山铁路支线 K74+630 沟 81·8（1981 年 8 月）泥石流，冲出土体仅 3 200 m³，但仍堵塞小桥，漫上路基，致 7015 次混合列车遇难，两节客车箱被掩埋[1]。理县城东的打色尔沟，流域面积大，沟口段长约 500 m 的 V 形狭窄沟段被民房连续挟持，沟道泄洪能力严重不足又无拓展条件，现不但在主沟布设拦沙与固源工程，还在两条支沟设计了排护工程，但工程力度是否足够，还应进一步审视。

由于危害对象往往主要集中于主沟沟口堆积扇，如果主沟床泥石流堆积物不会大量被揭底起动，则可将主沟床部分作为停淤场所，减少拦沙工程，修建防护堤保护有危害对象的岸段。如果主沟床泥石流堆积物有可能被大量起动，但可被稀释成高含沙水流，则沟口扇以防洪为主；如果不能稀释成高含沙水流，则沟口扇以防泥石流为主。

如绵竹高桥沟，主沟为宽深的箱形谷，众多支沟泥石流冲出物停积于此，沟道普遍淤高 10 多米。由于纵坡缓，仅有少量细颗粒可起动输入绵远河，对河对岸的汉清公路威胁不大。在主沟近出口拟修干骨停淤坝，库容可达数十万立方米，效益比甚高。

5.4 单沟泥石流防治工程的原则与规模

泥石流治理工程主要针对松散固体物质和水动力着手，类型众多，包括：

（1）形成区控制土源的抗滑固坡工程（挡土墙、抗滑桩、锚固）和坡面水土保持工程（生物工程），控制水体工程（截流渠、调洪水库、泄洪洞）。

（2）流通区控制土体的拦沙工程（拦沙坝）和固床护坡工程（谷坊、潜槛、防冲肋、防护墙）。

（3）堆积区的防护工程（防护堤）、排导工程（排导槽）、停淤工程（停淤场）、过流工程（明洞渡槽）等。

常用的是拦沙-固源-停淤（统称"拦"）与排导-防护（统称"排"）两大类工程，通常是二者结合。

5.4.1 单沟泥石流防治工程的总体方案

震后泥石流规模大，难以将松散固体物源全部拦固于沟内，应允许适度排放。治理工程的总体方案就是在拦排结合的前提下，根据主、支沟输沙能力与民生统筹，确定以拦（拦沙-固源-停淤）为主还是以排（排导-防护）为主。

一般地，对于主河输沙能力强，支沟泥石流较弱的主强支弱型河段，如金沙江，泥石流多以排为主（图 5.7）。

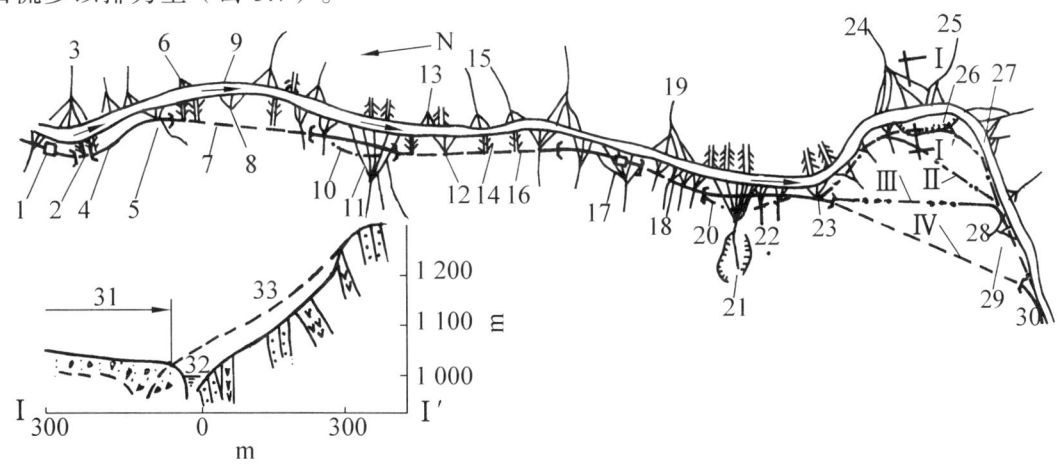

（b）莲地大坍方横断面　　　　（a）平面图

1—拉鲊站；2—拉鲊隧道；3—鱼鲊；4—成昆铁路；5—次格地泥石流；6—老鸦滩；7—龙潭隧道；
8—龙潭泥石流；9—金沙江；10—预留上格达隧道；11—上格达泥石流；12—下格达泥石流；
13—黄草坝泥石流；14—马房沟河床崩塌；15—田尾巴泥石流；16—前进隧道；17—花棚子站；
18—伊巴里万丈飞沙及红光隧道；19—阱门口泥石流；20—预留白沙沟隧道；
21—白沙沟泥石流及大坍塌；22—白沙沟2号泥石流；23—三滩泥石流；
24—小打鹅泥石流；25—鲊石地泥石流；26—莲地大坍方；27—迤不苦大崩坠；
28—迤不苦泥石流；29—迤不苦危岩落石；30—鱼洞；31—堆积扇；
32—金沙江枯水河槽；33—莲地大坍方发展情况。
Ⅱ、Ⅲ、Ⅳ—设隧道的比选方案

图 5.7　成昆铁路拉鲊至鱼洞金沙江河段特征图[3]

而震区多为主河输沙能力弱，支沟泥石流较强的主弱支强型河段，如都江堰市龙溪河和绵竹市绵远河，泥石流输入使河床产生纵横向加积性变迁，造成堵河、挑流、淤高、壅水等危害，泥石流应以拦为主；部分为主河输沙能力与支沟泥石流相当的主支均势型河段，如岷江，泥石流应拦排并重。

云南东川小江的龙头山至蒋家沟河段，两岸有高频泥石流沟86条，年输入小江的泥沙比小江输出量多2 000万~2 500万立方米。1958—1984年，小江河床年淤高9~21 cm，致东川铁路遭泥石流严重破坏，多次抬高重建（图5.8）。但重建后，因1985年6月24日至7月25日的4场泥石流，又冲毁淤埋桥梁8座、隧道4座、路基18处、车站1处。拦沙工程有限是主要致灾原因[1]。

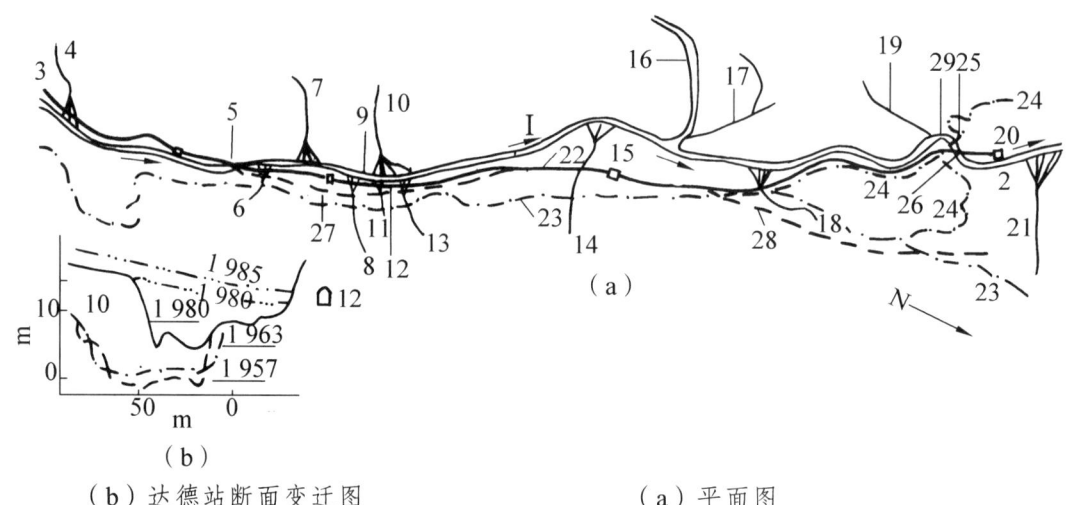

（b）达德站断面变迁图　　　　　　　　（a）平面图

1—大白河；2—小江；3—龙头山；4—拖沓沟；5—莫伯渡桥；6—小石洞沟；7—小白泥沟；
8—达德沟；9—达德水文站；10—大白泥沟；11—多牛小沟；12—多牛隧道；
13—老干沟；14—石羊沟；15—东川站；16—块河水文站；17—乌龙河水文站；
18—大桥河；19—小青水文站；20—浪田坝站；21—蒋家沟；22—东川铁路；
23—昆明—会泽公路；24—矿区公路；25—公路大桥；26—铁路大桥；
27—东川铁路中线方案；28—东川铁路1972年建议方案；
29—小江水文站。

图5.8　龙头山至蒋家沟大白河—小江河段特征图[3]

同时，还要结合危害性和民生统筹确定泥石流治理工程的总体方案，尤其要考虑灾后安置点和交通干线。

唐家山堰塞湖至北川老县城段的湔江，震后已不断淤高，继续纳沙则将淤埋北川老县城地震遗迹，对沿岸支沟泥石流就应以拦为主；位于"5·12"地震极震带的安县高川河和茶坪河，沟口扇上的乡镇人口密集，震后河床严重淤高，不能再纳淤，对支沟泥石流也被迫以拦为主。而从北川老县城下游汇入湔江的都坝河和擂鼓镇以上的苏宝河，河道深宽，两岸民居高踞，河道可作天然停淤场，沿岸支沟泥石流就应以排为主。

顺岷江的都江堰至汶川高速公路在汶川地震的极、强震区，于震后迅速建成通车，堪称筑路奇迹。但公路沿线两岸泥石流沟密布且规模大，虽对部分泥石流沟采用长隧道下穿避灾，但对所经大部分泥石流沟仍无力治理，通车后在沿线暴发的2012年8月13日和2013年7月10日泥石流，淤埋多个路段，并行的213国道更淤毁严重，交通中断。四川省投巨资对相关的"8·13"泥石流沟16条和"7·10"泥石流沟14条进行治理，因固体物源规模过大且施工运输极难，只能在尽可能拦沙和固源的基础上结合排放处理。虽初见成效，但因岷江河床已急剧淤高，压缩跨江桥梁净高，继续纳沙淤积，河道清淤工程将不堪重负，假以时日，部分桥梁仍令人担忧。

虽然据四川省公路设计院联合香港理工大学对震后10年该段岷江河道冲淤状况的连续定量观测[12]，显示2013年岷江加积达到峰值，其后数年冲大于淤，似乎表明邻近极震区的该段岷江两岸在震后第5年达到泥石流高峰期，5年后泥石流总体衰退，但2019年"8·20"特大山洪泥石流又使该路段严重受灾，岷江河床再度大幅淤高，说明极震区泥石流高峰期可能大于10年，且波动极大。

5.4.2 设防标准和拦排泥石流固体物质总体规模

厘定工程防治方案的基础是确定设防标准和拦/排泥石流固体物质的总量以及拦与排的数量比例。

1）设防标准

泥石流治理工程的有效期现按乡镇20年、城镇50年，泥石流设防标准现按乡镇20年一遇、城镇50年一遇确定。

震后提高设防标准的呼声甚高，但限于财力，工程有效期和设防标准尚未提高，设计中可适当加大主体工程的安全储备，如增大排护工程的安全高度、拦沙工程的结构安全系数。对穿过高等级公路的过流工程，也可适当提高设防标准，尽量满足公路桥涵、路基的设防标准。

近年来，有关部门已根据包含近期极端气候资料的新的气候序列重新厘定出不同频率的雨量标准，使设防频率标准不变但设防雨量标准提高。

2）拦/排泥石流固体物质总量

根据工程有效期，计算应拦+排的泥石流固体物质总量。它与固体物质动储量不是一个概念，中频或低频泥石流在工程有效期内不一定能将全部固体物质动储量冲出。

工程有效期与设计暴雨频率是两个概念，工程有效期内可以暴发不止一次的相应暴雨频率的泥石流。拦排泥石流固体物质总量等于工程有效期内暴发各频率泥石流的次数与相应频率一次泥石流固体物质冲出量之乘积。泥石流频度愈高，计入的泥石流的次数应愈多。**建议**对乡镇中频泥石流,可计 20 年一遇 1 次 + 10 年一遇 1~2 次 + 5 年一遇 2~3 次,或者按 2~3 次 20 年一遇计。

对高频泥石流:泥石流固体物质总量 = 年平均泥石流固体物质冲出量 × 工程有效期的年数。

当主、支沟均要设拦沙工程时,应分别计算二者应拦的固体物质量。

5.4.3 固体物质拦与排的分配比例

根据主河输沙能力与既有桥涵过流能力,以不导致主河、公路次生灾害为度,针对工程有效期内泥石流固体物质输出总量,确定拦-排结合方案中拦与排的比例,即总计要拦多少和排多少。

但在拦-固-停规模的计算中,其所稳固的已揭底段的沟道物源和已侧蚀段的坡体物源方可计入固源数量,但不宜将尚未揭底与侧蚀段的物源量计入。

要根据已发泥石流入主河的调查,确定主河的正常输沙能力和部分堵塞或全部堵断主河的泥石流固体物质总量,预测堵塞(断)主河和堵后溃决的可能性,分析堵溃形成的二次灾害,包括壅水对上游的淹没与溃决洪水、泥沙下泄对下游的危害。

主河的纳沙能力,也可由水利部门按经验提出,但可能是动态变化的。

例如,对汶川映秀红椿沟、烧房沟入岷江和绵竹清平乡文家沟入绵远河,水利部门都曾提出一次泥石流输入泥沙不得超过 5 万立方米的控制目标。但 2011 年雨季,烧房沟一次泥石流固体物质入岷江不足 3 万立方米即堵岷江 2/3 且挑流威胁映秀镇安全,控制目标据之修定为 2 万立方米,相应补强了沟内拦固工程。

调查既有公路桥涵的结构和过流能力,分析加大其过流能力的措施,并尽可能与公路改扩建相协调。桥涵的过流能力计算参见 9.2.1。

5.5 泥石流治理工程施工图设计的一般要求

施工图是一独立的设计阶段,不单纯是可研的工程优化,而应在深化认识泥石流特征的基础上,全面涵盖工程施工的各个要素与环节,设计文件的深细度要满足施工要求。建议逆向思维,以施工负责人的角度审视设计,补全缺漏或不清处。

5.5.1 施工图设计的主要工作

(1)现场调研:在设计前参照专家对勘查报告和可研方案的意见,进一步进行现场调研,深化认识,即使对勘查设计一体化的团队,也可温故而知新。尤其当勘查后过了一个雨季才转入施工图设计，因泥石流沟经雨季变化可能较大，更要进行现场复查，必要时申请重点补勘。

（2）明确防治范围与防治目标：根据泥石流的性质、危险性与危害性，明确防治工程范围；根据技术可靠、经济合理、施工可行和与环境协调的原则，明确具体的工程防治目标。

（3）松散固体物源复核包括：松散固体物源的分布、类型（崩塌滑坡体、坡面侵蚀物、沟床堆积物）、规模（静储量、动储量、一次冲出量、堆积体积）、主要崩滑体的稳定性。

（4）泥石流参数复算包括：重度、流速、峰值流量，据泥痕尤其是弯道泥痕印证流速、流量；防治工程的流速、冲压力与冲击力、冲起高度与爬高、弯道超高。

（5）优化工程方案：在可研、初设的基础上优化防治工程方案，但又不拘泥于审定的可研、初设方案，进而优化防治工程措施。

（6）工程结构设计：在工程检算的基础上进行结构设计，包括治理后的稳定性检算、结构受力与参数检算、工程数量计算等。

（7）施工组织与监测设计：提出包括施工运输、弃方处置、环境保护和安全生产措施、工期安排在内的建议性施工组织设计和施工工艺要求，供电方式比选及建站自拌混凝土与商品混凝土之比选，提出包括施工期和竣工后的针对治理工程的变形监测方案，重大沟域可结合对雨量和泥石流进行监控。

（8）编制工程预算。

（9）后续服务：技术交底，贯彻动态设计原则进行配合施工与变更设计，参与工程验交。

5.5.2 施工图设计文件组成与内容

施工图设计文件由设计说明书、设计图、计算书和预算书4部分组成。

1）设计说明书

为保持文本的完整性，内容要包含：

（1）设计依据与遵循规范，危害性与治理的必要性。

（2）泥石流体特征（勘查报告结论及深化的认识）。

（3）对可研、初设评审意见的执行情况，施工图设计的优化内容。

（4）泥石流参数与松散固体物源计算与结果汇总。

（5）采用的治理目标、技术方案与工程措施及其针对性评述。

（6）工程分项设计：工程范围、平面布置、结构参数、工程数量与汇总。

（7）工程稳定性与结构检算，汇总计算参数与结果。

（8）建议性施工组织设计：三通一平尤其是施工运输条件，主材，供电与混凝土生产方式，工期安排，施工工艺要求与注意事项，工程管理、安全生产与环保措施。

（9）工程监测设计（施工期与竣工后）。

（10）工程总预算。

2）设计图

图件应齐全，内容要达到施工图的深细度。

施工图应包括工程布置总平面图、分项工程布置平面图、工程纵剖面图、代表性横断面图、分项工程结构设计图与大样图、特殊工程与辅助工程设计图。工程布置总平面图宜插小图标示各区、各分项工程。

各设计图均应有较详尽的文字说明，包括泥石流特征、工程方案与措施、施工工序、各分项工程的结构与数量、主要工艺要求与施工注意事项等。

设计图的结构线条要完备并明示，尺寸与数据要标注齐全，图面负担与字体大小要合适，要弱化地形内容，突出工程内容并尽可能分项设色，完善工程地质内容。

3）计算书

包括泥石流特征参数计算，工程稳定性与结构检算。说明计算模型，突出主要计算参数，汇总计算结果并编目。

4）预算书

附录5.1 帕隆藏布河谷崩塌滑坡、泥石流的分布规律
（摘自蒋忠信《西藏帕隆藏布河谷崩塌滑坡泥石流的分布规律》[7]）

藏东南帕隆藏布是雅鲁藏布江的一级支流，川藏公路和建设中的滇/川藏铁路均从然乌经帕隆藏布干流而下，至迫龙乡再逆其支流拉月曲而至鲁朗。由于地质地貌、水文气候等自然环境复杂和特殊，全路段山地灾害类型众多、分布密集、发生频繁、危害巨大。典型山地灾害路段长271.4 km（80~108道班）。

1）山地灾害的类型与成因（图5.9）

（1）泥石流。

流域内山岭海拔为5 500~6 000 m，雪线海拔4 500~5 000 m，海洋性冰川、积雪覆盖较广。强烈的冰川作用和寒冻风化，剧烈的新构造运动和频繁的地震活动，加之谷坡高陡，因而冰碛、冰水沉积、岩屑锥、崩塌及滑坡等松散堆积物极其丰富；强烈而持久的新构造抬升，使沟谷切割深、比降大、谷坡陡。孟加拉湾暖湿气流的入侵又带来丰沛的降水，年降水量为600~2 000 mm，提供了丰富多样的水动力，使本区成为泥石流尤其是冰川泥石流特别发育的典型地区。

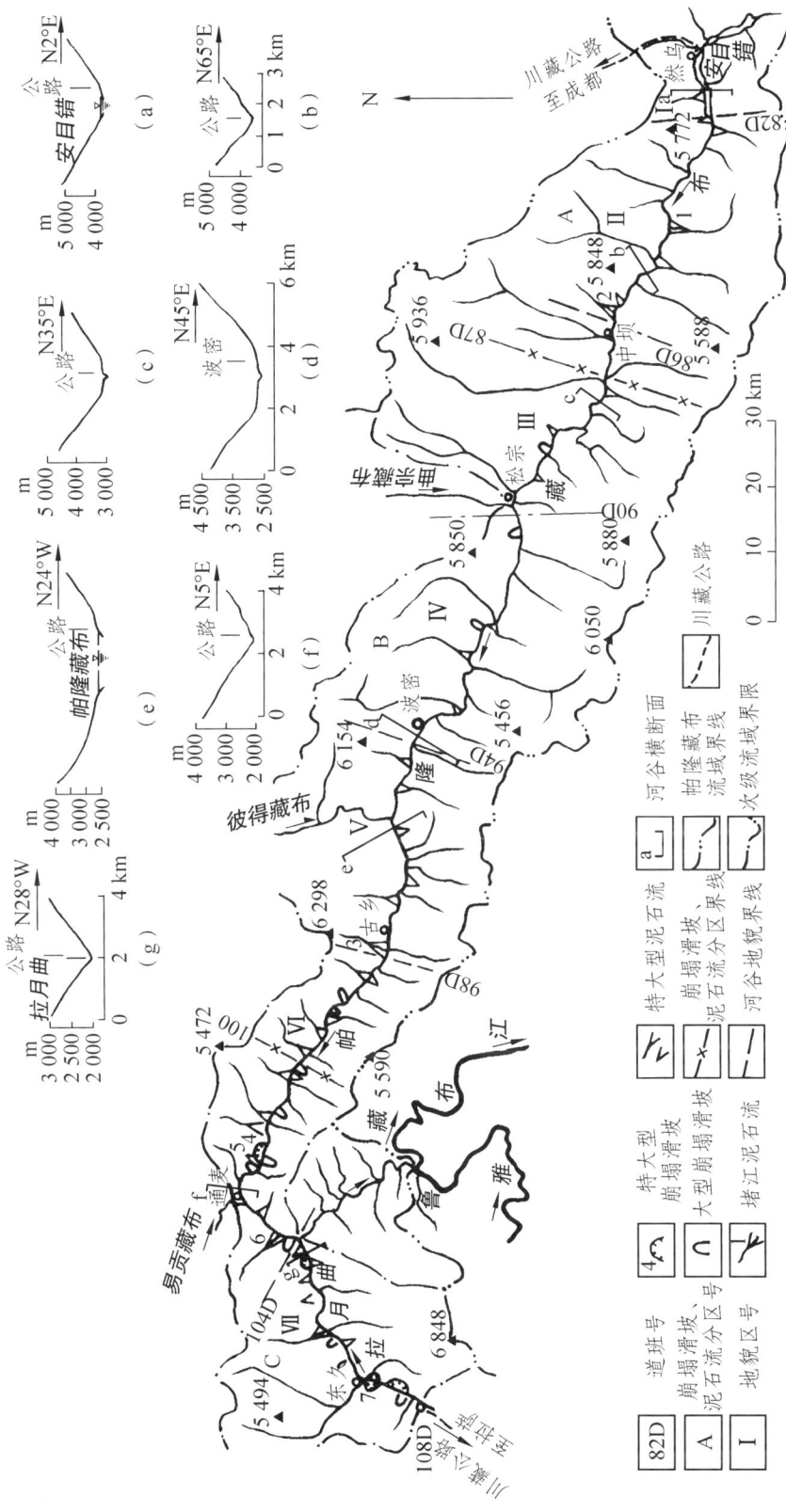

图 5.9 帕隆藏布（川藏公路段）崩塌滑坡、泥石流分布与区划略图

A—上游峡谷泥石流、雪崩、岩屑锥密集段；B—中游宽谷泥石流及崩塌滑坡较密集段；C—下游崩塌滑坡密集段。
I—源头冰湖段；II—上游峡谷段；III—一阶地宽谷段；IV—中游宽谷段；V—网状河段；VI—下游峡谷段；VII—下游大塌方。
2—冬茹弄巴融水泥石流；3—古乡泥石流；4—102滑坡群；5—加马其美沟雨水泥石流；6—培龙沟融水泥石流；7—拉月大塌方。

全区共统计泥石流沟125条（北岸80条，南岸45条），主要为冰雪融水泥石流沟（50多条），次为雨水泥石流沟，冰湖溃决泥石流沟仅1条（米堆沟）。以培龙沟、古乡沟、冬茹弄巴的融水泥石流和加马其美沟雨水泥石流最严重。

（2）崩塌滑坡。

促成帕隆藏布谷坡崩滑的因素主要包括：剧烈的风化剥蚀、复杂的地质构造和脆弱的地质环境，导致坡体破碎；河流深切，谷坡高陡，相对高差达2 000~4 000 m，坡度为35°~40°；丰富的雨水、冰雪融水的下渗及河流的冲刷下切。

崩塌滑坡主要发育于古滑坡体、断层破碎带及巨厚的第四纪松散层中，多为牵引式动力类型。两岸共发现较大的崩塌、滑坡63处，以通麦—东久段最为发育，以拉月大塌方、102滑坡群规模最为巨大。

2）崩塌滑坡、泥石流沿程分布规律与分区

综合两岸和北岸两种最优分割结果，得崩塌滑坡、泥石流沿程分布规律：

（1）崩塌滑坡在下游峡谷段及其支流拉月曲峡谷极密集，中上游段稍密集，有从下游向上游递减，逐渐让位于雪崩、岩屑锥灾害之趋势。

（2）泥石流在拉月曲峡谷段极密集，帕隆藏布上、下游两峡谷段密集，然后按网状河段、宽谷段、节状谷段的顺序递减。

综合各种山地灾害的沿程分布，可将帕隆藏布路段分为以下山地灾害河段：

（1）上游峡谷段（81~87）：以泥石流、雪崩、岩屑锥为主，灾种多、灾害密。

（2）中游网状河、宽谷、节状谷段（87~100）：属泥石流及崩塌滑坡较密集段，以泥石流为主，规模大但较疏。按这3个河段的顺序有灾点递减之趋势。

（3）下游和拉月曲两峡谷段（100~108）：属崩塌滑坡、泥石流极密集段，规模巨大。加马其美沟、培龙沟泥石流和102滑坡群、拉月大塌方都在本河段。

3）帕隆藏布河谷崩塌滑坡、泥石流分布的坡向差异规律

近于东西流向的帕隆藏布，北岸谷坡为阳坡，南岸谷坡为阴坡。北岸与南岸相比，寒冻风化更强烈，雪线、积雪较高，地形较陡，植被较疏，土层较薄，松散固体物质最丰富，地表径流与冰雪融水较多。因此，崩塌滑坡、泥石流在北岸比南岸数量多、规模大。综合单、双因子方差分析结果：

（1）崩塌滑坡、泥石流在北岸比南岸数量多，规模大，灾害重。著名灾点除米堆沟外均在北岸。

（2）分河段计，崩塌滑坡、泥石流分布的坡向差异如表5.2所示，各河段的北岸均比南岸分布密集。

表 5.2 帕隆藏布河谷崩塌滑坡、泥石流的分布

岸别	崩塌滑坡频数/密集性		泥石流频数/密集性			崩塌滑坡+泥石流频数/密集性		
道班	81~100	100~108	81~87	87~103	103~108	81~87	87~100	100~108
北岸	0.74/稍密集	4.40/极密集	3.50/密集	2.63/密集	4.20/极密集	4.00/密集	3.46/密集	8.00/极密集
南岸	0.11/不密集	1.50/较密集	0.83/稍密集	1.88/较密集	2.00/较密集	1.00/稍密集	2.08/较密集	3.25/密集

注：频数为每 10 km 的灾点数。

4）小结

（1）帕隆藏布河谷崩塌滑坡、泥石流的分布，因谷坡坡向的水热条件差异导致自然地理要素的差异，而显现一定的坡向差异；因地貌发育和形态的沿程分异，又显现沿程差异规律；由于促发条件不尽相同，二灾种的分布又显现差异性。

（2）综合坡向、沿程和灾种三差异，得帕隆藏布崩塌滑坡、泥石流分布规律：

① 分为上游峡谷密集段、中游宽谷较密集段和下游、拉月曲峡谷极密集段。

② 北岸崩塌滑坡和泥石流比南岸数量多、规模大、灾情重。崩塌滑坡向下游增大增多，泥石流按下游峡谷段、上游峡谷段、中游宽谷段顺序减少。

（3）帕隆藏布河谷铁路、公路的平面选线宜为分段制宜，跨河避灾，建议：

① 在泥石流、雪崩、岩屑锥密集的上游峡谷河段（81~87），虽北岸的泥石流、岩屑锥较南岸普遍，但考虑到南岸雪崩的突发性和毁灭性，仍以走北岸为妥。

② 在泥石流崩塌滑坡较密集的中游河段（87~100），灾害以泥石流为主，北岸泥石流比南岸发育，但阶地比南岸多，城镇也多在北岸，故线路可不拘泥于一岸，宜以多次跨河来充分利用两岸的阶地，并绕避北岸巨大灾点。

③ 灾点极密集的下游和拉月曲两峡谷河段（100~108），北岸灾害比南岸密集、严重，线路总体上应沿南岸行进，但遇大的灾点仍可绕避到北岸。

第6章 泥石流拦沙工程设计

6.1 总 论

拦沙工程设计流程如图6.1所示。

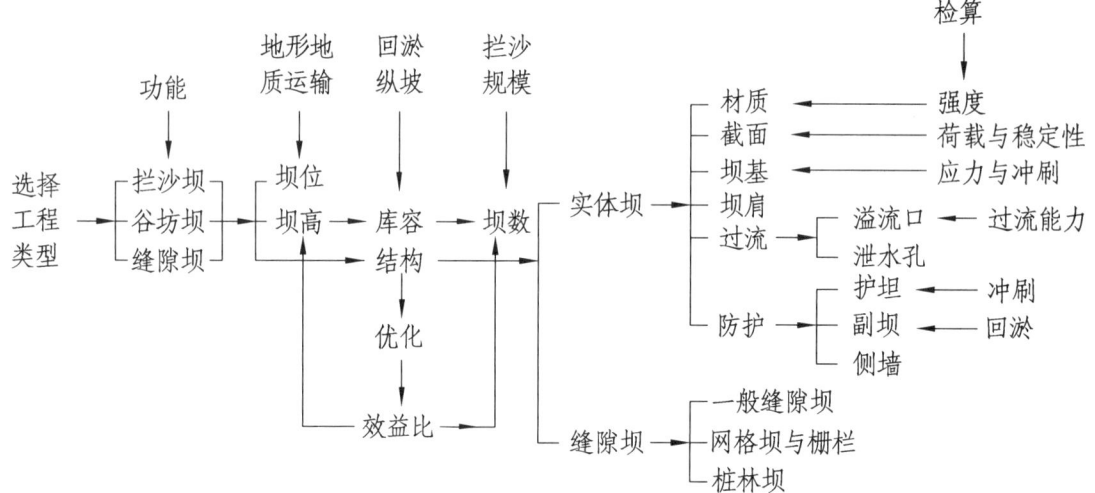

图 6.1 泥石流拦沙工程设计流程

拦沙坝设计图件应包括：平面图（含坝下防冲工程），顺坝轴线的纵剖面图（突出岸坡和基底岩土体的分层），过溢流口和两坝肩的顺流向的多个横断面（含坝下防冲工程，突出基底堆积体的分层），护坦（含侧墙、垂裙）的横断面与结构大样图，副坝的纵剖面图及大样图，溢流口耐磨层与泄水孔大样图；必要时的桩基承台或坝基加固设计图，上游护岸设计图，围堰导流、施工便道、翻坝路等辅助工程设计图。

拦沙坝设计报告应突出库容计算、溢流口过流检算、坝体稳定性检算、坝基应力与承载力计算、坝下冲刷计算与防冲工程结构设计，汇总计算参数与结果，并重点说明采用材质与原材料来源。

6.1.1 拦沙工程类型

拦沙工程常见3类：拦沙坝、缝隙坝和谷坊群，开始试用阶梯-深潭。据拦沙、回淤防冲和拦粗排细的功能要求选择上述坝型。

拦沙工程是控制泥石流土体的关键工程，除直接拦沙外，还有滞流、减速、削峰、减小容重和粒径之功，回淤抬高基准面亦有防沟床揭底与侧蚀、支撑岸坡崩塌体、抑制支沟泥石流发育之效。（注："沙"不同于"砂"，泛指大小松散固体物质）

1）实体坝

拦沙坝和谷坊群均为重力式圬工实体坝。拦沙坝功能以拦沙为主，较高大；谷坊群由多座谷坊坝组合成群（图6.2），前谷坊回淤直至后谷坊脚，较低矮，功能以回淤压脚防冲刷揭底为主，多用于纵坡陡、岸坡散布崩塌体的沟段。当需对崩滑体回淤压脚使之稳定时，亦可采用拦沙坝或谷坊群（系）。

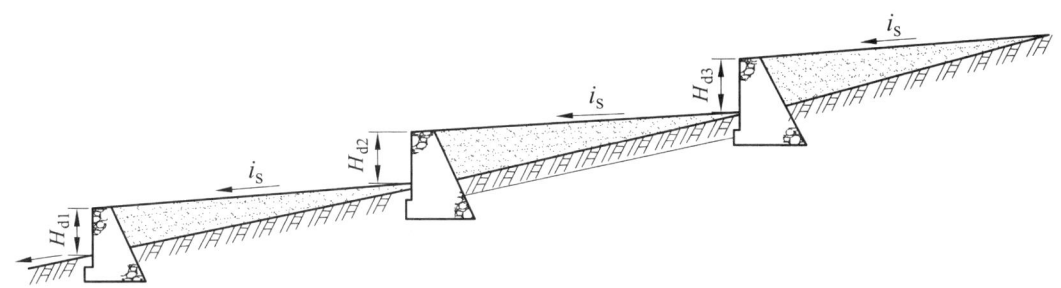

图6.2 梯级谷坊坝系示意图[13]

拦沙坝和谷坊坝一般以有效高度5 m分界。5 m及以上为拦沙坝，5 m以下为谷坊坝。

2）缝隙坝

缝隙坝为拦粗排细的透过式坝，主要适用于大石块较多的稀性泥石流且主河输沙能力较低、输沙粒径较小时，也可用于与山洪相间的黏性泥石流沟，有格栅坝、梳齿坝、网格坝、钢绳网坝等。

对于中高频泥石流，截拦一定次数泥石流后，坝的缝隙即可能被堵塞，难以继续发挥拦粗排细的作用，要重新复核拦沙规模、排导能力与主河输沙能力是否满足要求。

3）阶梯-深潭

对较小泥石流沟，用人工码砌大石形成的阶梯-深潭系统，可起到类似谷坊群的作用。其工程简易，但对较大泥石流尚不能奏效。

崔鹏团队2009年6月在绵竹文家沟上游450 m长沟段中，码石筑成33级阶梯结构，阶高1.0~2.5 m，间距10~15 m，经受了2009年6月28日的43 mm大雨的考验，但在当年后几次超过90 mm暴雨中，下半部阶梯被泥石流冲毁，上半部阶梯基本稳定，深潭被淤满[14]。位于"4·20"震区的宝兴县城冷木沟泥石流，规模大，仍在中游用石笼堆砌了类似的阶梯深潭，尚未经较大泥石流检验。

6.1.2 坝位与坝数

确定坝型后，沿沟道优选坝位，据初拟坝高与回淤纵坡计算库容，再据拦沙目标调整坝高和确定坝的座数。

6.1.2.1 坝位与库容

1）坝位选择与布置

按地形地质与运输条件在沟道中选择条件好的坝位，尽量选上游纵坡缓的基岩锁口处，使坝短、库容大、坝基浅；谷坊坝位选于防揭底沟段，回淤对崩滑体压脚的拦沙坝应设于崩滑体下游边缘。坝一般不设于水力条件复杂的弯道处，坝轴线应尽量与沟道主流线垂直。

坝的总体布置方案有3类：一是各坝自成独立体系，分段拦沙。二是各坝首尾相顾组成坝群，共同整段拦沙，除最下一坝外不设坝下防冲工程，多设于沟陡、地质条件差的沟段，如黑水县芦花沟设8座重力坝和4座潜坝组成坝群系统。三是独立系统与坝群系统相结合，如金川八步里沟设有2组坝群，分别由3座拦沙坝、7座谷坊坝构成，另设两独立坝。

勘查中应对条件可行的各坝位进行同精度勘查，坝位数可多于最终设坝的座数，为方案比选与坝的优选提供选择余地。

2）库容估算

据初拟的设计坝高，按回淤坡度计算库容以及防揭底和侧蚀的固体物质量，按工程有效期内应拦+固的固体物质总量确定应设坝的座数。据不同的拟设坝高分别计算拦固效益比，即每拦固单位体积泥沙的费用，按坝高与拦固效益比的关系，优选厘定出最优坝高；再按各坝拦固效益比从高到低逐一选定坝址，按满足应拦固的固体物质总量，确定坝的座数。建坝经费除坝自身外，还应计施工便道与材料运输等费用。

库容 $V(\mathrm{m}^3)$ 现一般按以下公式估算：

$$V = \frac{1}{2} \times \frac{mn}{m-n} \cdot b \cdot h^2 \tag{6.1-1}$$

式中：b、h 分别为回淤区的平均宽度、深度（m）；

$1/m$、$1/n$ 分别为回淤区、原沟道的纵比降。

按回淤区的纵比降为原沟道的 1/2 计，则式（6.1-1）可简化为

$$V = n \cdot b \cdot h^2 \tag{6.1-2}$$

3）估算库容的江崎一博方法

式（6.1）中的参数（宽度、深度）系按平均值计，显得较粗放，笔者推演的江崎一博方法（详见2.2.3）则较实用。

江崎一博通过实验表明，拦沙坝回淤的纵剖面形状并不是严格的直线形，而是略为下凹的指数曲线形[15]［式（2.15）］。

坝后回淤的实际厚度随远离坝位而呈指数型递减，指数曲线方程为式（2.16）。据之计算出回淤曲线上各代表性结点 x 处的淤积厚度 h_x，以这些结点竖直条分回淤体的纵剖面为若干梯形，各梯形面积之和即为单位坝长的回淤体积。

回淤体纵剖面的面积 S 由式（2.17）计算，等于有效坝高 H_0 的平方除以回淤段沟床平均纵坡降 I（小数）之商，再乘以回淤的折算宽度，即为总的回淤体积。

6.1.2.2 回淤坡度厘定

回淤面从溢流口底起算。库容计算中厘定回淤坡度是关键。

1）回淤纵坡的经验值

回淤纵坡受多因素控制，经验值多为建坝前沟道纵坡的 1/2～3/4（稀性泥石流）和 0.5～0.9 倍（黏性泥石流），国外的经验为 0.4～0.8 倍[16]。粒径较大者（$d_{50} > 20\text{ cm}$），建坝前沟道纵坡较缓（小于 0.20）、无常流水者，坝较低者（<5 m）以及有新近泥石流堆积者应选大者。

回淤纵坡也可据现场调查，比照已建坝库的泥石流堆积纵坡来确定。几条沟实测的回淤坡度与沟道原纵坡之比[1]：据吴积善，西昌黑沙河的稀性泥石流为 0.6～0.9（$d_{50} > 20\text{ cm}$）和 0.5～0.8（$d_{50} < 20\text{ cm}$），黏性泥石流为 0.7～1.0（沟道原纵坡小于 0.20）和 0.5～0.8（沟道原纵坡大于 0.20）；据陈循谦，东川大桥河浑水沟的稀性泥石流为 0.60～0.77，黏性泥石流（$\gamma_c = 2.17$）为 0.69～0.92，条件是沟床平均粒径为 173～582 mm，沟道原纵坡为 5.6%～7.5%；据钟敦伦，大盈江浑水沟，坝高 <5 m、5< 坝高 <10 m、坝高 >10 m 时，稀性泥石流分别为 0.70～0.75、0.60～0.70、0.50～0.60，黏性泥石流分别为 0.75～0.90、0.70～0.85、0.60～0.75。

综上，即稀性泥石流的下限为 0.5～0.6，上限为 0.75～0.9，偏于保守地取 0.5～0.75 是合适的；黏性泥石流的下限为 0.5～0.69，上限为 0.9～1.0，偏于保守地取 0.5～0.9 也是合适的。

2）回淤纵坡的模型实验

山地所的模型实验表明，泥石流尤其是黏性泥石流的回淤纵坡主要与沟床纵坡、泥石流重度、坝高相关，呈现以下规律：

（1）与原沟床纵坡线性正相关[17]，回淤纵坡 i 随沟床纵坡 I 的增大而近于成比例地增大，即 i/I 几乎为定值［式（6.2）显示 $i \propto I^{0.947}$］。这与前述 i/I 随 I 的增大而有明显减小不尽一致，可能与试验条件有关。

（2）回淤纵坡随泥石流重度的增大而缓慢增大，呈二次函数关系[18]［式（6.2）］，黏性泥石流的回淤纵坡比稀性泥石流大。这与前述经验一致。

$$i = 0.601\,4 \cdot \gamma^{0.052\,6} \cdot I^{0.947\,0} \tag{6.2}$$

式中：i、I 分别为回淤纵比降、沟床纵比降（小数）；

γ 为泥石流重度（t/m³）。

（3）与坝高有负相关趋势[19]，即低坝的回淤纵坡一般比高坝大。这与前述经验相符。

3）回淤纵坡的既有估算式问题

《泥石流防治工程设计规范》（T/CAGHP 021—2018）[20]（下称《设计规范》）中所列回淤纵坡 i 的估算公式为

$$i = \tan\theta + \frac{\tan\varphi - \tan\theta}{\tan^2\left(45° - \dfrac{\varphi}{2}\right)} \tag{6.3-1}$$

式中：θ 为沟道原始坡度；φ 为泥石流内摩擦角（°）。

上式有笔误，i 应定义为"纵比降"，而不是"坡度"。如 i 为纵坡（°），则

$$\tan i = \tan\theta + \frac{\tan\varphi - \tan\theta}{\tan^2\left(45° - \dfrac{\varphi}{2}\right)} \tag{6.3-2}$$

同时，该式似不尽合理。式中 i 与 θ 负相关，即当 φ 值为定值时，随 θ 的增大，据该式算得的 i 值反而减小。以泥石流 φ 值的极小、极大值为例，当 $\varphi = 1°$，$\theta = 5°$、$10°$、$15°$，据式（6.3），得 $i = 0.015\,0$、$0.011\,8$、$0.008\,56$（$52'$、$41'$、$29'$），i/θ 仅为 0.17、0.07、0.03；当 $\varphi = 10°$，$\theta = 11°$、$15°$、$20°$，得 $i = 0.168\,7$、$0.137\,8$、$0.097\,5$（$9°35'$、$7°51'$、$5°34'$），i/θ 为 0.87、0.52、0.28。这显现两方面的问题：一是回淤纵坡 i 过缓，i/θ 过小，尤其是 φ 值较小者；二是回淤纵坡 i 的绝对值随沟道原纵坡 θ 的增大而越来越小，即陡沟回淤还缓于缓沟。这些都与经验、实验和常识相悖，故建议此式应经进一步论证后方宜纳入规范。

［式（6.3）可改写为 $\tan i = \dfrac{\tan\varphi}{\tan^2\left(45° - \dfrac{\varphi}{2}\right)} - \tan\theta\left(\dfrac{1}{\tan^2\left(45° - \dfrac{\varphi}{2}\right)} - 1\right)$，因 $1/[\tan^2(45° -$

$\varphi/2)]-1>0$,$\tan\varphi/[\tan^2(45°-\varphi/2)]$为定值,故 $\tan i$ 与 $\tan\theta$ 呈负增长关系,即 i 随 θ 的增大而减小。]

此外,禹磊[21]基于泥石流屈服应力 τ(kPa)这一参数,结合泥石流容重 γ(t/m³),提出了回淤坡度 α(°)的算式(6.4),式中 n 为沟床粗糙率。

$$\tan\alpha = 0.0093 \cdot e^{18.39 \cdot n} + \frac{\tau}{\gamma \cdot g \cdot H} \tag{6.4}$$

6.1.3 拦沙坝库容的建议计算方法

拦沙坝库容的计算现有两方面问题,已如前述。一是厘定应拦固体物质的规模时,按计算的固体物质冲出量计,未考虑堆积体中的空隙;二是回淤纵坡取值的随意性大,带来库容计算的较大偏差。

为规避回淤纵坡取值困难,并考虑堆积体的空隙,基于江崎一博方法,研究提出以下直接计算库容的方法。

(1)由式(1.51),据回淤体孔隙率 n,计算应拦冲出量 V_s(m³)的固体物质堆积体积 V(m³)。

(2)如图6.3所示:

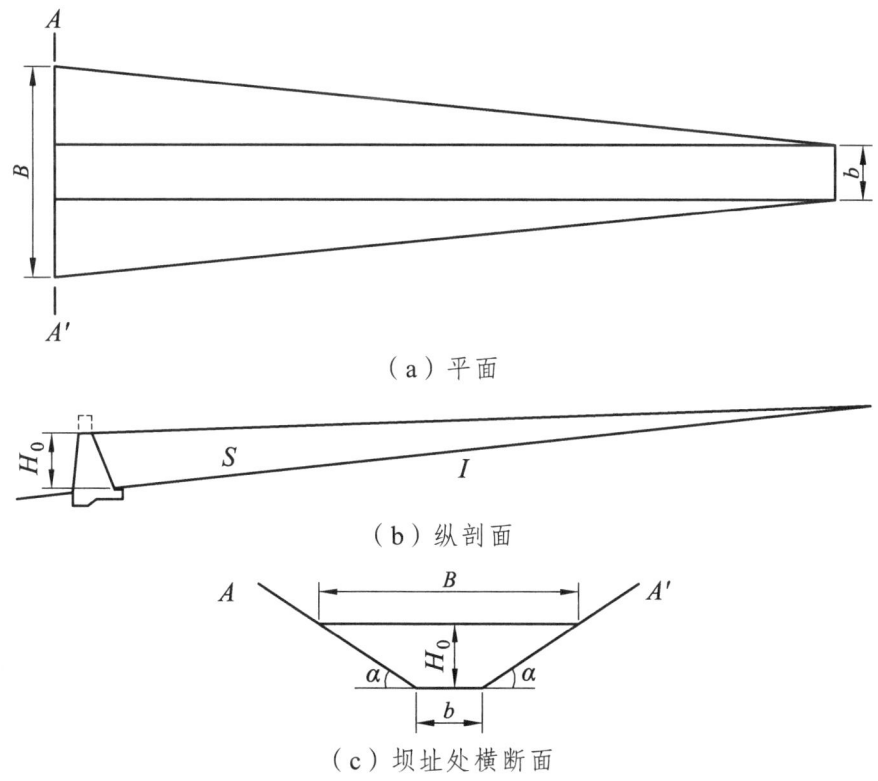

图6.3 拦沙坝回淤体形态概化图

① 单位宽度回淤体纵剖面的面积 [图 6.3（b）]，为江崎一博式的积分：

$$S = \frac{H_0^2}{I}$$

② 将坝位处回淤体横剖面概化为顶宽为 B、底宽为 b 的倒梯形 [图 6.3（c）]，则其平均宽度：

$$D_0 = \frac{B+b}{2}$$

③ 将回淤体平面概化为顶宽为 b、底宽为 D_0 的梯形 [图 6.3（a）]，则回淤体横剖面的平均宽度：

$$\overline{D} = \frac{D_0 + b}{2} = \frac{B}{4} + \frac{3 \cdot b}{4}$$

④ 坝位处回淤体顶宽：

$$B = \frac{2 \cdot H_0}{\tan \alpha} + b$$

⑤ 由 $\overline{D} = \frac{2 \cdot H_0}{4\tan\alpha} + \frac{b}{4} + \frac{3 \cdot b}{4} = \frac{H_0}{2\tan\alpha} + b$，得回淤体体积：

$$V_K = S \cdot \overline{D} = \frac{H_0^2}{I} \cdot \left(\frac{H_0}{2\tan\alpha} + b \right) \tag{6.5}$$

式中：V_K——拦沙坝库容（m³）；

H_0——有效坝高（m）；

I、b——回淤段沟床的平均纵坡降（小数）、平均底宽（m）；

α——回淤沟段岸坡坡度（°）。

算例：某低频泥石流沟 20 年一遇固体物质冲出量计算为 8 000 m³，堆积体的空隙率 $n = 0.35$，坝位上游回淤段沟床纵坡降 $I = 0.08$，沟床平均底宽 $b = 12$ m，回淤沟段岸坡坡度 $\alpha = 32°$，欲筑坝拦蓄一次 20 年一遇泥石流的泥沙，则

（1）应拦泥沙的体积：$V = \frac{8\,000}{1-0.35} = 12\,308$ m³。

（2）拟设拦沙坝库容：

有效坝高 H_0 设为 7.0 m、8.0 m 时，$V_K = 10\,781$ m³、14 721 m³。

故有效坝高 H_0 设为 7.5 m，此时库容 $V_K = \frac{7.5^2}{0.08} \cdot \left(\frac{7.5}{2\tan 32°} + 12 \right) = 12\,657$ m³，满足应拦体积 12 308 m³ 的要求。

6.2 实体坝结构设计

拦沙坝和谷坊坝这两种重力式圬工实体坝，其结构设计的内容包括坝体材质、截面形状（顶宽与上、下游坡比）、坝基（基面、埋深、坝踵与坝趾）、坝肩、溢流口与泄水孔、护坦/副坝及侧墙。结构均通过检算加以调整与优化。结构计算的重点：坝的荷载与稳定性，基础应力、承载力、桩基与渗透变形，溢流口过流能力，坝下冲刷与防护。

泥石流实体坝的结构与水工坝有别，结构计算还不完全成熟，震区的经验也有待进一步积累。

6.2.1 坝体设计

6.2.1.1 坝体材质

泥石流坝的坝体较厚，抗剪断的能力较强，一般采用浆砌圬工即可，坝较高或缺石料时可采用低强度混凝土，必要时可进行强度检算。

常见材质过高。建议低坝用浆砌石，或坝基用混凝土、坝身用浆砌石；坝较高时用片石混凝土或混凝土，但 C15 即可，高寒山区用 C20。有建搅拌站条件则不用商品混凝土。

1）浆砌圬工

震区泥石流圬工坝规模较大，必须保证圬工质量，设计中要提出严格的质量要求。浆砌圬工坝的砂浆要求饱满并达标，有因砂浆不饱满，一次泥石流即被冲毁之例。

浆砌圬工要用浆砌块、片石，不用卵、漂石。卵、漂石的表面光滑，与水泥砂浆的黏结力甚差，不得已而采用时也应破解。彭州一坝自行改用浆砌卵石，遭村民投诉后被责令拆除重建。

"5·12"震后应急拦沙坝工程，有的因工期等因素而存在质量缺陷，浆砌圬工的砂浆不够饱满且不达标，两三年后常被泥石流局部损毁，普遍需要加固。但这些坝仍起到了拦截泥石流的预期作用，往往坝已淤满但尚未整体破坏。这说明因坝的厚度大，其抗剪能力远大于泥石流的水平应力，因此对坝体强度不应设计过高，一般采用合格的浆砌圬工即可。

《设计规范》中提出的"框架式泥石流拦砂坝",坝体采用钢筋混凝土框架、浆砌石填腹的改进结构,适用于对坝体强度要求甚高的实体坝,但其经济性尚待评估。

2)混凝土圬工

对于较高的坝,如果确难保证浆砌圬工施工质量、工期过紧或就近难取石料,则可设计采用片石混凝土,甚至坝体采用素混凝土,但用 C10~C15 的低强度等级混凝土即可,最高不超过 C20。如自拌混凝土无条件,也可就近采购商品混凝土。

坝体现浇混凝土施工应合理设计浇筑方案,连续浇筑,避免出现施工缝。因故形成施工缝要妥善冲洗并浇铺一层水泥砂浆后再行浇筑上层混凝土,否则坝体中会形成断缝易被泥石流剪断。

绵竹某浆砌石拦沙坝被 2010 年 8 月 13 日泥石流冲毁后,发现砂浆极不饱满;绵竹另一混凝土拦沙坝被泥石流推剪倾斜,对坝体施工缝未妥善处理是原因之一。

6.2.1.2 截面设计

坝的截面参数包括顶宽、上下游坡比、坝基面、坝踵与坝趾。结构参数均经检算予以调整或优化。经验的坝截面形状如图 6.4,一般采用图 6.4(b)形式。谷坊坝可用图 6.4(a)的简化形式,高坝则用图 6.4(c)的复合形式。

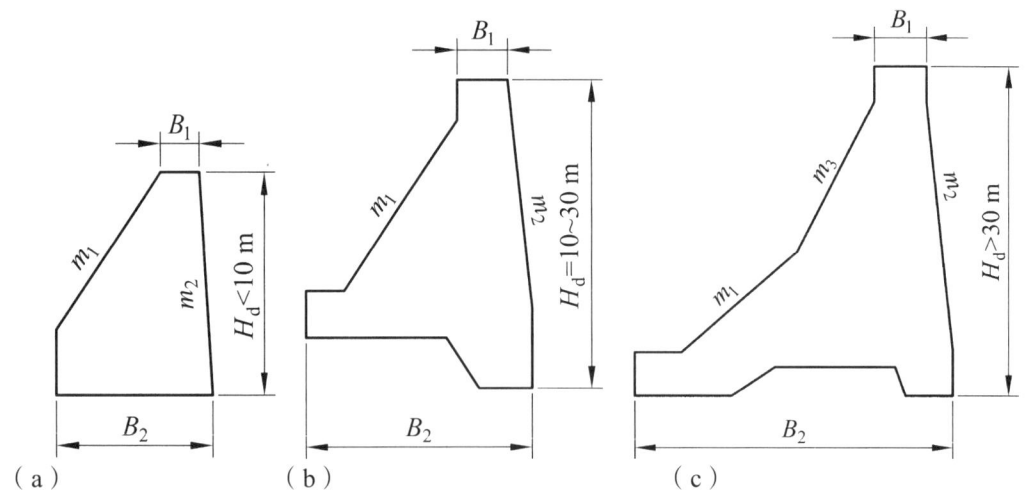

图 6.4 实体重力式拦沙坝断面的基本形式[1]

坝的结构尺寸设计应精细,建议以 0.5 m 为单位设计坝高,以 0.1 m 为单位设计坝厚,以 1∶0.05 为单位设计坝坡。

1）顶宽

按坝高初拟坝顶宽度，对从溢流口底面起算的有效高度小于 10 m 的低坝，顶宽设为 1.5~2.0 m；较高坝顶宽也不会超过 3.0 m，不能过宽。常见坝顶偏宽，坝体矮胖，致坝的稳定性偏高，工程量过大。

坝的稳定性偏高，结构偏于保守者，减小顶宽、加陡坝坡均为结构优化的途径。

2）坝坡

与水工坝相反，泥石流坝是上游内坡缓，下游外坡陡。

泥石流坝坝坡坡比从溢流口底面计，经验值为：外坡陡，取 1:0.05~1:0.2，以防泥石流携石坠砸坝体；内坡缓，取 1:0.5~1:0.6，以增大泥石流体正压力，有利坝体稳定。低坝比高坝的内外坡要偏陡。溢流口底面以上的坝肩内外坡均直立。

坝底面宽度约为其全高的 0.7 倍。坝高增大则相应加大上述结构尺寸并放缓坝坡，高坝的内坡可呈折线形逐段向下放缓。

常见内外坡坡比差异偏小，尤其是外坡偏缓；溢流口之上内外坡不竖直。

3）坝基面

在纵坡较陡的沟道，坝的基底面可不水平，而顺应沟底面纵坡设为阶状，如图 6.4（b）所示，以减少坝基的开挖与圬工。坝基底面最好置于同一地层中，以免产生不均匀沉降；基础以下土层甚薄时，可挖除而使基础直接置于基岩上。

常见问题：陡降沟道中坝基底面水平而未成阶状，增加了坝踵部的开挖与圬工数量；在坝断面图中不标示地层分界线，不将坝基底面置于同一地层中。

4）坝趾与坝踵

设坝趾与坝踵有增加坝体稳定与均布压应力的作用，但不应过分。

为抗滑可将坝基向上游伸出形成坝踵，以增加坝斜面上泥石流的重量，有利于坝的稳定。但常见坝踵过厚（宜为 1.0~1.5 m）、伸出过长（不宜超出混凝土刚性角范围）。

在坝基下游加深为齿墙，埋入冲刷坑以下至少 1.0 m，如图 6.4（b）所示，有副坝者其冲刷深度从回淤面起算。一般无须将坝基向下游伸出成坝趾，但常见既设护坦又设坝趾，且坝趾偏长，超过应力向下扩散的范围等问题。

一般条件下的重力式拦沙坝结构设计如图 6.5 所示。

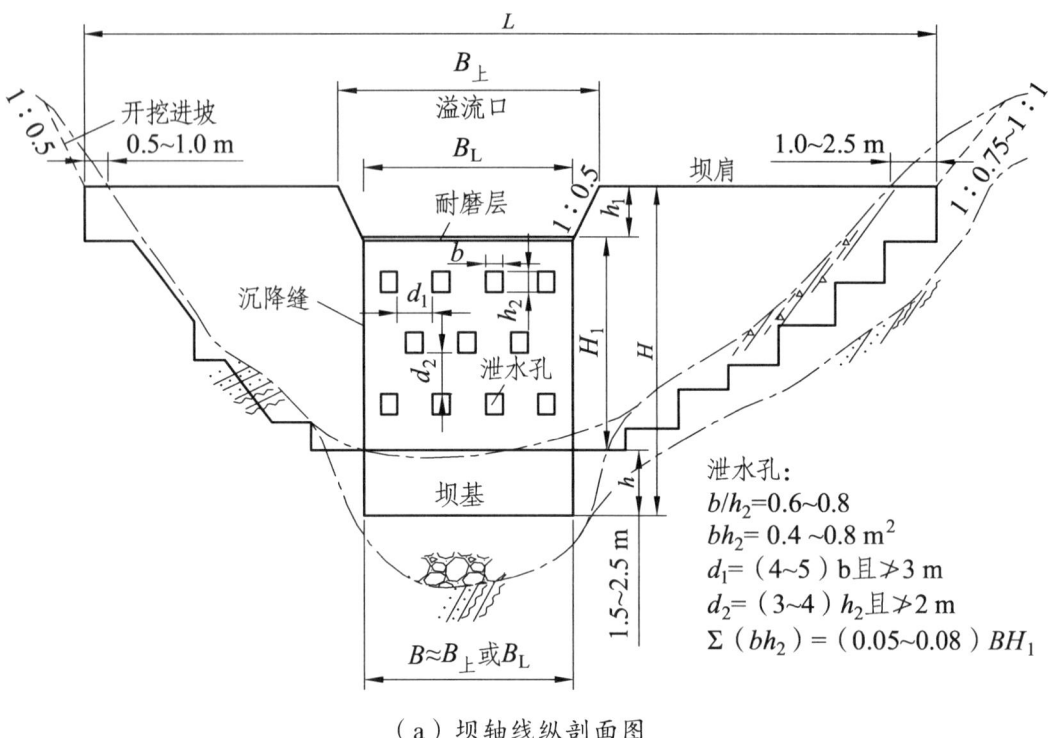

(a)坝轴线纵剖面图

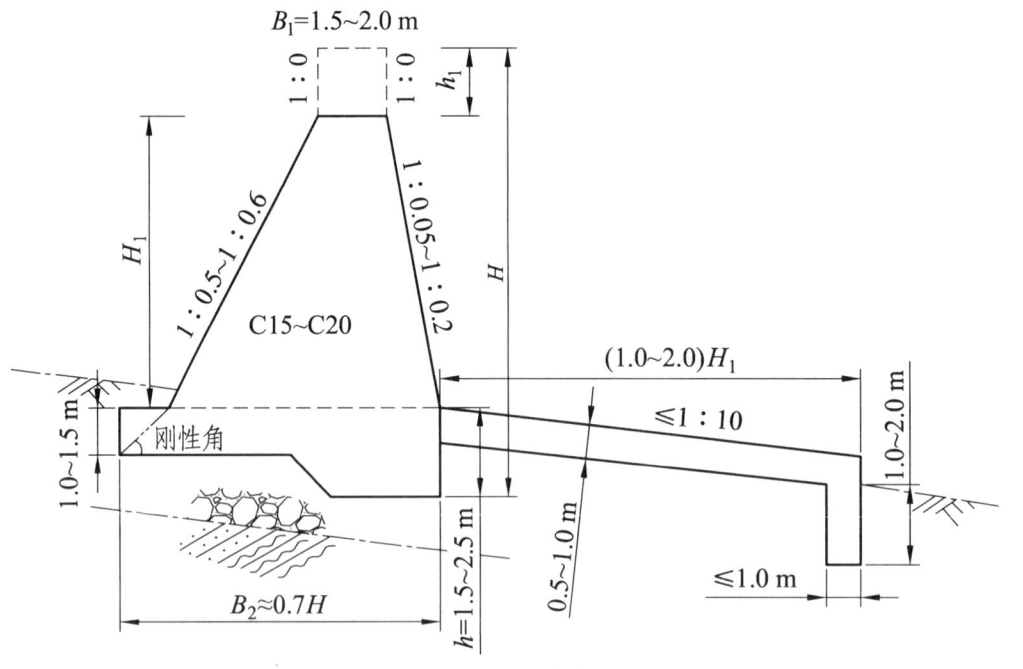

(b)过溢流口横截面图

图 6.5 重力式拦沙坝结构设计示意图

6.2.1.3 坝下冲刷深度计算

坝下冲刷深度是确定坝基埋深或坝下防护的依据,冲刷较深时均应设护坦、副坝防冲。坝下冲刷包括泥石流的流体冲刷和落石冲击,二者可叠加(《设计规范》中列为 7.7.1)。流体冲刷深度推荐按伏谷伊一式(6.6)计算,落石冲击深度建议按铁路采用的公式(6.7)计算。洪流冲刷深度按式(6.8)计,用于泥石流偏于安全。

1)泥石流流体冲刷深度

泥石流流体过坝冲刷深度的计算公式较多,《设计规范》中列有利地格公式、肖克利契公式、伏谷伊一公式及柿德市公式。伏谷伊一实验式综合考虑了床砂粒径、坝下流速、单宽流量等因素,所得冲刷深度 h 较合理,予以推荐。该式为[13]

$$h = \frac{0.095}{D_S^{0.2}} \cdot \left[102.04 \cdot q \cdot U_{WO} - 0.0139 \cdot (G_S - G_W) \cdot D_S^{1.63} \right]^{0.42} \quad (6.6\text{-}1)$$

上式中,泥沙比重与水的比重之差 $(G_S - G_W)$ 取 1.65,则负号项 $(0.0139 \cdot (G_S - G_W) \cdot D_S^{1.63})$ 相对于正号项 $(102.04 \cdot q \cdot U_{WO})$,微不足道。比如,床质砂的标准粒径 D_S 为 200 mm,则负号项的值为 129.2;单宽流量为 5 m³/(s·m),坝下水面流速 U_{WO} 为 4 m/s,则正号项的值为 2 040.8,即为负号项值的 15.8 倍。因此,为简便且偏于安全,《指南 2014 版》中建议省去负号项,且用坝下流速代替坝下水面流速,将上式简化为(《设计规范》中列为式 D.1)

$$h = 0.663 \times \frac{(v \cdot q)^{0.42}}{D_{90}^{0.2}} \quad (6.6\text{-}2)$$

式中:D_{90}(D_S)——床质砂的标准粒径(mm);

v——坝下流速(m/s),计算尚不成熟,建议比照后式(6.41)改写为

$$v = \left(\sqrt{2gH + v_0^2} \right) \cos\theta \quad (\text{m/s}) \quad (6.6\text{-}3)$$

q——单宽流量[m³/(s·m)]。

2)落石冲击深度

泥石流落石冲击深度 H_S,《指南 2014 版》和《设计规范》中推荐的铁路采用的公式(6.7)[22]较适用:

$$H_S = 0.815 \times \frac{\gamma_H H_d H_C}{[\delta_C]} \quad (6.7)$$

式中：γ_H——泥石流中落石比重（t/m³）；

　　　H_d——坝上下泥位差（m），从溢流口泥面起算；

　　　H_C——溢流口泥深（m）；

　　　$[\delta_C]$——坝下沟床质允许承载力（t/m²）。

带有落石的泥石流过坝冲刷深度应为泥石流流体冲刷深度 h 与落石冲击深度 H_S 之和。

3）洪流冲刷深度

震区泥石流可与山洪在时间和空间上交替。震后 2009 年 9 月 24 日特大山洪泥石流灾害的教训之一，是坝上游固体物源尚未起动形成泥石流，山洪因流速更大而对坝基冲刷更甚，可能酿致溃坝。

如绵竹文家沟，2010 年 8 月 13 日暴雨中高位物源尚未大量起动，但在上游 4 km² 汇集了超过 100 m³/s 的洪水，冲刷中游建于巨厚地震滑坡堆积体上的谷坊群，是致固床的 20 多座谷坊坝呈串糖葫芦状溃决的原因之一。溃决形成的灾害比无工程时更大，民众颇有微词。在这种条件下，应按水流计算局部冲刷坑深度，加大坝的埋深。

对高含沙水流，局部冲刷坑深度 $H_局$ 可按《指南 2014 版》和《设计规范》中推荐的式（6.8）计算[23]：

$$H_局 = 3.9 \times \sqrt{q\sqrt{z/d_{90}}} - h \quad (\text{m}) \tag{6.8}$$

式中：q——单宽流量（m³/s）；

　　　z——坝上下水位差（m）；

　　　d_{90}——级配曲线上等于 90% 的颗粒直径（mm）；

　　　h——坝下水深（m）。

4）采用洪流冲刷深度偏于安全

式（6.8）考虑的冲刷因子与式（6.6）基本相似，但权重有差异。对单宽流量 q，式（6.8）为 0.5 次方，式（6.6）为 0.42 次方；对 d_{90}，式（6.8）为 -0.25 次方，式（6.6）为 -0.2 次方；对冲击能，式（6.8）采用坝上下水位差 z 代表的势能，式（6.6）采用流速 v 表征的动能。

式（6.8）所得冲刷坑深度远比式（6.6）大，用于泥石流则偏于安全。

例如，当 $q = 4$ m³/s，$d_{90} = 800$ mm，$z = 8$ m，溢流口过流深为 2.0 m，坝下水深为 0.2 m 时，据式（6.8），得高含沙水流局部冲刷坑深度为

$$H_局 = 3.9 \times \sqrt{4\sqrt{(8+2-0.2)/800}} - 0.2 = 2.39 \text{ m}$$

v 据式（6.13）+式（6.6-3）估算（对《指南》2014版有修正）：$v_0 = 0.349 \times (2 \times 9.81 \times 2.0)^{1/2} = 2.19$ m/s，$v = \left(\sqrt{2 \times 9.81 \times 8.0 + 2.19^2}\right)\cos 60° = 6.36$ m/s。据式（6.6-2），得泥石流冲刷坑深度 $h = 0.663 \times \dfrac{(6.36 \times 4)^{0.42}}{800^{0.2}} = 0.68$ m。

设沟床质允许承载力为 280 kPa，则据式（6.7），落石冲击深度 $H_s = 0.815 \times \dfrac{2.65 \times (8+2-0.2) \times 2}{28} = 1.51$ m，泥石流体与落石的冲刷深度之和为 2.19 m，仍小于洪流的 2.39 m。

6.2.2 坝 基

坝的基底地质条件是决定坝基类型的依据，通过勘探与试验进行岩土分层与确定承载力特征值。一般地质条件下采用扩大基础，地质条件差时可用桩基础，有条件时试用灌浆结石加固和强夯加固基底。坝基长度以支撑溢流段及坝肩底面为度，一般与溢流口宽度（顶宽或底宽）一致。

常见坝基过深，致工程巨大，造成浪费。

坝基应力一般不高且坝下有防冲工程，据经验，低坝坝基在原泥石流堆积层中埋深为 1.5～2.5 m，承载力即可满足要求；较高坝可埋入老堆积层中，但不应过深亦不一定嵌进基岩。

具体埋深通过坝基应力和持力层承载力的计算来确定，当承载力修正后满足最大应力要求时，就无须再加深基础换取更大的承载力深度修正值。

计算中的常见问题：

（1）应力计算结果不合理，坝基最大与最小应力之差异不大，坝趾区应力偏小，偏心距计算有误。

（2）地基承载力特征值未针对坝基具体地层取值，而是列宽泛的区间值，如"稍密至中密""180～320 kPa"，甚至承载力特征值无现场试验依据。

（3）地基承载力修正有误，如土的重度按天然重度而未按水下之有效重度计，坝基宽度大于 6 m 时未按 6 m 计。

6.2.2.1 扩大基础

在粗大泥石流堆积中施工桩基较难，注浆的可行性也需论证，强夯的笨重机具难以到位，故应尽可能采用明挖的加深扩大基础。明挖扩大基础一般不太深，开挖坡率可较陡，对一般黏性土按卡尔曼公式，其稳定的直立边坡的高度可超过 2 m。

1）结构

坝基础一般用毛石混凝土的整体扩大基础，突变处用沉降缝断开；沟道纵坡较陡时，坝基面顺流向应设成台阶状。无坝下防护时坝基趾部应埋入冲刷坑最大深度以下至少1.0 m（有坝下护坦者则无须考虑冲刷深度）。必要时，在坝基向上下游设混凝土踵或趾以抗滑抗倾，并扩散坝基应力。坝踵和坝趾按满足应力的刚性角确定伸出的长度，再长是多余的。

设坝段的沟谷地形变化较大时，除中轴剖面外，还应实测迎水面、背水面纵剖面，供坝基设计之用。如汶川高桥沟拦沙坝，沟谷在迎水段比中轴段要开阔，按中轴剖面确定的坝基长度就显得偏短，遂加长了迎水面坝基。

2）应力

坝基应力一般不高且坝下有防冲工程，低坝坝基在原泥石流堆积层中埋深 1.5~2.5 m 即可；但不宜置于未完成固结沉降的新近泥石流堆积层中，避免差异沉降的破坏。较高坝才埋入老堆积层中或嵌进基岩。

具体埋深通过坝基应力和持力层承载力计算确定，坝基应力与承载力检算另见6.2.6.1。勘查时，坝基持力层应分层进行承载力试验，确定承载力特征值。

在同一持力层中，当承载力修正后满足最大应力要求时，就无须再加深基础，坝基深埋不都是必要的。

对于深厚新近堆积的承载力不满足要求时，可进行坝的结构调整，如加宽、加深基础，以减小坝基应力和提高地基承载力修正值。在结构难以调整时，可改用桩基础，亦可灌浆结石加固和强夯加固基底。

3）灌浆和强夯加固

（1）灌浆加固。

灌浆要视土质据经验尤其是现场试验评价可灌性，并确定扩散半径、水灰比、注浆压力、充盈率等参数，据之布置灌浆孔，提出工艺要求。

据浆体初凝后的现场承载力试验和应力扩散角，得出注浆加固土不同深度处的容许承载力，和坝基最大应力扩散降低至注浆加固土中不同深度处的应力，将容许承载力满足应力要求时的深度和相应的应力扩散范围，作为灌浆孔的最小深度和范围。

从应力最大的坝趾点向应力最小的坝踵点，注浆力度可渐减。

（2）强夯加固。

强夯一般均要经不同能级的现场试验，确定点夯的间距、遍数与击数。

坝基土多为粗粒土，应采用 3 000~5 000 kN·m 的高能级点夯，再辅以 1 000 kN·m

的面夯。点夯夯点梅花形布置，至少两遍，前、后遍夯点相间；夯点击数要据与达承载力要求相应的密度来确定，一般在10击左右。面夯一遍即可。

强夯机具笨重，难运到位，工作面大，限制了其在坝基加固中的应用。

6.2.2.2 桩基础

震区泥石流沟道中新堆积深厚，承载力低，又未固结，往往难以作为高大拦沙坝基础的持力层。欲将坝基深置于承载力较高的老堆积层中，扩大加深基础的工程量和开挖难度都甚大。因而对一些坝址处堆积深厚的高坝，只好设桩基础。

此桩基按高桩承台设计，但面临新难题。基岩深埋，设端承桩会过长，多设为摩擦桩或摩擦-端承桩；新近泥石流堆积层一般尚未完成自重固结沉降，会对桩基产生负摩阻，桩基工程会事倍功半；因成孔机械限制，桩径不会太大，桩偏于细长，既不利于受力，又致桩的排数增多，但囿于群桩效应，桩又不能过密，对桩的加粗与加密常遇两难；坝体为偏心荷载，为避免差异沉降，桩排的间距及长度在纵、横向都要相应调整，不能等距、等长布设。

桩基础应尽量设成嵌岩桩；如设摩擦桩，侧摩阻要选取有据，负摩阻力及深度参照建筑桩基技术规范确定；要同时考虑钻孔壁涂抹折减，最好采用挖孔桩。根据桩基纵横向的沉降检算匹配桩径与桩长，避免差异沉降量超标，突变处设沉降缝。

为便于施工，一般采用统一桩径；从溢流口向坝肩因坝体应力递减而逐段减小桩长直至取消，从坝趾至坝踵因坝体应力从最大值减小为最小值而逐排减小桩长，或加大桩的排距。桩顶承台不宜过厚，桩的排数以2~3排为宜。例如，红椿沟的多座拦沙坝均设为桩基础，结构检算较合理，可资借鉴。

桩基础人工挖孔较难，机械成孔费用高，泥浆护壁会降低桩的侧摩阻，设计中应合理选择成桩类型与工艺。建议有地下水无巨石时采用钻孔桩深基础，无地下水有巨石时采用挖孔桩深基础。

6.2.3 坝肩及沉降缝

1）坝肩适度嵌入坡体

一般坝肩向两岸坡伸入基岩0.5~1.0 m、土层1.0~2.5 m即可，不应过深与过浅。震区坝肩要嵌入松散坡体足够深度，但往往出于设计或施工原因而未嵌入或嵌入深度不足，甚至坝肩与坡体间留有楔形缺口，常致坝肩因坡体受泥石流冲蚀掏空而破损。

坝肩向下开挖也不宜过深，土层1.0 m、岩层0.5 m即可。因坡面甚陡，坝肩底面尽量挖成台阶状，以保稳定。

坝肩顶面可向两端适当升高，保护坝肩处土体不受冲刷；也可将坝肩的两端向上游侧扭转或逐渐加厚，使迎水面与流向斜交而导流防冲。

临时开挖边坡，包括上、下游面的侧边坡，不应过高，坡率应合理，按永久边坡加陡1~2级，边坡较高的一般土层可按 1：1~1：0.75 设计。

坝轴线断面测绘要精细，一定要实测，不能基于平面图点绘，不应因地形误差而使设计坝长不够。现施工放线普遍发现设计坝长与实际不合，往往偏短，造成一开工就变更设计。更有甚者，施工时不复测坝轴线，机械地按图施工，致使坝肩未伸进坡面，留有间隔与隐患，如彭州关沟1号坝。

2）预防坝肩部坡体掏蚀

坝肩部坡体受泥石流冲刷掏蚀，使坝肩纵轴向悬空而破坏，是拦沙坝损毁的主要原因之一。

汶川某沟1号坝右坝肩坡体被掏空后，又因对坝肩中所留高大的施工临时交通洞封堵不力，洞上方之坝体的抗拉能力不够（混凝土的抗拉强度甚低，为抗压强度的1/10），导致长30多米的右坝肩段从洞顶纵向拉断并向山坡倾倒破坏，圬工体积超过 2 000 m³，整体拆除重建和就地加固面临两难。

震区泥石流沟道侧蚀与摆动厉害，坝轴线难以全部与主流线垂直，也导致坝肩坡体冲蚀与损毁。

为防土坡中坝肩遭冲蚀，可对坝肩上游毗连的一定长度土坡采用防冲护面措施，包括防冲墙、护墙与护坡，具体参见《技术》中之3.4。

例如，北川青宁沟主坝上游左侧岸坡受2012年8月17日溃决山洪泥石流冲刷后向右岸挑流，直冲主坝右坝肩土坡，导致右坝肩大段被冲毁。修复坝肩后在上游坡体增设了护坡工程防冲。

必要时，还可在坝肩外的基岩上设纵坡较缓的排洪道，以减泥石流流势。

3）沉降缝

重力坝分段砌筑，溢流段用沉降缝与坝肩隔开。地基不均一时应在地层变化处设沉降缝。因坝的稳定性是按二维断面检算的，设沉降缝不会降低坝的计算稳定性而使之不满足要求。

沉降缝间距为15~20 m，常见间距过大，且在溢流口两侧和坝基软硬交界处未留沉降缝。已见未留沉降缝的坝体因不均匀沉降而产生羽状剪切裂缝。

震区泥石流沟道堆积复杂，坝基可能发生差异沉降，在软硬不均的持力层之间，坝体应留沉降缝。由于设计或施工疏忽，漏设沉降缝的事件也时有发生，导致坝体开裂受损。

如汶川另一泥石流沟1号坝，坝体斜向与水平向开裂，漏设沉降缝是原因之一。好在初步监测尚未见坝有进一步明显变形，是否要加固尚待持续监测的结果而定。

6.2.4 溢流口与排水孔

与水工坝用于蓄水不同，泥石流坝是用于拦沙放水，过流结构包括坝顶的溢流口及其下坝体中的泄水孔。

6.2.4.1 溢流口

1）结构与过流能力

溢流口一般设为倒梯形，流量小时可设为矩形，必要时可嵌入大小两倒梯形形成复式溢流口，下部小口排常规洪流。口的宽、深要合理，过深则有效坝高过低，拦沙量小（如都江堰市灰窑沟石笼坝溢流口深3 m，而有效坝高才2 m）；过宽则流速低，口的截面积要增大。

溢流段的厚度，不应小于1.5 m。

对工程有效期内不会淤满的坝，按比峰值流量要小的过坝流量（重度1.3 t/m³的高含沙水流流量）检算溢流口的过流能力。但对拦排结合进行治理的沟，一定年限后各坝可能全已淤满，此时溢流口所需过流能力不宜按因坝内沉沙后而有所减小的流量来衡量，而仍应按泥石流峰值流量Q_c（m³/s）来确定溢流段高度与截面，过流能力计算中的流速v_c（m/s）应按溢流口水深h（m）计算。

对边坡率为1：n的梯形溢流口，底宽B（顺坝轴线，m）应为

$$B=\frac{Q_c-n\cdot h^2\cdot v_c}{h\cdot v_c} \quad (6.9)$$

溢流口的宽深比要合理。因坝下护坦的宽度与溢流口的宽度相应，要权衡工程量来优化溢流口的形状。当溢流口过长而浅时，可减短，相应抬高坝肩而变深。这不仅有利于过流，且可将坝下护坦相应减窄。但应比较坝肩增高所增圬工与护坦相应减窄所减圬工，采用圬工量净减者方。

常见溢流口过深或过浅，过深导致有效坝高过低，拦沙量小；过浅则过流能力不足，会翻坝冲蚀坝基（溢流口两侧的坝下无护坦）与坝肩坡体。

2）过流流量与流速

建议过流流量采用堰流公式（6.11）计，流速采用式（6.13）计。

溢流口过流流速计算较复杂。一方面，计算流速的纵坡应按泥石流体表面的纵比降计。原沟道纵坡较其要大，按其计算所得流速会偏大。另一方面，过口的糙率系数较原沟道要大，按原沟道糙率系数计算所得流速又会偏小。故可采用溢流公式估算过流流量[23]。

当溢流系数取 0.6 时，对边坡率为 1：0.5 的梯形断面，溢流公式为

$$Q = (1.77B_1 + 0.71h) \cdot h^{3/2} \quad （6.10）$$

式中：B_1、h 分别为底宽（m）与溢流深（m）。

对矩形断面，则

$$Q = 1.77B_1 \cdot h^{3/2} \quad （6.10\text{-}1）$$

借用自由出流的堰流计算公式（6.11）计算流量 Q 应较上式精细[24]：

$$Q = mB(2g)^{1/2} H_0^{3/2} \quad (\text{m}^3/\text{s}) \quad （6.11）$$

式中：m——流量系数，当 m 取 0.4 时，式（6.11）与式（6.10-1）计算结果相等；

B——溢流口宽度（顺坝轴向，m），矩形堰为底宽，梯形堰为平均宽；

H_0——过口水深（m）。

对宽顶堰（$B > 2.5$ 倍口深 H），当坝内坡坡比为 1：0.5 时，m 可按表 6.1 取值。泥石流坝的溢流口宽度 B 一般均为深度 H 的 2.5 倍以上，多为宽顶堰。

表 6.1 宽顶堰流量系数 m 值

坝有效高度/溢流口深	1.0	2.0	4.0	6.0	8.0
m	0.355	0.349	0.345	0.344	0.343

对实用堰（$B < 2.5H$），m 取值 0.40～0.43，也可按公式（6.12）计算[25]。

$$m = 0.403 + \frac{0.0007}{H_0} + \frac{0.253 \times H_0}{P} \quad （6.12）$$

式中：P 为堰高（m）。

过口流速 $v_0 = Q/(BH_0)$，据式（6.11）推得 $v_0 = mB(2g)^{1/2} H_0^{3/2} /(BH_0)(\text{m/s})$，即

$$v_0 = m(2gH_0)^{1/2} \quad （6.13）$$

此式基于溢流势能与动能的转化式 $v^2 = 2gH$，再乘以修正系数 m 而成。据此，过口

水深 H_0 为 1.0 m、2.0 m、3.0 m、4.0 m 时，按 $m = 0.35$，过口流速 v_0 分别为 1.55 m/s、2.19 m/s、2.69 m/s、3.10 m/s。

3）常见问题

（1）溢流口过流能力不足。

因震区泥石流峰值流量常超设计，或过口流速计算偏大，使坝的溢流口过流能力不足，导致坝肩坡体冲蚀与泥石流溢坝漫出成灾且冲蚀坝基。例如，汶川牛圈沟 1 号坝，2013 年 7 月 10 日泥石流从左坝肩溢流，淤埋其下排导槽及左侧大片复耕地。

对此，可将坝肩从溢流口向两侧适当加高以护肩或对坡体进行加固，以加大过流能力。

（2）底部磨蚀。

过口流速较大，尤其是挟石较多时，溢流口底部磨蚀严重，应加强耐磨层，如采用钢纤维混凝土、钢筋混凝土、钢板，亦有外延刚性护层成挑檐者。

殷崇庆曾试验过用钢格栅嵌卵石护面，袁锡明曾在溢流面靠下游一半设檐式钢板护面。东川大桥河拦沙坝过流口的块石、钢筋混凝土、钢轨栏混凝土等护面，均只使用 2～3 年，最多 3～5 年即被磨损，坝体遭严重破坏[3]。

6.2.4.2 排水孔

震区泥石流流量大，要合理设置排水孔。排水孔设于溢流坝段，不布于坝肩段（因其下无护坦），也不要过大过密。圆孔的底部易冲蚀（圆形的水力半径最佳，故流速最大），以方孔为好，交错布设。

北川青宁沟主坝排水孔改为圆涵管，是坝下护坦初期损毁的原因之一；更有甚者，汶川高家沟在前后两座拦沙坝下部开设 4 m×4.5 m 的交通洞，结果成为泥石流的通道，流速很大，造成坝下严重冲蚀和沟道的深切，只得封洞与修整。

排水孔多为竖方形，单孔面积 0.4～0.8 m²，宽高比 0.6～0.8，孔的净横距为孔径的 4～5 倍且不大于 3 m，净竖距为孔径的 3～4 倍且不大于 2 m，均匀交错布设，总面积为溢流段下坝体面积的 5%～8%，过大过多有损坝的完整性[13]。

单孔孔径应视拟排固体物质粒径而定，泥沙较粗则孔较大，且短边不宜小于拟排粒径的 2 倍。

较宽孔的顶板和较深孔的顶、底板可予加强，但两侧壁无须加强。孔泄水面的纵坡率为 0.05～0.10。

6.2.5 坝的荷载组合与稳定性检算

据设沉降缝的二维坝体的溢流口断面进行结构检算,包括稳定性(抗滑、抗倾)和坝身强度检算。对坝身强度的要求不大,一般不控制,重点是稳定性检算。

坝的稳定性检算,是分工况选取和计算垂直力系与水平力系及其合力作用点,据之计算抗滑移和抗倾覆稳定系数,以满足相关规范的要求(一般抗滑 1.15,抗倾 1.30,具体见《设计规范》中表2)即可,过大则应优化坝的截面。

稳定性检算是实体坝结构设计的关键,但遗憾的是,现各文献,包括陈光曦[3]、《设计规范》、张军[26]和《指南2014版》的检算方法还不尽一致,主要体现在计算工况、荷载组合和计算公式这三个方面。

6.2.5.1 计算工况与荷载组合问题

现各文献对垂直力系组合与水平力系组合以及诸力的计算方法尚不尽统一,现存问题是计算工况过多,荷载组合各异。笔者的建议见表6.4,供讨论与试用。

1)计算工况

现一般按空库、半库、满库三种工况进行检算,震区叠加地震工况。但采用的计算工况,各文献仍差别较大。

张军[26]对稀性泥石流与黏性泥石流,各采用 5 种计算工况,共区分 10 种工况进行检算,较全面。但其中 4、5、9、10 等 4 种工况少见,故一般按空库、半库、满库三种工况进行检算。

除《设计规范》外,各文献均区分了稀性泥石流与黏性泥石流进行检算,且未考虑地震工况。其中,陈光曦仅选择稀性泥石流与黏性泥石流的最不利工况——空库中一次泥石流满库并溢流,较简略。《设计规范》中则未分稀性泥石流与黏性泥石流,且分别在空库、半库、满库三种工况上叠加地震力,组成6种工况。

从稳定性与基底应力两方面看,空库和满库为两种极端工况,一般以空库中一次泥石流满库为最危险工况且坝基应力差可能较大,而满库后过流非地震工况最安全但平均应力大,故《指南2014版》中建议简化计算工况,一般条件下不计半库工况,只计空库和满库工况,且在Ⅶ度以上震区才叠加地震工况(水平地震力)。

近年出台的《设计规范》[20]中列有半库工况,山地所团队进一步指出[27],对于阵性的黏性泥石流,一般不会首阵就满库过坝,而要经多阵泥石流才会满库,此时的半库工况可能比空库工况更危险。因此,有必要对半库工况稳定性计算问题作分析讨论,见附录6.1,结论是否定的。

2）荷载组合

一般认为，荷载组合视泥石流流体性质与过流情况而异，对水石分离的稀性泥石流与水石一体的黏性泥石流，荷载组合与计算方法不尽相同；对空库下首次泥石流连续流满库过流和首阵泥石流满库过坝冲击这两种过流情况（图6.6），荷载组合也不相同。上述流体性质与过流情况的组合甚多，计算繁杂。在荷载的组合方面，构成垂直力系和水平力系的力及其在不同工况下的取舍，各文献均有差异（以陈光曦的图6.6与张军的图6.7为代表），各种力的计算方法也不尽合理，设计人员莫衷一是，亟待研究与统一。总的感觉是力的叠加偏多，计算原理不够明晰，结果偏差较大。

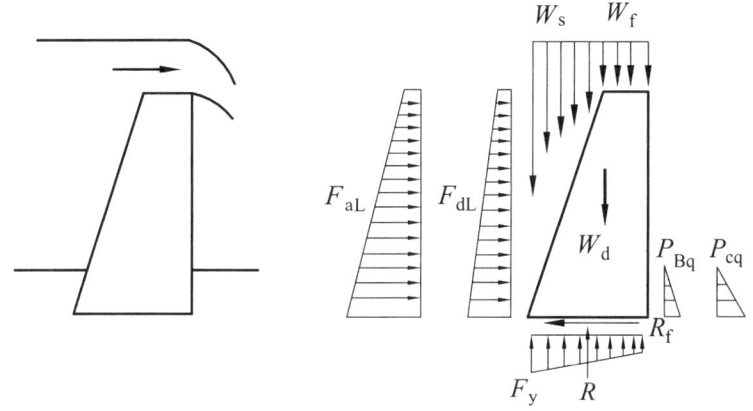

（a）空库时首次泥石流连续流满库过流

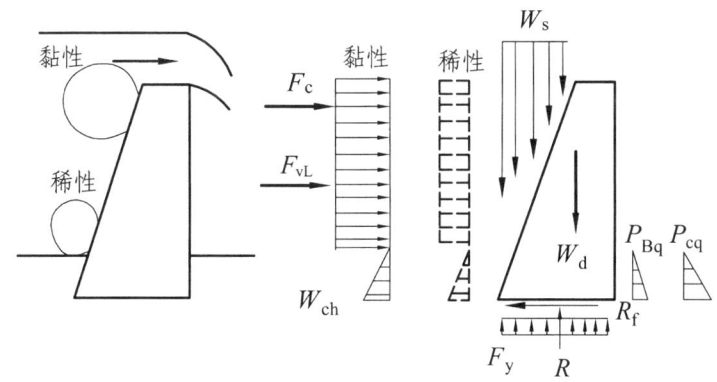

（b）空库时首阵泥石流满库过坝泥石流冲击

图6.6 泥石流实体坝最不利荷载图[3]（据陈光曦，符号有修改）

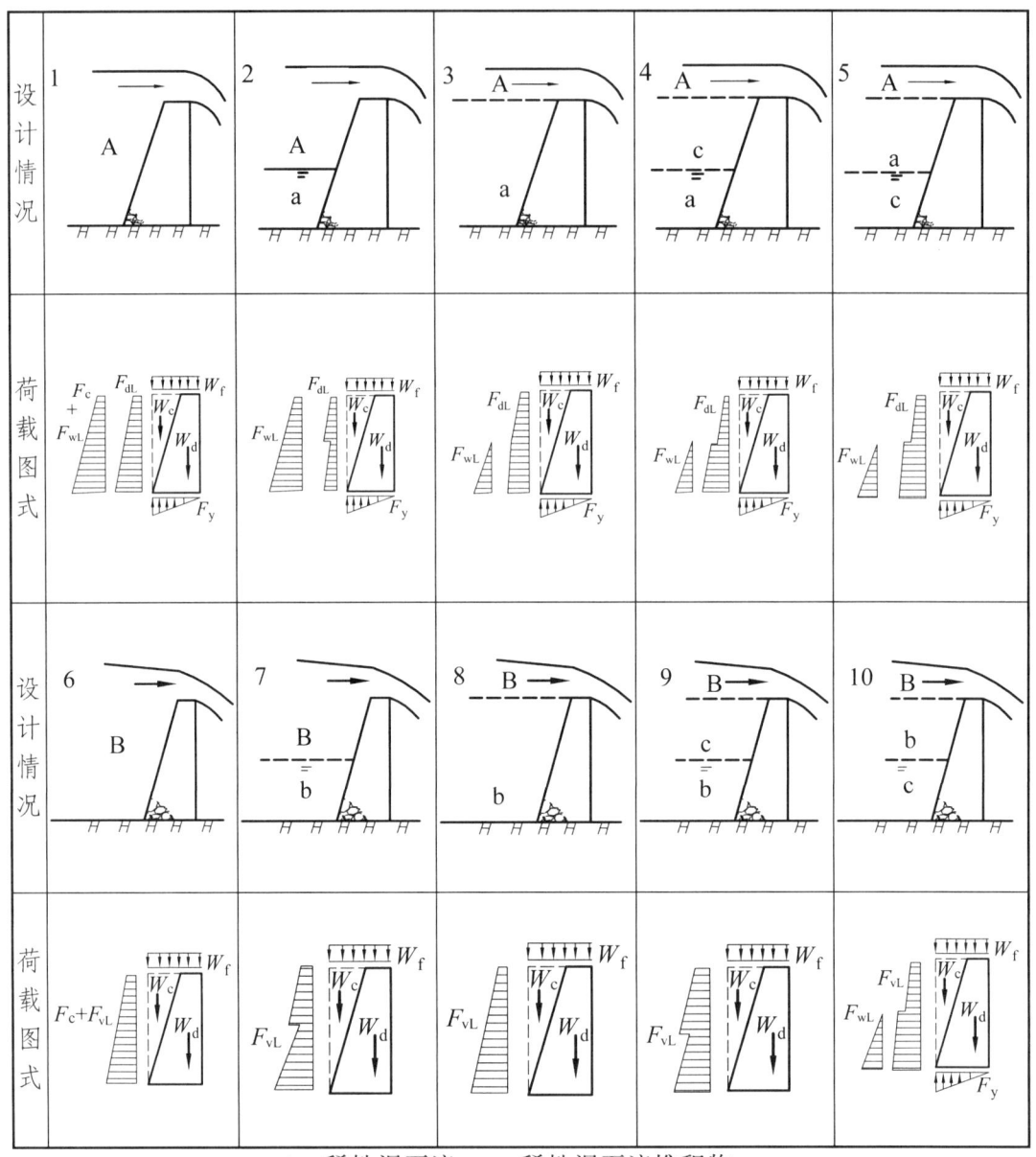

A—稀性泥石流，a—稀性泥石流堆积物；
B—黏性泥石流；b—黏性泥石流堆积物；c—非泥石流堆积物；
1、6—空库；2、7—半库；3、4、5、8、9、10—满库。

图 6.7　泥石流拦沙坝 10 种荷载组合图[26]（据张军，个别符号有修改）

因连续流多为稀性，阵性流（除溃决型外）多为黏性，为简化计算，建议连续流按稀性泥石流、阵性流按黏性泥石流计。

综合上述文献并研判，《指南 2014 版》中对荷载组合的建议如图 6.8。

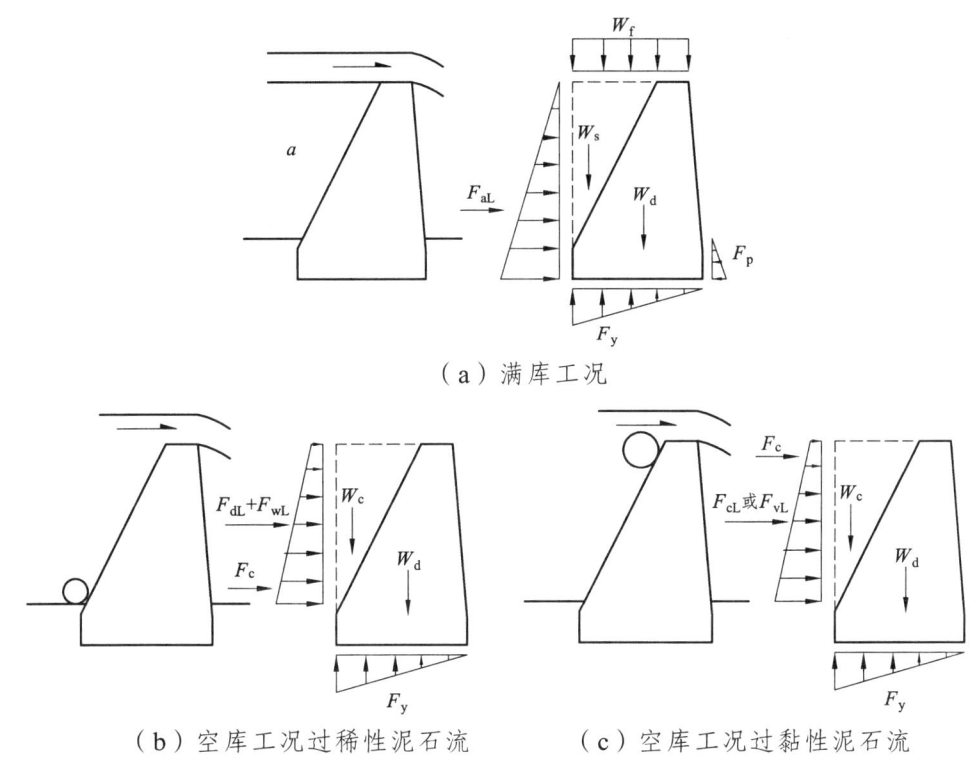

（a）满库工况

（b）空库工况过稀性泥石流　　　（c）空库工况过黏性泥石流

图 6.8　拦沙坝荷载组合简化模式（蒋忠信。a—泥石流堆积物）

6.2.5.2　垂直力系与计算的建议

垂直力系由 5 种力合成，张军取其中 4 种，《设计规范》取其中 3 种，陈光曦增加的坝底反力 R 一般未计，故垂直力系计 4 种是合适的。

但对垂直力的组合，各文献则有不同。其中，坝体自重 W_d、上游坝斜面上的泥石流重 W_C 或土体重 W_S，张军、《设计规范》和陈光曦对各工况均计；坝顶溢流体重 W_f，张军、《设计规范》对各工况均计，陈光曦仅对稀性泥石流计；水的扬压力 F_y，陈光曦对稀性和黏性泥石流均计，张军仅对稀性泥石流计，《设计规范》未计。

综合上述文献并研判，《指南 2014 版》中对垂直力的计算建议如下：

1）坝体自重 W_d（kN）

各工况均计。

2）上游坝斜面上泥石流体重 W_C（kN，空库计）或土体重 W_S（kN，满库计）

注意：泥石流溢流时 W_S 取饱和土重。抗倾合力点的高度，W_C、W_S 均在坝踵点与溢流口内沿之间的水平长度的 1/3 处。

3）坝顶溢流体重 W_f（kN）

仅满库计。

这不同于上述文献，因为溢流体重为抗滑自重，空库中一次泥石流满库但尚未溢流时，不存在溢流体，此时抗滑稳定性最低，故按最危险工况检算时，应不计溢流体重。满库和坝基应力检算时，则应计溢流体重。

注意：溢流体长度为溢流口厚度与上游坝斜面的水平长度之和。抗倾合力点在 1/2 长度处。

4）水的扬压力 Fy（kN/m²）

据式（6.14）计，各工况分别计。

按陈光曦意见，据式（6.14），仅对空库时的稀性和黏性泥石流均计。但建议满库时也应计，因为淤积层中有地下水，按地下水位计。

$$F_y = 0.5 K \gamma_w L \Delta H \qquad (6.14)$$

式中：K——水头折减系数，据坝基渗透压力在 0~0.7 取值，合理选用 K 值是检算的关键之一。建议参照岩溶水压力折减系数与渗透系数 k 对应关系[28]，据持力层的 k 值（m/d）按表 6.2 取 K 值。拦沙坝多建于松散沟道堆积层上，K 应取 0.55~0.70，取值过低会造成稳定性虚高的假象。

L——坝底长（m）。

ΔH——坝上下游水位差（m），空库按泥面高，满库按地下水位取值。据实测[16]，库内地下水位约为有效坝高的 3/5。

表 6.2　水头折减系数 K 取值建议[28]

持力土层类型	渗透系数 k 值/（m/d）	建议水头折减系数 K
黏土	< 0.01	< 0.1
黏土与砂黏土	0.01~0.1	0.1~0.2
黏砂土与粉砂	0.1~1	0.2~0.35
中砂与细砂	1~10	0.35~0.55
粗砂与卵砾石	> 10	> 0.55

实际上，扬压力在坝踵处最大，向坝趾线性递减，式（6.14）是基于平均值处理。如果简化为三角形分布，则抗倾合力点在坝踵点以内 1/3 倍的坝底面水平长度处。

表 6.2 的折减系数针对岩溶水，用于坝基土有误差。最近有实验表明[29]，土坝基的折减系数仍与渗透系数的对数呈正相关关系，但系数值似比岩溶区要低。

5）坝底反力 R 及水平摩擦力 R_f

一般未计。

结论：对稀性与黏性泥石流，拦沙坝垂直荷载组合 $\sum W$ 相同：

满库 $\sum W = W_d$（坝体自重）$+ W_S$（上游坝斜面上土体重）$+ W_f$（坝顶溢流体重）$- F_y$（坝底水的扬压力，地下水位取有效坝高的3/5）；

空库 $\sum W = W_d$（坝体自重）$+ W_C$（上游坝斜面上泥石流重）$- F_y$（坝底水的扬压力，坝上下游水位差按泥面高）。

6.2.5.3 水平力系与计算的建议之一——满库工况

1）水平力系

水平力系由以下诸力分工况合成：

① 满库的坝后主动土压力 F_{aL}；

② 空库稀性泥石流的泥沙水平土压力 F_{dL} 和水的侧压力 F_{wL}，或综合为流体水平侧压力 F_{cL}；

③ 空库黏性泥石流流体的水平侧压力 F_{cL} 或流体冲压力 F_{vL}；

④ 空库石块冲击力 F_c（稀性，水石分算时的黏性），黏性泥石流总冲击力 F_{cv}（$= F_{vL} + F_c$）；

⑤ 满库坝前被动土压力 F_P。

但各文献对水平力的组合有差别，归纳于表6.3。

表 6.3 各文献的水平力系之合成（非地震工况）

文献	满库		空库	
	稀性泥石流	黏性泥石流	稀性泥石流	黏性泥石流
张军、《设计规范》	F_{dL}、F_{wL}	F_{cL}	F_{dL}、F_{wL}、F_c	F_{cL}、F_c
陈光曦			F_{dL}、F_{wL}、F_c，F_P、R_f	F_{cL}、F_c，F_P、R_f
《指南2014》	F_{aL}、F_P	F_{aL}、F_P	（$F_{dL}+F_{wL}$）或 F_{cL}、F_c	（F_{cL} 或 F_{vL}）或 F_{cv}

注：F_{dL}—泥沙水平土压力，F_{wL}—水的侧压力，F_{cL}—泥石流流体水平侧压力，F_{aL}—叠加渗透压力的坝后主动土压力，F_P—坝前被动土压力，F_c—（大石）冲击力，F_{vL}—黏性泥石流流体冲压力，R_f—坝底水平摩擦力，F_{cv}—黏性泥石流总冲击力。

2）满库工况下的水平力系

《设计规范》中未予考虑，显然有误（因其在附录 F 中又介绍了计算水平侧压力的公式）；张军对稀性泥石流取泥沙水平土压力 F_{dL} 和水的侧压力 F_{wL}，对黏性泥石流取流体水平侧压力 F_{cL}。对此《指南2014版》中建议如下：

（1）拦沙坝被淤满后，坝体承受坝后淤积泥沙的水平土压力 F_{dL}，并承受渗透水压力，但不存在水的侧压力 F_{wL}。

（2）拦沙坝被淤满后，后续泥石流只能从坝顶溢流，黏性泥石流的流体水平侧压力 F_{cL} 是不存在的，其承受的水平压力应与稀性泥石流相同。

（3）**坝后淤积泥沙水平土压力 F_{dL}**，张军、《设计规范》采用朗金主动土压力公式（6.15），《指南2014版》中建议采用叠加渗透压力的主动土压力 F_{aL} 公式（6.16），详见后述。

（4）由于式（6.16）已包含了渗透水压力，故不应再考虑**水的侧压力 F_{wL}**。

（5）当坝基较深且坝趾不被冲蚀时，坝前被动土压力可按 1/3 计。**被动土压力 F_P** 按朗金被动土压力公式（6.17）计算：

$$F_P = \frac{1}{2} \cdot \gamma \cdot h^2 \cdot \tan^2\left(45° + \frac{\varphi}{2}\right) \quad (\text{kN/m}) \qquad (6.17)$$

式中：γ——泥沙饱和容重（kN/m³）；

$\quad\quad h$——坝趾埋深（m）；

$\quad\quad \varphi$——饱和泥沙的综合内摩擦角（°），对泥石流泥沙约为 25°。

在倾覆检算中，合力作用点在 $h/3$ 处。

（6）溢流体对坝顶面的**拖曳力**不计。

结论：满库工况下，不论稀性或黏性泥石流，水平压力仅计叠加渗透压力的主动土压力 F_{aL}（6.16 式），符合条件时再计被动土压力 F_P 的 1/3 [式（6.17）]。

3）坝后淤积泥沙水平土压力 F_{dL}/F_{aL} 的计算方法

（1）**水土合算式 F_{dL}**。

张军、《设计规范》采用朗金主动土压力公式（6.15）计算：

$$F_{dL} = \frac{1}{2} \cdot \gamma \cdot H^2 \cdot K_{1a} \quad (\text{kN/m}) \qquad (6.15)$$

式中：γ 为泥沙饱和容重（kN/m³），因水土合算，不取浮容重；

$\quad\quad H$ 为坝基底面至溢流口底的高度（m），注意，H 为含坝基的高度，不是流深 H_c；

$\quad\quad K_{1a}$ 为朗金主动土压力系数：

$$K_{1a} = \tan^2\left(45° - \frac{\varphi}{2}\right) \qquad (6.15\text{-}1)$$

式中：φ 为泥沙内摩擦角（°），宜取饱和泥沙的综合内摩擦角，对泥石流泥沙约为 25°。

（2）土压力与渗透压力综合式 F_{aL}。

泥石流过流时库内饱水堆积层会产生渗流，侧压力应水土分算，综合考虑土压力与渗透压力。

综合徐至均的渗流下非黏性土侧压力公式[30]和朗金主动土压力系数式所得坝后主动土压力 F_{aL} 算式（6.16）较符合泥石流坝的条件：

$$F_{aL} = \frac{1}{2}H^2 \cdot \left[(\gamma' + n\cdot\gamma_W \cdot i)\cdot\tan^2\left(45° - \frac{\varphi}{2}\right) + \gamma_w(1 - 2\cdot n\cdot i)\right] \quad (\text{kN/m}) \quad (6.16)$$

式中：H 为坝底面以上土体高度（m）；

γ'、γ_W 分别为土体的浮重度和水的重度（kN/m^3），

$$\gamma' = \gamma_d - (1-n)\gamma_w = (\gamma_H - \gamma_w)\times(1-n) \qquad (6.18)$$

[γ'、γ_d、γ_w 与 γ_H 分别为泥沙的浮容重、干容重、水的容重与土粒重度（kN/m^3），《指南 2014 版》中式 81、《技术》中式 6.76 均有误]；

n 为土体孔隙率（以小数计）；

i 为坝的水力梯度（小数，以坝踵端竖直线上水位与坝趾端或护坦垂裙底端之间的高差除以水平距离计）；

φ 为干泥沙的综合内摩擦角（°），可取 34°。

倾覆检算中，式（6.16）合力作用点在 $H/3$ 处。

（3）算例。

坝有效高 8 m，坝踵埋深 2 m，故 $H = 10$ m；坝内坡 1:0.6，坝基直立；淤积砂砾的综合内摩擦角 $\varphi = 34°$，孔隙度 $n = 0.35$，饱和重度 20.7，浮重度 $\gamma' = (26.5-10)\times(1-0.35) = 10.7$ kN/m^3；按护坦垂裙底所计水力梯度 $i = 0.5$。

则据综合式（6.16），得水平土压力：

$$F_{aL} = 0.5\cdot 10^2\left[(10.7 + 0.35\times10\times0.5)\tan^2(45°-34°/2) + 10\times(1-2\times0.35\times0.5)\right]$$
$$= 501.0 \text{ kN/m}$$

而按水土合算的式（6.15），饱和内摩擦角 $\varphi = 25°$，则水平土压力：

$$F_{aL} = 0.5\times 20.7\times 10^2 \tan^2 32.5° = 420.1 \text{ kN/m}$$

仅为水土分算的 84%。这是因为式（6.15）隐含地将孔隙水渗透压力乘上了小于 1 的主动土压力系数。

6.2.5.4 水平力系与计算的建议之二——空库工况下稀性泥石流

空库工况稀性泥石流的水平力系，各文献基本一致，均考虑：①泥沙水平土压力 F_{dL}、②水的侧压力 F_{wL} 和③大石冲击力 F_c。

仅《设计规范》中只考虑冲击力，漏列泥沙土压力和水的侧压力。

陈光曦明确 F_c 为大石块冲击力，并较全面地考虑了坝底水平摩擦力 R_f 和坝前被动土压力 F_P。坝底水平摩擦力 R_f 一般不计；因未计坝踵的主动土压力，故坝前被动土压力 F_P 也可不计。

下面讨论泥沙水平土压力 F_{dL}、水的侧压力 F_{wL} 和大石冲击力 F_c 的计算。

1）空库稀性泥石流的泥沙水平土压力 F_{dL}（对《指南 2014 版》有修正）

建议采用式（6.24）计，式（6.21）偏于安全。

稀性泥石流，水石可分离，过流时流体的水平侧压力应水土分算，即分别计泥沙的水平土压力和水的侧压力。

泥沙的水平土压力现一般按前式（6.15）计算。此时，式中 γ 仍用饱和容重；

倾覆检算中，合力作用点在 $H/3$ 处。

计算难点在于泥石流堆积厚度 H 的确定。《指南 2014 版》中假定泥沙在流体竖向上呈三角形分布所得稀性泥石流的泥沙水平土压力计算式（式84），因缺乏对三角形分布假设的验证，也不够成熟。现建议选择以下两种工况确定堆积厚度 H 进而计算泥沙水平土压力 F_{dL}。

（1）**泥沙全部沉积工况**。据式（1.6-2），单位体积泥石流中泥沙所占比例：

$$q = \frac{\gamma_C - \gamma_W}{\gamma_H - \gamma_W} \tag{6.19}$$

如果过流时泥沙全部沉积下来，考虑孔隙率，则

$$H = \frac{\left(\dfrac{\gamma_C - \gamma_W}{\gamma_H - \gamma_W}\right) \cdot H_C}{(1-n)} \quad (\text{m}) \tag{6.20}$$

代入式（6.15），则全部沉积泥沙的水平土压力（kN/m）：

$$F_{dL} = \frac{1}{2 \times (1-n)^2} \times \gamma \cdot \left(\frac{\gamma_C - \gamma_W}{\gamma_H - \gamma_W}\right)^2 \cdot H_C^2 \cdot \tan^2\left(45° - \frac{\varphi}{2}\right) \tag{6.21}$$

（2）出库水流重度为 **1.3 t/m³** 工况。

事实上，过流时刻泥石流的泥沙不可能完全沉积，出库为高含沙水流。按出库水流重度为 1.3 t/m³（《设计规范》表 A.1），则据式（6.19），可导出重度由 γ_C 降低为 1.3，所致单位高度泥石流在库内所沉积的泥沙占比 $q_{1.3}$ 为

$$q_{1.3} = \frac{\gamma_C - 1.3}{\gamma_H - \gamma_W} \quad (6.22)$$

考虑泥深 H_C 与孔隙率 n，得

$$H_{1.3} = \frac{\gamma_C - 1.3}{\gamma_H - \gamma_W} \cdot \frac{H_C}{1-n} \quad (\text{m}) \quad (6.23)$$

代入式（6.15），故重度降为 1.3 所沉积泥沙的水平土压力（kN/m）：

$$F_{dL} = \frac{1}{2 \times (1-n)^2} \times \gamma \cdot \left(\frac{\gamma_C - 1.3}{\gamma_H - \gamma_W}\right)^2 \cdot H_C^2 \cdot \tan^2\left(45° - \frac{\varphi}{2}\right) \quad (6.24)$$

式中：n 为泥沙孔隙率（小数）；

γ 为泥沙饱和容重（kN/m³）；

γ_C、γ_H、γ_W 分别泥石流重度、固体物质重度、水的重度（t/m³）；

H_C 为溢流口以下的泥石流的流深（m）；

φ 为饱和泥沙的综合内摩擦角（°），取 25°。

2）空库稀性泥石流的水的侧压力 F_{wL}

（1）泥沙全部沉积工况。

水的侧压力按式（6.25）计，并与式（6.21）配套。

$$F_{WL} = 0.5 \times \gamma_W \cdot H_W^2 \quad (\text{kN/m}) \quad (6.25)$$

式中：γ_W——水容重；

H_W——水深。

（2）出库水流重度为 **1.3 t/m³** 工况。

高含沙水流的侧压力按式（6.26）计，与式（6.24）配套。

$$F_{L1.3} = 6.5 \times H_W^2 \quad (\text{kN/m}) \quad (6.26)$$

倾覆检算中，合力作用点均在 $H/2$ 处。

3）空库稀性泥石流的流体水平侧压力 F_{CL}

用式（6.15）分算泥沙土压力难以确定过流时产生沉积的厚度，故也可将式（6.15）中的 γ 取为泥石流的重度 γ_C，按水土合算（不再计水的侧压力）改写为计算泥石流流体水平侧压力 F_{CL} 的式（6.27）：

$$F_{CL} = 0.5 \times \gamma_C \cdot H_C^2 \cdot \tan^2\left(45° - \frac{\varphi}{2}\right) \quad (\text{kN/m}) \tag{6.27}$$

式中：γ_C——泥石流的重度（kN/m³）；

H_C——泥深（m）；

流体内摩擦角 φ 取 ≤4°。

倾覆检算中，合力作用点在 $H_C/2$ 处。

4）空库工况（大石块）冲击力 F_c

陈光曦明确 F_c 为大石块冲击力，《设计规范》未明确是流体还是石块的冲击力。

大石块冲击力 F_c 按陈光曦（成昆、东川两线）公式（1.53）计算，详见 1.9.2。

注意：所得 F_c，应按坝体被沉降缝分割的坝段长度分摊。计算采用的石块，首阵中应比连续流中的大。

在倾覆检算中，其着力点在最下排泄水孔孔底以上加巨石平均半径之和处。

5）稀性泥石流侧压力算例（对《指南 2014 版》和《技术》有修正）

设 $\gamma_C = 16.0$，$\gamma_W = 10.0$，$\gamma_H = 26.5$，$\gamma = 20.7$（kN/m³），$n = 0.35$，$H = H_C = 8.0$m，$\varphi = 25°$。

（1）泥沙全部沉积工况。

据式（6.21）：

$$F_{dL} = \frac{1}{2 \times (1-0.35)^2} \times 20.7 \times \left(\frac{1.6-1.0}{2.65-1.0}\right)^2 \times 8.0^2 \times \tan^2\left(45° - \frac{25°}{2}\right) = 84.3 \quad (\text{kN/m})$$

又据式（6.25）：

$$F_{WL} = 0.5 \times 10 \times 8.0^2 = 320.0 \quad (\text{kN/m})$$

故水土分算的全部沉积工况总侧压力 = 84.3 + 320 = 404.3（kN/m）。

（2）出库水流重度为 1.3 t/m³ 工况。

据式（6.24），$F_{dL1.3} = 21.0$（kN/m）；

又据式（6.26），$F_{L1.3} = 0.65 \times 10 \times 8.0^2 = 416.0$（kN/m）。

故水土分算的出流重度为 1.3 t/m³ 工况总侧压力 = 437.0（kN/m）。

(3)水土合算。

据式(6.27),流体内摩擦角φ取4°,则流体侧压力:

$$F_{CL} = 0.5 \times 16.0 \times 8.0^2 \times \tan^2\left(45° - \frac{4°}{2}\right) = 445.3 \text{ (kN/m)}$$

(4)总侧压力计算值比较:水土分算的全沉积工况下最小,水土合算的工况下最大($\varphi < 4°$则更大),水土分算的水流重度为1.3 t/m³工况居中,且较符合实际,予以推荐。

6)结论

空库工况稀性泥石流的水平力系为

部分泥沙的水平土压力 $F_{dL1.3}$ + 高含沙水体侧压力 $F_{L1.3}$ + 大石冲击力 F_c 分别按式(6.24)、式(6.26)、式(1.53)计算。

6.2.5.5 水平力系与计算的商榷之三——空库工况下黏性泥石流

空库工况黏性泥石流的水平力系,张军与陈光曦基本一致,除可不计的坝底水平摩擦力 R_f 和坝前被动土压力 F_p 外,均考虑流体水平侧压力 F_{cL} 和大石冲击力 F_c,《设计规范》则漏列流体水平侧压力。《指南2014版》还进一步加入了泥石流流体的动压力这一选项。

1)空库工况黏性泥石流的流体水平侧压力 F_{cL}

黏性泥石流,水石混流,水土难分,张军按水土合算的式(6.27)计算,是合适的。

注意:黏性泥石流体内摩擦角φ取4°~10°,重度大则取区间中之大值。

在倾覆检算中,合力作用点在 $H_c/2$ 处。

2)空库工况黏性泥石流的冲击力 F_c

《设计规范》中未明确冲击力 F_c 的计算,探讨如下。

黏性泥石流的冲击力 F_c 包括流体的水平压力和大石冲击力两部分。

大石冲击力按式(1.53)计。流体的水平压力见下述。

在倾覆检算中,其着力点在过流面以下减去1/6巨石三轴平均粒径处。

此外,曾超等[31]的试验表明,大颗粒多集中在龙头,其冲击力约为浆体动压力的3倍。

3)空库工况黏性泥石流流体的动压力 F_{vL}

流体的水平压力分动压力 F_{vL} 与静压力 F_{cL}。因动压力与静压力不同时着力,不应叠加(叠加是通病),而应分别计算并比较,取二者中之大值。

流体的水平动压力 F_{vL} 按公式(6.28)计[比照式(1.52),$\sin\alpha$因正冲而为1.0,再

增加泥深项 H。]

$$F_{vL} = H \cdot \lambda \cdot \frac{\gamma_C}{g} \cdot V_C^2 \quad (\text{kN/m}) \tag{6.28}$$

式中：H 按库前阵性泥石流龙头的高度计（m）；

λ 取 1.47。龙头高度可近似为最高泥痕加上 0.5～1.0 m 安全高（龙头中泓与两侧有高差）。

在倾覆检算中，合力作用点在 $H/2$ 处。

流体的水平静压力 F_{cL} 按前式（6.27）计。

4）空库工况黏性泥石流总冲击力 F_{cv}

为计算简便，或分算的（$F_{vL}+F_c$）结果偏小时，可将流体动压力与大石冲击力合算为总冲击力 F_{cv}，亦按式（6.28）计，但其中 λ 据粒径 D 取值。$D \leqslant 0.5$ m，λ 取 1.47；$D=1.5$ m，λ 取 2.7；$D=3.0$ m，λ 取 4.0；$D>3.0$ m，λ 最大取 8.0；可内插取值。

在倾覆检算中，合力作用点在 $H/2$ 处。

5）结论

空库工况黏性泥石流的水平力系取流体水平侧压力 F_{cL} 与动压力 F_{vL} 二者中之大者，再加上大石冲击力 F_c。

当 $F_{vL} > F_{cL}$，且（$F_{vL}+F_c$）< F_{cv} 时，仅取总冲击力 F_{cv}。

F_{cL} 按式（6.27）计；F_{vL} 与 F_{cv} 均按式（6.28）计，但式中 λ 的取值不同；F_c 按式（1.53）计。

6.2.5.6 荷载组合及其计算的汇总

综上，归纳不同性质泥石流在不同工况下的力系组合于表 6.4。

表 6.4 对不同性质泥石流在空库与满库工况下的力系组合的建议

力系组合	满库	空库	
	稀性+黏性泥石流	稀性泥石流	黏性泥石流
垂直力系 $\sum W$	$W_d + W_S + W_f - F_y$	$W_d + W_c - F_y$	
水平力系 $\sum Q$	F_{aL}、F_P	$F_{dL1.3} + F_{L1.3} + F_c$	[$F_c + \max(F_{cL}, F_{vL})$] 或 F_{cv}*

注：W_d—坝体自重（kN）；

　　W_S—上游坝斜面上土体重（kN）；

　　W_f—坝顶溢流体重（kN）；

　　F_y—坝底水的扬压力（kPa），式（6.14），满库之地下水位取有效坝高的 3/5，
　　　　空库之坝上下游水位差按泥面高；

W_c—上游坝斜面上泥石流体重（kN）；

F_{aL}—叠加渗透压力的主动土压力（kN/m），式（6.16）；

F_p—被动土压力（kN/m），符合条件时计 1/3，式（6.17）；

$F_{dL1.3}$—部分泥沙的水平土压力（kN/m），式（6.24）；

$F_{L1.3}$—高含沙水体侧压力（kN/m），式（6.26）；

F_c—大石冲击力（kN），式（1.53）；

F_{cL}—黏性泥石流流体水平侧压力（kN/m），式（6.27）；

F_{vL}—黏性泥石流流体动压力（kN/m），式（6.28）；

F_{cv}—黏性泥石流总冲击力（kN/m），式（6.28），计算参数 λ 取值与 F_{vL} 有别。

*取 F_{vL} 与 F_{cL} 二者中较大值，再叠加 F_c 并与 F_{cv} 比较，再取较大值。

垂直合力 $\sum W$：满库工况下为 $W_d + W_S + W_f - F_y$；

空库工况下为 $W_d + W_c - F_y$。

水平合力 $\sum Q$：满库情况下为 $F_{aL} - F_p$；

空库工况下，稀性泥石流为 $F_{dL1.3} + F_{L1.3} + F_c$，分算 F_{dL} 与 F_L 困难时为 F_{CL}（水土合算泥石流流体水平侧压力）+ F_c；黏性泥石流为 max{[F_c + max（F_{cL}, F_{vL}）], F_{cv}}，即取（$F_{cL} + F_c$）与（$F_{vL} + F_c$）之大值，当分算 F_c 困难或[F_c + max（F_{cL}, F_{vL}）]偏小时，再与 F_{cv} 比较取其大值。其中，计算 F_c 采用的石块，其在与 F_{vL} 配套的首阵龙头中的块度应比与 F_{cL} 配套的连续流中的大。

6.2.5.7 地震力

《设计规范》中叠加了地震力。《指南2014版》中建议对基本烈度不小于Ⅶ度的地震区，应增加地震工况校核，其安全系数取值要比非地震工况低；但Ⅵ度区可不考虑地震工况，空库工况也可不考虑，仅满库工况才叠加地震工况。因为地震瞬间又恰逢暴发泥石流且又正好抵达空库坝后的概率极低，可忽略。

在地震工况下，考虑的地震水平惯性力 F_{QL} 及土压力，因地震作用下土体内摩擦角 φ 降低而增大的系数 K_Q，分别按式（6.29）、式（6.30）计算。

$$F_{QL} = \xi \cdot \alpha \cdot \beta \cdot W \tag{6.29}$$

$$K_Q = 1 + 2 \cdot \xi \cdot \tan\varphi \tag{6.30}$$

式中：ξ 为地震水平系数。

α 为建筑物惯性分布指数；

$$\alpha = 1.0 + 1.5 \times \frac{y}{H} \tag{6.31}$$

其中，y、H 分别为坝体断面重心高与坝高。

β 为地基对惯性力的影响系数，对泥石流砂砾质沟道取 1.5。

水平惯性力 F_{QL} 叠加于土体、流体的侧压力上。土压力增大系数 K_Q 适用于主动土压力式（6.16）和被动土压力式（6.17）及泥沙土压力式（6.24），不适用于各流体侧压力式；它会使地震工况下满库的稳定性降低，对此应重点检算。

6.2.5.8 检算公式

在上述垂直和水平力系计算的基础上，按式（6.32）、式（6.33）进行坝的抗滑、抗倾稳定性计算。

沿基础底面抗滑稳定系数：

$$K_c = \frac{f \cdot \sum W}{\sum Q} \geq [k_c] \tag{6.32}$$

抗倾覆稳定系数（《指南 2014 版》中将 $\sum M_y$ 误为 $\sum M_x$）：

$$K_y = \frac{\sum M_y}{\sum M_0} \geq [k_y] \tag{6.33}$$

式中：f——基底摩擦系数。建议取值：砂类土为 0.40，碎石类土和泥石流堆积为 0.50，软质岩为 0.40～0.60，硬质岩为 0.60～0.70。

$\sum W$、$\sum Q$——垂直力、水平力之总和。

$\sum M_y$、$\sum M_0$——抗倾覆力矩、倾覆力矩，力臂从坝趾底端起算。

$[k_c]$、$[k_y]$——抗滑、抗倾安全系数，按规范查取。

6.2.5.9 抗滑检算与结构调整算例

据抗滑、抗倾稳定性计算结果，对坝的结构与截面进行调整与优化。稳定性不满足规范要求时，可增设坝踵、增大顶宽、放缓坝坡；稳定性超规范要求过多偏于保守时，则通过减小顶宽、加陡坝坡来优化截面。

坝体抗滑是控制性的，分空库和满库两种工况，未加地震工况。

1）稀性泥石流（对《指南 2014 版》有校正）

参数：6.2.5.4 算例之坝溢流口厚 2.0 m，过流深 2.0m，坝内坡 1∶0.6，外坡 1∶0.15，

坝踵埋 1.5 m，坝趾埋 2.5 m，坝段长 15 m，C15 混凝土坝之混凝土重度为 23 kN/m³，坝上下游水位差 8 m，扬压力系数取 0.6，基底摩擦系数取 0.5；泥石流流速 6.5 m/s，大石体积 4 m³。

（1）**垂直力**。

坝体自重：

$$W_d = \left\{\left[\frac{8\times(0.6+0.15)}{2}+2\right]\times 8+\left[8\times(0.6+0.15)+2\right]\times\frac{1.5+2.5}{2}\right\}\times 23$$
$$= 1\,288.0 \text{ kN/m（各工况）}$$

上游坝斜面上土体重 $W_s = (8\times 0.6)/2\times 8\times 20.7 = 397.4$ kN/m（满库）；

或上游坝斜面上泥石流体重 $W_c = (8\times 0.6)/2\times 8\times 16.0 = 307.2$ kN/m（空库）；

坝顶溢流体重 $W_f = (2+8\times 0.6)\times 2\times 16 = 217.6$ kN/m（满库）；

坝底水的扬压力 $F_y = 0.5\times 0.6\times 10\times[(0.6+0.15)\times 8+2]\times[8+(1.5+2.5)/2]$
$$= 240.0 \text{ kN/m（空库）}；$$

或坝底水的扬压力 $F_y = 0.5\times 0.6\times 10\times[(0.6+0.15)\times 8+2]\times(8\times 3/5+2.0)$
$$= 163.2 \text{ kN/m（满库）}。$$

垂直压力：满库 $\sum W = W_d + W_s + W_f - F_y = 1288.0 + 397.4 + 217.6 - 163.2$
$$= 1\,739.8 \text{ kN/m}；$$

空库 $\sum W = W_d + W_c - F_y = 1288.0 + 307.2 - 240.0 = 1355.2$ kN/m。

（2）**水平力**。

满库：叠加渗透压力的主动土压力 $F_{aL} = 501.0$ kN/m（见前例）；

被动土压力 $F_p = 0.5\times 20.7\times 2.5^2\times\tan^2(45°+25°/2)/3 = 53.1$ kN/m。

空库（稀性）：部分泥沙的水平土压力 $F_{dL1.3} = 416.0$ kN/m（见前例）；

高含沙水体侧压力 $F_{L1.3} = 21.0$ kN/m（见前例）；

大石冲击力 $F_c = 0.3\times 6.5\times(4\times 26.5/0.000\,5)^{0.5}/15 = 59.9$ kN/m。

水平力 $\sum Q$：满库 $= F_{aL} - F_p = 501.0 - 53.1 = 447.9$ kN/m；

空库稀性 $= F_{dL} + F_{wL} + F_c = 416.0 + 21.0 + 59.9 = 496.9$ kN/m。

（3）**抗滑稳定系数 K_c 及结构优化**。

满库 $K_c = 0.5\times 1\,739.8/447.9 = 1.94$；

空库 $K_c = 0.5\times 1\,355.2/496.9 = 1.36 > 1.15$，满足要求但偏于保守。

可通过减小坝顶厚度或加陡坝坡来优化结构，以坝顶厚度减小 0.5 m 为 1.5 m 为例，则 $W_d = 1\,288-(0.5\times 10)\times 23 = 1\,173.0$，$W_c$ 不变（307.2），$F_y = 240-(0.5\times 0.6\times 10\times 0.5\times 10) = 225.0$，故 $\sum W = 1\,173.0 + 307.2 - 225.0 = 1\,255.2$ kN/m；水平力不变。

故空库 $K_c = 0.5 \times 1\,255.2/496.9 = 1.26 > 1.15$，满足要求且有安全储备。

2）黏性泥石流

假设上例为重度 19 kN/m³ 的黏性泥石流，龙头高 5.0 m，大石体积 8 m³，$\varphi = 5°$。空库工况。

（1）垂直力：$W_c = (8 \times 0.6)/2 \times 8 \times 19.0 = 364.8$ kN/m；

$$\sum W = W_d + W_c - F_y = 1\,288.0 + 364.8 - 240.0 = 1\,412.8 \text{ kN/m}。$$

（2）水平力：

黏性泥石流流体水平侧压力 $F_{cL} = 0.5 \times 19 \times 8^2 \times \tan^2 42.5° = 510.5$ kN/m；
黏性泥石流流体动压力 $F_{vL} = 5.0 \times 1.47 \times 19/9.81 \times 6.5^2 = 601.4$ kN/m；
大石冲击力 $F_c = 0.3 \times 6.5 \times (8 \times 26.5/0.000\,5)^{0.5}/15 = 84.6$ kN/m；
因 $F_{cL} < F_{vL}$，故 $\sum Q = 601.4 + 84.6 = 686.0$ kN/m。

（3）抗滑稳定系数 K_c 及结构调整：

$K_c = 0.5 \times 1\,412.8/686.0 = 1.03 < 1.15$，不满足要求。

可通过加厚坝体以增加自重 W_d，或加坝踵以增加坝斜面上泥石流重 W_c 这两种途径加大稳定性。

按 $K_c = 1.15$，$\sum W$ 应增量 $\Delta W = 1.15 \times 686.0/0.5 - 1\,412.8 = 165.0$ kN/m，则坝体应增厚度 $\Delta b = 165.0/[23 \times (8+2)] = 0.72$ m，同时场压力增大 21.6 kN/m，坝又应增厚 0.10 m，故坝应至少加厚 0.82 m，故顶宽增至 2.85 m。

或坝踵加长 0.85 m，则 W_c 增量 $\Delta W_c = 0.85 \times (8+2) \times 19 = 161.5$ kN/m，坝自重增量 $\Delta W_d = 29.3$ kN/m，同时场压力增大 25.5 kN/m，W 净增 165.3 kN/m > 165.0 kN/m，亦可满足要求。按坝踵厚 1.5 m，刚性角 30°，坝踵可加长度为 $1.5 \times \tan 30° = 0.87$ m，故加长 0.85 m 是可行的。

加厚坝体比加坝踵的圬工量要大，效益比要差，但坝踵过长也可能存在结构问题，二者可综合采用。

6.2.6 坝的应力、强度检算及防冲设计

6.2.6.1 坝基应力检算及结构调整

按式（6.34）计算坝基的最小、最大应力，按式（6.36）进行地基承载力的深宽修正。

1）坝基应力计算

泥石流坝承受偏心荷载，最大应力 σ_{max} 在坝趾（下游端），最小应力 σ_{min} 在坝踵（上游端），以最大应力控制基础设计。基底平均应力一般是在满库过流工况下最大，应力差和最大应力可能在空库过流工况下最大（偏心距 e 较大时。论述有修正）。

坝基持力层的承载力应在特征值的基础上按基础尺寸进行深宽修正，据修正后的允许承载力 σ_c 选择基础类型，即满足：

$$\sigma_{min} = \frac{\sum W}{b}\left(1 - \frac{6e}{b}\right) \geqslant [0] \quad (6.34\text{-}1)$$

$$\sigma_{max} = \frac{\sum W}{b}\left(1 + \frac{6e}{b}\right) \leqslant [\sigma_c] \quad (6.34\text{-}2)$$

式中：W——垂直分力；

b——顺流向坝底长；

e——偏心距：

$$e = \frac{b}{2} - \frac{\sum M_y - \sum M_0}{\sum W} \quad (《指南2014版》中将 \sum M_y 误为 \sum M_x) \quad (6.35)$$

e 应不大于核心半径 $b/6$（土基）或 $b/4$（岩基），以保证 σ_{min} 不小于0且踵不出现拉应力。按不同工况分别计算 e 值，一般在空库工况下 e 值最大，σ_{max} 与 σ_{min} 的差异也最大；满库工况下 e 值最小，σ_{max} 与 σ_{min} 的差异也最小。

2）地基承载力修正

深宽修正公式[32]为

$$f_a = f_{ak} + \eta_b \cdot \gamma \cdot (b - 3) + \eta_d \cdot \gamma_m \cdot (d - 0.5) \quad (6.36)$$

式中：f_{ak}、f_a 分别为地基承载力的特征值与修正值（kPa）；

η_b、η_d 分别为基础宽度和埋深的地基承载力修正系数，对泥石流坝，一般 $\eta_b = 3.0$，$\eta_d = 4.4$；

γ、γ_m 分别为坝底以下土的重度、坝底以上土的加权平均重度（$= \rho g$，kN/m³），泥石流过流时坝基一般在水下，应取浮重度；

b 为坝基宽度（m），大于6 m 按6 m 计；

d 为坝基埋深（m），从沟底面起算。

由于泥石流坝承受恒偏心荷载，且为异形基础，深宽修正后，不能按《建筑地基基础设计规范》[32]将修正后的允许承载力再乘以1.2的系数，而应按水工设计手册要求，修正后的允许承载力应不小于坝趾处最大应力[13]。

3）扩大基础结构调整

对扩大基础，当地基修正承载力远高于坝基最大应力且坝下护坦不会失效时，可减小基础埋深。当地基修正承载力小于坝基最大应力时，一方面可加大基础埋深，以增加地基承载力的深度修正值，并相应增大坝的扬压力；另一方面可增设坝踵与坝趾，以增大坝底宽度从而扩散坝基应力，并减小偏心距从而减小最大应力，还可增大坝的扬压力。

同时，要考虑结构调整的负作用。加深坝基会增加坝的自重应力，增宽坝基会增大过坝流体的压力，进而增大坝基应力。应综合权衡正作用与负作用，择优调整结构。

6.2.6.2 坝基应力偏心距问题探讨

1）问题

由于坝体是面坡陡、背坡甚缓地向下游偏心的不对称梯形截面，其底宽相对于挡土墙要大，且抗倾覆力矩也要大。因此，致常规坝型抗倾覆稳定性虽达标，但计算所得的空库工况下的偏心距 e 一般都难达土基 $\leq b/6$ 之要求，但满库工况下可能达标。

例如，一厚 b、高 $4b$、面坡 $1:0.25$ 的土基仰斜式挡墙［图 6.9（a）］，其截面积为 $4b^2$，消去圬工重度则墙重 $W = 4b^2$；抗倾力距 $= b$，故抗倾力矩 $M_y = 4b^3$。设抗倾稳定系数取 1.5，则倾覆力矩 $M_0 = 2M_y/3$。故偏心距 $e = b/2 - (1 - 2/3)M_y/W = b/2 - 4b^3/(12b^2) = b/2 - b/3 = b/6$，刚好满足要求。

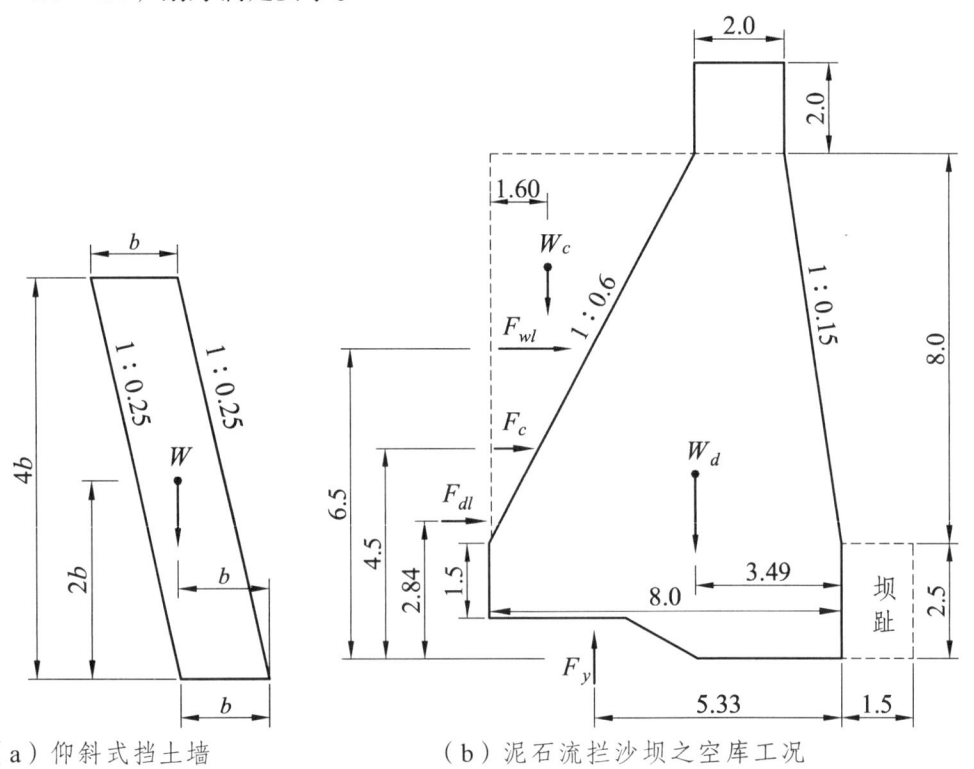

（a）仰斜式挡土墙　　（b）泥石流拦沙坝之空库工况

图 6.9 算例之力系图（《岩土》中右图标注有误）

泥石流拦沙坝则不然。因坝多建于土质地基上，e 往往会大于 $b/6$，故此时不计拉力而按应力重分布，取最大压应力为

$$\sigma_{\max} = \frac{2\sum W}{3 \Big/ \dfrac{\sum M_y - \sum M_0}{\sum W}} \tag{6.37}$$

2）探讨

空库工况下上游坝斜面上流体的水平力要大于满库工况下的土压力，再加上大石冲击力，故空库工况的水平力系大于满库工况。再由于空库工况下上游坝斜面上流体水平力的合力作用点在 1/2 有效坝高处，远高于满库工况下土压力的合力作用点（1/3 坝高处），故空库工况的倾覆力矩更大于满库工况［图 6.9（b）］。

另外，空库工况下上游坝斜面上流体的垂向力要小于满库工况下的淤积土体，故空库工况的垂直力系以及抗倾覆力矩小于满库工况。两相叠加，空库工况下坝体的抗倾覆力矩与倾覆力矩之差（$\sum M_y - \sum M_0$），要远小于满库工况。

据此，按式（6.35），空库工况的偏心距 e 往往会远大于 $b/6$，对土基超标；而满库工况在抗倾稳定系数较大时，其偏心距可不大于 $b/6$，达标（算例见附录 6.2）。

此时，空库工况的坝趾最大应力要按应力重分布计，其值远大于满库工况的最大应力，大大提高对坝基土承载能力的要求，必须审慎应对。有条件时将坝基置于基岩上，此时对偏心距的要求放宽至 $b/4$，达标要容易些。

另一途径是采用扩大基础来改善偏心距。比如，加长坝踵尤其是坝趾，既可减小偏心距，又能均布基底应力，一举两得。虽受制于刚性角，所增长度受限，仍能解决偏心距超标问题。在附录 6.2 的算例中，仅将坝趾加长 1.5 m，即减小了偏心距使之能满足要求，且坝基应力也大幅度降低。

此外，坝下如设有刚性护坦，其对坝体会起一定的支撑作用，可改善坝的偏心状况，但现尚难定量评价。

6.2.6.3 坝体强度检算

当坝体甚高或其强度较低时，还应进行坝体强度检算。**建议**对圬工坝，进行抗剪检算；对类似干砌的坝，进行抗滑检算。

1）圬工坝体抗剪检算

按前述荷载组合及公式，计算最危险工况下总的水平荷载 $\sum Q$，再除以合力作用点高度处的一个坝段的坝体水平截面积，所得即为剪应力。该剪应力不大于坝体圬工在一

定安全系数下的容许剪应力，则坝体强度可靠。

对黏性泥石流，按 1.9.3 将龙头冲压力与石块冲击力合计为总冲击应力，进行坝体抗剪估算更为便捷。

1.9.3 之实例[33]（对《指南 2014 版》中相应内容有改正）：云南东川铁路支线达德沟桥台，被 1981 年 6 月 30 日暴雨泥石流呈阶梯状剪断为 4 块，抗剪断面面积折算为 15 m²（剪断 12 m²，拉断 9 m² 折为剪断 3 m²）。合算水石冲击力，对式（1.52），λ 取 4.0，得总冲击应力达 1 401.6 kPa，冲击立面面积按高 4 m、宽 3 m 计为 12 m²，则总冲击力为 16 819.2 kN，作用于 15 m² 断面上的剪应力为 1 121.3 kPa，等于 C20 毛石混凝土桥台的容许剪应力 800 kPa 的 1.4 倍，故桥台强度不足而被剪断。

成昆铁路利子依达沟 1981 年 7 月 9 日灾难性泥石流剪断 2 号墩之例，另见 7.2.1 之 2）。

2）干砌坝体抗滑检算

按前述荷载组合及公式，计算最危险工况下总的水平荷载 $\sum Q$ 及其合力作用点，合力作用点以上总的垂直荷载 $\sum W$ 及干砌石摩擦系数 f（取 0.6~0.75），按式（6.38）计算坝体的抗滑稳定系数 K，使其达到规范的要求。

$$K = \sum W \cdot f / \sum Q \tag{6.38}$$

例如，汶川苏村沟类似干砌的已淤满但仍稳定的拦沙坝，其有效坝高 6 m，溢流口底厚 2.0 m，面坡 1：0.2，背坡 1：0.6。

先按满库现状复算其坝体抗滑稳定性：

淤积砂砾的综合内摩擦角 $\varphi = 34°$，孔隙度 $n = 0.35$，饱和重度 $\gamma = 20.7$ kN/m³，浮重度 $\gamma' = 10.7$ kN/m³，水力梯度 $i = 0.5$。据式（6.16），得水平侧压力 $F_{aL} = 0.5 \times 6^2 \times [(10.7 + 0.35 \times 10 \times 0.5) \times \tan^2 28° + 10 \times (1 - 2 \times 0.35 \times 0.5)] = 180.4$ kN/m；合力作用点取 2/5 高度处，为 2.4 m，其上高 3.6 m 坝体的自重为 284.8 kN/m，该点以上坝斜面上土重为 80.5 kN/m，总的垂直荷载 $\sum W = 365.3$ kN/m；摩擦系数 f 取 0.7。则据式（6.38），得坝体抗滑稳定系数 $K_c = 365.3 \times 0.7/180.4 = 1.42$，故坝体保持稳定。

再按空库溢流工况复算坝体抗滑稳定性：

据式（1.52），取 λ 为 1.47，重度 16.0 kN/m³，流速 4.0 m/s，则流体冲击应力 = 1.47 × 16/9.81 × 4.0² = 38.4 kN/m²，泥深 5 m，则流体冲击力为 192.0 kN/m；挟石体积取 1.0 m³，则据式（1.53），石块冲击力 = 0.3 × 5.0 × (26.5/0.000 5)^{1/2} = 345.3 kN，沉降缝间距 15 m，则为 23.0 kN/m。水石冲击力合计 215.0 kN/m。体抗滑稳定系数 $K_c = 365.3 \times 0.7/215.0 = 1.19$，故坝体仍稳定。如水石冲击力合算，式（1.52）之 λ 内插取为 2.1，则总冲击力为 219.4 kN/m，坝体抗滑稳定系数为 1.17，坝体未冲毁。

6.2.6.4 坝下消能防冲工程

坝下消能防冲工程包括：在坝下冲刷段设护坦及垂裙；在坝下冲刷坑外设潜槛；在坝下游设副坝或谷坊坝回淤防冲。护坦、副坝可分别也可同时使用，个别副坝较高者亦可在副坝坝下增设次级护坦。

1）副坝

副坝的结构要简易、低矮，顶宽不大于 1.5 m，内外坡不缓于 1：0.5 与 1：0.1，坝基浅埋、较低者不设溢流口。坝高以回淤至主坝脚的厚度为总水头的 1/10 为度，一般取主坝有效高度的 1/4~1/3。

常采用实体重力低坝，因荷载较小一般用浆砌坬工即可；必要时亦可用钢筋混凝土梁式副坝，甚至可用钢筋混凝土将主、副坝连成整体框架，形成子母坝。

稳定性与应力检算同主坝，但应从简。因为低坝所受水平压力原则上按坝高的二次方递减，而垂直压力仅按约 1.7 次方递减，故坝愈低愈易企稳。

2）护坦

对于低频泥石流，短期内难以在坝下回淤防冲，副坝不发挥功效，以设护坦为上。

震区泥石流含石块众多，泥石流体冲蚀和挟石冲砸的叠加，造成坝下的坝基、护坦、垂裙在一两个汛期后即遭损毁，坝下冲蚀成为普遍又严重的问题。

例如，北川青宁沟主坝下 2010 年被掏蚀 8 m 深，后重建钢轨排护坦，2011 年又被砸毁；后又重铺 8 mm 厚钢板，2012 年也被砸弯冲毁，旋即被盗走。屡毁屡建，2013 年再增设副坝回淤防冲，但"7·10"又未回淤，坝基仍受冲蚀。最后 909 队采用软基梯级肋槛+桩基垂裙复合型坝下消能防冲工程结构，可望有效保护主坝基的安全[34]。

可见，仅设副坝期望回淤不一定奏效，只设刚性护坦不一定抗砸，垂裙易被掏蚀。因此，对高坝最好设复合型坝下消能防冲工程，综合采用护坦与副坝。

护坦可设为多层，刚柔相济，即在刚性坬工护坦上再设大石层缓冲防护，甚至用格宾石笼，其上还可加废旧轮胎。较陡的护坦与较高的垂裙，可比照急流槽采用台阶状或棋盘式方块的加糙消能措施。

近期石胜伟等通过研究与现场试验[35]，提出用小口径钢花管桩修复加固护坦土基的方法，不失为新的尝试。该法实为注浆加固与钢管桩支撑之结合。考虑到坝下冲刷坑较长，全段设钢管桩群的工程量较大，建议仅设于冲刷坑最深处之上游段，将桩顶与坑底的高差作为悬臂段，按其后的土压力或冲击力进行悬臂桩群结构设计，以发挥其支撑作用。桩顶还可加连梁，桩间距则由现场注浆试验确定。

6.2.6.5 坝下护坦结构设计

1）护坦长度取坝高的 1.0~2.0 倍或按公式（7.40）计算

护坦长度或主副坝间距应等于冲刷坑外缘与坝的距离 L_S。L_S 与过坝泥深、流速和坝高相关，但计算公式尚不成熟，多按经验取坝高的 1.0~2.0 倍，坝较高时取较低值，也可按安格荷尔兹公式（6.39）试算[13]。

$$L_S = \left(v + \sqrt{2gH_C}\right) \times \sqrt{\frac{2h_C}{g}} + H_C \quad (6.39)$$

式中：v——过坝流速（m/s）；
　　　H_C——过坝泥深（m）；
　　　h_C——有效坝高（m）。

讨论：将过坝流速公式（6.13）代入上式，整理得

$$L_S = 2 \times (1+m) \cdot \sqrt{H_C} \cdot \sqrt{h_C} + H_C \quad (6.40)$$

即冲刷坑外缘与坝的距离 L_S 分别与有效坝高 h_C、过坝泥深 H_C 成正关系。取修正系数 m 为 0.345，则不同坝高 h_C、泥深 H_C 的冲刷距离 L_S 如表 6.5 所示，供参用。

表 6.5　不同坝高 h_C、泥深 H_C（m）的冲刷距离 L_S（m）

H_C	h_C										L_S/h_C
	2.0	3.0	4.0	5.0	6.0	8.0	10.0	12.0	15.0	20.0	
0.5	3.2	3.8	4.3	4.8	5.2	5.9	6.5	7.1	7.9	9.0	1.60~0.45
1.0	4.8	5.7	6.4	7.0	7.6	8.6	9.5	10.3	11.4	13.0	2.40~0.65
2.0	7.4	8.6	9.6	10.5	11.3	12.8	14.0	15.2	16.7	19.0	3.70~0.95
3.0	9.6	11.1	12.3	13.4	14.4	16.2	17.7	19.1	21.0	23.8	4.80~1.19
L_S/h_C（平均）				1.78	1.60	1.36	1.19	1.08			

可见，坝愈低，泥深愈大，冲刷坑相对于坝高则愈远。在常见的坝高 5~12 m、泥深 1~2 m 范围内，冲刷边缘与坝高之比为 2.1~0.9，因此坝下防护工程长度一般取坝高的 1.5 倍左右是合理的，但对 5 m 以下的谷坊坝可取至 2.0 倍，对 20 m 以上的高坝可取为 1.0 倍。

2）护坦结构与侧墙

护坦的宽度与溢流口对应或稍宽，以利归流。厚度一般取 0.5～1.0 m，必要时采用片石混凝土，末端辅以较深的垂裙防冲蚀悬空。护坦纵坡应顺应原沟道，较陡（建议大于 10%）而流速偏大时则可设为阶状或设方块加糙，垂裙较高者也可设为阶状。护坦要顺应原沟道，尽量等宽，向下游沟道变窄或接入排导槽时，不应急剧收窄；坝下沟道弯折时，要尽量与坝轴线垂直。

当护坦较窄或两岸坡松散时，可在两侧设导流翼墙（堤）以束流，也可修贴坡护墙。等宽护坦两侧墙的高度向下游逐渐降低，墙的埋深至护坦底面即可，结构按墙后土压力与墙前泥石流体侧压力之大值设计，切忌过深过厚。

3）垂裙

护坦末端的垂裙要有足够埋深，应在计算的冲刷深度值上再加一定的安全储备（见6.2.6.6）。垂裙冲毁常牵坍护坦，成为工程初验中常见的整改问题。西昌黑沙河 1970 年建成的原 2 号坝，次年被泥石流砸毁坝下护坦，坝基中段冲空，全坝旋即溃毁。

垂裙厚度取 1.0 m 足矣。

如在护坦上加铺巨石层，则应升高垂裙，形成挡石之端墙。端墙高度不超过巨石之块径。

保证护坦的厚度和质量是关键，护坦结构也有待改进。

4）常见问题

（1）护坦长度不合理，应取坝高的 1.0～2.0 倍。一般取坝高的 1.5 倍左右，对 5 m以下的谷坊坝可取至 2.0 倍，对 20 m 以上的高坝可取为 1.0 倍。

（2）护坦纵坡不合理，未顺应原沟道纵坡，较陡时未设为阶状或另行加糙。

（3）较高坝下未设复式护坦，即在护坦末端立端墙，并在护坦上填大石层。

（4）护坦末端垂裙深度不够，常被冲毁进而牵坍护坦。

（5）护坦两岸坡松散时，未在两侧设导流翼墙；岸坡为基岩时，又设翼墙。

6.2.6.6 垂裙埋置深度的厘定

确定垂裙埋置于沟床下的深度，有两种途径，择其中大值选用。

1）据计算的冲刷深度值再加安全深度

因泥石流体过坝多演变为高含沙水流，故垂裙冲刷深度的计算，宜借用高含沙水流局部冲刷坑深度公式（6.8）。

式中的落差 y 取护坦末端顶面与沟床面之间的高差，水深 h 取护坦末端水深。

算例：一泥石流拦沙坝有效高度 6.5 m，泄水孔宽 0.6 m；梯形溢流口深 2.3 m，有效过流深度 1.8 m，顺坝轴向平均宽 10.5 m；坝下混凝土护坦末端扩宽为 14.5 m，顶面高出沟床面 1.2 m。比照式（6.11），过坝的单宽流量 $q_0 = m(2g)^{1/2}H_0^{3/2}$。由 $H_0 = 1.8$ m，m 据表 6.1，按坝有效高度/溢流口有效深度 = 3.61，取 0.345，得

$$q_0 = 0.345 \times (2 \times 9.81)^{1/2} \times 1.8^{3/2} = 3.690 \text{ m}^3/\text{s}$$

护坦末端单宽流量 $q = 3.690 \times 10.5/14.5 = 2.672$ m³/s，上下水位差落差 $z = 1.2$ m；过坝固体物质标准粒径 d_{90} 按泄水孔宽度的 1/2 计，取 300 mm；水深 h 取护坦末端水深，为 0.50 m［见下（2）］。则按式（6.8），得冲刷深度：

$$H_\text{局} = 3.9 \times \sqrt{2.672\sqrt{1.2/300}} - h = 1.603 - 0.50 = 1.103 \text{ m}$$

加上安全深度 0.5 m，垂裙埋深应为 1.60 m。

2）按护坦末端的水流流速，参用铁三院的经验值设计垂裙深度

（表 6.6，可适当内插、外延取值，不再加安全深度）

表 6.6 垂裙埋置深度[36]

流速/（m/s）	1.0	2.0	3.0	4.0	5.0	6.0
垂裙深度/m	0.5	0.9	1.32	1.7	2.0	2.2

算例：上例中，护坦纵坡率为 0.05；过坝流体重度按 1.3 t/m³，糙率系数 $1/n$，据表 1.5 取 50，据此初拟流深为 0.5 m，则 $R_C = \dfrac{0.5 \times 14.5}{2 \times 0.5 + 14.5} = 0.458$。故据式（1.6），护坦末端流速 $v = 0.793 \times 50 \times 0.458^{2/3} \times 0.05^{1/2} = 5.27$ m/s（算式对《岩土》中相应内容有校正）。

此时流量 $q = 5.27 \times 0.5 = 2.64$ m³/s，与实际流量 2.67 m³/s 相近，故不再对流速与水深进行迭代计算（迭代算例见 7.1.5），而取水深为 0.50 m，流速为 5.27 m/s。

据 5.27 m/s 的流速，内插表 6.6，垂裙埋深应为 2.05 m。

比较二者（1.60，2.05），最终将垂裙埋置深度取为 2.0 m。加上落差 1.2 m，垂裙实际深度为 3.2 m。

采取在护坦上留台阶、加石笋、改为浆砌石面等加糙减速措施，可据表 6.2 减小垂裙埋深。在护坦上加铺大石层不但能防落石冲击，也会加大糙率，减小流速，但同时要考虑铺石后加大了护坦末端落差，冲击坑会相应加深。

6.2.6.7 落石坠击与铺石防冲

1）落石坠击计算

落石坠击是护坦损毁的一主要原因，应按冲刷和坠击叠加来检算护坦的厚度和强度，但计算均不够成熟。除可按式（6.7）计算落石对土体的冲击深度外，建议基于自由落体原理，按公式（6.41）试算泥石流体过坝射流至护坦的流速v（对《指南2014版》中公式101有修正）；据此v，对坞工护坦上加大石层的二元结构，可将大石层视为坞工护坦上的缓冲层，按《技术》5.1.6.4、5.1.6.6中有关落石公式计算坠石冲击力和冲击深度，用以检验坞工护坦的强度和大石层的厚度。

$$v=\left(\sqrt{2gH+v_0^2}\right)\sin\theta \quad (\text{m/s}) \tag{6.41}$$

式中：H——溢流口底面至坝下冲刷点高差+落石半径（m）；

v_0——泥石流过坝流速（m/s）；

θ——过坝射流与护坦面的夹角（°），与坝高负相关，一般约为60°。

说明：① 式（6.7）和《技术》中5.1.6.6是计算对土体的冲击深度，尚不完全适用于刚性护坦；② 过坝流速与自由落体的方向成直角正交，故式（6.41）被修正为矢量和；③过坝射流与护坦面的夹角θ，推算之最小为33°（按护坦长度为坝高的1.5倍，护坦纵坡为5°计），最大为85°（近垂直坠落），平均约60°。

2）铺石防冲

护坦厚度和强度不足时应予加强或加层，如2010年8月13日后开始在较高坝下的坞工护坦之上再铺巨石层防冲击，甚至在护坦上林立石笋，笋间再嵌大石。但仍防不胜防，后又加铺废旧轮胎，并罩网固定，如都江堰市关凤沟。

对刚性坞工护坦上铺巨石层缓冲构成的复式护坦，由于对巨石层的起动流速和抗坠石冲击的检算尚不充分（见前述），难以厘定块径、级配与强度。一般要求块径为0.5~1.0 m，以石块不被起动冲走为度［式（6.42）］，因护坦上流速有限，故块径不宜超过1.0 m，也便实施。巨石可就地取大漂石，强度中等即可，过软易被砸碎，过硬不易消能，建议对石质不提硬性要求。

废旧轮胎防坠石冲击的效果尚待检验[37]。

石块的起动粒径D（m）可试用以下简化公式[38]估计：

$$D = 0.0202v^2/\cos\alpha \tag{6.42}$$

式中：v为流速（m/s）；

α为纵坡坡度（°）。

式（6.42）未考虑水深的影响，相对于式（2.9）不够全面。对一般泥石流沟的水深，该式可对粒径大于0.5 m的大石块起动流速进行简易估计。据此式，块径0.5 m、1.0 m

的起动流速分别约为 5 m/s、7 m/s，大于一般护坦上的流速，石块可保持稳定。

3）算例

设有效坝高 7.5 m、过坝流速 1.91 m/s（过流深 1.5 m）、护坦坡率 1:0.1、入射角取 60°、球形落石直径 1.0 m，则 $H \approx 7.5 + 7.5 \times \cot 60° \times 0.1 = 7.96$ m，$v_0 = 1.91$ m/s，$\theta = 60°$。据式（6.41）得冲击速度 $v = 10.95$ m/s。

球形落石质量 $Q = 1.41$ t，大石层的厚度 $h = 1.0$ m，密度 $\rho = 2.2$，变形模量 $E = 53.5 \times 10^4$ kPa（砂岩中值），泊松比 $\mu = 0.028$（砂岩中值），则据铁路公式[《技术》中式（5.21）]得往复波速 $C = \sqrt{\dfrac{(1-\mu)}{(1+\mu)(1+2\mu)} \cdot \dfrac{E}{\rho}} = 466.6$ m/s，冲击往复持续时间 $T = 2h/C = 0.004\,29$ s，故落石作用于圬工护坦的冲击力 $P = (Qv_0)/(gT) = 1.41 \times 10.95/(9.81 \times 0.004\,29) = 366.87$ t $= 3\,599.0$ kN。

再取大石层的摩擦角 $\varphi = 34°$，容重 $\gamma = 22$ kN/m³，落石半径 $R = 0.5$ m，则由《技术》中式 5.25，对冲击深 X 与落石投影面积 F 进行迭代，求得 $F = \pi X(2R - X) = 0.481\,5$ m²，故 $X = v\sqrt{\dfrac{Q}{2g \cdot \gamma \cdot F} \cdot \dfrac{1}{2\tan^4\left(45° + \dfrac{\varphi}{2}\right) - 1}} = 0.189$ m。

再据《技术》中式（5.35），落石对圬工护坦的冲击强度 $q = \dfrac{P}{\pi \cdot (R + h_m \cdot \tan \varepsilon)^2} = 1\,005$ kPa（式中，$h_m = h - X = 0.811$ m，冲击扩散角 $\varepsilon = 35°$）。

讨论：上例落石的冲击深度（0.189 m）虽远小于大石层厚度（1.0 m，如减薄大石缓冲层则落石对圬工护坦的冲击强度更大），但冲击强度基本与 C30 混凝土的容许剪应力（1 050 kPa）相当，说明圬工护坦强度的安全储备不大。虽然此例未考虑大石被击碎的消能效应，结果偏于保守，但对较高坝的较大落石，圬工护坦仍有被击毁之可能。此时，加大圬工等级、加厚大石层或降低大石强度都是降低风险的选项。

6.2.7 坝的优化设计

1）结构优化

先试设坝的结构参数，经检算如过于安全，即稳定性偏高或基底承载力偏大，则应优化坝的截面和埋深，直至安全度等于或稍大于规范要求。

优化坝的结构包括以下 4 方面：

（1）减小坝顶宽度从而减薄坝体和坝基宽度。这导致坝的自重相应减小，坝基扬压力略减小，坝基应力有变化。

（2）加陡坝体内外坡从而减小坝体底宽和坝基宽度，并将溢流口处的坝肩改为垂直坡。这导致坝的自重减小，上游坝斜面上泥石流重或土体重减小，坝基扬压力略减小，坝基应力增大。

对上述两方面，均应据垂直力系的变化重新计算坝的稳定性与坝基应力，使稳定系数和基底承载力仍满足要求。

（3）增加或加长坝踵，从而相应优化坝体截面。这导致坝的自重变化，坝基扬压力略增大，上游坝斜面上泥石流重或土体重较大增加，坝基应力变化。应在优化坝体截面后，重新计算坝的稳定性与坝基应力。

（4）减小坝的埋深。应以坝下防冲工程不会失效，坝基持力层不变差为前提。坝基浅埋后，坝的自重和坝基扬压力会减小，但持力层承载力的深度修正值也会减小，应重新计算坝的稳定性、坝基应力与基底承载力修正值。

部分算例见 6.2.5.9。

2）总体优化

对每座坝，在结构优化后计算不同坝高时的工程造价与拦固固体物源量（库容加回淤区揭底与侧蚀量），得不同坝高拦固 1 m³ 固体物质的费用，即效益比；按效益比最大的坝高作为最优坝高。

分别计算各坝的总造价（含施工运输等）与拦固固体物量，据之得各坝的效益比，进而取消或降低低效益比的坝，相应增高高效益比的坝，保持总的拦固规模基本不变。

6.3 特殊坝结构设计[1,13]

常用缝隙坝和柔性网格坝，开始用桩林坝与拱承坝等特殊坝型。此外，新研发的泥石流柔性防护栅栏，限用于沟宽度 $b < 30$ m、最大流速 $5 \sim 6$ m/s 的中小型泥石流沟，详见 6.3.2.1。

6.3.1 缝隙坝设计

6.3.1.1 缝隙坝结构设计[39]

缝隙坝用于拦沙工程规模受限而主河有一定输沙能力，采用拦粗排细方案的稀性泥石流沟，对水石难分的黏性泥石流则难以达到拦粗排细的效果。

1）一般缝隙坝

设于地基坚实、坝址相对开阔处。

坝高以 10~15 m 为宜，不超过 20 m。坝两端为不过流的圬工坝肩，同实体坝结构；按溢流段结构构成不同坝型。坝体还可分期实施，逐次安装加高。

缝隙坝坝型众多，名称也不统一，主要有格栅坝、梳齿坝[40]、筛子坝等。梳齿坝（图 6.10 左上）由竖向中墩组成，墩埋入冲刷线以下 2 m，迎水面平面上呈弧形；坝较高者加顶梁构成竖向缝隙坝（图 6.10 右上），加多道横梁则构成筛子坝（图 6.10 右下），一般采用素混凝土浇筑。

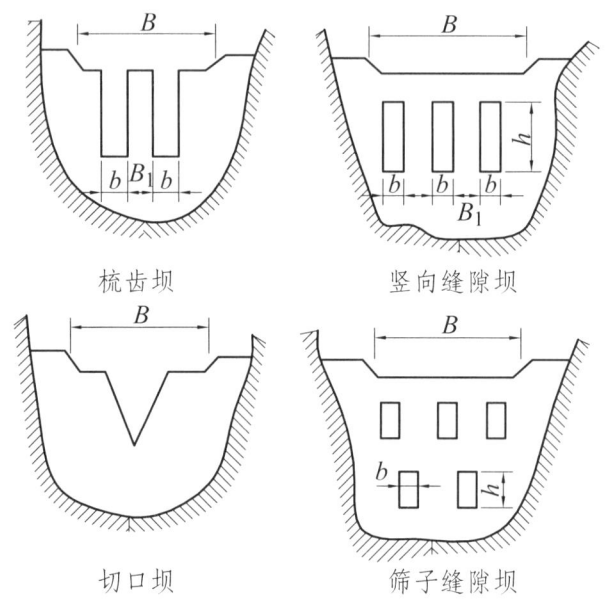

图 6.10 泥石流缝隙坝示意图[1]

欲加大排沙能力则采用竖、横梁（柱）交织而成的格栅坝，视坝高而结构有别：小于或等于 5 m 坝多用横向梁式格栅（图 6.11 上排左 1）；5~10 m 坝多用分层竖向格栅（图 6.11 上排左 2）；大于等于 10 m 坝采用竖向缝隙与孔洞混合式格栅（图 6.11 上排左 3）。立柱多用素混凝土，横梁用型钢。

2）钢构格栅坝[39]

铁道部门研发了纯钢构件格栅坝，用废旧钢轨和其他型钢（槽钢、角钢）制作，分平面与立体两种结构（图 6.11），钢杆件用节点板与螺栓连接。

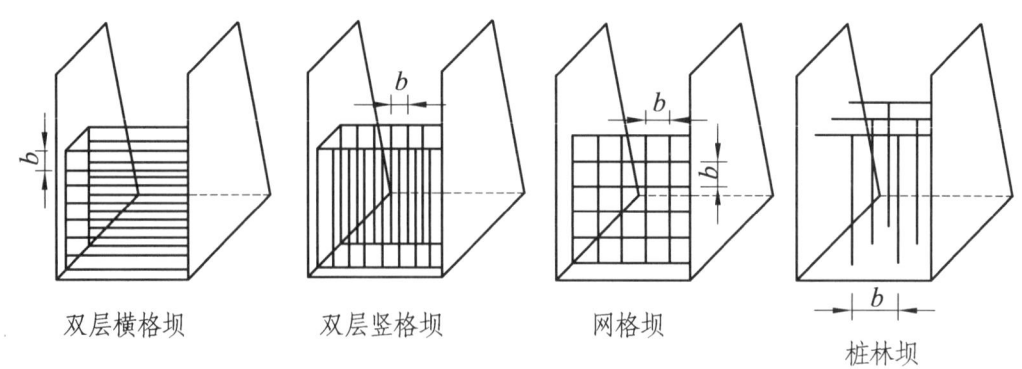

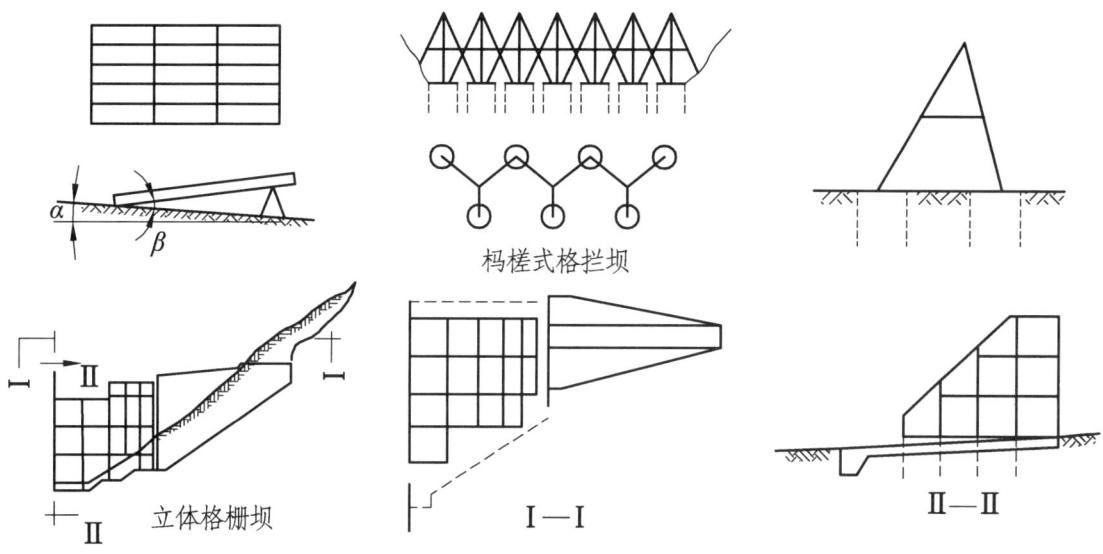

图 6.11 钢材格栅坝示意图[39]

钢构格栅坝由混凝土支墩安装格栅组成,坝高不超过 12 m,格栅间距 0.5 m、0.75 m、1.0 m,支墩间距 3.60~4.80 m(无斜撑)与 4.80~6.00 m(有斜撑);墩与基础整体浇筑,分别配有工字钢抗弯、抗剪。

地基为砂卵石层者用钢轨平面格栅坝,其坝高不超于 5 m,由钢轨格栅和支架、混凝土基础和边墩组成。

泥石流荷载较大者($10 t/m^2$),采用立体格栅坝(图 6.11 下)。地基为软质岩者用钢轨立体格栅坝,由钢轨呈三角形延伸组合成坝体,其坝高不超过 12 m。地基为砂卵石层者用钢轨桁架立体格栅坝,由钢轨杆组合成的多层平面桁架叠置而成坝体,不设中墩,设混凝土边墩。

6.3.1.2 缝隙坝结构检算

1)整体稳定性检算比照实体坝略加修正

垂直力系中,自重 W_d 较轻;上游坝斜面上泥石流重 W_c 或土体重 W_s、坝顶溢流体重 W_f 均比照实体坝计;基底扬压力 F_y,设整体基础的比照实体坝计,设墩柱基础的则不计。

水平力系中,可考虑孔缝对水平水压力的折减,但方法尚不成熟。建议满库坝后主动土压力 F_{aL}、空库稀性泥石流的泥沙水平土压力 F_{dL}、空库黏性泥石流的流体动压力 F_{vL}、空库大石冲击力 F_c 均比照实体坝计,而空库稀性泥石流的水的侧压力 F_{wL}、空库泥石流的流体水平侧压力 F_{cL} 则宜按缝隙率 n 加以折减,即按实体坝计算结果乘以修正项 $(1-n)$。

2）局部检算

墩柱与横梁是薄弱结构，以受大石冲击的抗剪检算为主。大石冲击力仍按式（1.53）计算。对墩柱按悬臂梁、对横梁按简支梁的大石冲击力公式计算结果似均偏大，具体见文献[33]。

对混凝土墩柱，按大石冲击力与流体侧压力之和进行抗剪检算。流体侧压力 F_{cL} 比照实体坝不予折减。混凝土墩柱抗剪力按混凝土抗剪强度乘以截面积计，配有钢筋者另加钢筋抗剪力。C15、C20、C25、C30 混凝土的容许剪应力（MPa）为 0.65、0.80、0.95、1.05。

对钢构横梁，按大石冲击力与钢材强度进行抗剪检算。以 43 kg/m 旧工字型钢轨为例，其截面积为 57.0 cm²，极限强度为 318 MPa，故其极限抗力为 1 812.6 kN，相当于流速 10 m/s、体积 6.9 m³ 之石块冲击力；如取 1.55 的安全系数，则容许抗力为 1 169.4 kN，相当于流速 10 m/s、体积 2.9 m³ 之石块冲击力。

6.3.1.3 透过性坝闭塞条件

要保持透过性坝拦粗排细的功能，必须确定其闭塞条件，进而设计大小适中的缝孔宽度。因为缝孔太大，将无物可拦；缝孔过小，又会迅速被淤堵。

1）缝孔宽度取最大粒径的 1.5～2.0 倍

据拟拦截的最大粒径 D_{max} 进行缝隙设计，一般取最大粒径的 1.5～2.0 倍。

不同结构的要求还有区别：平面格栅缝宽 b_1 取 D_{max} 之短径或 d_{90}；立体格栅缝宽 b_2 取 $(1.5～2.0)d_{90}$，或取 D_{max} 长径。缝的总宽度 Σb 为 0.2～0.7 倍溢流段宽 B，一般 $\Sigma b/B$ 取 0.4～0.45，0.4 倍时效果最佳。缝深 h 一般取 1.5～5.0 m 且 $h/b = 3～10$。

由多座缝隙坝组成的坝群，其格栅缝宽应从最上坝向最下坝逐坝减小，排泄的固体物质粒径逐坝变细，每级坝的缝宽按拟拦粒径的 1.5～2.0 倍设计。

有经验表明，对格栅坝、梳齿坝、筛子坝、网格坝、桩林坝，其不堵塞的缝宽 b 各不相同，各坝型的 b/D_{max} 分别为 1.8、1.9、2.0、2.1、2.2，缝宽比前述要求还大。

按拟拦粗粒物规模，在泥石流堆积的全粒度曲线上，从粗到细找出与该规模相当的粒径，作为拟拦粒径，进行缝隙设计。

2）透过性坝闭塞条件的实验验证（山地所游勇团队）

（1）对稀性泥石流，用其泥沙的最大粒径 d_{max} 与坝的缝孔宽度 b 作为评判因子，对梁式格栅坝[41]和梳子坝[42]进行实验，得出类似的结果：$b \leq d_{max}$ 全闭塞，$1.0 < b/d_{max} < 1.5$ 半闭塞，$1.5 \leq b/d_{max} < 2.0$ 偶然闭塞，$b \geq 2d_{max}$ 不闭塞。

实验的半封闭状态是过一次泥石流的结果，若干次泥石流过流的叠加，缝孔最终会堵满，故半封闭最后仍会发展为全封闭。因此，对稀性泥石流，适中的缝孔宽度为最大粒径的 1.5~2.0 倍，与经验值相符。

（2）对黏性泥石流，情况更复杂，实验还需考虑泥石流的泥沙体积浓度 C_V 以及沟床纵坡 θ。对梁式格栅坝[43]，设

$$F = \frac{(b/d_{90})^2}{C_V} \quad （6.43\text{-}1）$$

$$C_V = \frac{\gamma_C - \gamma_W}{\gamma_S - \gamma_W} \quad （6.43\text{-}2）$$

则实验结果：$F \leq 3.3$ 全闭塞，$3.3 < F < 11$ 半封闭，$F \geq 11$ 未闭塞。

推之，对最小重度的黏性泥石流（$\gamma_c = 1.8$），相应的半封闭条件为 $1.26 < b/d_{90} < 2.30$，比稀性泥石流的半封闭条件 $1.0 < b/d_{max} < 1.5$ 要大得多。

对格子坝[44]，设

$$F = \frac{(b/d_{90})^2 \cdot \tan\theta}{C_V} \quad （6.44）$$

则实验结果：$F \leq 0.97$ 全闭塞，$0.97 < F < 2.92$ 半封闭，$F \geq 2.92$ 未闭塞。

推之，对 $\gamma_c = 1.8$，相应的半封闭条件：$1.26 < b/d_{90} < 2.30$。不难算出，当 $\gamma_c = 1.8$，θ 约为 15.5°时，结果与梁式格栅坝相似。

（3）结论：

① 缝孔的闭塞条件与透过性坝的坝型无关，横梁式格栅坝、竖柱式梳子坝、纵横梁式格子坝的实验结果类似。

② 闭塞条件与泥石流性质、重度有关，稀性泥石流比黏性泥石流要求的闭塞缝孔宽度稍小，泥石流重度越大越易闭塞。

③ 实验证实，对稀性泥石流，设计的缝孔宽度为拟拦粒径的 1.5~2.0 倍是有依据的；泥石流重度较大则选其中的较大值。

④ 对黏性泥石流，暂时不封闭的缝孔宽度应比稀性泥石流更大，但多阵、多次过流后会全封闭。因此，对黏性泥石流不宜设拦粗排细的透过性坝。

6.3.2 特殊坝型

6.3.2.1 柔性坝——柔性网格坝与 SNS 柔性防护栅栏

柔性坝初型为用普通钢索织成的柔性网格坝。SNS 柔性防护网问世后，开发出的泥石流柔性防护栅栏更加有效。尤其适用于汶川、芦山等地震山区，用以捕捉大石块，起促淤作用。

1）柔性网格坝（图 6.12）

此坝设于基岩峡谷且沟道顺直段。坝高以 5~8 m 为宜，不超过 10 m，按悬索下垂后的残留高度计。

坝以吊索为经、横索为纬编成方格网，吊索顶端悬吊在主索上，主索紧固于两岸山体并埋入圬工锚墩中；吊索底端斜铺在沟床上，并用拉索系于上游沟床巨石上；整平沟底后将下部拖网埋入沟底，埋长为 1.5~2.0 倍坝高。

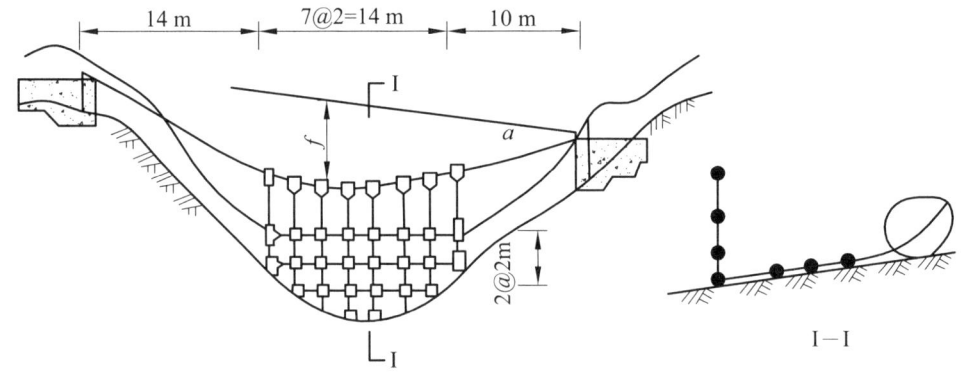

图 6.12 钢索网格坝示意图[1]

各索采用高强度钢丝绳或钢绞线，索间结点通过铰、联杆、螺、夹具等方式连接。坝体为三维筐状体，需要进行空间受力分析。主要设计荷载为库内淤积土的侧压力与泥石流冲击力，并注意流木阻塞产生的水平推力。主索承重安全系数取 3~5。属高透过性坝，空库稀性泥石流的水的侧压力 F_{wL}、空库泥石流的流体水平侧压力 F_{cL} 可不计。重点计算满库土压力 F_{aL} 与空库流体冲压力加大石冲击力（$F_{vL}+F_c$），取大值进行结构检算。

2）泥石流柔性防护栅栏

高强被动柔性防护网可作为新型钢绳网坝用以拦阻泥石流与顺沟落石，美国于 1994 年试用，2002 年布鲁克（日本）公司开发出 Tabata 泥石流防护系统。现限用于沟宽 $b<$

30 m、最大流速 5~6 m/s 的中小型泥石流沟。

分为 3 种形式（图 6.13）：

（1）$b \leqslant 8$ m 时，采用仅两侧设钢丝绳锚杆的悬挂式栅栏，同时向上游 1.5~2.0 倍栅高范围内敷设柔性网防揭底（图 6.13 下）。

（2）当 8 m $< b \leqslant 12$ m 时，采用两侧设钢丝绳锚杆悬挂、沟底设放射状钢丝绳锚杆固定的 VX 型泥石流栅栏（图 6.13 上）。

（3）$b > 12$ m 时，由于沟底较宽，采用在 VX 型泥石流栅栏的基础上于沟中增立钢桩的 UX 型泥石流栅栏（图 6.13 中）。

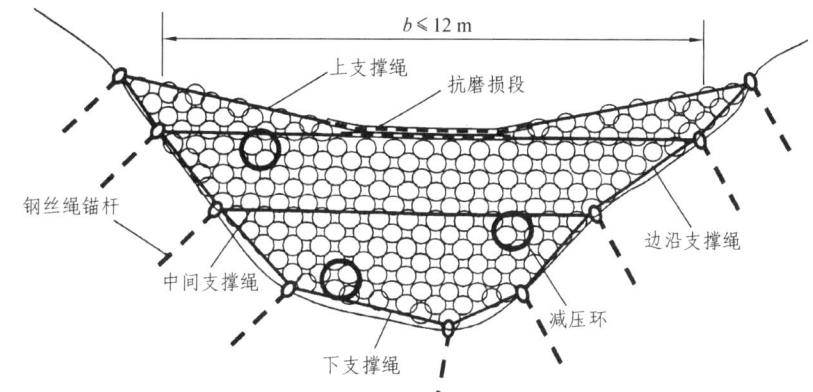

（a）VX 型泥石流栅栏结构示意图

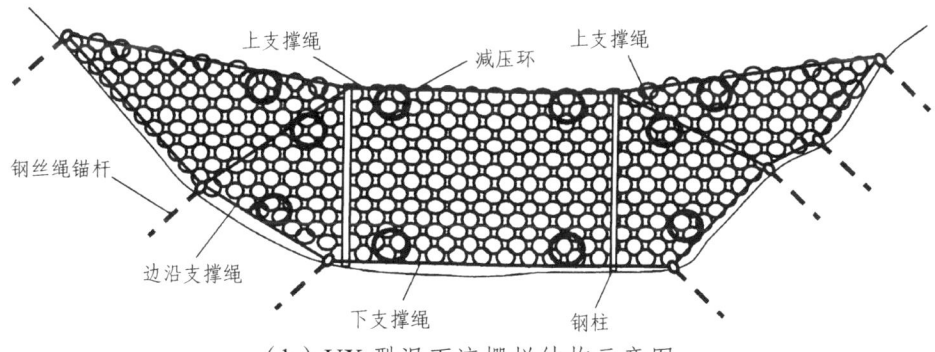

（b）UX 型泥石流栅栏结构示意图

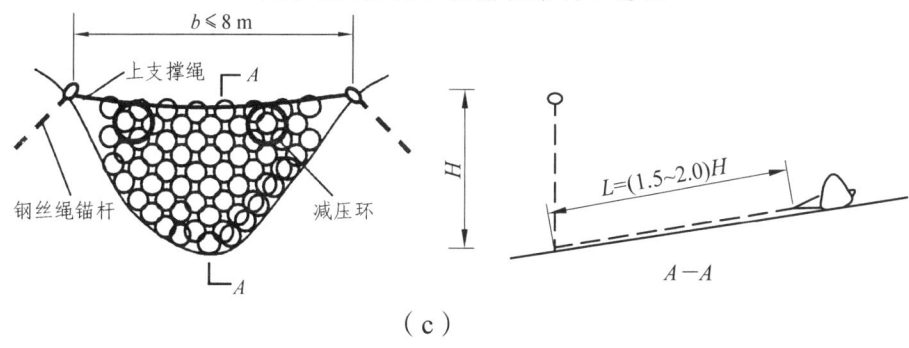

（c）

图 6.13　悬挂式泥石流栅栏结构示意图[45]

柔性网安装后，自重荷载使网顶下垂成弧形，高度会有所降低，残余有效高度取原始高度的 3/4；网孔孔径仍取拟拦块径之 1.5~2.0 倍；对溢流的上支撑绳中间段，可套上钢管抗过流的磨损。

一般先比选出土压力与大石冲击力之大值，再考虑经环形网、减压环消减后的剩余荷载，进行结构设计。成品的支撑绳、拉锚绳、边界绳一般均可满足要求，重点是检算钢柱的抗弯能力和锚杆的抗拔能力，尤其是大石可能直接击中钢柱时。故对设于沟中的立柱，应另予加强，有条件可采用 H 型钢、钢管、25b 工字钢，甚至钢轨（SNS 拦石网参见《技术》中 5.3.4.2）；必要时可在紧邻立柱之上游加设障桩拦石，最少应设 3 根品字形布列的障桩（障桩结构参见《技术》中 5.3.6）。拉锚绳要强化锚固，否则易受泥石流冲蚀而损毁。网底一定要顺沟底向上游铺覆并紧固，否则泥石流易从网底冲出，如四川亚丁的某泥石流沟的网因此而毁坏。

国内在震前也有试用[46]。震后汶川、芦山地震区接纳崩滑粗大物质的坡面冲沟，可能形成泥石流，但因沟道陡峭狭窄，无筑坝拦截或排导入主沟的条件，可在沟内试用高强被动柔性防护网拦截。如芦山地震区的宝兴县城周边，大量崩塌落石入沟，沟口即为街道民宅，已在多条沟内设被动柔性防护网拦阻。

此外，吴红刚等还进行了格宾-柔性网组合拦阻结构的模型试验[47]。表明在沟口设格宾、其上游一定距离设柔性网的组合结构，对于稀性泥石流，两道结构都进行了有效拦阻，效果明显，且拦阻粒径与结构孔隙率有关，结构底部受力较大。

6.3.2.2 其他特殊坝型——桩林坝、拱承坝与组装坝

1）桩林坝

桩林坝用于固体物质巨大、沟道狭窄陡峻且无筑实体坝条件的稀性泥石流沟，一般设于堆积扇顶的出山口，锁固沟道。

桩林坝拦粗排细要基于全粒径分析，有粗可拦，才能兼起拦沙与回淤防冲的双重功能。位于"5·12"汶川地震极震带的北川县杨家沟，泥石流固体物源丰沛，为防泥石流入主河淤堵之灾，在 1 km 多长的沟段内修建了 12 座桩林坝，以期逐坝回淤压脚防冲。但因固体物质为泥页岩质，粒径细小，桩林坝的桩间缝宽达 1.0 m，致筑坝数年都无物可拦，不但未起拦沙作用，而且因无淤可回，致泥石流强烈冲蚀坝体与掏蚀坝脚，造成 3 座坝整体倒毁，其他各坝的坝肩、溢流口、坝下护坦也多局部冲损，有的坝下掏蚀坑竟深达 10 m。修复和减窄桩间缝的工程十分艰巨且耗资巨大。

（1）**一般桩林坝结构**。

一般筑钢管桩（或人字撑，图 6.11 中排）、钢筋混凝土桩林（图 6.11 右上），至少两排，平面上交错布设，形成联锁停淤结构。桩净间距 $b = 2.0 \sim 2.5D$（D 为设计拦停的最大粒径），两排的净距据经验取 1.5~2.0 倍的桩截面长度，外露桩高 $2b \sim 4b$，埋深不

小于桩长的 1/3，加顶部连梁，较高时再加腰梁。桩身采用钢轨、圆形钢管、工字钢或槽钢组合而成[1]。

加连梁形成的复合桩体，其检算尚不成熟，建议偏于安全地按单桩分担的土压力或泥石流流体侧压力与大石冲击力之和，比照抗滑桩进行结构设计。

（2）震区试用的桩林坝。

汶川、芦山地震区坡体普遍崩滑，众多粒径巨大物质滚入坡面冲沟中。这些冲沟沟道陡峭狭窄，沟口远离主沟，紧接洪积扇，扇上为民居与耕地，对可能形成的泥石流无筑实体坝拦截或排导入主沟的条件，将产生严重危害，因此可在沟内或扇顶试用桩林坝拦截。

对绵竹文家沟在中游段巨厚滑坡堆积体中下切形成的冲沟的出口，试用双排抗滑桩加连梁的桩林坝，锁住阶状固床段之脚；对 1 号拦沙坝用钢筋混凝土桩林连体浇筑，成为缝隙坝。

在汶川七盘沟，为锁固主要的崩塌堰塞体之巨石，紧邻其下游修建双排抗滑桩加顶梁与腰梁，形成框架式桩林坝，结构粗壮。

在绵竹走马岭沟，其 5 号支沟中的高坝因坝基松散堆积过深，稳定性堪忧。在考虑桩基础时，为加强坝体的稳定性，将桩基从承台中伸出至坝顶，形成贯通坝基与坝体的钢筋混凝土桩，可称为桩体坝。

2）拱承坝

李德基等在金川八步里沟设计的鹦歌咀拦沙坝，为拱基支承的圬工重力坝（图 6.14），直接用钢筋混凝土拱跨沟承重，克服了基础开挖和导流排水的困难，且节省工程，1983 年建成后运行正常[48]。

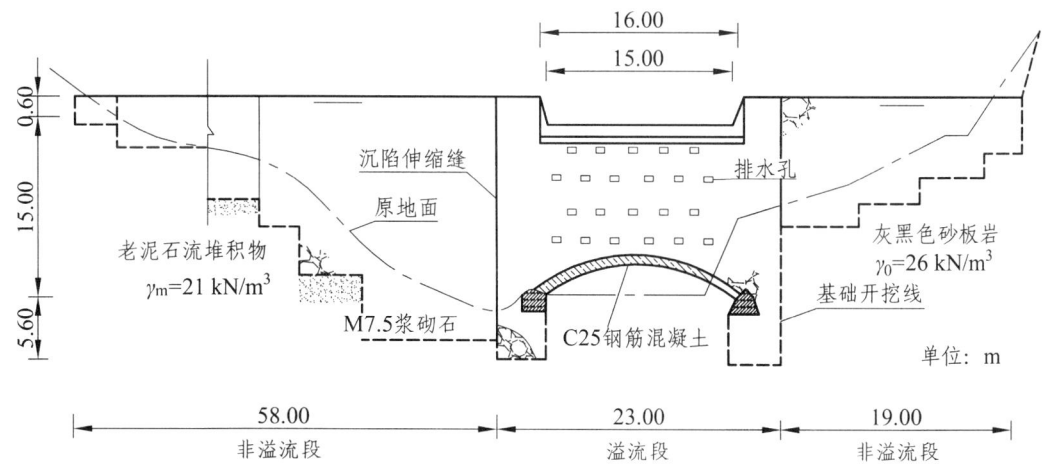

图 6.14 鹦歌咀拱基组合式圬工重力坝立面图[48]

对基底堆积深厚，坝基设置困难，但两岸坡有基岩作为承重拱的拱脚的坝位，可推广拱承结构。拱承坝是组合式重力坝，除承重的钢筋混凝土拱需特殊设计外，其余均按实体重力坝设计。

3）组装坝

"5·12"震后，在施工运输条件极为困难的山区，尝试采用材质轻便的格宾网编制框格，就地采石填腹制成正方体石笼，彼此连接而组装成石笼拦沙坝。但其抗力有限，仅能适用于低矮谷坊，且格宾的使用寿命还未经长期检验。

《设计规范》中推出的组装式拦沙坝，是用预制的钢筋混凝土长方体形箱体代替上述格宾石笼，在箱内填土，上下左右连接箱体，组装而成的拦沙坝，外立面形似砖砌墙。可用于运输困难的山区，但因箱体采用钢筋混凝土，其经济性有待实践验证。

附录6.1 半库工况讨论（蒋忠信《岩土》之5.3.2）

对黏性泥石流，**建议**半库工况的垂直力系为坝体自重 W_d + 前阵泥石流在上游坝斜面上沉积的土体重 W_s + 后阵泥石流在上游坝斜面上的流体重 W_c − 坝底水的扬压力 F_y（按最危险工况而未计坝顶溢流体垂直力）；水平力系为前阵泥石流在上游坝斜面上沉积泥沙的水平土压力 F_{dL} + 后阵黏性泥石流体侧压力 F_{cL} + 大石冲击力 F_c（图6.15）。

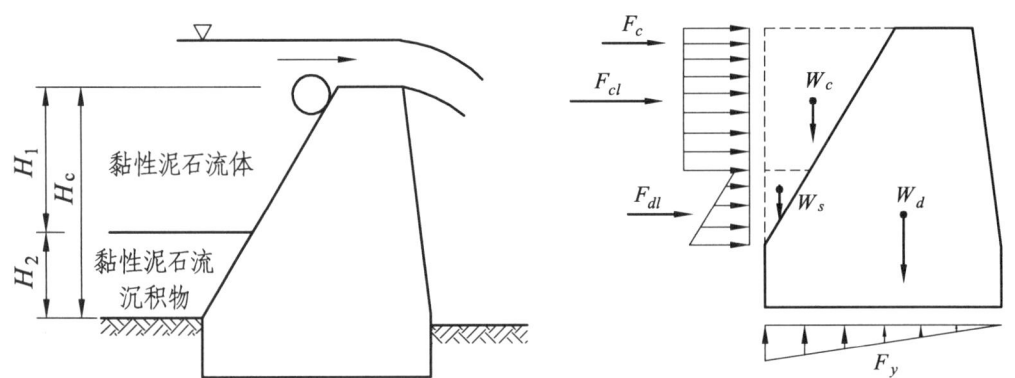

图6.15 拦沙坝半库工况过黏性泥石流的荷载组合简化模式

附6.1.1 坝的抗滑稳定性

坝的抗滑稳定系数：

$$K_C = \frac{\sum W \cdot f}{\sum Q} = \frac{(W_d + W_s + W_c - F_y) \cdot f}{F_{dL} + F_{cL} + F_c} \quad (6.45)$$

1）垂直合力 ΣW

因为淤土的饱和重度一般与黏性泥石流的重度（1.8～2.4）相近，故半库的垂直合力 ΣW 相近于空库工况。

2）水平力系 ΣQ

（1）流体侧压力 F_{cL}：

$$F_{cL} = \frac{1}{2} \times \gamma_c \cdot H_2^2 \cdot \tan^2\left(45° - \varphi_c / 2\right) \tag{6.27}$$

式中：γ_c 为泥石流重度，本例取 2 t/m³；

H_2 为后阵泥石流流深（m），$H_2 = H_c - H_1$，H_c、H_1 为坝的有效高、淤土厚度（m）；

φ_c 为泥石流内摩擦角（°），本例取 4°～10°。

即 $F_{cL} = (0.870 \sim 0.704) \cdot (H_c - H_1)^2$，单位为 t/m³，本节均同。

（2）淤土层主动土压力 F_{dL}：

应按双层填土模式计算，即将淤土层之上的泥石流体的重力作为附加荷载：

$$F_{dL} = \left(\gamma_c H_2 + \frac{1}{2} \times \gamma \cdot H_1\right) \cdot H_1 \cdot K_{a1} \tag{6.46-1}$$

当 $\gamma \approx \gamma_c$ 时，则

$$F_{dL} = \frac{\gamma}{2} \cdot (2H_c - H_1) \cdot H_1 \cdot \tan^2\left(45° - \varphi_s / 2\right) \tag{6.46-2}$$

式中：γ 为淤土饱和容重，$\gamma \approx \gamma_c$，取 2 t/m³；

φ_s 为淤土内摩擦角，取 25°。

即 $\qquad F_{dL} = 0.4059 \cdot (2H_c - H_1) \cdot H_1$。

（3）水平合力 $\sum Q = (0.870 \sim 0.704) \times (H_c - H_1)^2 + 0.4059 \cdot (2H_c - H_1) \cdot H_1$。

据之可知：$H_1 = 0$，为空库工况，$\sum Q = (0.870 \sim 0.704) \times H_c^2$；$H_1 = H_c$，为满库工况，$\sum Q = 0.4059 H_c^2$；$0 < H_1 < H_c$，为半库工况，$\sum Q$ 随淤土厚度的增大而减小（图 6.16）。

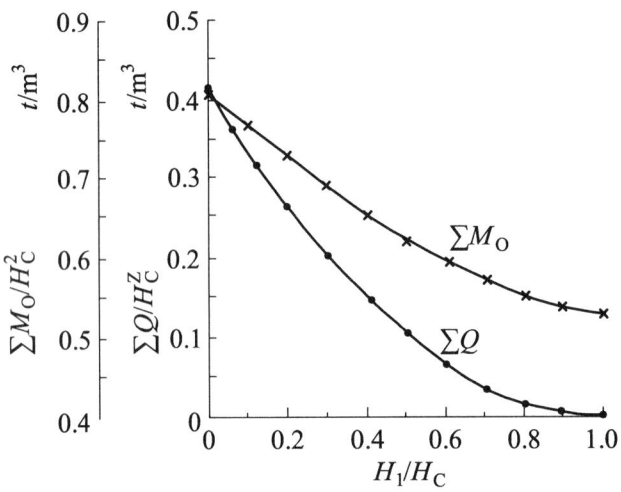

图 6.16 水平合力 $\sum Q$、倾覆力矩 $\sum M_0$ 随淤土厚度 H_1 的变化

（当 $\gamma_c = \gamma_d = 2 \text{ t/m}^3$、$\varphi_c = 6°$、$\varphi_s = 25°$、$F_{cL} \geqslant F_{vL}$ 时）

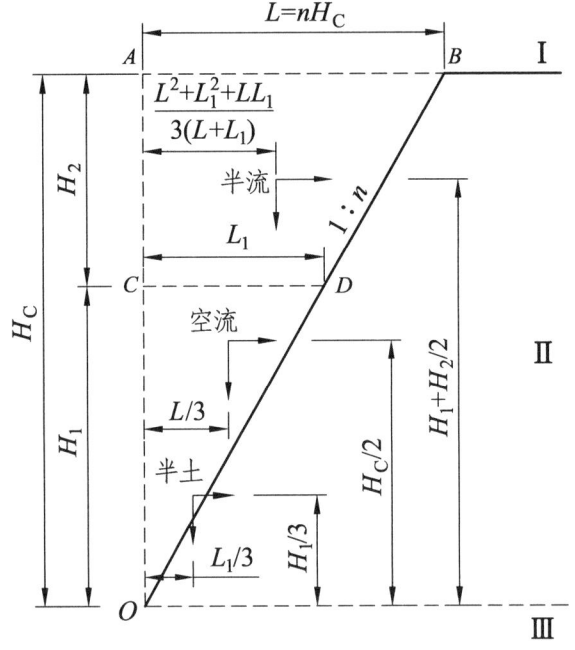

图 6.17 坝上游斜面满盈时的空库和半库力臂示意图（《岩土》中标注有误）

（空流—空库流体 OAB 合力点，半土—半库下部淤土 OCD 合力点，半流—半库上部流体 $CABD$ 合力点）Ⅰ—溢流口，Ⅱ—坝体，Ⅲ—坝基。

例如，设 $\varphi_c = 6°$，H_1/H_c 为 0、0.1、0.2、0.3、0.4、0.5、0.6、0.7、0.8、0.9、1.0 时，$\sum Q$ 为 H_c^2 的 0.810 7、0.733 8、0.665 0、0.604 3、0.551 6、0.507 1、0.470 7、0.442 3、0.422 1、0.409 9、0.405 9 倍。

据上，鉴于各工况下的垂直合力 ΣW 相近，故抗滑稳定系数仅与水平合力 ΣQ 成反比关系，即抗滑稳定性在空库工况下最小，在半库工况下随淤土厚度的增高而呈减速度地逐渐增大，至满库工况下达到最大。

附6.1.2 坝的抗倾稳定性

坝的抗倾稳定系数：

$$K_y = \frac{\sum M_y}{\sum M_0} = \frac{MW_d + MW_s + MW_c - MF_y}{MF_{dL} + MF_{cL} + MF_c} \quad (6.47)$$

因半库工况下后阵泥石流体的水平侧压力的合力作用点（力臂）比空库工况有所提高，虽其水平合力 ΣQ 比空库小，二者之积（水平力矩 ΣM_0）半库是否比空库大，从而抗倾稳定性半库是否可能比空库低，还有必要具体分析。

1）抗倾力矩 ΣM_y

半库工况的极端条件为后阵泥石流满库而未溢，以此作为对比分析的基础。

对特定坝，满盈时，抗倾覆力矩中，坝体自重力矩 MW_d、扬压力力矩 MF_y 为定值。与空库上游坝斜面上流体重的抗倾力臂相比，半库下部淤土 W_s 的抗倾力臂稍大，上部流体 W_c 的又稍小，综合估计，半库（$W_s + W_c$）的加权抗倾力臂应与空库相近，故半库（$MW_s + MW_c$）抗倾力矩也与空库相近（图6.17）。综上可近似认为，半库与空库的总抗倾力矩 ΣM_y 不变。

2）倾覆力矩 ΣM_0（以 $\varphi_c = 6°$、$\gamma_c = \gamma_d = 2$ 为例）

（1）倾覆力臂：当黏性泥石流满盈时，相对于空库，半库中大石冲击点位置不变，从而冲击力矩 MF_c 不变；流体侧压力 F_{cL} 着力点 Z_c 有所提高［式（6.48）］，淤土土压力 F_{dL} 着力点 Z_d 有所降低［式（6.49）］。

（2）流体侧压力的力矩：$MF_{cL} = 0.4054 \times (H_c - H_1)^2 \cdot (H_c + H_1)$。

（3）淤土层土压力的力矩：$MF_{dL} = 0.1353 \cdot (2H_c - H_1) \cdot H_1^2 \cdot \left(\dfrac{3H_c - 2H_1}{2H_c - H_1} \right)$。

$$Z_c = (H_1 + H_c)/2 \quad (6.48)$$

$$Z_{\mathrm{d}} = \frac{H_1}{3} \cdot \left(\frac{3H_{\mathrm{c}} - 2H_1}{2H_{\mathrm{c}} - H_1} \right) \qquad (6.49)$$

（4）综合流体侧压力力矩和淤土层土压力力矩，得总的倾覆力矩：

$$\sum M_0 = 0.405\,4 \times \left(H_{\mathrm{c}} - H_1 \right)^2 \cdot \left(H_{\mathrm{c}} + H_1 \right) + 0.135\,3 \cdot \left(2H_{\mathrm{c}} - H_1 \right) \cdot H_1^2 \cdot \left(\frac{3H_{\mathrm{c}} - 2H_1}{2H_{\mathrm{c}} - H_1} \right)$$

据之可知：$H_1 = 0$，为空库工况，$\sum M_0 = 0.405\,4 H_{\mathrm{c}}^3$；$H_1 = H_{\mathrm{c}}$，为满库工况，$\sum M_0 = 0.135\,3 H_{\mathrm{c}}^3$；$0 < H_1 < H_{\mathrm{c}}$，为半库工况，$\sum M_0$ 随淤土厚度的增大而减小。

如本例，H_1/H_{c} 为 0、0.1、0.2、0.3、0.4、0.5、0.6、0.7、0.8、0.9、1.0 时，$\sum M_0$ 为 H_{c}^3 的 0.405 4、0.365 0、0.325 4、0.287 5、0.251 9、0.219 7、0.191 5、0.168 1、0.150 4、0.139 2、0.135 3 倍（图 6.16）。

据上，鉴于各工况下的抗倾力矩 $\sum M_y$ 相近，故抗倾稳定系数仅与倾覆力矩 $\sum M_0$ 成反比关系，即抗倾稳定性在空库工况下最小，在半库工况下随淤土厚度的增高而呈减速度地逐渐增大，至满库工况下达到最大。

3）结论与讨论

（1）结论：据以上分析，坝的抗滑、抗倾稳定性均在空库工况下最低，满库工况下最高，半库工况下居中，且随淤土的加厚而有所提高。因此，是否一定要再计算半库工况的稳定性，值得推敲。

（2）讨论：上述分析基于某些假设条件，定量结果仍是近似的。其中，关于重度的假设不会影响定性规律，因为垂直力与水平力同时与重度成正比例关系；当泥石流流速相当大时，流体的动压力可能大于侧压力，改按动压力进行上述分析较复杂，但不致出现颠覆性的结果。

此外，上述分析是建立在 6.2.5 所建议的坝的力系组合和算式的基础之上的，这些观点尚未达成共识。因此，坝的半库稳定性计算问题尚容进一步探讨。

附录6.2 稀性泥石流拦沙坝偏心距算例

［图 6.9（b），蒋忠信《岩土》之 5.3.3］

一稀性泥石流（重度 $\gamma_{\mathrm{c}} = 16.0$ kN/m³，$\gamma_{\mathrm{s}} = 26.5$ kN/m³，$\gamma_{\mathrm{w}} = 10$ kN/m³）拦沙坝，有效高 $H_{\mathrm{c}} = 8$ m，顶宽 2 m，内坡 1∶0.6，外坡 1∶0.15，坝基直立，故底宽 $b = [8 \times (0.6 + 0.15) + 2] = 8.0$ m；坝踵埋 1.5 m，坝趾埋 $h = 2.5$ m（平均埋深 2.0 m），坝全高 $H = 10$ m；溢流口厚 2 m，过流深 2.0 m；淤积砂砾的综合内摩擦角 $\varphi = 34°$（饱和土 φ 取 25°），孔隙度 n

= 0.35，饱和重度 γ = 20.7，浮重度 γ' = 10.7 kN/m³；泥石流流速 6.5 m/s，大石体积 4 m³（D = 2 m），坝段长 15 m；坝上下游水位差 8 m，扬压力系数取 0.6，按护坦垂裙底所计水力梯度 i = 0.5。C15 混凝土坝之混凝土重度 23 kN/m³，基底摩擦系数 0.5。

1）垂直力

坝体自重 W_d = [(8 + 2)/2 × 8 + 8 × 2] × 23 = 1 288.0 kN/m（各工况）；

上游坝斜面上泥石流体重 W_c = [(8 × 0.6)/2 × 8] × 16.0 = 307.2 kN/m（空库），或土体重 W_s = [(8 × 0.6/2) × 8] × 20.7 = 397.4 kN/m（满库）；

坝顶溢流体重 W_f = (2 + 8 × 0.6) × 2 × 16 = 217.6 kN/m（满库）；

水的扬压力 F_y = $0.5 K \gamma_w L \Delta H$，水头折减系数 K 据表 6.2 取 0.6，L 为坝底长（m），ΔH 为坝上下游水位差（m），空库按泥面高，满库按地下水位取值；据实测[16]，满库内地下水位约为有效坝高的 3/5，故 F_y = 0.5 × 0.6 × (8 + 2) × 8 × 10 = 240.0 kN/m（空库），或 F_y = 0.5 × 0.6 × 10 × 8 × (8 × 3/5 + 2) = 163.2 kN/m（满库）。

垂直力系 ΣW：

空库 $\Sigma W = W_d + W_c - F_y$ = 1 288.0 + 307.2 - 240.0 = 1 355.2 kN/m；

满库 $\Sigma W = W_d + W_s + W_f - F_y$ = 1 288.0 + 397.4 + 217.6 - 163.2 = 1 739.8 kN/m。

2）水平力

空库：分别据式（6.24）、式（6.26）、式（1.53）计算。

泥沙水平土压力：

$$F_{dL1.3} = \frac{1}{2 \times (1-0.35)^2} \times 20.7 \times \left(\frac{16-13}{26.5-10}\right)^2 \times 8^2 \cdot \tan^2\left(45° - \frac{25°}{2}\right) = 21.0 \text{ kN/m}$$

水的侧压力 $F_{L1.3}$ = 0.5 × 13 × 8² = 416 kN/m。

每米坝体所受大石冲击力 F_c = 0.3 × 6.5 × (4 × 26.5/0.000 5)^0.5/15 = 59.9 kN/m。

满库：分别据式（6.16）、式（6.15）计算。

水平土压力 F_{aL} = 0.5 × 10² × [(10.7 + 0.35 × 10 × 0.5) × tan²(45° - 34°/2) + 10 × (1 - 2 × 0.35 × 0.5)] = 501.0 kN/m。

坝前被动土压力 F_p = 0.5 × 20.7 × 2.5² × tan²(45 + 25/2) × 1/3 = 53.1 kN/m。

水平力系 ΣQ：

空库 $\Sigma Q = F_{dL} + F_{wL} + F_c$ = 21.0 + 416 + 59.9 = 496.9 kN/m；

满库 $\Sigma Q = F_{aL} - F_p$ = 501.0 - 53.1 = 447.9 kN/m。

3）空库工况稳定性与偏心距（对《岩土》中相应内容有校正）

抗倾覆力臂：对 $W_d = 3.49$ m（计算略），

对 $W_c = 4.8 \times 2/3 + (2 + 1.2) = 6.40$ m，

对 $F_y = 8 \times 2/3 = 5.33$ m（三角形分布）。

故抗倾覆力矩：$MW_d = 1288.0 \times 3.49 = 4\,495.1$ kN·m，

$MW_c = 307.2 \times 6.40 = 1\,966.1$ kN·m，

$MF_y = 240 \times 5.33 = 1\,279.2$ kN·m。

合计：$\Sigma M_y = 4\,495.1 + 1\,966.1 - 1\,279.2 = 5\,182.0$ kN·m。

倾覆力臂：对 $F_{dL} = 2.5 + 21.0/20.7/3 = 2.84$ m，

对 $F_{wL} = 2.5 + 8/2 = 6.50$ m，

对 $F_c = 2.5 + 1.0$（最下排泄水孔底高）$+ 2/2$（粒径一半）$= 4.50$ m。

故倾覆力矩：$MF_{dL} = 21.0 \times 2.84 = 59.6$ kN·m，

$MF_{wL} = 416.0 \times 6.5 = 2704.0$ kN·m，

$MF_c = 59.9 \times 4.5 = 269.6$ kN·m。

合计：$\Sigma M_0 = 59.6 + 2\,704.0 + 269.6 = 3\,033.2$ kN·m。

抗倾覆稳定系数：$K_y = 5\,182.0/3\,033.2 = 1.708$，满足规范要求；

抗滑稳定系数：$K_c = 1\,355.2 \times 0.5/486.8 = 1.392$，满足规范要求。

偏心距：$e = 8/2 - (5\,182.0 - 3\,033.2)/1\,355.2 = 4 - 1.586 = 2.414$ m，大于 $b/6$（1.333），超标。

应力重分布之 $\sigma_{max} = 2 \times 1\,355.2/(3 \times 1.586) = 569.8$ kN，坝趾应力过大，应据此重点审视坝基土的承载力是否满足。

4）满库工况（对《岩土》之相应内容有校正）

抗倾覆力臂：对 W_d、W_s、F_y 分别同空库工况之 W_d、W_c、F_y，$W_f = (2 + 0.6 \times 8)/2 = 3.4$ m。

故抗倾覆力矩包括：$MW_d = 4\,495.1$ kN·m，

$MW_s = 397.4 \times 6.40 = 2\,543.4$ kN·m，

$MW_f = 217.6 \times 3.4 = 739.8$ kN·m，

$MF_y = 163.2 \times 5.33 = 869.9$ kN·m。

合计：$\Sigma M_y = 4\,495.1 + 2\,543.4 + 739.8 - 869.9 = 6\,908.4$ kN·m。

倾覆力臂：$F_{aL} = (2.5 + 8)/3 = 3.5$ m，$F_p = 2.5/3 = 0.833$ m。

故倾覆力矩：$MF_{aL} = 501.0 \times 3.5 = 1753.5$ kN·m，$MF_p = 53.1 \times 0.833 = 44.2$ kN·m。

合计：$\Sigma M_0 = 1753.5 - 44.2 = 1\,709.3$ kN·m。

抗倾覆稳定系数：$K_y = 6908.4/1709.3 = 4.042$；

抗滑稳定系数：$K_c = 1739.8 \times 0.5/447.9 = 1.942$。

偏心距：$e = 8/2 - (6908.4 - 1709.3)/1739.8 = 4 - 2.988 = 1.012$ m，小于 $b/6$（1.333），满足要求。

此时坝基最大、最小应力：

$$\sigma_{max} = \frac{1739.8}{8}\left(1 + \frac{6 \times 1.012}{8}\right) = 382.5 \text{ kPa}$$

$$\sigma_{min} = \frac{1739.8}{8}\left(1 - \frac{6 \times 1.012}{8}\right) = 52.4 \text{ kPa}$$

5）扩大基础（加长坝趾）的空库工况偏心距与坝基应力

加 1.5 m 长之坝趾（约按混凝土刚性角 30°的扩散范围），则

坝体自重 $W_d = 1288.0 + 1.5 \times 2.5 \times 23 = 1374.2$ kN/m。

上游坝斜面上泥石流体重不变，$W_c = 307.2$ kN/m。

水的扬压力 $F_y = 0.5 \times 0.6 \times 10 \times (8 + 1.5) \times 10 = 285.0$ kN/m。

垂直力系 $\Sigma W = 1374.2 + 307.2 - 285.0 = 1396.4$ kN/m。

抗倾覆力臂变为：对 $W_d = 3.49 + 1.5 = 4.99$ m，

对 $W_c = 6.40 + 1.5 = 7.90$ m，

对 $F_y = (8 + 1.5) \times 2/3 = 6.33$ m。

抗倾覆力矩变为：$MW_d = 1375.2 \times 4.99 = 6857.3$ kN·m，

$MW_c = 307.2 \times 7.90 = 2426.9$ kN·m，

$MF_y = 285.0 \times 6.33 = 1804.9$ kN·m。

抗倾覆力矩合计：$\Sigma M_y = 6857.3 + 2426.9 - 1804.9 = 7499.3$ kN·m。

倾覆力矩（不变）：$\Sigma M_0 = 59.6 + 2704.0 + 269.6 = 3033.2$ kN·m。

偏心距：$e = (8 + 1.5)/2 - (7499.3 - 3033.2)/1396.4 = 4.75 - 3.198 = 1.552$ m 小于 $b/6$（1.583），满足要求。

此时，坝基最大、最小应力均远小于原满库工况：

$$\sigma_{max} = \frac{1396.4}{8 + 1.5}\left(1 + \frac{6 \times 1.552}{8 + 1.5}\right) = 263.8 \text{ kPa}$$

$$\sigma_{min} = \frac{1396.4}{8 + 1.5}\left(1 - \frac{6 \times 1.552}{8 + 1.5}\right) = 2.9 \text{ kPa}$$

第 7 章 泥石流排导槽设计

在拦排结合中，对沿沟两侧有保护对象的沟段，过流能力不足或避免淤积而需加大排泄能力的沟段，均设排导槽排输泥石流。仅一侧有保护对象的沟段可仅设单边防护堤。拦沙为主辅以排洪的则称排洪沟，设计参照排导槽。

应按不同纵坡和不同过流断面加以分段进行设计。不同纵坡段的流速有别，从而流深和过流断面有差异，排护工程结构不同，分段设计才能满足精度要求。当然分段也不宜过细与零碎。

排导槽的设计流程如下：
① 确定设槽的沟段后进行流路及归流段、出流段的平面设计；
② 据合理纵坡与挖填工程进行纵剖面设计；
③ 据流速、流量与空间条件初拟槽的横断面形状与尺寸以及材质；
④ 据断面的水力半径与材质的糙率反演流速，通过迭代修改断面；
⑤ 边堤、铺底、特殊段等结构设计以及可能的凹岸超高、尖底、跨沟桥涵设计。

排导槽设计图件应包括：
① 平面图（要标注弯道段的起讫点与半径，凹岸超高段及渐变段）；
② 纵剖面图（两边堤不等高或有凹岸超高时分左、右分别绘制）；
③ 代表性横断面图（起点、终点、平面转折处、民房挟持处、跨沟桥涵、不同槽宽段、不同高度段、凹凸岸段、大填大挖段、加糙段、尖底段以及软底槽不同埋深段）；
④ 结构大样图（显示不同高度边堤、不同结构槽底及加糙结构）。

设计报告中要突出过流检算、超高计算、稳定性检算、软底槽冲刷计算及必要的加糙计算，汇总计算参数与结果。

7.1 平、纵、断面设计

7.1.1 平面

平面上，排导槽应基本遵循原沟道，过流宽度尽量上下游一致，以避免大量填挖；应尽量顺直，有转角时应圆顺化，使流态不复杂化，弯道半径应不小于槽底宽度的 8~10 倍

（稀性）或 10～20 倍（黏性）[图 7.1（a）]；并应避免对民房、道路桥涵的拆迁。

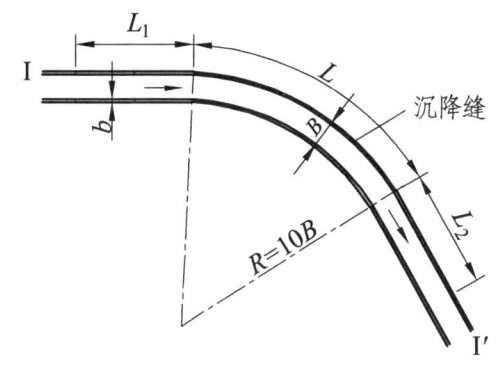
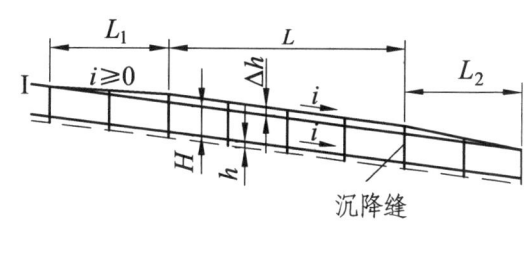

（a）平面　　　　　　　　　　　　　（b）凹岸边堤立面

L—凹岸加高段；L_1—上游渐变段；L_2—下游渐变段；R—凹岸曲率半径；B—槽（沟）宽；b—边堤顶宽。

H—边堤（槽）净高；h—边堤（槽底板）埋深；Δh—凹岸超高高度；i—沟床（堤顶）纵坡。

图 7.1　排导槽（防护堤）凹岸设计示意图

入口作归流工程，以八字堤（或半八字）导流封口，归流喇叭口要够长，避免绕流成灾。出口力求放在被主河切割成陡坎的扇缘，向主河下游斜向交汇 30°～60°，做成喇叭口散流并加大纵坡（大于 8%），尾部作防冲处理（齿墙）。

震后一些大型泥石流堆积扇中脊凸起，沟道绕边弯流于聚居区中，因纵坡缓，过流能力不足而漫淤成灾，可取直沟道入主河避灾。如治理汶川 2013 年 7 月 10 日成灾的苏家沟、安夹沟泥石流的排导工程，均从出山口向下取直沟道入岷江。取直可加大纵坡与过流能力，也避开了毗邻原沟道的居民区和大禹山庄，工程费用比改扩建原沟形成长大排导槽要省。

取直方案的关键是纵坡设置与起端挖方。取直段纵坡过陡时，要采用喇叭状散流和槽底加糙措施。入口段有深挖方时必须加强其边坡的支护以确保稳定，并妥善处置开挖的大量弃方。取直的起端设归流坝，且宜设双溢流口（洞），从次溢流口（洞）流入原沟，维持村民和山庄的正常生产生活用水与景观水流。

川甘公路火烧沟黏性泥石流，年均冲出土体 7.45 万立方米，断道 20 d，急需设排导槽。1968 年开挖深 3 m、宽 10 m、长 380 m 之排导槽，纵坡由 11.3%变为 8%，次年冲出泥沙 6 万立方米，盈沟漫流。当年冬又开挖深 5.5 m、底宽 7 m、长 500 m、纵坡 10.4%之梯形排导槽，进口建八字坝，槽顶低于桥梁底 1.4 m。1973 年坝前堆积物近 5 万立方米，又另建长 200 m 之新坝，终于控制了漫流。为加大扇上排导槽的纵坡，1976 年还在新扇上转角补修一段排导槽[49]（图 7.2）。两次改沟完善了以下要点：入口导流停淤，沟槽加深收窄放陡，缩短流程，加大出口与基准面的落差，借主河顶冲促泄。

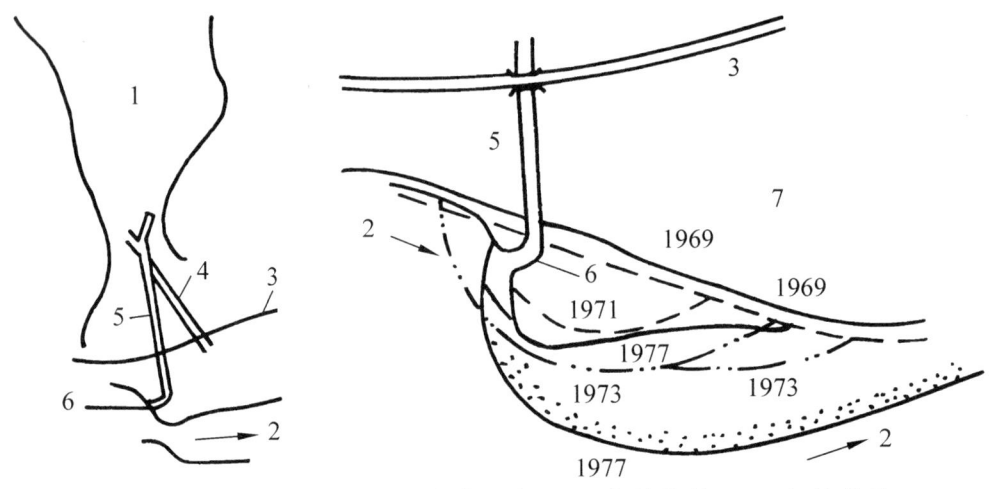

1—火烧沟；2—白龙江；3—川甘公路；4—老排导槽；5—新排导槽；
6—1974年增建槽段；7—各年堆积扇及河滩线。

图7.2 川甘公路火烧沟泥石流排导槽图[49]

7.1.2 纵面

纵向上，槽的纵坡要合理。据实际按经验法、类比法或实验选择合理纵坡，尽量不淤，防冲问题则在结构设计中解决，最好按（临界）不淤纵坡设计。

视原沟道纵坡以挖填工程尽量平衡的原则分段设计，纵坡变化较大时分段变坡以避免冲、淤和大填大挖，且相邻段间纵坡差异不要过大。变纵坡处、陡降段做好消能处理，包括陡降段的肋槛、台阶、凸榫加糙，变坡处的消能井（池）等。

相对于原流通段沟道，排导槽的截面加深收窄且糙率变小，致流速增大，不淤纵坡变缓。不淤纵坡据经验法、类比法或实验公式确定。

排导槽不淤纵坡有以下经验供参考，建议对稀性泥石流取3%~10%，对黏性泥石流取5%~16%，重度愈小、宽/深比愈接近2.0、铺底愈光洁、泥沙愈细小，取区间中愈小值。

1) 按流通段的不淤纵坡折减

比照流通段沟道的截面积，铺底槽的不淤纵坡为流通段沟床不淤纵坡的75%~85%。此时，纵坡减缓致流速降低仅约10%，而铺底槽的糙率系数远大于自然沟道，致流速大幅提高，可见此经验值安全裕度较大。

堆积区纵坡难达此要求时，则将排导槽加深缩窄后形成急流槽。急流槽的底坡大于临界坡（见9.2.2），水流不脱离槽身，其水力计算参见文献[24]。急流槽必须满足以下条件[3]：

$$\left.\begin{array}{r}\omega_g \cdot v_{cg} = \omega_l \cdot v_l \\ v_{cg} \geqslant v_l\end{array}\right\} \quad (7.1)$$

式中：ω_g、v_{cg} 分别为急流槽的过流断面面积与流速；

ω_l、v_l 分别为流通区的过流断面与流速。

2）经验

（1）成昆、东川两铁路经验。

上述的沟床不淤纵坡还可据成昆、东川两铁路的经验（图 7.3）初步评判，其中 I 区为淤积坡，III 区为不淤输移坡，II 区是否淤积应进一步调查[3]。据此，重度 2.4 t/m³、1.8 t/m³、1.3 t/m³ 泥石流的不淤纵坡最小分别为 80‰、110‰ 和 65‰，重度 1.2 t/m³ 的高含沙水流为 60‰。但其对重度大于 1.8 t/m³ 的黏性泥石流，重度愈大不淤纵坡反而愈小的机理不明，可能与重度大则易在槽底和槽壁形成粘附层而加速流动有关。

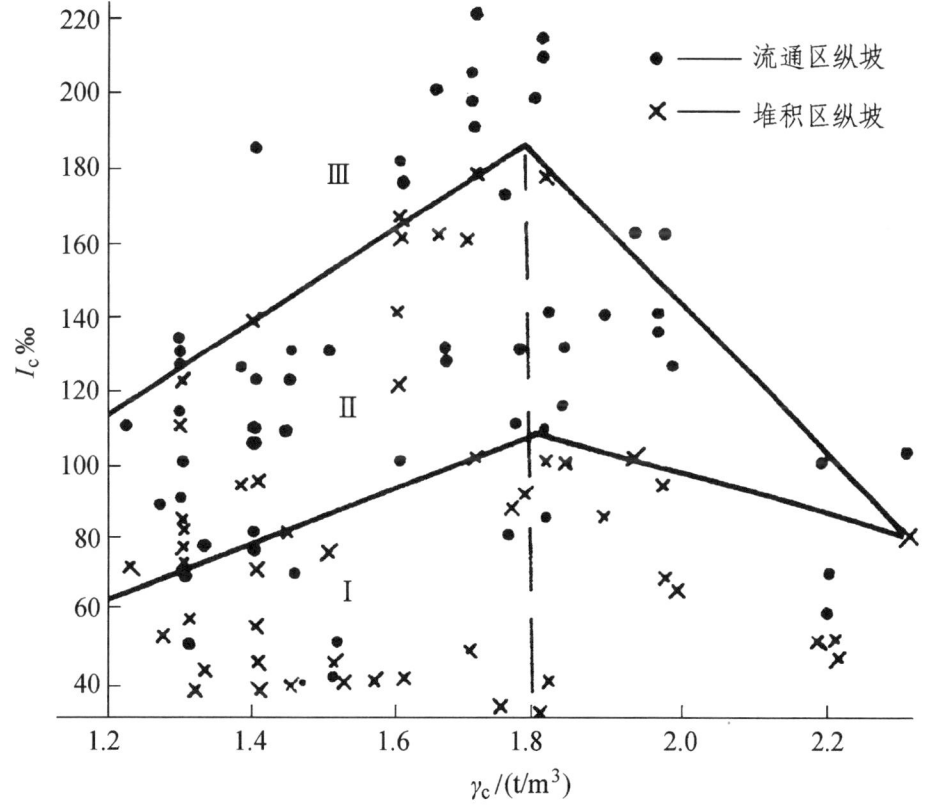

图 7.3 不淤纵坡评判曲线[3]

据此经验，排导槽的偏于安全的不淤纵坡，对稀性泥石流为 5%~9%，重度大则取大值；对黏性泥石流为 9%~6%，重度大则取小值。

（2）**陈宁生和甘肃经验**。

据陈宁生和甘肃经验，合理纵坡的经验值[50]：稀性 3%～7%/10%，黏性 5%～18%，流体重度大则取其中大值。

上述经验值区间较大，且未综合考虑槽的水力半径与糙率，不易取值。

（3）**游勇实验**。

对含粗颗粒的泥石流，可试用游勇经实验得出的最小不淤纵坡 J 的如下经验式[51]：

$$J = 0.062 + 0.11 \frac{\gamma_\text{C}}{\gamma_\text{s}} \tag{7.2}$$

式中：γ_C 与 γ_s 分别为泥石流与固体物质的重度。

此为特定槽道条件下的经验公式，也有其局限性。设 γ_s 为 2.7，γ_C 为 1.3、1.8、2.4，则据式（7.2）算得 J = 11.5%、13.5%、16.0%，此值与上述经验值相比，对稀性泥石流偏高，对黏性泥石流取值偏高且范围更窄。

（4）**中国科学院兰州冰川所经验**[24]。

最小纵坡，对重度 γ_C 为 1.3～1.4、1.4～1.5、1.5～1.6 的稀性泥石流分别为 3.5%、4.0%、4.5%，对 γ_C 为 1.6～1.8 的过渡性泥石流为 5%～7%，对 γ_C 为 1.8～2.2 的黏性泥石流为 8%～15%。

3）建议

综合以上经验与公式，建议排导槽的不淤纵坡，对稀性泥石流取 3%～10%，重度愈小、宽深比愈接近 2.0、铺底愈光洁，则流速愈大，不淤纵坡愈缓，应在区间中取愈小值；泥沙粒径愈小，则所需流速愈小，也应取愈小值。对黏性泥石流取 5%～16%（《设计规范》中放宽为 18%）；其重度与不淤纵坡的关系有不同经验，容再研究。

汶川郭家坝新安置点位于主河低阶地上，被 3 条稀性泥石流沟平行穿过，纵坡最小的不足 20‰，增大纵坡会导致大段公路抬坡，工程量大且影响路旁商铺，排导槽只好按公路不抬坡采用偏低的纵坡，分别为 25‰、30‰ 和 40‰，材质为混凝土，仍为平底槽，因改尖底会导致主河倒灌出口段，是否淤槽尚待实践检验。

7.1.3 断面结构形式

1）初拟槽的横断面形状与尺寸

按原沟道宽度或民房挟持的空间或既有跨沟桥涵的净宽初拟槽的宽度（尽量保持全程等宽以不恶化流态），再据铺底圬工不被冲刷的容许流速（见后表 7.1）与断面过流流量求算所需过流断面面积，从而初拟槽的形状与深度。再分段与纵坡进行组合，使初拟的各段过流断面均与过流能力相匹配。尽量不深挖成槽。

过流流量按过坝重度降低后有所减小的泥石流流量计，但坝可被淤满者仍按峰值流量控制。

$$槽深 = 泥石流泥深 + 常年淤积高度 + 弯道超高 + 安全高（0.5\sim1.0\ \text{m}）\quad(7.3\text{-}1)$$

安全高度在进口段应大于出口段；桥跨段应更大，不小于 1.0 m。

2）断面形式

排导槽断面形式甚多，有梯形、矩形、三角形、弧底形，稀性泥石流以较窄深为宜，黏性泥石流以梯形、矩形为宜；低频时可为梯形复式断面，底部窄槽排洪水（图 7.4）。

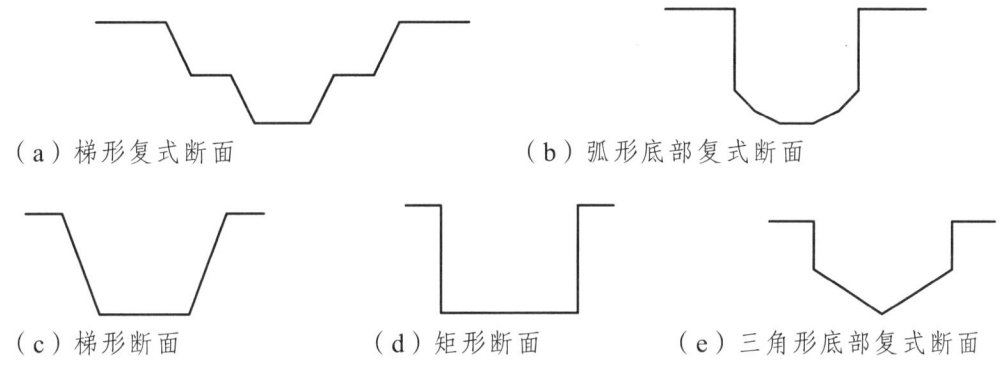

（a）梯形复式断面　　　　（b）弧形底部复式断面

（c）梯形断面　　（d）矩形断面　　（e）三角形底部复式断面

图 7.4　排导槽横断面形式[13]

据游勇推导，当 $1:m$ 边坡的边坡系数 m 不大于 $4/3$ 时，以梯形断面最优；m 大于 $4/3$ 时，以三角形复式断面最优，三角形两底边的 m 取 $3.33\sim10$[52]。

3）宽深比

槽宽除考虑原沟道、民房、桥涵等因素外，还不应小于 $(2.0\sim3.0)$ 倍最大粒径。

槽的宽/深比一般取 $2\sim6$，推导出的槽过流断面的水力最佳宽/深比为 2，此时相同过流断面的水力半径最大，从而流速与过流能力最大；过于深窄也不能加大流速，会适得其反。

最佳宽/深比推导：设矩形槽过流断面的底宽为 B，水深为 h，则湿周 $L = B + 2h$，由 $B = L - 2h$，得水力半径 $R = hB/L = h(L-2h)/L = h - 2h^2/L$，对 h 取一阶导数并令为 0 可得最佳水力半径。由 $(h - 2h^2/L)' = 1 - 4h/L = 0$，得 $h = L/4$，即 $B = 2h$。

据此，在不突破容许流速的前提下，尽量将宽深比调整为 2.0 左右，以减小断面，减少圬工。

分析：

（1）设槽的宽深比 B/h 为定值 N，则一方面有 $R = B/(N+2)$，即水力半径随槽的加宽而成正比地增大；当宽深比最佳（$N=2$）时，$R=B/4$，即水力半径为槽宽的 1/4。另一方面又有 $R=Nh/(N+2)$，即水力半径随槽的加深而成正比地增大；当宽深比最佳时，$R=h/2$，即水力半径为槽深的 1/2。综合这两方面，$R^2=[B/(N+2)]\times[Nh/(N+2)]$，即 $R=\dfrac{\sqrt{N\cdot B\cdot h}}{N+2}$；当宽深比最佳时，$R=\sqrt{0.125\cdot B\cdot h}$。

（2）上述宽/深比为 2 最佳是针对矩形槽的。对梯形槽，如用平均槽宽，则最佳宽/深比会略小于 2.0。例如，边堤内坡为 1：0.2，则最佳宽/深比约为 1.84。这是因为断面上存在流速由上而下变小的梯度，故相同断面面积的平均流速，梯形断面比矩形大[见后式（8.7）]。

（3）严格地说，宽/深比 2 最佳是针对水流和黏性泥石流。对稀性泥石流，因为除水力半径外，糙率也会影响流速。一方面，从 1.2.4 推论，宽/深比大于 2 致一定值时，其边堤致糙减速的影响会小于水力半径减小的减速作用，流速最大的宽/深比应约为 4。另一方面，宽/深比大于 2 后，槽的圬工（边堤＋铺底）将逐渐增加，最佳宽/深比应为使单位圬工相应的过流能力达到最大。对应最大效益比，经验算，稀性泥石流排导槽的最佳宽/深比为 2～4，比黏性泥石流排导槽稍宽坦。

7.1.4 坝下排护工程的泥石流重度与流量的重新厘定

过坝后，排护工程的泥石流特征参数相对于天然沟道中会有所变化，设计中不能沿用勘查所得泥石流特征参数值，而应根据工程体系重新计算与调整，主要包括过坝后流体重度与峰值流量的厘定，以及排导槽断面平均流速的计算。

1）过坝流体重度 γ_c

《设计规范》中分拦全粒径和只拦大粒径两种情况。对拦全粒径的实体坝，其过坝后的流体重度视库容大小按其表 A.1（附录 7.1）折减；对只拦大粒径的缝隙坝，则按其式（A.1）（附录 7.1）计算过坝后的流体重度。

讨论（附录 7.1）：

（1）在拦与排相结合的工程体系中，拦沙坝并不一定能拦住工程有效期内所暴发泥石流的全部固体物质，一旦坝被淤满后，过坝前后的流体重度应基本不变。因此，表 A.1 对重度的折减，适用于以拦为主、工程有效期内坝不会被淤满的工况（《设计规范》正式文本已注明）；对拦排结合、工程有效期内坝会被淤满的工况，过坝流体重度应不予折减。

（2）实践证明，历经多次泥石流后，缝隙坝的缝隙会被堵死。因此，《设计规范》

中式（A.1）适用于低频泥石流，且预计工程有效期内缝隙坝不会被堵死（《设计规范》正式文本已注明）；对中高频泥石流，预计工程有效期内缝隙坝会被堵死的工况，过坝流体重度则不宜按式（A.1）折减。

（3）《设计规范》中表 A.1 还可探讨。例如，表 A.1 中最大折减系数为 0.7，要使折减后的重度为 1.3，折减前的重度就要为 1.857，太大，有不宜用于稀性泥石流之虑。故宜注明：$\gamma'_C < 1.3$ 时按 $\gamma'_C = 1.3$ 计。

（4）式（A.1）中 $\left(\gamma'_C = \dfrac{\gamma_W + k \cdot \varphi \cdot \gamma_H}{1 + k \cdot \varphi}\right)$，$k$ 定义为拦截固体物质占全部固体物质的比重；φ 为天然状态下泥石流泥沙修正系数：$\varphi = (\gamma_C - \gamma_W)/(\gamma_H - \gamma_C)$。

该式似有误。当拦截全部固体物质时，出库应为清水流，即 $\gamma'_C = \gamma_W$；但据式（A.1），由 $k = 1$，得 $\gamma'_C = \gamma_C$。相反，当不拦截固体物质时，$k = 0$，出库应为原泥石流，即 $\gamma'_C = \gamma_C$；但据式（A.1）得 $\gamma'_C = \gamma_W$。因此，式（A.1）中参数 k 应定义为"未拦截固体物质占全部固体物质的比重"。如 k 仍用原定义，则式（A.1）应修正为

$$\gamma'_C = \frac{\gamma_W + (1-k) \cdot \varphi \cdot \gamma_H}{1 + (1-k) \cdot \varphi}$$

2）过坝泥石流峰值流量 Q'_C

对工程有效期内坝不会被淤满或不被堵死的工况，坝有削峰作用，过坝洪水峰值流量 Q'_P 按《设计规范》中表 A.2 折减。对工程有效期内坝会被淤满或堵死的工况，则可不予折减。

在堵塞系数不变的条件下，过坝泥石流峰值流量 Q'_C 为

$$Q'_C \propto \left(1 + \frac{\gamma'_C - 1}{\gamma_H - \gamma'_C}\right) \cdot Q_P \quad (7.4)$$

即 Q'_C 同时与 γ_C、Q_P 相关。在工程有效期内坝不会被淤满或不被堵死的工况下，过坝流体的 γ_C、Q_P 同时有所折减，应按折减后的 γ'_C、Q'_P 值与堵塞系数计算 Q'_C。

7.1.5 迭代修改断面

厘定槽高的泥石流泥位应通过迭代计算得出，即先据经验取容许流速值→再与峰值流量结合初拟出截面面积与泥位→据此泥位计算水力半径→据水力半径、纵坡和铺底圬工的糙率系数计算流速。如此反复迭代，直至所得流速与输入流速相一致（偏差宜不大于 2%），此时的泥位才为所求。

算例：某泥石流重度为 1.6 t/m³，入矩形排导槽的峰值流量为 120 m³/s，顺应原沟道设槽，底宽为 7.5 m，纵比降为 90‰，平底，铺浆砌石。据表 7.1 取容许流速为 8 m/s，则过流断面应为 15 m²，泥深应为 2.0 m。浆砌石糙率据表 1.5 取 0.032（迭代中宽深比的调整幅度甚小，相应的糙率变幅一般小于 2%，故取定值，简化运算），水力半径为 15/(7.5 + 2×2.5) = 1.200，据式（1.9）得流速为

$$V_C = 0.631 \times \frac{1}{0.032} \times 1.200^{0.733} \times 0.09^{1/2} = 6.761 \text{ m/s} \times 0.09^{1/2}$$

迭代：

① 按流速为 6.761 m/s，则过流断面为 17.96 m²，泥深为 2.366 m，水力半径为 1.451 m，得流速 V_C = 7.771 m/s；

② 按流速为 7.771 m/s，则过流断面为 15.44 m²，泥深为 2.059 m，水力半径为 1.329 m，得流速 V_C = 7.189 m/s；

③ 按流速为 7.189 m/s，则过流断面为 16.69 m²，泥深为 2.226 m，水力半径为 1.391 m，得流速 V_C = 7.534 m/s；

④ 按流速为 7.534 m/s，则过流断面为 15.93 m²，泥深为 2.124 m，水力半径为 1.356 m，得流速 V_C = 7.395 m/s。

至此，计算流速 7.395 m/s 与输入流速 7.534 m/s 基本一致，仅相差 1.9%，故泥深取后两次的均值，约为 2.2 m。安全高取 0.5 m，则槽深设为 2.70 m。

此时槽的宽深比 = 7.5/2.2 = 3.41，在稀性泥石流最佳宽深比范围，可行。如果排黏性泥石流，则偏于宽浅，如有可能，将槽宽调为 7.0 m，假设流速 7.50 m/s，则过流断面面积为 17.14 m²，泥深为 2.449 m，水力半径为 1.441 m，得流速 V_C = 7.732 m/s，不大于浆砌硬石容许流速。故调整后的矩形槽的参数：宽 7.0 m，过流深 2.5 m（槽深 3.0 m），过流断面面积 17.5 m²，流速 7.7 m/s，过流能力 134.8 m³/s，宽深比 2.8。

7.1.6 槽底宽度和泥深的经验式[1]

1）结合流通段沟床特征、槽底宽度的西南铁科所经验

除考虑原沟道、民房、桥涵等因素外，槽底宽度还不应小于（2.0～3.0）倍最大粒径，深度不小于 1.2 倍最大粒径。比照流通区，还有以下经验供参考。

槽设计宽度 B ≤ 流通段沟道宽度 × (流通段沟床纵坡/槽设计纵坡)^a （7.3-2）

稀性泥石流 a 取 2.0，黏性泥石流 a 取 2.3。此式基于稀性泥石流流速与纵坡平方根成正比，尚未体现宽度变化对水力半径进而对流速的影响，有待实践验证。

2）泥深的昆明铁路局经验

排导槽中的泥深 H_c，昆明铁路局结合流通段沟床特征有以下估算公式：

对稀性泥石流：

$$H_c \geqslant \left(\frac{n_l}{n_c}\right)^{1.5} \left(\frac{I_l}{I_c}\right)^{0.75} \cdot H_l \quad \text{（小型铺底槽）} \quad (7.5\text{-}1)$$

$$H_c \geqslant \left(\frac{I_l}{I_c}\right)^{0.75} \cdot H_l \quad \text{（无铺底大型槽）} \quad (7.5\text{-}2)$$

对黏性泥石流：

$$H_c \geqslant \left(\frac{K_l}{K_c}\right)^{1.5} \left(\frac{I_l}{I_c}\right)^{0.3} \cdot H_l \quad \text{（小型槽）} \quad (7.6\text{-}1)$$

$$H_c \geqslant \left(\frac{I_l}{I_c}\right)^{0.3} \cdot H_l \quad \text{（大型槽）} \quad (7.6\text{-}2)$$

式中：n_l、n_c 分别为流通区、排导槽的糙率系数；

I_l、I_c 分别为流通区、排导槽的纵坡；

K_l、K_c 分别为流通区、排导槽的流速系数；

H_l 为流通区的泥深。

7.1.7 特殊段的处理

做好进、出口段的衔接和变坡处的消能处理以及过既有桥涵的处理。

进口段可与坝衔接做八字堤导流，或采取设导向潜坝、引流导流堤等入流防护措施，喇叭口收缩角不大于25°（稀性）、15°（黏性），长度不小于5～10倍泥面宽度，高度向收缩口渐增。

出口段力求放在被主河切割成陡坎的扇缘，向主河下游交汇30°～60°，以利主河输沙。一般做成喇叭口并加大纵坡（>8%），但受洪水顶托者应渐变收缩以高速冲入主河，高度向出口端升高；出口尾部作齿墙防冲。

变纵坡处、陡降段做好消能处理，包括陡降段的肋槛、台阶、凸榫加糙（具体见1.2.5），变坡处的消能井（池）等。

进桥涵渐收窄至与桥涵等宽时，渐变段的收缩角不宜大于5°（黏性）~10°（稀性）[23]。过流能力不足的既有桥涵尽可能采用清淤、改用混凝土铺底、平底改尖底等加大流速的措施，避免改扩建。新建桥涵纵坡宜顺原沟道纵坡，不宜设得过缓或设成平坡，从而不减小过流能力（见9.2.1）；纵坡过陡时，桥涵底可设为阶状以消能，桥台上下游则不等高。桥梁在沟中有中墩时，应设鱼嘴状防冲墩或防冲套筒。

7.2 排导槽结构设计

一般要求：
（1）结构尺寸取值单位：槽的宽、深取0.2 m，边堤的埋深、厚度与铺底厚度取0.1 m。
（2）纵向间隔15~20 m设伸缩-沉降缝。缝要竖直，宽2~3 cm，防水材料填塞。
（3）堤身不留泄水孔，堤背不填反滤层。
（4）材质：边堤尽可能用浆砌石，缺石料时用低标号混凝土，切忌用漂卵石砌筑；铺底视相应流速用浆砌石或混凝土，防冲时用高标号混凝土。
（5）浆砌外观：砌体砂浆要饱满，顶面用砂浆抹平，立面勾阴缝或阳缝。
（6）挖填平衡：不深挖成槽，挖方尽量回填堤后，减少弃方处置。但回填边坡不能过陡而不稳定，亦不宜过缓而占地过多，也不一定要回填到顶。

7.2.1 边堤与凹岸加高

1）边堤

作为厘定堤高的依据的泥石流泥位通过迭代计算得出后，基于设防标准下的泥位按式（7.3-1）确定边堤的顶高。铺底槽边堤埋深至泄床坊工底面即可，不按冲刷深度厘定；软底槽则按冲刷深度加安全值（一般取0.5 m）确定埋深。

确定堤的全高后，分软底槽与铺底槽进行堤的断面设计。

（1）无坊工铺底的软底槽，据堤前泥石流体的侧压力或斜冲时的冲击力工况与堤背土压力工况分别按挡土墙检算，按控制工况进行结构设计，结构的安全性适中即可。泥石流侧压力和冲击力按实体坝的表6.4所列公式计算 F_{cL}/F_{vL}、F_c，但应注意按冲击夹角 α 的折减，且内侧流体压力要减去外侧土体的被动土压力。

堤背回填土尽量与槽底挖方相平衡，不全高回填时，外侧土压力按实际回填土高度计，上部空堤高度不计。

（2）圬工铺底或有防冲肋的铺底槽，均对边堤形成了支撑，使堤不受抗滑稳定控制，而受抗倾控制，故堤身可较薄，抗剪断强度足够即可；重点以铺底圬工顶面为支点进行堤的抗倾稳定性检算，但因支点已提高且边堤和泄床整体浇筑，致堤的倾覆力臂减小且额外增加了抗倾黏结力，其抗倾能力也大增。因此，堤的稳定性检算可大加简化。

不同高度的堤的受力大小有差异，应分高度进行结构检算与断面设计，稳定性偏高则应优化堤的断面，堤顶纵向要向上下游顺接不呈台阶且不形成反坡，在被沉降缝划分的一个堤段进行渐变。

小型槽的边堤和泄床多整体铺砌；大中型槽则分离式铺砌，包括《设计规范》中推介的用钢筋混凝土箱体的组装式结构。各种铺砌均应沿纵向间隔 15～20 m 设伸缩-沉降缝，用防水材料填塞。

2）凹岸加高

加高高度按 1.7 确定的凹岸超高值（凹凸岸泥位差的一半）。按加高后的高度进行截面检算。

加高段为凹岸全段（转角较小时）或最大超高点前后段（转角较大时），向上下游应有过渡段，墙顶不能形成阶梯状，向上游的过渡段要形成一定纵坡，不能呈反坡［图 7.1（b）］。但过渡段也不能过长，其长度取（0.5～1.0）倍弯道长即可（反例如都江堰市干沟，凹岸下游约 200 m 长直线段也全加高）；更不能在凸岸加高（如盐源骡马铺沟凹岸未加高，反而在凸岸加高）。

凹岸超高过大时，可在凹岸段设半幅防冲肋槛降速或设挑流堤导流归槽。如汶川锄头沟，为保映汶高速公路的 2014 汛期安全所设之应急排导槽，计算凹岸超高已达 2.5 m，再加大弯道半径又无可能，遂在凹岸段设半幅防冲肋槛加糙消能，同时因出口段与桥梁的交角甚小，为防泥石流直进溢流上路，设挑流堤将流体导入桥孔顺畅泄流。

此外，凹岸半径小、超高大时，对岸下游可能受凹岸的挑流斜冲，应加高受冲击段的堤高。冲高按式（1.55）计算，式中 α 采用斜冲的交角。对入口的导流八字堤，在泥深的基础上加冲高，算式同上。

1981 年 7 月 9 日利子依达泥石流，重度 23.5 kN/m³（巨石体积可达 100～300 m³）[53]，以 9.9 m/s 高速直扑利子依达大桥右岸桥台处的 S 弯，急拐而斜向通过大桥，在桥台处泥位高出铁轨 2.5 m，爬高 12 m，减高 16 m。过桥泥位由右至左剧降，在第 1 孔 32 m 梁段横向降低 11.6 m，在第 2 孔 44 m 梁段再横向降低 7.1 m。因而各孔流量分配极不均，凹岸的第 1 孔过流 2 865 m³/s，占 70%，第 2 孔过流 27.7%，第 3 孔几未过流，导致第 1 孔梁被泥石流卷走，列车坠入大渡河[3,22]（图 7.5）。

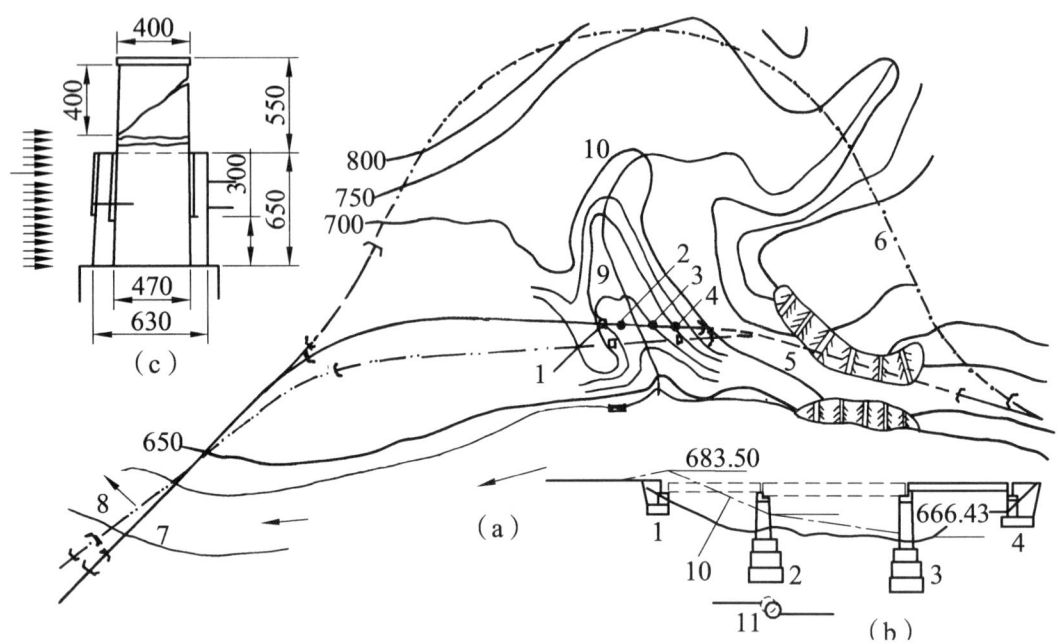

（a）平面图；（b）利子依达大桥泥位图；（c）#2墩防护及破坏图。
1~4—桥台/墩号；5—原建隧道；6—改建后隧道；7—大渡河大桥；8—研究线大渡河大桥；
9、10—泥石流主流及泥位线；11—#2墩破坏位移示意。

图 7.5　成昆铁路利子依达大桥泥石流灾害图[3]

附：2号墩剪断之计算印证

据式（1.52），泥石流流体按70°斜冲直径4 m之圆形C25混凝土桥墩，冲压应力 = $1.47 \times 23.5 \times 9.9^2 \times \sin 70°/9.81 = 324.3$ kPa，冲压面积为 $4 \times 4 = 16$ m²，冲压力为 324.3 kPa $\times 16$ m² = 5 188.8 kN；被剪断圆墩的截面积为 12.57 m²，故剪应力为 5188.8 kN/12.57 m² = 412.8 kPa。又巨石重 = 4 140 kN，则据式（1.53），巨石对桥墩的冲击力 $F = rV_C \sin \alpha \sqrt{\dfrac{W}{C_1 + C_2}}$，$r$ 取 0.3，$C_1 + C_2$ 取 0.000 5，则 $F = 0.3 \times 9.9 \times \sin 70° \times (4\,140/0.000\,5)^{0.5} = 8\,030.8$ kN，作用于剪断截面的冲击应力 = 8 030.8/12.57 = 638.9 kPa。流体与巨石的总剪应力为 412.8 + 638.9 = 1 051.7 kPa，大于C25混凝土容许剪应力（950 kPa），桥墩剪断，完成印证。[如果 $C_1 + C_2$ 取 0.005，则 $F = 2\,539.6$ kN，巨石冲击应力 = 202.0 kPa，总剪应力 = 614.8 kPa，小于C15混凝土容许剪应力（650 kPa），桥墩显然不会被剪断，说明将 $C_1 + C_2$ 取值由 0.005 降低为 0.000 5 对桥墩仍可能是合适的]。

7.2.2　排导槽类型

按实际调查和计算流速确定排导槽应防冲还是防淤，据之确定槽底工程类型。

防冲可铺底或设防冲肋，并可加糙或采用浆砌圬工以减速。防淤可合理调整槽的宽深比以加大水力半径，或做成 V 形槽，或采用混凝土铺底减小糙率，这些结构均可加大流速。

据槽底工程可将排导槽分为不设固底工程的软底槽；槽底间隔设防冲肋槛的肋底槽；槽底全铺砌的平底槽；既铺底又嵌肋槛的防冲槽；进一步加大流速的尖底 V 形槽（图 7.6）[54]；此外，《设计规范》中新推出梯潭型排导槽。注意：肋底槽与防冲槽从肋顶面或台阶顶沿起算槽深。

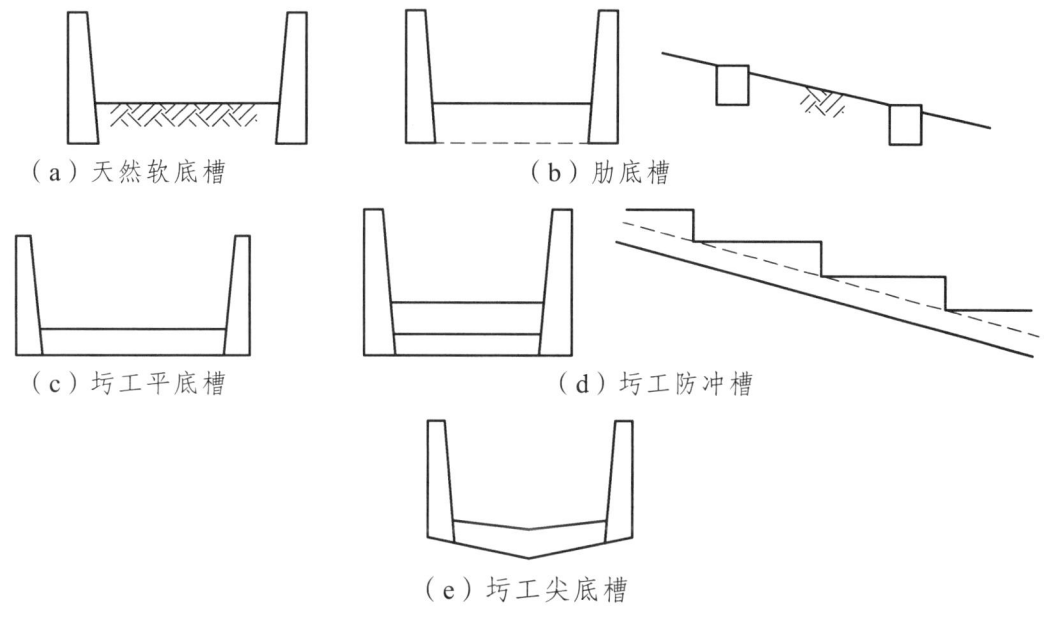

图 7.6 不同槽底的排导槽类型

1）软底槽

软底槽由两边堤挟持而成，不铺底，用于流速较小、沟道较宽、冲刷不深但又满足过流要求者。

此时，边堤按冲刷深度厘定埋深，所增圬工量有限，往往比铺底要省。结构设计比照防护堤（参见 8.3.2）。

2）肋底槽（对《指南》2014 版之相应内容有增补）

如流速稍大、冲刷稍深，边堤埋深较大，则可在槽底间隔设防冲肋，据式（1.10）计算横肋加糙后的糙率与流速。边堤按有肋横撑抗滑而优化结构。肋槛具防冲、减势之功能。其中，长度在中段不贯通的刺槛用于边堤防冲，并有利于水中生物顺沟浮游和常年水流（图 7.7 之 2）。

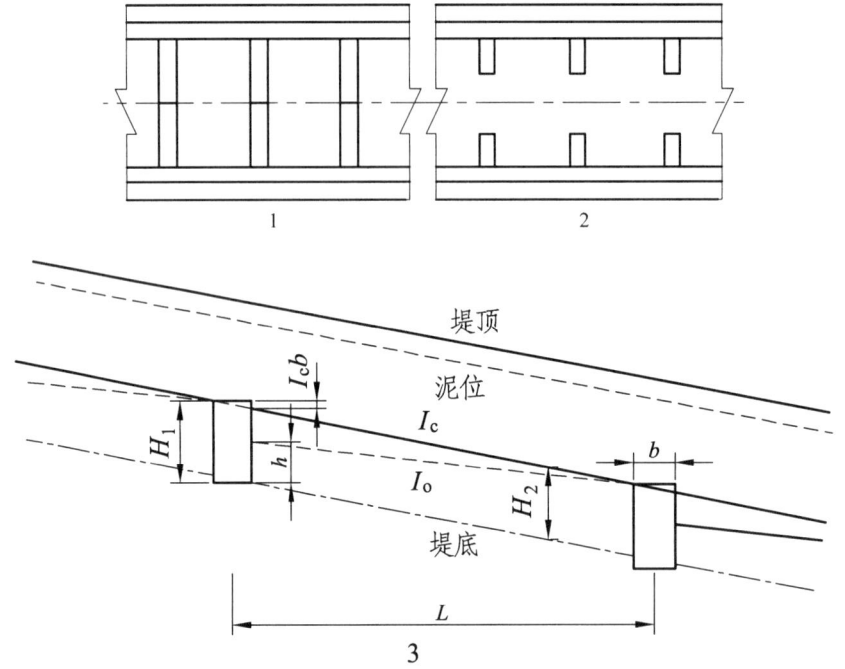

1—防冲肋槛平面；2—防冲刺槛平面；3—潜肋纵面；L—肋间距；b—肋顶宽；
H_1—肋全高；H_2—边堤埋深；h—安全深；I_c—沟床纵比降；I_0—回淤纵比降。

图 7.7 排导槽肋槛布置图（据文献[3]改补）

肋槛一般为矩形，肋厚不大于 1.0 m。按肋顶是否高出沟底，分为潜肋与防冲槛两种结构。边堤据肋槛减速后的冲刷深度减小埋深。潜肋的减速防冲作用不如防冲槛，但槽深不会如防冲槛那样加深，设防冲槛往往不比设潜肋合适（见算例）。

肋槛间距 L = 净埋深/[(0.5～0.75)槽纵比降]，纵坡愈陡则愈密。按肋净埋深 1.0 m，冲刷段纵坡 15%～20%计算，则肋距为 8.0～10.7 m，故肋距的经验值为 8～10 m；《设计规范》中表 K.2 将纵坡 10%～3%沟段的肋距放宽为 10～25 m，合理，但要论证如此缓至 3%的纵坡是否有设肋防冲之必要。

肋槛溢流面用石料或钢筋混凝土作防磨层，肋两端要与边堤密接。

为防肋下冲蚀，常用大石码砌于肋下，甚至在两肋之间全铺砌大石。

（1）潜肋槽。

对纵坡稍缓或尚未下切沟段，上游侧肋顶不高出沟底（下沿高出沟底 $b \times I_c$），成为潜肋（图 7.7 之 3）。潜肋底面深于其下相邻潜肋回淤面的安全深度 h，最小为潜肋全高 H 的 1/6，即按式（7.7-1）计算最小高度，也可与边堤埋深保持一致。

$$H_1 = b \times I_c + (I_c - I_0) \times (L - b) \times 7/6 \quad (7.7\text{-}1)$$

式中：I_c、I_0 分别为沟床纵比降、回淤纵比降（小数）；

b、L 分别为肋槛厚度、间距（m）。

设潜肋使沟底纵坡稍变缓，但糙率又稍变小，二者对流速的影响基本相互抵消，故潜肋的加糙减速效果甚微，其主要发挥控制下切、回淤防冲之作用，因此建议将边堤的埋深 H_2 按冲刷-回淤线控制，且加大安全储备至 1.0 m，即

$$H_2 = (I_c - I_0) \times (L - b) + 1.0 \quad (7.7-2)$$

边堤全高：

$$H = H_2 + b \times I_c + H_c + 0.5 \quad (7.7-3)$$

（2）防冲槛槽。

对纵坡较陡或已下切沟段，肋顶高出沟床 0.5~1.0 m，成为防冲槛。其下游侧高于沟床不大于 1.5 m。肋下游侧易冲刷悬空，其埋深以下游侧计，据冲刷检算［式（6.8）］并考虑安全值加以确定。因槽内泥深较大，槛上下的泥位高差较小，当槽底质较粗时，据式（6.8）所得冲刷深度会甚小，此时为安全计，宜按边堤冲深或实践经验确定槛的埋深。据经验，埋深一般不小于肋高的 1/2，且不小于 6h，以 1.5~2.5 m 为宜；全高 2.5~4.0 m。

堤的埋深按肋间段冲刷深度控制。按加肋后降低的流速确定泥深，并从肋顶标高起算，调整槽的深度。

3）平底槽

平底槽用于两种情况：一是不铺底则过流能力不足，如堆积扇上，用圬工铺底以降低糙率从而加大流速；二是冲刷深度较大，如陡降段，进一步加大边堤埋深则施工困难或不够经济，用圬工铺底防冲。

槽的截面和深度按铺底加速后的过流能力加以调整和优化。边堤埋深与截面均按有圬工底防冲和支撑加以优化。

平底槽材质一般选用混凝土。一般要求找平基底，等厚铺设，表面光洁。但在弯道段，可不等厚铺设，在凹岸边加厚，向凸岸边减薄；当需适当加糙时，表面亦可粗糙或用浆砌石。

4）防冲槽

当不铺底则过流能力不足，铺底又流速过大，超出圬工的容许流速时，则应既铺底又加糙。比如材质不用混凝土而用糙率较大的浆砌石，甚至在铺底之上再设横肋或台阶加糙，分别据式（1.10）计算或表 1.7 内插加糙后的糙率与流速。横肋结构可比照防冲槛，但不深埋于铺底以下。

槽的截面和深度按加糙降速后的过流能力加以调整，并以横肋或台阶顶沿起算槽的深度。

在纵坡较陡无须特别减糙时，铺砌还可用混合圬工。如袁锡明在黑水县芦花沟用少量混凝土作成边堤的顶肋、底肋和竖肋，与混凝土防冲槛组成立体框架，框架间用大块石或石笼镶嵌成槽，节省工程。

5）V形槽

V形槽用于纵坡过缓，铺底降糙后过流能力仍不足的山前区，即将平底改为尖底以进一步加大流速，详见7.3。

6）梯潭槽（详见《设计规范》中附录L.2）

梯潭槽用于纵比降过大（0.2以上），一般加糙措施尚不足以将流速降为容许流速的槽段。

其结构如图7.8。槽底由一定间距的阶梯段与其间的深潭段构成。阶梯段由上、下游端的齿墙及连接两齿墙顶的圬工底板构成，且底板纵坡缓于沟床。深潭段位于上阶梯段的下游端齿墙与下阶梯段的上游端齿墙之间，潭的底、顶分别与下阶梯段上游端齿墙的底、顶平齐；潭内铺钢索网箱，箱内充填块石。

由于各段的槽底纵坡比沟床缓，且在段末跌水于深潭消能，因此其降速减势的作用应较明显。但由于该新型槽尚未推广使用，其流速计算与结构参数还待进一步试验研究。

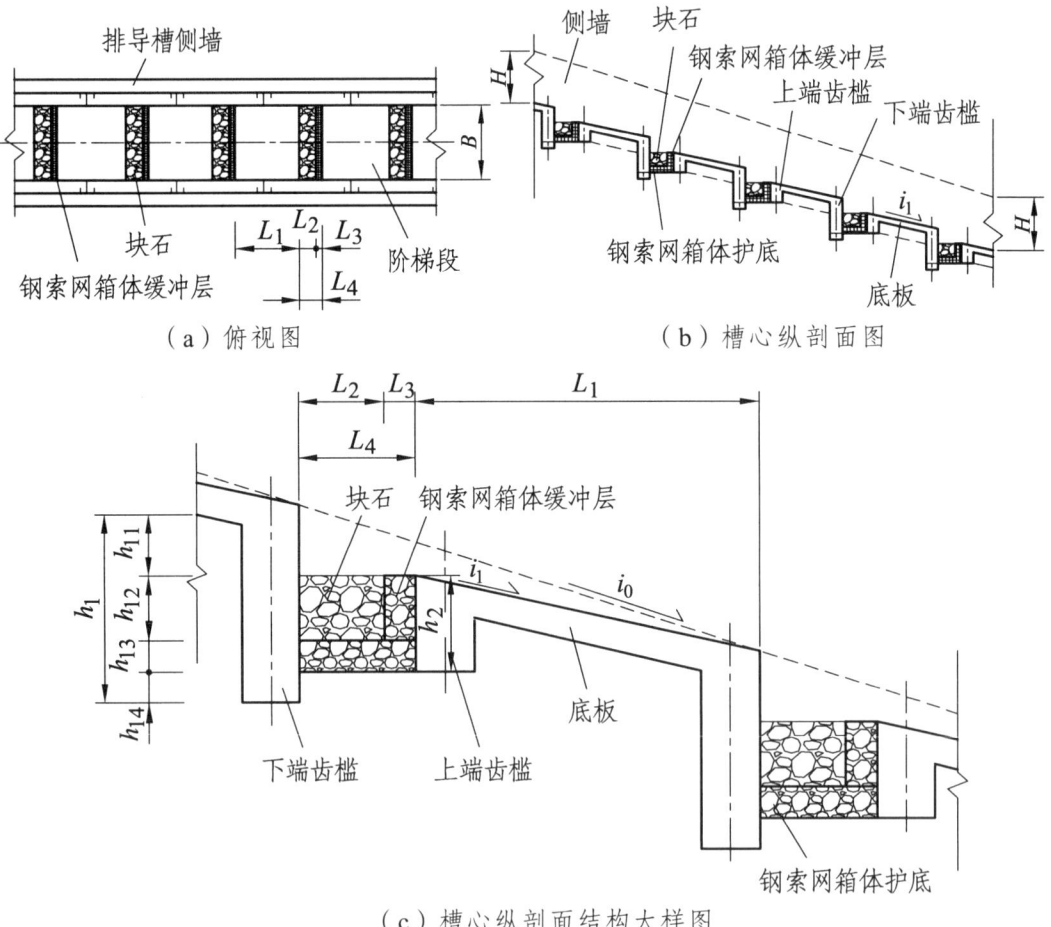

(a) 俯视图 (b) 槽心纵剖面图

(c) 槽心纵剖面结构大样图

图7.8 梯潭型泥石流排导槽示意图[20]

7.2.3 排导槽算例（对《指南》2014版中相应内容有增补与修正）

一纵坡降 0.2 的沟道过流量 90 m³/s、重度 1.6 t/m³ 的泥石流，为保护两岸民居，拟设排导槽。

（1）如设软底槽，宽 6.0 m，糙率为 0.08，经迭代据式（1.9）得泥深 3.0 m、水力半径 1.50 m、流速 5.0 m/s。沟道顺直，沟床质平均粒径 d_{CP} 为 0.25 m，据式（8.1）得冲刷深度 $= 0.1 \times 15.0/[0.25^{1/2} \times (3.0/0.25)^{1/6}] = 1.98$ m，边堤埋深取 2.0 + 0.5 = 2.5 m，全高 = 2.5 + 3.0 + 0.5 = 6.0 m，背坡直立，面坡 1:0.2，顶、底宽 0.8 m、2.0 m。每延米（双边）圬工 16.8 m³。

（2）因担心冲刷偏深，改设潜肋型肋底槽。潜肋间距 10 m，矩形截面，厚 1.0 m，埋深与边堤一致，全高 $H = 1.0 \times 0.2 + (0.2 - 0.2/2) \times (10 - 1) + 1.0 = 2.1$ m；每延米圬工为 $2.1 \times 6 \times 1.0/10 = 1.26$ m³。边堤埋深 $H_2 = (0.2 - 0.2/2) \times (10 - 1) + 1.0 = 1.9$ m，全高据式（7.7-3）为 $1.90 + 1.0 \times 0.2 + 3.0 + 0.5 = 5.6$ m，顶、底宽 0.8 m、1.92 m。每延米（双边）圬工 15.23 m³。每延米槽总圬工 16.49 m³，比软底槽稍少，可行。

（3）如果改设防冲槛型肋底槽。槛距 10 m，矩形截面，厚 1.0 m，上游端高出沟床 1.0 m。肋槛和边堤的埋深按加糙后的流速在堤底产生的冲刷深度厘定，冲刷深度分别据式（8.1）计算。

因系软底，加糙后糙率不能直接按铺底槽的肋槛公式计，而应按原糙率 0.08 加上加肋所增糙率[据式（1.10）约为 0.044 - 0.017 = 0.027]计，为 0.107，流速降为 3.85 m/s，泥深 H_C 相应加大为 3.90 m；据式（8.1），堤底的冲刷深度 = 1.90 m，埋深取 1.9+0.5 = 2.4 m，故边堤全高 = 2.4 + 1.2 + 3.9 + 0.5 = 8.0 m，比软底槽净增 2.0 m，显然不经济。

（4）如果改用厚 0.8 m 浆砌石铺底，每延米为 4.8 m³ 圬工，经济上可取。但此时糙率据表 1.5 取 0.031 5，流速增大为 12.0 m/s。此流速超过圬工的容许流速，不可行，还应加糙。

（5）采用台阶加糙，台阶高 1.0 m，间距 5 m，行洪糙率据表 1.7 内插为 0.037，行泥石流据表 1.5 再加 0.006 5，糙率取 0.043 5。迭代得泥深为 2.0 m，水力半径为 1.2 m，流速为 7.5 m/s，未超过圬工的容许流速，技术可行。所增台阶圬工每延米 = $5.0 \times 1.0/2 \times 6.0/5 = 3.0$ m³；槽深 = 2.0 + 1.0 + 0.5 = 3.5 m，边堤高 4.3 m，两边堤圬工每延米 = $(0.8 + 1.66)/2 \times 4.3 \times 2 = 10.58$ m³，加铺底圬工 4.8 m³，故每延米槽圬工共 18.38 m³，仅略多于潜肋槽，但因槽较浅而挖方工程减小，经济上与潜肋槽相当。

（6）结论：采用潜肋型肋底槽和台阶状防冲槽均经济可行。但肋底槽的冲淤较复杂，而台阶状防冲槽技术更成熟，应为首选，其结构：宽 6.0 m，有效深 3.0 m，阶沿高 1.0 m，阶距 5.0 m，流速 7.5 m/s，有效过流断面 = $(3.0 - 1.0) \times 6.0 = 12.0$ m²，过流能力 90 m³/s。

7.2.4 容许流速与流速计算注意问题

1）铺底排导槽容许流速

铺底排导槽的磨蚀是普遍而严重的问题。如龙川河伏牛沟泥石流，对设于成昆铁路伏牛隧道顶上的排导槽底部，每年磨蚀深 20 cm。震区泥石流排导槽的圬工铺底更易磨蚀，甚至钢筋外露，如汶川银杏坪沟；加肋槛者槛底亦会受冲砸，如汶川彻底关沟。

因此，铺底槽应按容许流速控制冲刷，从而确定铺底的材质与厚度以及是否再予加糙。容许流速采用断面平均流速，故与水深有关，水深愈大则容许流速愈大。当水深 1 m 时，浆砌圬工的容许流速为 6～8 m/s，C15～C20 混凝土为 7～8 m/s，钢筋混凝土为 10 m/s[24]。《设计规范》中表 K.4 所列未分水深，似仅适用于水深 1 m 时。

各种铺砌在不同水深时的容许流速如表 7.1，可知加大铺底厚度、提高圬工强度等级与石材硬度、布设钢筋，均可提高容许流速。

表 7.1 各种铺砌在不同水深时的容许流速（m/s）[24]

加固类型	结构	平均水深/m			
		0.4	1.0	2.0	3.0
干砌片石	厚 25 cm	3.5	4.0	—	—
	厚 30 cm	4.0	4.5	—	—
厚 35 cm50 号	浆砌片石	5.0	6.0	—	—
	浆砌坚硬片石	6.5	8.0	—	—
底面粗糙 C15	混凝土沟槽	—	8.0	—	—
混凝土护面	C20 混凝土	6.5	8.0	9.0	10.0
	C15 混凝土	6.0	7.0	8.0	9.0
	C10 混凝土	5.0	6.0	7.0	7.5
钢筋混凝土涵洞		—	10.0	—	—

2）计算排导槽断面平均流速的注意问题

（1）计算排导槽断面平均流速的参数不能沿用天然沟道的值。

① 水力半径 R_C：不能用平均泥深代替，而应以过流断面面积除以湿周：

$$R_C = \frac{H_C \cdot \bar{B}}{2 \cdot H_C + b} \quad (\text{m}) \tag{7.8}$$

式中：H_C——过流深（m）；

$\bar{B}$、b——槽的平均宽度、底宽（m）。

② 糙率系数 $1/n$：按槽底结构与材质选取 n 值，且在行洪糙率的基础上加以调整，一般不能用天然沟道的 $1/n$ 值。

（2）排导槽的行洪糙率 n。

① 软底槽（未铺底）与肋底槽（软底加埋入式潜槛），仍用天然沟道的 $1/n$ 值。

② 铺底槽：浆砌石 n 取 0.025，混凝土 n 取 0.017。

③ 加糙槽：包括在槽底加设横肋槛（肋高出槽底）、方块、台阶进行加糙处理，采用加糙后的行洪糙率。

（3）排导槽行泥石流的糙率。

在行洪糙率的基础上，乘以大于 1 的调整系数 k，则得行泥石流的糙率。当槽的宽/深比为 8、4、2、1、0.5 时，k 相应为 1.077、1.145、1.260、1.447、1.710。

7.2.5 冲刷深度

排导槽边堤的埋深因是否铺底而有区别。铺底槽边堤深至槽底圬工底面即可，不按冲刷深度厘定。对软底槽与肋底槽，槽底、肋下的冲刷，尤其是凹岸冲刷掏空是其损毁的主要原因，必须按冲刷深度 h_p 值加安全值（至少 0.5 m）确定基础埋深。边堤、防冲肋下的局部冲刷深度是设计的重要依据。

软底槽的边堤局部冲刷深度计算同以下 8.3.4 防护堤，用式（8.1）、式（8.2）、式（8.3）、式（8.4）计算（见后述）。肋底槽防冲槛下的局部冲刷深度计算同前拦沙坝的式（6.6）、式（6.8）。

潜槛冲刷深度 Δ 除用经验式（7.7-1）估算外，也可试用崔鹏团队以下理论公式计算[14]：

$$\Delta = \varphi \cdot (1-n) \cdot i_c \cdot L \tag{7.9}$$

式中：φ 为能耗系数，

$$\varphi = \frac{i_0 \cdot L + h_i}{i_c \cdot L} \tag{7.9-1}$$

n 为坡率折减系数，$n = i_0/i_c$，取 0.50～0.55；

i_0、i_c 为淤积纵比降、沟道纵比降；

L 为肋槛间距；

h_i 为肋槛能耗，

$$h_\mathrm{i} = \left(\frac{S_1}{S_2} - 1\right)^2 \cdot \frac{\alpha \cdot v^2}{2g} \cdot \gamma_\mathrm{C} \quad (7.9\text{-}2)$$

其中：S_1、S_2 为槛下、槛上的过流面积；

v 为设计流速；

α 为修正系数，取 1.05～1.10。

7.3 V 形槽

王继康设计并率先在云南使用 V 形铺底排导槽[55]。

7.3.1 V 形槽结构

V 形排导槽槽底为 V 形尖底，形成三维束流，增大泥石流流速，从而加大过流能力。断面形式有斜边墙形、直边墙形、底部复式 V 形和上下复式 V 形，见图 7.9。复式 V 形较少采用。

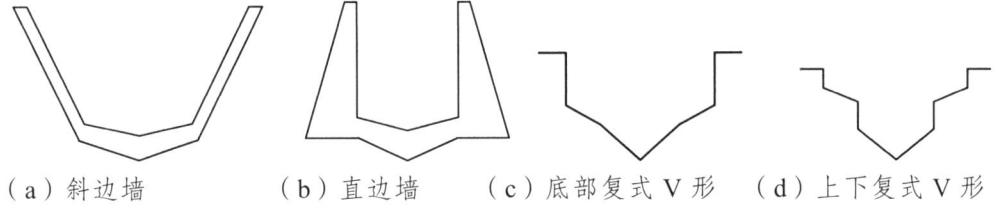

（a）斜边墙　　（b）直边墙　　（c）底部复式 V 形　　（d）上下复式 V 形

图 7.9　V 形排导槽横断面类型（据文献[13]修改）

V 形槽流速：将公式（7.10）所得综合比降 I_V 代入流速公式计算。

$$I_\mathrm{V} = \left(I_\text{纵}^2 + I_\text{横}^2\right)^{1/2} \quad (7.10)$$

式中：$I_\text{纵}$、$I_\text{横}$ 分别为纵比降与横比降。

成昆铁路及川滇经验值：350‰ ≥ I_V ≥ 200‰，$I_\text{纵}$ = 10‰～350‰，$I_\text{横}$ = 1:3～1:10；深宽比 1:1～1:3。最佳水力条件仅与边坡系数 m（坡率 1:m）相关，有[56]

$$h_1/h_2 = \sqrt{1+m^2} - 1 \quad (7.10\text{-}1)$$

式中：h_1 为槽上部矩形断面的水深；

h_2 为槽下部三角形断面的最大水深。

当 $m = 3.0$、10.0 时，最佳 $h_1/h_2 = 2.16$、9.05。

V 形的尖底处流速最大，磨蚀最强，冲毁时有发生，因此铺底厚度应中厚边薄。前人经验：当流速 $V_c < 8$ m/s、$8 \leq V_c < 12$ m/s、$V_c \geq 12$ m/s 时，槽心铺厚分别为 0.6 m、0.8 m、1.0 m，边堤顶宽分别为 0.5 m、0.6 m、0.7 m；并要在槽心 0.4 倍槽宽范围内用坚石、混凝土、钢纤维混凝土或钢筋混凝土护面，上述不同流速段的厚度分别为 0.0 m、0.2 m、0.3 m。

7.3.2 V 形槽断面平均流速计算问题

分析式（7.10）不难发现，当 $I_纵 = 0$ 时，$I_V = I_横$，还有流速，令人困惑；且 $I_横$ 权重过大，以所得 I_V 计算流速似偏大。据式（7.10）计算的平均流速与平底槽之比 K_V 为

$$K_V = [1 + (I_横/I_纵)^2]^{1/4} \tag{7.11}$$

可见，V 形槽横坡与纵坡之比 $K_I = I_横/I_纵 = 1$、6 时，$K_V = 1.19$、2.47，$I_横$ 的影响过大。据此商讨于下：

如图 7.10，在槽底斜面上，纵、横坡降的矢量和即为综合比降 I_V。但在纵剖面上，I_V 至沟底线有一转角 $β$，流速会因此有所折减。流速与坡降的平方成正比，故综合坡降 $I^2 = I_V^2 \times \cos β$。

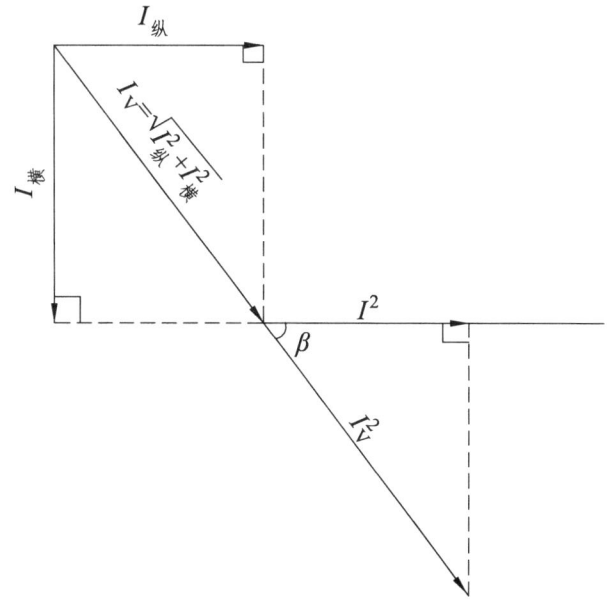

图 7.10 供讨论的 V 形槽综合坡降解析图

由 $\beta = \arctan(I_横/I_纵)$，得

$$I = \left\{\left(I_纵^2 + I_横^2\right) \times \cos\left[\arctan\left(I_横/I_纵\right)\right]\right\}^{1/2} \quad (7.12)$$

式（7.12）所得 I（小数）似为真正的纵合坡降，将其代入流速公式所得 V 形槽断面平均流速可能更合实际。

当 $I_纵 = 0$ 时，$I = I_横 \times \cos^{1/2}(\arctan\infty) = I_横 \times (\cos 90°)^{1/2} = 0$，消除了上述困惑。

当 $I_横 = 0$ 时，$I = I_纵 \times \cos^{1/2}(\arctan 0) = I_纵 \times (\cos 0°)^{1/2} = I_纵 \times 1 = I_纵$，合理。

据式（7.12）计算的流速与平底槽流速之比为

$$K_V = \left\{1 + \left(I_横/I_纵\right)^2 \times \cos\left[\arctan\left(I_横/I_纵\right)\right]\right\}^{1/4} \quad (7.13)$$

式（7.12）虽克服了逻辑之困，但所得 I 值比式（7.10）所得 I_V 要小得多，是否合理，尚待实践或实验检验。例如，$I_纵 = 0.10$，$I_横 = 0.15$，据式（7.10），$I_V = (0.1^2 + 0.15^2)^{1/2} = 0.180$；据式（7.12），$I = 0.180 \times \cos^{1/2}[\arctan(0.15/0.1)] = 0.180 \times 0.745 = 0.134$，$I$ 仅为 I_V 的 74.5%，相应的流速比为 0.863（平底为 0.745）。

据原式（7.11）与修正式（7.13），不同横、纵坡的 V 形槽与平底槽的断面平均流速之比值 K_V 如表 7.2 所示。

表 7.2　不同横、纵坡的 V 形槽与平底槽的断面平均流速之比值 K_V

V 形槽（$I_横/I_纵$）	1.0	2.0	3.0	4.0	5.0	6.0
式（7.11）K_V	1.19	1.5	1.78	2.03	2.26	2.47
式（7.13）K_V	1.09	1.22	1.33	1.42	1.5	1.57

刘建康等也发现了 V 形排导槽流速计算中的综合比降采用横、纵比降权重相等的方法［式（7.10）］不尽合理，通过室内模型试验，得到 V 形排导槽横、纵比降在泥石流流速计算中的权重分别为 0.75、1.30，验证出横比降在 V 形槽综合比降中的权重影响低于纵比降[57]。

7.4　其他问题

7.4.1　过流能力问题

不能粗放地将大段排导槽设为同一断面形式。排导槽应按不同纵坡、不同宽度的断面

分段进行过流能力检算。纵坡不同则流速不同，槽宽不同则泥深不同且流速不同，因而过流能力不同。据检算的过流能力逐段调整、优化槽的断面，但分段也不宜过于零碎。

最好是据设计流量分段反演槽的断面，槽宽不宜变化较大，以调整槽深来适应过流要求，如7.1.5的算例。对加糙段，槽的有效深度应从肋槛顶面或台阶阶沿起算，不从铺底面起算。

震区泥石流常因堵溃而峰值流量剧增，按正常工况设计的排导槽其过流能力不能适应，常淤漫成灾。如汶川七盘沟、桃关沟2013年7月10日泥石流。

震区崩滑的巨石甚多，排导槽应足够宽以顺畅泄石，槽底宽度应不小于2~3倍最大粒径。绵竹小岗剑的排导槽，满足过泥石流峰值流量的要求。但因原认为稳定的巨石在2012年8月17日超强暴雨下起动，下移卡住排导槽的进口，致泥石流漫出排导槽淤埋了汉清公路。

震区重建的跨槽的道路桥涵，不能压缩排导槽断面，避免泥石流从道路漫出。都江堰市干沟泥石流排导槽本较宽大（宽13 m，深3 m以上），建成后过流顺畅，村民赞许，被誉为样板。但当地后又在弯道处跨槽建桥，梁底低于槽顶，压缩了过流断面至少半米高，2013年7月10日泥石流就从桥头凹岸堤顶溢出，淤埋民房成灾。该桥后已拆除，凹岸边堤也进一步加高。

7.4.2 石笼

用石笼应急防冲，以格宾石笼为宜，钢筋石笼的防锈堪忧。

在2010年8月13日泥石流后的抢险工程中，为防新近堆积体的沉降影响，抢险工程的排导槽多未用圬工铺底，而改用防冲肋槛，且因工期与运输所限，肋槛和边堤均不用圬工砌筑，而开始采用钢筋石笼，以适应可能产生的不均匀沉降，如映秀红椿沟。

对新近堆积体中纵坡甚陡的固床护坡工程，如在文家沟中游的"5·12"地震滑坡堆积体中，阶梯状固底消能工程也采用了钢筋石笼。

钢筋石笼工效高，适用于抢险；钢筋石笼具柔性，适用于新近堆积体的地基。但其造价高，钢筋的永久性防腐问题也有待解决。按露天钢筋年锈蚀厚度不小于0.1 mm的经验值估算，钢筋石笼作为永久性工程令人担忧。

鉴于石笼的钢筋锈蚀严重，开始采用防锈的格宾石笼代替钢筋石笼。且格宾轻便，对运输困难沟段的固床工程更为适用，但格宾费用仍较高。要合理选用格宾的类型，作为坝下防冲层时其抗砸能力尚待验证。

比如，汶川牛塘沟上游的格宾石笼潜槛群，基本经受住了2013年7月10日超强泥石流的考验，仅一槛受损。但出于偷工减料或财评的原因，多数工点的石笼的格宾改用铅丝，致快速锈断，验收时石笼已解体，甚至灭失。

附录7.1 泥石流过坝后重度与流量折减讨论

（1）《设计规范》之表A.1。

表A.1 实施拦挡工程后泥石流重度 γ'_C 取值

库容 V	$V \leqslant 0.2Q_H$	$0.2Q_H \leqslant V \leqslant 0.5Q_H$	$0.5Q_H \leqslant V \leqslant 1.0Q_H$	$V \geqslant 1.0Q_H$
γ'_C	$0.9\gamma_C \leqslant \gamma'_C \leqslant 1.0\gamma_C$	$0.8\gamma_C \leqslant \gamma'_C \leqslant 0.9\gamma_C$	$0.7\gamma_C \leqslant \gamma'_C \leqslant 0.8\gamma_C$	$\gamma'_C = 1.3$

注：库容应为最上游一座坝至计算断面处所有坝体库容总和，γ_C 为天然状态下的泥石流重度。

讨论：

① $V \geqslant 1.0Q_H$ 宜为 $V > 1.0Q_H$，否则与其前的 "$\leqslant 1.0Q_H$" 相矛盾。

② 为严谨化，表列 V 与 γ_C 的变化趋势应相反，即表A.1的形式宜改写如下：

库容 V	$V < 0.2Q_H$	$0.2Q_H \leqslant V < 0.5Q_H$	$0.5Q_H \leqslant V \leqslant 1.0Q_H$	$V > 1.0Q_H$
γ'_C	$1.0\gamma_C \geqslant \gamma'_C > 0.9\gamma_C$	$0.9\gamma_C \geqslant \gamma'_C > 0.8\gamma_C$	$0.8\gamma_C \geqslant \gamma'_C \geqslant 0.7\gamma_C$	$\gamma'_C = 1.3$

③ 当 $\gamma_C < 1.857$ 时，$0.7\gamma'_C < 1.3$，即对稀性泥石流，查表会出现 $\gamma'_C < 1.3$ 的情况。故宜注明 $\gamma'_C < 1.3$ 时按 $\gamma'_C = 1.3$ 计。

（2）《设计规范》之式（A.1）：

$$\gamma'_C = \frac{\gamma_W + k \cdot \varphi \cdot \gamma_H}{1 + k \cdot \varphi} \tag{A.1}$$

式中：k——拦截固体物质占全部固体物质的比重；

φ——天然状态下泥石流泥沙修正系数，$\varphi = (\gamma_C - \gamma_W)/(\gamma_H - \gamma_C)$。

讨论：式（A.1）似有误。当拦截全部固体物质时，出库应为清水流，即 $\gamma'_C = \gamma_W$；但据式（A.1），由 $k=1$，得

$$\gamma'_C = \left(\gamma_W + \frac{\gamma_C - \gamma_W}{\gamma_H - \gamma_C} \cdot \gamma_H\right) \Big/ \left(1 + \frac{\gamma_C - \gamma_W}{\gamma_H - \gamma_C}\right) = \left(\frac{\gamma_H \gamma_C - \gamma_C \gamma_W}{\gamma_H - \gamma_W}\right) = \gamma_C$$

另外，当不拦截固体物质时，$k = 0$，出库应为原泥石流，即 $\gamma'_C = \gamma_C$；但据式（A.1）得 $\gamma'_C = \gamma_W$。

因此，式（A.1）中参数 k 应定义为"未拦截固体物质占全部固体物质的比重"。如 k 仍用原定义，则式（A.1）应修正为

$$\gamma'_C = \frac{\gamma_W + (1-k)\cdot\varphi\cdot\gamma_H}{1+(1-k)\cdot\varphi}$$

（3）《泥石流防治工程设计规范》之表 A.2。

表 A.2 削峰折减系数表

削峰折减系数 K	0.8～1.0	0.6～0.8	0.4～0.6	0.2～0.4
库容 V	$V \leq 0.2Q$	$0.2Q \leq V \leq 0.5Q$	$0.5Q \leq V \leq 1.0Q$	$V \geq 1.0Q$

注：Q 为计算断面处一次泥石流冲出物质总量。

讨论：

① V 应为扣除已淤积库容后之有效库容。

② 为严谨化，表列 K 与 V 的变化趋势应相反，即表 A.2 的形式宜改写如下：

削峰折减系数 K	1.0～0.8	0.8～0.6	0.6～0.4	0.4～0.2
库容 V	$V \leq 0.2Q$	$0.2Q \leq V \leq 0.5Q$	$0.5Q \leq V \leq 1.0Q$	$V \geq 1.0Q$

第 8 章 其他泥石流防治工程措施

除拦沙、排导工程外，与之配套或单独采用的其他泥石流防治工程措施主要有控沙的固坡工程（支挡、护岸）、固床工程（肋槛、潜坝）和停淤工程（停淤场），控水的分流工程（隧洞、改沟、调峰）、防护工程（导流-防护堤）和跨越工程（渡槽），水土保持的生物工程。

8.1 固坡工程

固坡工程针对沟岸的欠稳定的规模较大的崩塌、滑坡体，包括加固与护岸。

采取抗滑支挡工程加固崩塌滑坡体，使之不入沟为泥石流提供固体物源，理论上是防治泥石流的有效措施。但直接加固崩塌滑坡体，工程巨大，施工困难，治坡的效益往往不如治沟，故以往一般不予采用，而多在紧邻崩滑体沟段设坝或谷坊群回淤反压。例如汉源大渡河狮子沟泥石流以一体积 70 万立方米的滑坡为土源，剪出口高出沟底 1.5 m，遂建一高 18 m、库容 10 万立方米的拦沙坝，回淤长 500 m，滑坡处回淤厚 11.3 m，稳住了滑坡与大段岸坡[22]。

防止崩滑体入沟堵溃是治理泥石流的重点，当有崩滑堵沟溃决危险而又无条件设坝回淤压脚和设潜槛群防下切揭底时，须采用防崩塌滑坡的相应工程措施。

地震诱发的崩滑体松散，多因前缘遭沟水下切侧蚀而崩滑入沟，可能发生堵溃，因此要求采用抗滑固坡措施的呼声日高。对此，宜进行加固与护岸的方案比选，必要时综合采用，如对可能受冲蚀的沟岸段。

一般在现状基本稳定的崩滑体前缘设防护墙、堤或石笼防冲蚀，以免导致失稳坍塌。对崩滑体整体不够稳定者，再考虑设抗滑支挡工程，以综合了抗滑和防冲功能、深埋的桩板墙为上，有条件时也可采用其他抗滑措施。比如，对位于汶川县城南沟左岸、处于蠕滑阶段的一滑坡，拟采用传统的前缘填土反压措施固坡，反压体前缘则另设排导槽防其受冲蚀。

支挡、护岸工程应辅以防冲肋等固沟工程，避免沟水掏蚀使工程失稳。沟道纵坡甚陡段，支挡工程要考虑纵向稳定而加深基础。支挡工程还应辅以上游的归流措施，避免从支挡工程后冲空。例如，映秀烧房沟，在大滑坡堆积体所邻的主、支沟岸均设桩板墙防冲稳坡，同时辅以阶状固沟工程，完工后桩板墙前未被掏蚀，但山洪仍绕过归流堤冲入桩板墙后侧，掏蚀滑坡脚和桩基土，迅即强化归流工程并用土袋回填桩板墙后深槽，才得以安全度汛。

对崩滑体的抗滑支挡工程及其坡脚防护工程的设计，参见《技术》第二章。

8.2 控水工程——水沙分流、筑坝削峰与引水冲沙

控制水体工程包括水沙分流、筑库削峰和引水冲沙，条件具备时尽可能采用，有事半功倍之效。

控水措施是在泥石流流域清水区筑坝、修渠，或凿泄水洞将泥石流流域的洪水引入相邻非泥石流沟或本流域非泥石流支沟或主河以起到水沙分流的作用，或在泥石流沟中筑水库削减洪峰，起到削减泥石流规模的作用；而引沟水冲沙，则可起防淤作用。

如在金川八步里沟泥石流综合治理中，于大寨子支沟上游截流引水至相邻的河上湾沟，以控制体积28万立方米的滑坡体。设截流蓄水池两个，长2 km引水渠，蓄排能力共1.6万立方米，与50年一遇24 h洪水总量相当。竣工后已经受多年雨洪考验（图8.1）[58]。

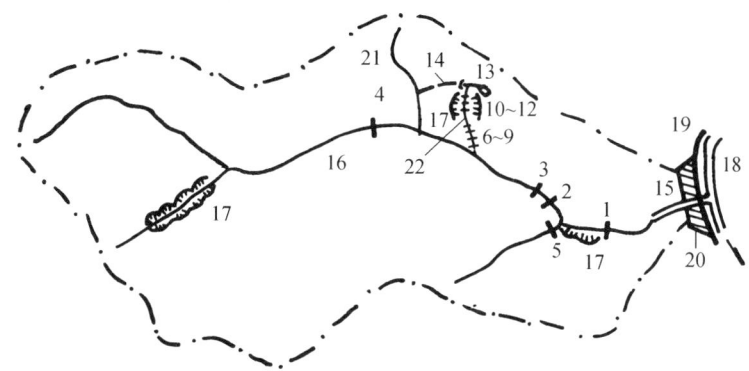

1~12—拦沙坝编号；13—蓄水池；14—引水渠；15—排导槽；
16—八步里沟；17—坍塌体；18—大渡河；19—公路；
20—县城；21—河上湾沟；22—大寨子沟。

图8.1 金川八步里沟泥石流防治图[58]

8.2.1 分水隧洞

分水隧洞是首选的水沙分流工程，设于泥石流主要形成区之上游，过流按汇水区高含沙水流峰值流量计。隧洞按相关规范设计，可作为分项工程委托有资质单位完成。

泥石流沟的分水隧洞多为无压、临界坡非淹没出流式的矩形洞，采用平底的城门洞式断面，二次复合衬砌，洞口避免偏压与浅埋，早进晚出以减少洞口仰坡和明洞工程。

通过水力计算，按临界水流状态（临界水深、临界流速与临界纵坡）进行结构设计。即根据设计流量、铺底类型所决定的容许流速，来确定经济合理的孔径与相应的洞前积水深度，并据洞前积水深度确定洞高。纵坡采用与容许流速相应的临界纵坡，既满足过流要求又避免底板冲蚀。各临界值的水力计算参见附录8.1。

例如，频发矿渣泥石流的石棉大洪沟，在中游凿隧洞将洪水排向相邻无矿渣的非泥石流沟，泥石流规模与危害剧减。后因隧洞检修期间突遭过流冲刷，洞底严重冲蚀并危

及边墙，才予以加固。

要强调入流通畅，要在入流前设拦沙工程和沉沙工程避免淤堵入口，设导流工程顺畅引水入洞，同时还要避免出流冲刷造成次生灾害。

对绵竹文家沟泥石流，2010年8月13日后经反复论证，最终在上游采用了过流能力超过100 m³/s的泄水洞分流并在入洞前辅以两座坝拦沙和一座沉沙池的方案，将一半汇水面积的洪水由隧洞泄往下游非泥石流的1号支沟，避免中游段巨厚滑坡堆积体被下切侧蚀形成大规模泥石流，重蹈"8·13"之覆辙。

该隧洞为马蹄形断面，复合式衬砌，施工按隧道规范的要求，虽出现了掘进台车简易、独头掘进、超挖超标、初期支护未紧跟、监测不尽到位、二次衬砌延迟等问题，但仍抢在2011年雨期前达基本泄洪条件，并成功过流，遏止了泥石流暴发，初显效果。2012年泥石流也仅造成隧洞上游停淤坝的局部淤积。2013年7月10日泥石流规模巨大，停淤坝和沉沙池几被淤满，隧洞过流受限，部分泥石流从中游阶状沟床泄流，但尚未成灾。

8.2.2 其他控水工程

1）改沟分流

水沙分流的另一措施是改沟分流。

改沟分流的起点要与原沟顺接，作较强的截流坝墙；转向要圆顺，纵坡尽量放陡。前述金川八步里沟于大寨子支沟截水引入另一支沟，控制体积28万立方米的滑坡活动，与文家沟异曲同工[52]。

成昆铁路麻栗树改沟是成功实例（图8.2）[3]。该沟原在麻栗树大桥12号台尾通过，净高不足。改沟至大桥下排出，净高富余，流程缩短，纵坡增大，泥石流顺利泄流。

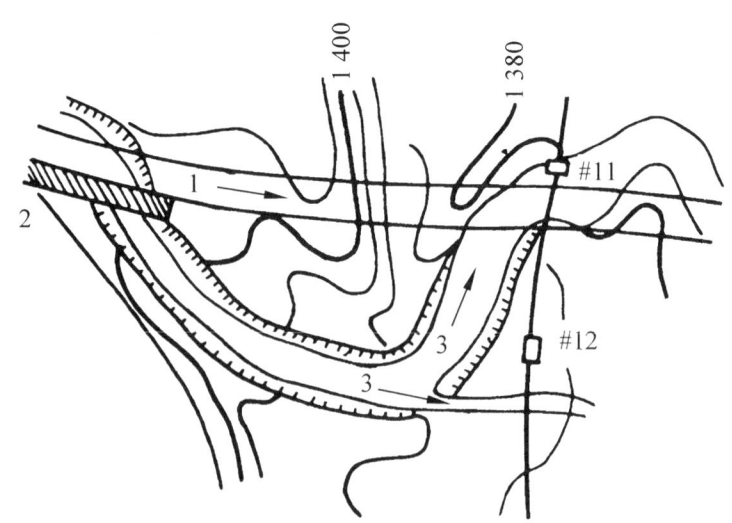

1—改沟；2—截流坝；3—原沟；#11、#12—墩台。

图8.2 成昆铁路麻栗树泥石流改沟图[3]

但对山区变迁性河段，改河要适应流向多变、河床上涨之动态，否则易失效。

2）筑坝削峰

筑坝削峰的原理是延迟汇流过程，平摊洪峰过程线，削减峰值流量，对山洪、泥石流都适用。

对泥石流，比如西昌黑沙河，作为其综合治理骨干工程之一的"七一"水库，坝高23 m，库容65.5万立方米，将百年一遇洪峰流量由110 m³/s削减为33.9 m³/s，削峰2/3[5]。竣工后月余，上游下暴雨169 mm，出库最大流量仅4.05 m³/s，主沟未发泥石流，并稀释左侧支沟麻杜沟暴发的较大泥石流，使之未对下游造成灾害（图8.3）。

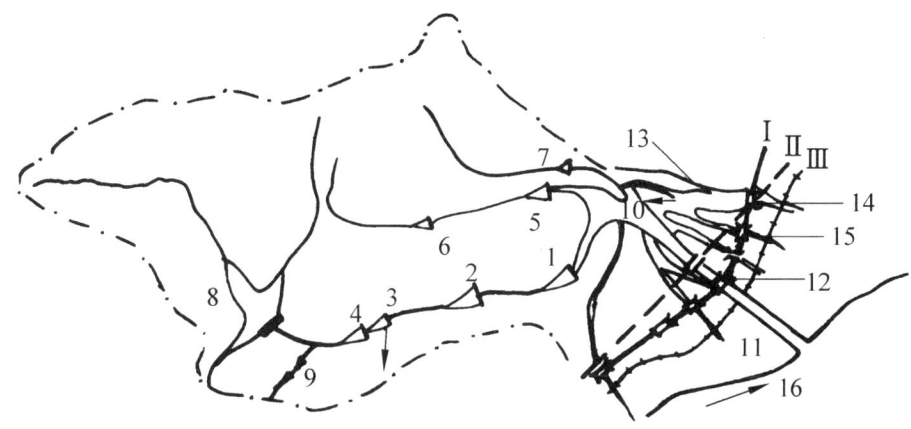

Ⅰ—成昆铁路；Ⅱ—川云西公路；Ⅲ—西礼曲；
1～7—拦挡坝；8—"七一"水库；9—谷坊坝；10—储淤场；11—排导槽；
12—主桥；13—待建溢流槽；14—分流桥；15—备险桥；16—安宁河。

图 8.3　西昌黑沙沟综合治理图（据吴积善）

对山洪，比如汶川杨柏沟，洪水常年淹淤沟口扇上的民房，拟新建排导槽因受大段民房挟持致其截面和过流能力仍不足，遂采纳谭炳炎教授的意见加高上游1号坝，增大库容10多万立方米，兼起拦沙和削峰的双重功能。2013年7月10日虽降超强暴雨，但因有坝削峰，排洪顺畅，沟口民房安然无恙。

3）引水冲沙

在特殊条件下，可对堆积扇引水冲沙，代替排导槽输泥石流入主河，避免淤埋之害。

例如，1975年后在西昌新华村自百桃河引水到羲农河堆积扇，冲走砂石，形成人工流通区，沟中堆积厚度一直保持在2.5 m左右，铁路桥下至今未淤高，泥石流仍能自由宣泄[1]（图8.4）。

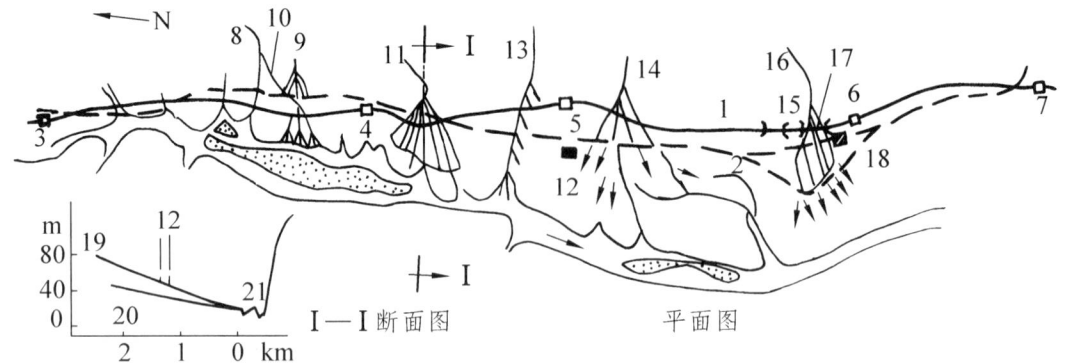

1—成昆铁路；2—川云西公路；3—漫水湾站；4—新华站；5—礼州站；6—西昌北站；
7—西昌站；8—白桃河；9—羲农河泥石流；10—引水冲沙；11—黑沙河泥石流；
12—礼州镇；13—热水河泥石流；14—蒋家河泥石流；15—青山嘴隧道；
16—大塘河泥石流；17—大塘河明洞；18—西宁镇；
19、20—现代及古老泥石流堆积；21—安宁河。

图 8.4　漫水湾至西昌安宁河段特征图[3]

8.3　导流-防护堤

8.3.1　一般设计原则

1）应用原理与平面布置

对于仅单侧有保护对象的沟岸，可设防护堤护岸，而不作排导槽；对需改变流向的沟段，则设导流堤导流。导流堤与防护堤功能相近，结构类似，统称导流-防护堤。区别在于，防护堤顺沟岸与水流基本平行，而导流堤的起端会嵌入沟岸，且走向与水流呈一定夹角，故要叠加考虑流体的冲高。通常是导流堤与防护堤相衔接，在防护堤进口形成半八字导流堤封口，以避免绕流。

防护堤一般贴岸脚修建，以减少嵌入岸坡开挖和离岸压缩过流断面；岸坡稳定段亦可在坡顶修矮小护堤，以节省工程。导流-防护堤在平面上的转折要圆顺，转角不要过大。

2）导流堤结构设计原则

导流堤可为圬工堤或护面土堤。防护堤进口端半八字导流堤或改沟截流堤多用圬工堤，厘定堤高要叠加泥石流斜冲或正冲时的冲高，以总冲击力与堤后土压力分别检算结构。

入主河的导流堤在平面上形为凹曲线，多用护面土堤，以节省工程并消化挖方，厘定堤高要叠加泥石流凹岸超高，以流体总冲击力与堤后土压力分别检算结构，整体稳定性按圆弧形滑动检算。比如汶川高家沟出口向岷江下游的弧形导流土堤，仅迎水面用浆砌石护面。

3）防护堤结构设计原则

防护堤用垆工砌筑，一般为重力式，石料缺乏时可设为钢筋混凝土悬臂式或扶壁式墙。垆工堤按挡土墙设计与检算，堤背有回填土的以土压力控制，土压力按回填高度而不能按全高计算；堤背基本不回填的以泥石流体侧压力控制，但要扣除堤背土体的土压力。

对拦沙坝库岸的防护堤，也可挖沟来筑土堤，起到增大库容与减少垆工的双重作用。例如，北川擂鼓镇磨房沟，拦沙坝的库区开阔，库容足够，但为满足地方震后重建的用地要求，从左坝肩向上游修一长大防护堤，将库区一分为二，堤与左岸间围地数十亩。为弥补堤内库容的减小，堤被设为护面土堤，所围之地也适当填高，就近开挖堤内库区大量淤土为填料，坝仅稍加高。

防护堤因道路过沟穿行而留有缺口时，堤要顺路外延，在岸坡道路的两侧分修支堤，上坡直至路面与堤顶相平处，堤高则逐渐向该处路面降低（图8.5）。

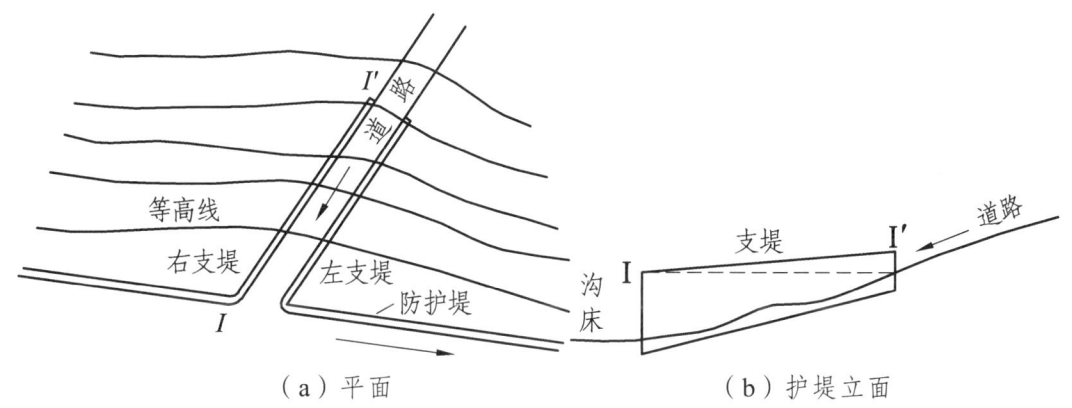

图 8.5 道路穿过防护堤（排导槽）的封口示意图

4）导流-防护堤的设计图件

应包括工程平面图、结构俯视图、纵剖面图、代表性横断面图和结构大样图（与挡土墙类似，参考《技术》中图2.22、图2.23、图2.24）。

其中，平面图上应标示转弯段的圆弧半径和起讫点，凹岸超高段及渐变段的起讫点。

俯视图应显示6条线：堤顶2条，堤与沟底面交切2条，堤底2条（虚线），反映不同顶、底宽度堤段的平面过渡顺接。

纵剖面图要分段标示纵坡降，反映不同高度尤其是凹岸超高堤段的向上下游的立面过渡顺接，以及堤基底面的台阶状等形态。

横断面图选择在进、出口段，沟宽和纵坡的变化段，尤其是沟岸被保护民房段，要突出标示设计泥位线，以显示防护的必要性，并作为厘定堤高之依据。

以下重点论述垆工堤、土堤及其护面的结构设计，尤其是冲刷深度计算和防冲结构，并总结震后所建工程的经验教训。

8.3.2 圬工堤结构

圬工堤的结构参数主要包括：堤顶高度、堤基及埋深、堤顶宽度、面坡与背坡、堤底宽度、泄水孔、材质。

堤顶要高于设计泥位 0.5 m 以上，凹岸还要加高。堤顶高度按下式确定：

沟床以上堤高 = 泥石流泥位高 + 冲起高 + 弯道超高 + 安全高（0.5～1.0 m）

堤底要深过冲刷线 0.5 m 以上，冲刷深度按 8.3.4 公式计算。纵坡较陡时（建议按大于 10%），堤基底应作成台阶状，以阶沿处控制埋深。

堤顶宽度：一般为钢筋混凝土 0.3～0.4 m，混凝土 0.5 m，块石混凝土、浆砌块石 0.5～0.7 m。堤较高时经结构检算确定，不要过厚。

堤的结构类似于重力式挡土墙，一般背坡直立，面坡 1∶0.2 左右。堤后不要刻意回填，以挖作填即可，填土坡率不能陡于 1∶1.5，堤后不设反滤层，堤中可留泄水孔。回填可不到堤顶，以挖填平衡为度。堤后不回填时，则不留泄水孔，避免洪水从孔中倒灌。

堤顶要平顺，不能做成台阶状，不同高度间和凹岸超高段要向上下游渐变过渡，尤其是向上游不能形成反坡。

一般采用浆砌圬工砌筑，留沉降缝，间距 20～30 m，缝宽 1～3 cm。

8.3.3 土堤及护面

土堤结构为梯形，顶宽要满足机械作业要求，不小于 2.0 m；边坡坡率不陡于 1∶1.5，迎水坡要护面防护；填土的压实系数不低于 0.90，明确其粒径与级配要求。

堤面防护措施视流速而异，有以下类型[38]：

1）干砌片石护坡

适用于流速小于 3 m/s 的情况，辅以厚 10 cm 砂垫层；采用墁式基础（冲刷深度小于 1.0 m 时）或浆砌片石脚墙基础（冲刷深度大于 1.0 m 时）。墁石基础为倒梯形，顶宽 1.5～2.5 倍冲刷深度 h_{pm}，厚度不小于 1.5 倍护坡厚度 [图 8.6（a）]。

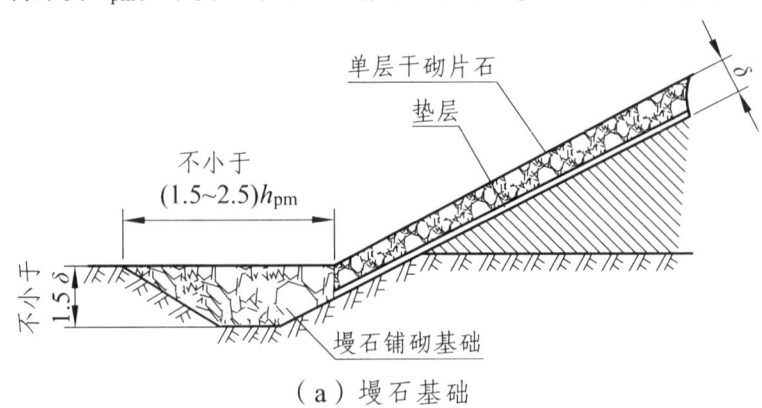

（a）墁石基础

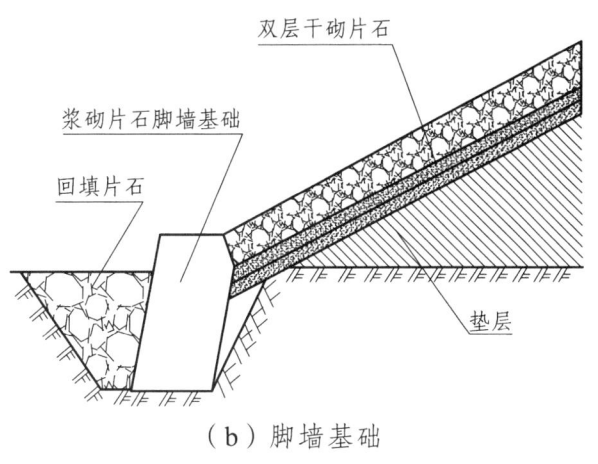

（b）脚墙基础

图8.6 干砌片石护坡[38]

2）浆砌片石护坡

最小厚度35 cm，流速大于6 m/s时厚50～60 cm，辅以厚10 cm卵石垫层，留伸缩缝与泄水孔；采用浆砌片石或混凝土的脚墙基础[图8.6（b）]。

3）混凝土护坡

采用C15、C20混凝土，适用于流速>6～6.5 m/s的情况；厚0.2～0.3 m，方块状，边长2 m，辅以厚10～30 cm垫层；采用浆砌片石或混凝土的脚墙基础。

4）石笼防护

石笼的最小尺寸为0.5 m×0.5 m×1.0 m，适用于流速大于4 m/s的情况；水深为0.4 m、1.0 m、2.0 m、3.0 m时，容许无冲刷流速分别为4.0 m/s、5.0 m/s、5.5 m/s、6.0 m/s。石笼贴堤岸逐笼呈半品字形码砌，适用于堤底防护，过高则规模过大。

各种圬工护坡的容许无冲刷流速见表7.1。

8.3.4 埋深及冲刷计算

堤基冲刷尤其是凹岸冲刷掏空是堤防损毁的主要原因，必须按冲刷深度 h_p 计算值加安全值（至少0.5 m）确定基础埋深。对可能受侧蚀的沟岸护堤，埋深应从沟心底面而不是堤位处底坡面起算。

稀性泥石流一般以冲为主，黏性泥石流一般以淤为主。稀性泥石流冲刷深度在直槽可据式（8.1）计算，在凹岸应修正 A 值；建议偏于安全地按山洪泥石流式（8.2）、式（8.3）、式（8.4）计算。

1）对稀性泥石流

中国科学院兰州冰川所提出的冲刷深度经验式[59]可表达为

$$h_\mathrm{P} = \frac{A \cdot q}{\sqrt{d_\mathrm{CP}} \cdot \left(\dfrac{H}{d_\mathrm{CP}}\right)^{1/6}} \tag{8.1}$$

式中：h_P 为从沟底起算的冲刷深度（m）；

A 取 0.1（直槽）、0.17（弯道凹岸）；

q 为单宽流量（m³/s）；

d_CP 为固体物质平均粒径（mm）；

H 为泥深（m）。

讨论：令 $a = 1/A$，则上式可改写为 $h_\mathrm{P} = \dfrac{q}{a \cdot d_\mathrm{CP}^{1/3} \cdot H^{1/6}}$，与泥沙起动流速 v 的式（2.9-2）对比可知，$d_\mathrm{CP}^{1/3} \cdot H^{1/6} = v$，故 $h_\mathrm{P} = q/(av)$，有其力学依据，关键是经验系数 a 的取值。对水流［式（2.9-2）］，$a = 6.08$；对泥石流［式（8.1）］，$a = 1/0.1 = 10$。

式（8.1）对弯道凹岸未按曲率半径的大小细化 A 的取值，显得粗放。对弯道凹岸，应按弯道超高的水深计算流速与冲刷深度，加大堤的埋深。

2）对山洪泥石流

借用《堤防工程设计规范》（GB 50286—2013）的水流局部冲刷深度 Δh 公式计算[60]：

（1）水流平行堤岸：

$$\Delta h_B = h_\mathrm{w} \cdot \left[\left(\frac{v_\mathrm{c}}{v_\mathrm{n}}\right)^n - 1\right] \tag{8.2}$$

式中：Δh_B——局部冲刷深度（m）；

h_w——设计泥位的深度（m）；

v_c——平均流速（m/s）；

v_n——泥沙的容许不冲刷流速（m/s），按表 2.1、表 2.2 与式（2.9）确定；

n——与堤岸平面形状有关的系数，一般取 1/4。

（2）水流斜冲堤岸：

对稀性泥石流：

$$\Delta h_\mathrm{p} = 23 \times \frac{\tan\frac{\alpha}{2} \cdot v^2}{\sqrt{1+m^2} \cdot g} - 30d \qquad (8.3)$$

对黏性泥石流：

$$\Delta h_\mathrm{p} = 23 \times \frac{\tan\frac{\alpha}{2} \cdot v^2}{\sqrt{1+m^2} \cdot g} - 6 \times \frac{v_\mathrm{n}^2}{g} \qquad (8.4)$$

式中：Δh_p——从沟底起算的局部冲刷深度（m）。
　　　α——水流流向与堤岸切线交角（°），对顺沟堤，也可因沟床摆动和对岸挑流而致水流斜冲。
　　　m——迎水面边坡系数（坡率为 1：m）。
　　　d——计算粒径（m），近似取 d_{15}。
　　　v_n——泥沙的容许不冲刷流速（m/s）。
　　　v——局部冲刷流速（m/s）。

上式中，

$$v = Q/(W-W_\mathrm{p})$$

其中：Q——设计流量；
　　　W——原沟道过流面积；
　　　W_p——沟道缩窄部分的断面面积。

（3）讨论：

① 因泥石流沟床沉积的粒径多为宽级配甚至多峰的，难以选择与容许不冲刷流速相应的粒径，此时容许不冲刷流速取值困难。

② 对交角 $\alpha = 0°$ 的完全顺流冲刷，上两式所得冲刷深度为负值，有逻辑上的矛盾，不适用。

8.3.5　基础防冲措施

基础防冲措施视流速而异，有以下类型[38]：

（1）流速 4~5 m/s，采用石笼。

（2）流速 4~6.5 m/s，采用四面体，用 C20 片石混凝土。允许流速 4.0~4.5 m/s、4.5~5.5 m/s、5.5~6.5 m/s 对应的四面体体积分别为 0.395 m³、0.940 m³、1.838 m³。

（3）流速 5~8 m/s，采用大型砌块，用 C15 片石混凝土。砌块直径 D 可按式（8.5）计算，允许流速 5.0 m/s、6.0 m/s、7.0 m/s、8.0 m/s 的砌块尺寸（宽/长/高，m）分别为 1/1/1、1/2/1、2/3/1、2/3/2。

$$D = v^2/25 \qquad (8.5)$$

与式（6.42）相比，相同流速起动的最小块径要大一倍，这可能与式（6.42）是起动沟床堆积物，式（8.5）则是起动单个块体有关。

近来已开始采用 SNS 主动网兜石而形成大型柔性石笼，代替大型混凝土砌块防冲护脚，费用低、施工简易快速，效果初显。

还可设丁坝护岸防冲[23]。为防挑流冲蚀对岸，一般采用垂直正挑的一字型丁坝；多用混凝土砌块坝，也可用石笼坝。按非溢流坝确定高度，长度愈短愈好，间距为长度的 2 倍（凹岸）、2.5~3.0 倍（直岸）、3 倍以上（凸岸）。坝体要牢固，头部深埋于沟床中。

8.3.6 防护堤经验教训

（1）防护堤的长度要足够，尤其是上端要封口，避免从堤端口绕流而出。

都江堰市上坪泥石流左侧防护堤进口端未能封口，2012 年 8 月 17 日泥石流于此绕流而出淤埋农田，村民索赔无果，遂暂扣施工机具，专家也在现场被滞留。

（2）防护堤的高度，要考虑凹岸超高、正交冲高、沟道淤高及既有工程等诸多因素，合理厘定。

安县大沟泥石流所对冲的主河对岸防护堤，考虑了冲高与淤高，但因河道中已残的水利堤防尚未拆除，束流抬高了洪位，不仅冲毁了部分防护堤，而且翻堤造成了危害。

（3）震区防护堤多置于松散堆积层上，基础普遍受冲刷掏蚀，初验时几乎每沟都要求修复加固。

都江堰市王家沟泥石流防护堤的堤基屡受深度掏蚀而外露，堤身高悬，严重危及村镇安全，成为地方领导的心病。后下决心在沟道中增设大量防冲肋槛及部分挑流堤，安全渡过了 2013 年 7 月 10 日泥石流，堤基完好无损。

（4）低等级道路穿过设堤的沟道一般采用下凹形的过水路面，此时防护堤应折而沿路上延足够长的端堤，约束泥石流使之不从过水路面两端盈溢。

都江堰市穿银洞子沟的过水路面（图 8.7），平面上绕沟展线呈 U 形，纵剖面也呈下凹形，过沟处最低。在 U 形路之内（上游）设排导槽，至过水路面以泄流；在 U 形路之外（下游）套设双边防护堤，至 U 形两端顶部封口，与排导槽组成内外套堤，过水路面行于套堤之间。建成后过水路面虽遭泥石流淤埋，但未从路面溢出危害安置小区。虽然如此，因过水路面无横坡，泥石流至此降速而淤，并上溯回淤排导槽，致年年清淤，甚至清完待验收的前夜又被泥石流淤满。近年只好痛下决心，改设桥梁直接跨沟。

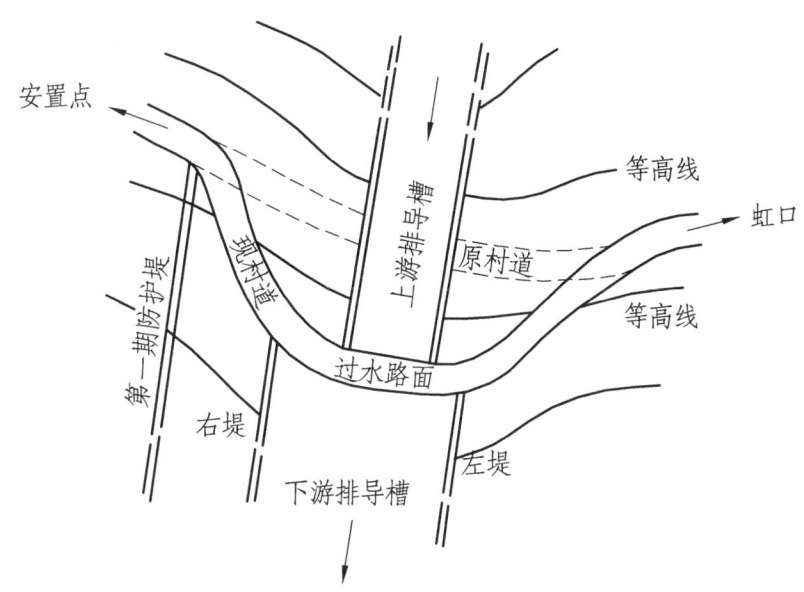

图 8.7 银洞子沟的过水路面平面示意图

8.4 潜槛群（肋槛与潜坝）

潜槛为防止沟道下切侧蚀的固床工程，常多道成群布设。

例如，都江堰市龙池镇黄央沟，平均纵坡高达 420‰，在 "5·12" 汶川地震后的次年 8 月，连续暴发两次泥石流，沟道深切 2.0~3.0 m。其治理就以固床工程为主，共兴修顶宽 1.5 m、埋深 2.0 m、高 2.0 m 的潜坝 19 座，有效遏止了沟道下切与侧蚀，2011 年 6 月竣工后 3 个雨季中就历经了 5 场特大暴雨的考验[61]。

1）类型

当沟岸建筑物与沟底高差不大，筑坝回淤会遭淹埋时，或沟床纵坡甚陡，兴建谷坊群回淤固床效果有限时，为防沟床中堆积物被冲刷揭底和侧蚀岸坡增大泥石流规模，在可能揭底的沟段兴建高度不大的潜槛群，亦可降低沟床纵坡以达减势防冲的目的。此外，也可在沟道凹岸设潜槛控制侧蚀，在沟道缩窄段设潜槛调节流速，在拦沙坝或较高副坝下冲刷坑外设潜槛回淤。

潜槛以顶面近似于或略高于沟底面但潜入沟水面下而得名，视结构建议分为两类，一是形如门槛的肋槛，二是形如微型坝的潜坝。按肋顶是否高出沟底，肋槛又分为潜肋与防冲槛两种结构（类似肋底槽）。

一般潜槛的结构稳定性和基底应力均不控制，可不予检算，仅较高而受侧压力较大者才予检算，其中桩板结构按悬臂式抗滑桩设计。潜槛结构主要受槛下冲刷控制，埋深以下游侧计，对于过坝、过槛冲刷深度，潜肋据式（7.7），防冲槛据式（6.6）、式（6.8）、式（7.9）计算，加 0.5 m 安全值核定槛的埋深，一般不小于全高的 1/2，以 1.5～2.5 m 为宜。

潜槛的设计图应包括潜槛群的平面布置图，单个潜槛工程的平面图、轴向剖面图、横截面图，与沟岸防护工程的衔接图等。

2）肋槛

肋槛群布于纵坡较陡的已下切或可能下切的沟段，形如胸肋状。下游面较高、肋下冲刷较深时，肋间可用大石铺填防冲，甚至用圬工铺砌，形成台阶状。肋槛可与沟岸防护工程配套使用，以防护岸工程基础掏蚀，形似肋底槽；无护岸工程时可加高近岸的端部以防侧蚀。

肋槛的间距 L = 中心净高/[（0.5～0.75）槽纵比降]，一般在 8～10 m，视纵坡陡缓而异，陡则密而高，缓则疏而低。用浆砌石、片石混凝土或素混凝土砌筑，运料困难时可用格宾石笼替代。

肋槛的结构与肋底槽的肋槛相似（参见 7.2.2），截面呈矩形，厚度不大于 1.0 m。在暂未下切沟段宜设槛顶上游侧不高出沟床的潜肋，用以防冲蚀，潜肋底面深于其下相邻潜肋回淤面的深度 h，不小于潜肋全高 H 的 1/6；在已下切沟段宜设槛顶高出沟床的防冲槛，以回淤来防冲，其上游侧高于沟床 0.5～1.0 m，下游侧高于沟床但不大于 1.5 m，埋深不小于 1.5～2.5 m，全高 2.5～4.0 m。

3）潜坝

对纵坡较缓但流速甚大的沟段，可设潜坝群回淤固床。对骨干性肋槛，如肋槛群的最末一道，也可改设为潜坝。拦沙坝下冲刷坑外如设潜槛，也以潜坝为宜。较高时可用单排桩板墙结构以抗较大侧压力。

潜坝结构似微型谷坊坝，比肋槛粗壮，上游侧高出沟床 1.0～1.5 m，下游侧一般嵌入沟床 1.5～2.5 m，全高 2.5～4.0 m；采用矮胖梯形断面：顶宽 1.5 m，上游坡比 1:0.5，下游坡比 1:0.05～1:0.1；可设溢流口与泄水孔；坝下可回填大石防冲。

潜坝间距应比肋槛大，取 10～25 m。潜坝用圬工砌筑，溢流口底可加耐磨层。

8.5 停淤场

当拦沙工程受限,主河纳沙能力又不足时,可考虑增设沟口停淤工程。

8.5.1 总体设计

在出沟口后有平缓开阔地时于沟侧设停淤场,利用泥石流宽展降速而停积其固体物质,与拦沙工程共同拦截泥石流固体物质。尽量避免围圈泥石流主沟道作为停淤场,无次生危害时才可将堆积扇设为天然停淤场,还可分级形成分散式停淤场(图8.8)。

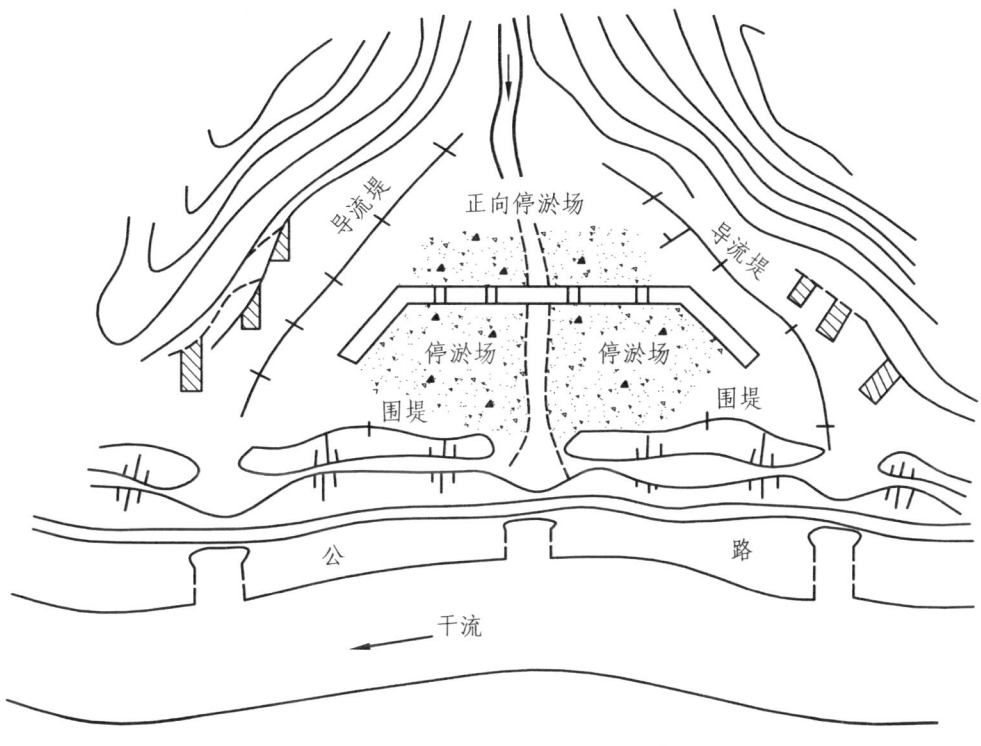

图 8.8 分散式停淤场工程图[13]

要在引流口设圬工拦挡坝及导向堤,将泥石流引入沟侧的停淤场。还可挖沟或设鱼嘴斜向引流,利用凹岸超高引流。

拦淤堤所受冲击力甚低,除溢流段和必要的正冲段按泥石流冲击力与土压力的大值设计圬工堤外,一般可设为土质堤并可多级,必要时设圬工护面,甚至可采用简易的编篱堤或枸槎堤。

拦淤堤设溢流口排水,溢流口下接集流沟,排低浓度水体入主沟或主河(图8.9)。有时还可考虑对停淤区进行临时性开发利用。

2010年8月13日泥石流后在震区的三大泥石流片区设置了多座停淤场。因场地限制未能设于沟的两侧,且沟口扇上已无危害对象,也无入主河的次生危害,故利用沟口扇地作为天然停淤场,有的甚至未修围堤而自然停淤。建成后已发挥作用,但有的已淤满。

注意问题:一是主河冲刷会危及顺河停淤堤的稳定,如绵竹走马岭沟长110 m的濒河停淤土堤于2013年7月10日被绵远河冲毁;二是停淤堤高度要合理,如小岗剑沟口停淤堤,外侧临河堤还稍高于内侧临路的堤,2012年8月17日泥石流基本满盈停淤场,未从外堤溢入绵远河,但少量翻溢内堤淤于汉清公路;三是主沟流量大时,泄洪是突出问题。

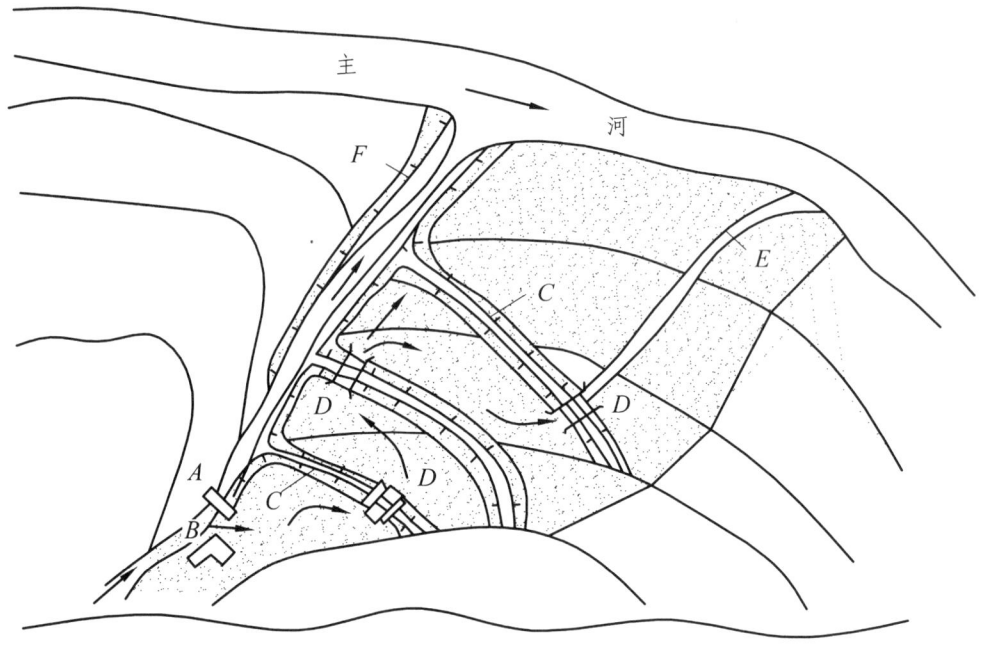

A—拦挡坝;B—引流口;C—围堤;D—分流口;E—集流沟;F—导流堤。

图8.9　停淤场工程结构物布置图[13]

为泄洪,首先要在跨沟心段设溢流段,下接排洪沟。其次,因溢流段后之场区往往率先淤沙成脊,后续流体只能在脊的两侧场区充盈,其水难从溢流段泄出,故宜在溢流段两侧拦淤堤上开泄水孔,堤底外侧设排水沟,相向汇于溢流段下排洪沟。因泄水孔流量有限,堤外水沟不宜过大,且要有足够排水纵坡。

8.5.2　拦淤堤结构

1) 库容和高度

比照拦沙坝计算停淤量,满足要求再厘定堤的高度。但因停淤场甚宽,即使在先形成的停淤中脊两侧再摆动停积,也难以全宽满积,故计算的停淤库容应据之打折,折扣系数据经验确定,拟停沙石愈粗、沟道愈缓、停淤场愈宽,则折扣愈大。为简便计,可加大安全储备来代替折减,即取安全超高为1~2 m。

顺应地形，沟心正冲段的拦淤堤最高，淤积高度最大；两侧因沟滩渐高，拦淤堤宜保持顶平，全堤高度相应从沟心向两端逐渐减小；再折向主沟上游方向的顺沟侧堤，按沟道淤积纵坡而进一步逐渐减小高度。

2）沟口停淤场工程结构

溢流段的计算和结构比照坝工坝予以简化，设溢流口、泄水孔缝与护坦，下接集排水沟。

两侧停淤堤的结构设计与图件，比照防护堤，但因流速甚小，故其冲压力和冲刷深度较小，以淤满时的土压力控制进行检算；其正冲段应充分考虑冲起高度。

停淤堤按材料分土堤和坝工堤两类。对坝工堤，可以比照重力式挡土墙，并减小埋深。

一般拦淤土堤的顶宽不小于 2 m，迎水坡不陡于 1∶1.5，背水坡不陡于 1∶1.25。堤高为拦淤高度 + 安全超高（1~2 m），可逐次加高（图 8.10）。土堤利用清淤挖方来填筑，既就地取材，又可增加纳淤规模，一举两得，应予推荐。坝工护面应简化，并限于迎水坡。土堤要清基，严格填土粒径与级配要求，明确最佳含水量，规定压实度，避免压成橡皮土。停淤和加高后的土质围堤类似于尾矿坝，应参照尾矿土坝进行坝体渗透破坏和边坡稳定性的检算。

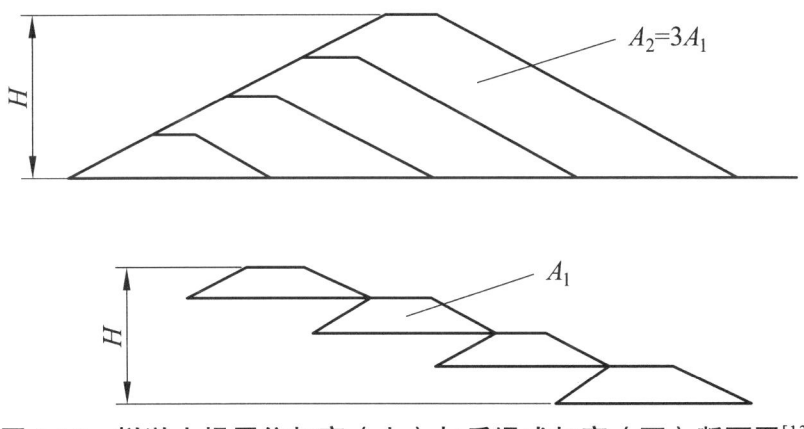

图 8.10 拦淤土堤原位加高（上）与后退式加高（下）断面图[13]

正冲段土堤与坝工溢流段的截面差异大，在其衔接端，土堤临空的截面段应设端墙支挡。

例如，云南东川著名的泥石流沟蒋家沟设 3 级停淤场（图 8.11），于 1972 年建成后至 1982 年的 10 年间共停淤 805 万立方米，占固体物质总排出量的 1/3，使束流槽的淤积量逐年减少，斜交汇入小江的泥沙迅速被冲走，致此段小江由逐年淤涨变为侵蚀下切[62]。在金沙江上格达平缓堆积扇区密植野生耐旱桐树作为小型储淤场（图 8.12），也起到一定作用[3]。

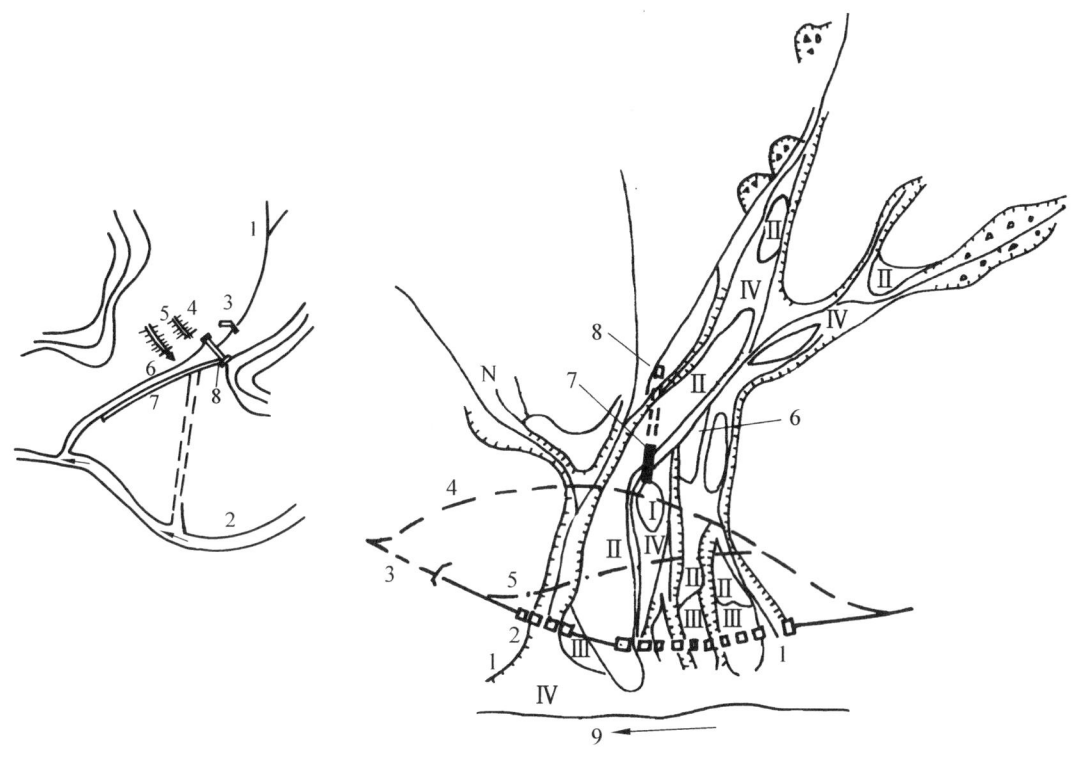

1—蒋家沟；2—小江；
3—引流口；4—停淤场；
5—围堤；6—分流墙；
7—导流堤；8—拦沙坝。

Ⅰ~Ⅳ—泥石流各期堆积扇。
1、2—上格达1、2号大桥；3—下格达隧道；
4、5—预留长、短隧道方案；6—停淤场；
7、8—即建和续建导流堤；9—金沙江。

图 8.11 蒋家沟泥石流停淤场[62]　　**图 8.12 成昆铁路通过上格达泥石流方案图**[3]

8.6 泥石流渡槽

泥石流渡槽用于有立交地形条件而从上方跨越道路等线形工程，且允许将泥石流排入主河或停淤场者。立交高度不足时可在上游端建坝抬高泥位。

8.6.1 渡槽形式

有渡槽与明洞+渡槽两种形式。对流量不大于 50 m³/s 且石块粒径小于 50 cm 的稀性泥石流，可直接设跨线渡槽，形式与水利渡槽相似；规模更大或挟石更粗的泥石流则设明洞，洞顶设渡槽[1]。

明洞+渡槽常用，技术较成熟。明洞有梁式棚洞和拱式明洞两种结构（图 8.13），按道路隧道规范设计。

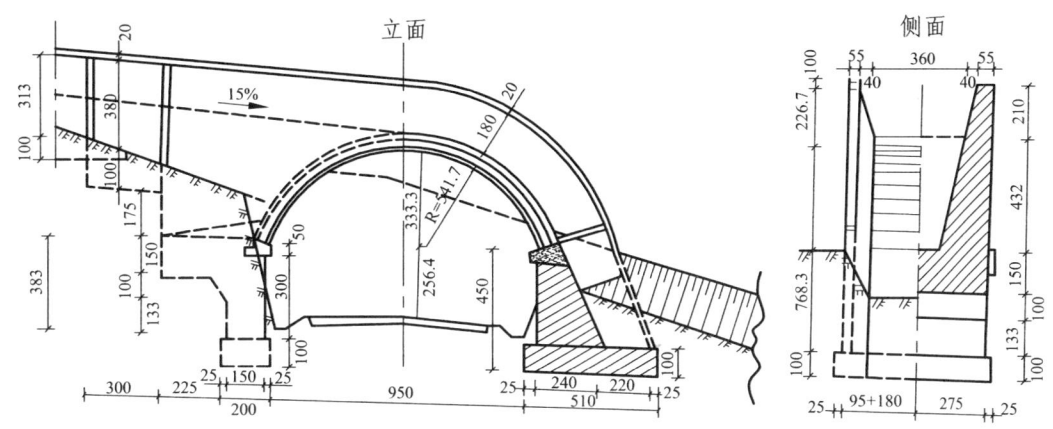

(a)拱形渡槽

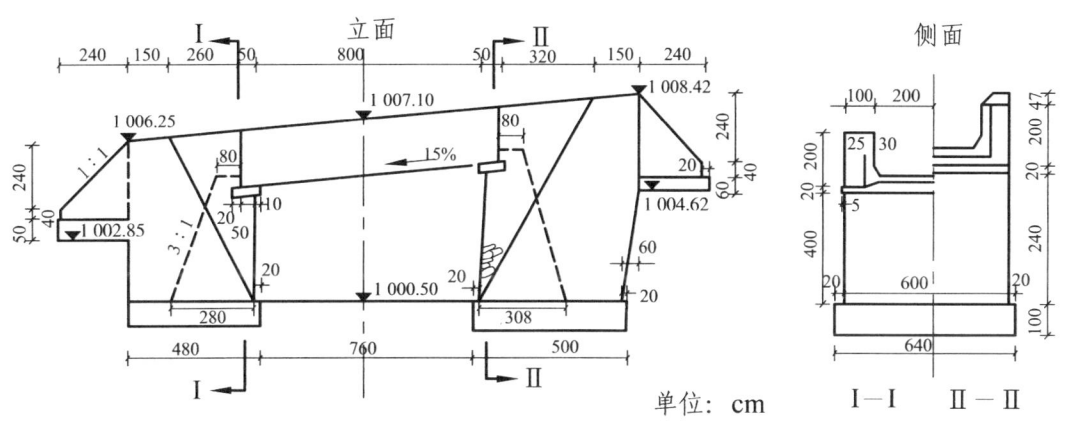

(b)梁式渡槽

图 8.13 明洞渡槽的结构形式(单位：cm)[63]

对设渡槽的明洞，其长度要适当大于渡槽宽度，采用钢筋混凝土结构；要在顶洞表层铺设一层浆砌片石以防冲，其上下游均加垂裙；拱顶要加设黏土隔水层以防渗，其上下均设反滤层；边墙后回填干砌片石以利受力与排水，还可在洞的靠山侧设泄水洞截排地下水。

川甘公路已设明洞渡槽 13 座。成昆铁路瓦洪沟泥石流的明洞渡槽建成后，当年雨季即顺利泄排两次泥石流，共计固体物质 12 万立方米[64]。2010 年 8 月 13 日泥石流后，映秀烧房沟出口在 213 国道原明洞顶兴建渡槽上跨，绵竹小岗剑沟口新建明洞渡槽上跨汉清公路，均已发挥作用。

8.6.2 渡槽结构参数

渡槽结构参数主要包括纵坡和截面。

1）渡槽纵坡 I_f[63]

对稀性泥石流，I_f（小数）为

$$I_f = 0.59 \times \frac{D_a^{2/3}}{H_C} \qquad (8.6)$$

式中：D_a 为平均粒径（m）；

H_C 为平均泥深（m）。

对黏性泥石流，I_f 大于自然沟道纵坡且不大于15%。

为安全计，纵坡宁陡勿缓，泄流面宁光勿糙，绝不允许发生堆积，相应强化材质防止冲蚀。

2）渡槽截面

渡槽宽度要不小于2倍最大粒径且不小于4.0 m。渡槽深度要超过泥位不少于1.0 m，且过流能力不小于泥石流峰值流量的1.3倍。

矩形渡槽宽/深比为2时最有利过流；边墙坡率为1：m 的梯形渡槽最佳底宽与槽深之比 β 为[63]

$$\beta = 2 \cdot \left(\sqrt{1+m^2} - m \right) \qquad (8.7)$$

8.6.3 跨线渡槽

泥石流跨线渡槽现应用较少，用于排导泥石流的可靠性令人担心，但符合条件时仍可采用。都江堰市龙池老场镇的两条泥石流沟，无兴建拦沙、固源、停淤工程的条件，只能在沟口穿过至龙池景区的公路进行排导。因下穿公路无足够排泄纵坡，只有设渡槽上跨，但槽下如设明洞不但工程量大且影响沿街商铺，只得设单纯的跨线渡槽。好在两泥石流均为稀性，规模小，符合设跨线渡槽的条件。但应审慎设计，加大安全储备，严格结构要求。

跨线渡槽结构分梁式与拱式。梁式渡槽为由边墙及底板组成的槽形梁，支承在两端承台及其间的支墩上，在需挑出射流处尤为适宜。拱式渡槽的承重拱，跨度小时用混凝土拱或石砌拱，跨度大时用钢筋混凝土拱，台基不受冲蚀处多采用此种结构。相比水利渡槽，圬工应提高1~2级，泄床及边墙应加厚15~20 cm，或用抗磨材料。

宝成铁路花红铺车站庙沟段的跨线渡槽，跨度达 30 m，纵坡 0.10，宽 12 m，边墙高 2 m，泄床底及边墙分别设钢轨、钢筋护面，承重结构为钢筋混凝土拱（图 8.14）。

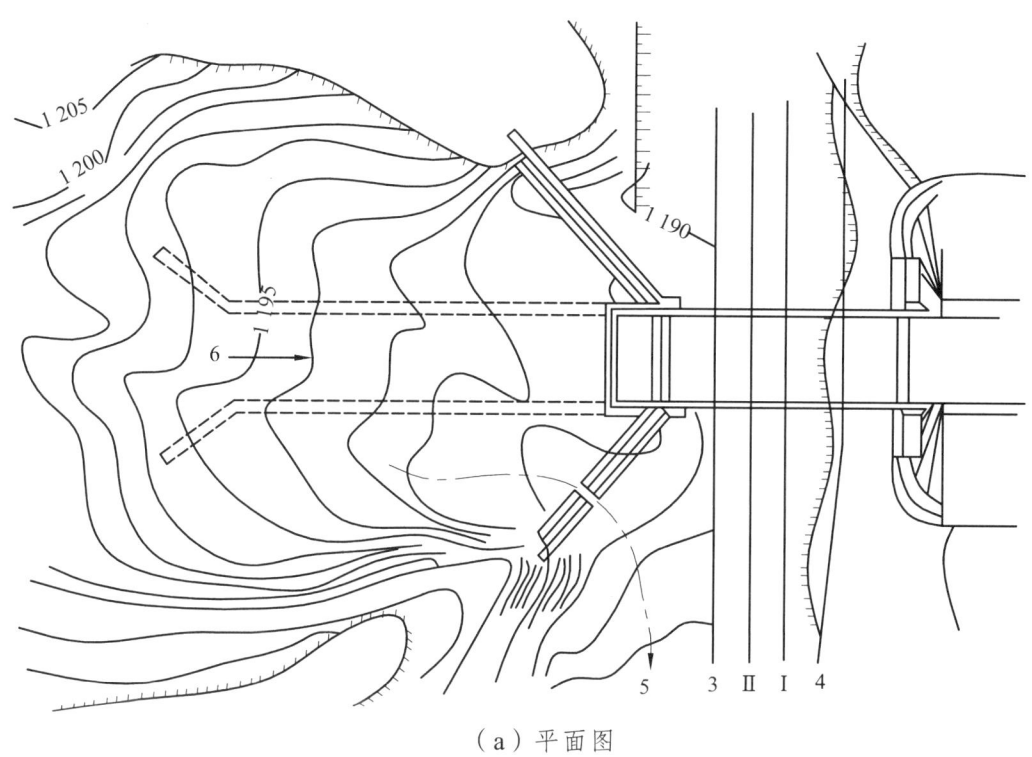

（a）平面图

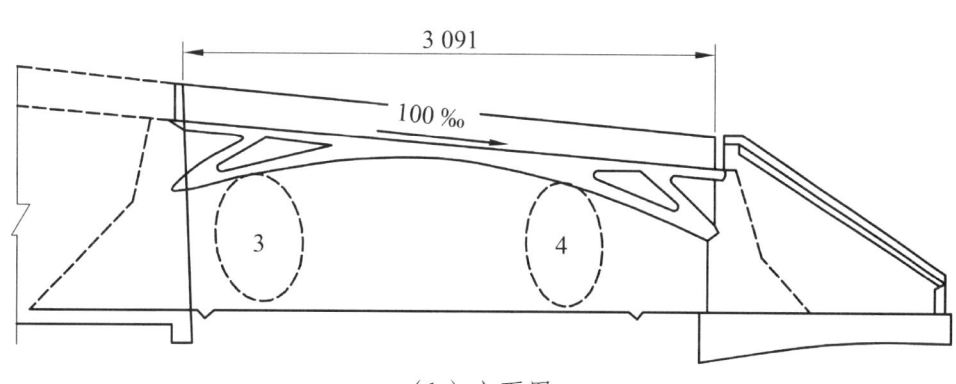

（b）立面图

Ⅰ、Ⅱ、3、4—车站股道编号；5—经导流堤上缺口及改沟至站外小桥；6—泥石流沟。

图 8.14 宝成铁路红花铺车站渡槽[65]

8.7 生物工程

流域植树造林，可保持水土，控制水源，并固土固坡，减轻坡面侵蚀，减少泥石流的固体物源，尤其是细粒物质。但植被的水土保持和根系固土作用是有限的，不能控制较深的崩塌滑坡，不应夸大森林破坏在泥石流形成中的作用[66]。

常用的生物工程有形成区的水源涵养林、形成区及流通区的水土保持林、沟道固床防冲林、堤坝防护固滩林等。陡峻形成区先行固坡工程，旱瘠滩区则要先种先锋植物。2010年8月13日泥石流后对震区部分泥石流堆积扇开始进行绿化，采用类似固滩林的模式，一般采用乔灌草结合呈带状栽植。

山地所在西昌黑沙河泥石流综合治理中，在山区造林约133 hm²，改梯地约53 hm²，在堆积区造护滩林带9条，在斜原区植树、造田，效果显著，流域内129条沟谷和山坡的泥石流大部分趋向衰退。

现一般认为，单纯植树造林的效果甚小，甚至产生促发泥石流的负作用[67]，应与其他治理工程配套，形成泥石流防治系统。日本一树不伐而火山灰泥石流频发即其例。

云南大盈江，1972年对水安寨凹和三家村沟两高频黏性泥石流沟，筑谷坊坝26座、挡护墙18道拦淤压脚防冲以稳定滑坡，植防护林、水土保持林和薪炭林以保护水土，水改旱13.6 hm²并渠改管3.5 km以防渗稳坡，系统治理获得成功，使泥石流年输出泥沙由110万立方米减少到16万立方米[68]。

近年，森林火灾促发泥石流的现象受到国内外重视，西南交通大学胡卸文团队对此开展了专题研究，通过对九龙色脚沟、冕宁华岩子沟、西昌电池厂沟和响水沟的调查，总结了成灾特点[69,70]，初步认为除火后植物残烬增加了泥石流固体物源之外，还因过火而使坡面板结，降低入渗系数，从而增大坡面径流，在暴雨下易于形成泥石流。

此外，杨太强[71]发现，泥石流体中混杂小木屑（长<1 m、径<0.1 m），可提高浆液的屈服应力、黏滞系数和结构强度，易使两相流向一相流转化，不成熟泥石流趋于成熟。

附录8.1 输水隧洞、小桥涵水力计算

（据铁二院《铁路小桥涵设计》[36]）

对适用于泥石流分水的无压、临界坡非淹没出流式的矩形隧洞，以及跨泥石流沟的

小桥、箱涵与拱涵，主要水力学特征值计算公式如下。

1）临界值

（1）洞内临界水深 h_k（m）：

$$h_k = \sqrt[3]{\frac{Q_P^2}{ga^2b^2}} \qquad (8.8)$$

式中：Q_P——设计流量（m³/s）；
　　　g——重力加速度（m/s²）；
　　　a——水流流进隧洞的侧收缩系数，按出口不抬高、拱脚浸水，取为 0.90；
　　　b——洞径（洞宽，m）。

（2）临界流速 v_k（m/s）：

$$v_k = \frac{Q_P}{abh_k} \qquad (8.9)$$

（3）临界坡降 i：

$$i = \frac{Q_P^2}{A_k^2 C_k^2 R_k} \qquad (8.10)$$

式中：A_k——水深为 h_k 时的过水面积（m²）；
　　　C_k——水深为 h_k 时的临界流速系数（m/s）；
　　　R_k——水深为 h_k 时的水力半径（m）；
　　　L_k——水深为 h_k 时的湿周（m）。

$$C_k = \frac{1}{n} R_k^{\frac{1}{6}} \qquad (8.10\text{-}1)$$

$$R_k = \frac{A_k}{L_k} \qquad (8.10\text{-}2)$$

其中，n 为糙率。

2）其他特征值

（1）出口断面流速 v'（m/s）：

$$v' = \frac{v_k}{0.9} \qquad (8.11)$$

（2）洞前壅水深度 H（m）：

$$H=0.9\times h_\mathrm{k}+\frac{\left(\dfrac{v_\mathrm{k}}{0.9}\right)^2}{2g\varphi^2}-\frac{v_0^2}{2g} \qquad(8.12)$$

式中：φ——流速系数，按出口不抬高、拱脚浸水，取为 0.80；
v_0——进洞前水流流速（m/s）。

第9章 震后泥石流防治工程其他设计问题与特殊泥石流

震后凸显的泥石流防治工程设计中的其他问题主要包括：置于新近堆积层上的拦沙坝坝基可能出现的渗透破坏问题，泥石流穿越道路的桥涵工程的设计与施工问题，破碎、高陡沟谷中的施工运输、弃渣处置与通道恢复问题，拦护工程迅即受冲刷、淤积后的清库、堤坝加高与维护问题。对此，探讨如下。

同时，补充概述高原山区易被忽视的坡面泥石流问题和高寒山区的冰川泥石流问题。

9.1 坝的渗透破坏问题

水库大坝渗透破坏通常包括坝顶溢流溃决和坝体管涌破坏两种类型。

泥石流坝是圬工坝，一般不会发生溢流溃坝，只有可能发生坝基土体的管涌破坏。但管涌要求的临界水力坡降甚大，泥石流坝较低矮，且坝前设有护坦/副坝，一般达不到这一临界水力坡降；同时，管涌有一个发展过程[72]，而泥石流又是瞬时过坝，即使坝基开始流土也难发展为管涌。因此，以往泥石流坝的设计中尚未考虑渗透破坏问题。

但是，震后泥石流堆积深厚，设计的拦沙坝可能以新近堆积的松散体为持力层，其孔隙率甚高，黏粒含量低，在坝体较高时使人产生可能发生管涌破坏之虑。有经验认为[73]黏粒含量小于25%的土体就为管涌性土。

例如，汶川彻底关沟，常年流水较大，但筑坝后沟水自上游5号坝内下渗，从下游3号坝下流出，5号至3号坝之间沟段因沟水伏流而全为干沟，加之坝体较高，沟床纵坡又较陡，坝基为泥石流堆积层，对这些坝基的渗透破坏问题就必须认真考虑。齐得旭等[74]对已破坏的63座拦挡坝的调查，认为有10座属渗透破坏，占比高达15.85%。

因此，建于新近松散堆积层上的较高拦沙坝应按计算的管涌临界水力坡降 I_{cr}，研判是否有发生管涌之可能。坝的水力坡降以坝踵端对应的流面顶点与坝趾端（或护坦垂裙）的底点之间的综合坡降计。临界水力坡降可据土体的重度、孔隙率和界限颗粒含量及渗透系数按《水利水电工程地质勘察规范》（GB 50487—2008）（2022年版）[75]的渗透变形判别公式确定，具体见附录9.1。

如有管涌破坏之虑，则可采用坝基土体帷幕灌浆（防渗墙），坝后库底铺黏土层覆盖或设前戗等预防措施[76]。

灌浆帷幕应形成于坝基或上游侧,灌浆孔一般2至3排,圆形孔扩散圈要相互交切,排距、列距据试验孔扩散半径确定,深度据应降低的水力坡降确定。都汶路某泥石流沟为防一高坝坝基遭管涌破坏,进行帷幕灌浆,但因缺乏经验,未灌于坝基或上游侧,而灌于坝下游侧,反而增大水力坡降,只好又在坝上游沟底增加黏土层覆盖予以弥补,应为教训。

坝基土体帷幕灌浆可兼有防渗与加固土基的作用。但由于坝底土质松散多孔,跑浆严重,耗浆量大,应通过现场试验合理确定充盈率,调整水灰比与压力,甚至自流注浆。如都江堰市都汶路两泥石流沟的各坝,坝基土体帷幕灌浆跑浆严重,平均每米耗水泥数百千克,灌浆费用几与建坝费用相当,好在现场旁站监理点清了灌浆所用水泥袋的数量,方得以认可。

9.2 跨沟桥涵问题

泥石流往往要下穿顺主河延伸的公路等交通线。泥石流沟一般较窄,公路跨沟道或排导槽,通常采用小桥涵。

涵洞过流能力强,造价低,易施工与养护,适于排泄含沙少的水流,宜用于以拦固为主、辅以排洪的泥石流沟。小桥桥前壅水低,出口流速小,利于在纵坡较陡处宣泄挟沙多的洪流,宜用于拦排结合或以排为主的泥石流沟。

跨泥石流沟的小桥多采用钢筋混凝土箱形桥或钢筋混凝土简支梁桥;墩台多采用明挖扩大基础,在最不利组合荷载下,基底应力不得超过容许承载力;外力对基底截面重心的偏心距应符合规定。

涵洞有钢筋混凝土圆涵、石及混凝土拱涵和钢筋混凝土盖板箱涵三种类型。

震区跨泥石流沟的桥涵显现以下几方面问题:一是对地震损毁道路新建跨泥石流沟的桥涵的设计问题;二是震后泥石流规模增大,既有桥涵过流能力不足而进行改扩建的不断道施工问题;三是增大的泥石流对沟中桥墩台的冲刷问题。

9.2.1 既有小桥涵过流能力检算

跨泥石流沟的小桥涵,因其进口束流、壅水,应比照过水小桥涵,按临界流状态检算其过流流量 $Q^{[36]}$（m³/s）。对小桥、无压箱涵与拱箱:

$$Q = \frac{\varepsilon \cdot B \cdot v_k^3}{g} = M_1 \cdot B \cdot H_0^{1.5} \quad (\text{m}^3/\text{s}) \tag{9.1}$$

式中：ε ——压缩系数（表9.1）。

B——旧桥、涵孔径（m）。
v_k——临界流速（m/s）。
g——重力加速度（9.81 m/s²）。
M_1、M_1'——系数（表9.1）。

表9.1 小桥涵水力系数（按临界流状态）[36]

桥涵类型	压缩系数 ε	流速系数 φ	K	M_1	M_1'
小桥（单孔有八字翼墙）	0.85	0.90	0.62	1.31	2.46
无压箱涵与拱涵	0.95	0.85	0.59	1.34	2.41

H_0——桥涵前总水头（m），有

$$H_0 = H + \frac{v_0^2}{2g} \quad (9.2)$$

式中：H——桥涵前积水深（m），按桥涵前排导槽泥石流深计；

v_0——桥涵前行进流速（m/s），按桥涵前排导槽泥石流流速计。

算例：一跨泥石流沟无压箱涵，孔径 B = 5.0 m；涵前所接排导槽宽 5.0 m，过峰值泥石流时泥深 H = 2.0 m，流速 v_0 = 6.0 m/s，则此时箱涵的过流流量据式（9.1）：

$$Q = M_1 \cdot B \cdot \left(H + \frac{v_0^2}{2g}\right)^{1.5} = 1.34 \times 5.0 \times \left(2.0 + \frac{6.0^2}{2 \times 9.81}\right)^{1.5} = 50.3 \text{ m}^3/\text{s}$$

按常规计算，流量为流速 6.0 m/s 与过流断面面积 10 m² 的乘积，即 60 m³/s；实际过流能力仅为其 83.8%。这是因为在临界坡降时，桥涵中流速要小于排导槽中流速。如果桥涵坡降比临界坡降更缓，则过流能力会更低。因此，桥涵要按临界坡降设计，设得更缓甚至设为平坡是不合理的（见下节）。

9.2.2 小桥涵设计原则

小桥涵上部结构按相关规范和标准图进行设计，可按分项工程委托有资质的设计单位完成。

过泥石流的小桥涵一般上接排导槽，孔径与槽宽相同，设计的构造参数主要包括净高与纵坡。

1）桥涵净高[36]

（1）小桥：

梁底高出设计水位，过水流时取 0.50 m，过泥石流时取 1.00 m，有大漂流物时取 1.50 m。

不能从沟槽的现底面计,而应以沟床质受冲刷而粗化之前的床面计;对黏性泥石流还要考虑最大石块直径 1/2~1/3 的超高。

(2)涵洞:

过水流时高出设计水位按表 9.2 取值,过泥石流时应比照小桥再加 0.5 m。

表 9.2 涵洞高出设计水位的净空高度[36]

涵洞净高 h_t/m	圆涵	拱涵	箱涵
$h_t \leq 3$	$\geq h_t/4$	$\geq h_t/4$	$\geq h_t/6$
$h_t > 3$	≥ 0.75 m	≥ 0.75 m	≥ 0.5 m

(3)设计水位:按临界水位 h_k 计。

$$h_k = \sqrt[3]{\frac{Q_P^2}{g \cdot \varepsilon^2 \cdot B^2}} \qquad (9.3)$$

式中:Q_P 为设计流量,其余见式(9.1)。

(4)算例:

上例跨泥石流沟无压箱涵,孔径 $B = 5.0$ m,泥石流峰值流量 60 m³/s,则箱涵设计水位据式(9.3):$h_k = \sqrt[3]{\frac{60.0^2}{9.81 \times 0.95^2 \times 5.0^2}} = 2.53$ m;净空高度按表 9.2 取 0.5 m,过泥石流再加 0.5 m。

故箱涵设计净高 $h_t = 2.53 + 0.5 + 0.5 = 3.53$ m,取 3.6 m。

2)纵坡

就水力条件而言,一般应按临界纵坡设计。此时,水流以临界水深、临界流速和最小比能的状态通过,保证按设计流量正常过流,又避免涵前积水过高和过流、出流冲刷。如果纵坡小于临界纵坡,涵内水深会增大,过流能力降低;如果纵坡大于临界纵坡,会增大流速,造成涵底和出口下受冲刷。

(1)公式:

按临界纵坡 i_k 设计。比照泥石流的流速计算公式,在过水临界纵坡公式的基础上,建议计算过泥石流的小桥涵的临界纵坡公式如式(9.4):

$$i_l = \frac{n^2 \cdot Q_P^2}{\alpha_k^2 \cdot \varphi_v^2 \cdot R_k^{\frac{4}{3}}} \qquad (9.4)$$

式中:n——行泥石流的糙率,视铺底材料按表 1.5 取值。

ω_k——临界水深时的过流断面面积（m²）：

$$\omega_k = h_k \cdot B \tag{9.4-1}$$

φ_v——泥石流流速修正系数，见 1.2.2：

$$\varphi_v = 1/\sqrt{\gamma_H \varphi_C + 1} \tag{9.4-2}$$

R_k——临界水深时的水力半径（m）：

$$R_k = \frac{\omega_k}{2 \cdot h_k + B} \tag{9.4-3}$$

（2）算例：

上例中，泥石流重度 $\gamma_c = 1.6$ t/m³，浆砌石涵底行泥石流之糙率据表 1.5 取 0.031，则临界流状态下有：$\omega_k = 2.53 \times 5.0 = 12.65$ m²；φ_v 插表 1.2 为 0.631；$R_k = \frac{12.65}{2 \times 2.53 + 5.0} = 1.257$ m；又设计流量 $Q_P = 60$ m³/s。故临界坡降：

$$i_l = \frac{0.031^2 \times 60^2}{12.65^2 \times 0.631^2 \times 1.257^{\frac{4}{3}}} = 0.04$$

据此，箱涵设计纵坡取 40‰；相应流速按公式（1.6-1）为 $v = 0.631 \times 1.257^{2/3} \times 0.04^{0.5}/0.031 = 4.74$ m/s，为排导槽流速的 79%，允许过流 = $4.74 \times 12.65 = 60.0$ m/s。这一流速小于浆砌石容许流速 6.0 m/s，不会冲蚀。如设计纵坡更缓甚至设为平坡，则流速减小，过流水深增大，涵洞将增高，从而加大工程费。

9.2.3 桥涵顶入法施工[77]

排导工程以桥涵穿越既有道路，又不能断道施工者，可采用顶入法将整孔桥涵顶入路基下预定的位置，下穿交通繁忙的映汶高速公路的排导槽桥涵即可采用顶入法施工。

顶入工法是在路基旁按桥涵尺寸开挖一工作坑，坑底经夯实碾压后用混凝土浇筑成底板，再经润滑处理后在其上预制整孔混凝土桥涵，待混凝土达设计强度后用高压油泵带动油压千斤顶，借助预先兴修的后背支撑，将桥涵顶入路基内。

顶入法可分一次顶入法、对顶法、顶进钢构与顶梁结合法、开槽顶入法和中继间法。泥石流排导槽一般仅下穿单线道路，长度不大，宜采用一次顶入法。

一次顶入法设计内容包括闭合式框架桥涵，钢板桩式、钢筋混凝土抵座式和浆砌块石的后背，顶具（千斤顶、高压油泵和传力设备），工作坑及工作底板，以及顶进施工。后背钢板桩按顶端锚定板桩设计，其计算顺序如下：确定土压力、板桩入土深度、最大

弯矩、锚拉力、板桩与锚杆的尺寸,并核算其稳定性。所需顶力 P 按式(9.5)计算:

$$P = K \cdot \left[N_1 f_1 + (N_1 + N_2) \cdot f_2 + 2E \cdot f_3 + R \cdot A \right] \qquad (9.5)$$

式中:P——最大顶力(t);

N_1、N_2——桥涵顶上荷载(t)、桥涵自重(t);

f_1——桥涵顶与顶上荷载间的摩擦系数:涂石蜡为 0.17~0.34,涂滑石粉浆为 0.30,涂机油调制的滑石粉浆为 0.20;

f_2、f_3——桥涵底板与基底土间的摩擦系数、侧面摩擦系数,均取 0.7~0.8;

E——桥涵两侧土压力(t);

R——钢刃角正面阻力(t/m³),砂黏土取 50~55;

A——钢刃角正面积(m²);

K——系数,取 1.2。

9.2.4 桥墩台基础冲刷计算[23]

桥墩台除正面受冲击外,侧面还受顺流冲刷。下穿公路的泥石流要考虑对桥墩台基础的顺流冲刷问题。其冲刷计算公式较多,建议稀性泥石流用公式(8.1)、山洪泥石流用公式(8.2)计算冲刷深度 h_p(m),并与洪水冲刷深度 h_{pm} 公式(9.6)综合印证。

鉴于 2010 年 8 月 13 日山洪泥石流的教训,可能先受洪水而非泥石流冲刷的桥涵,此时应采用铁路桥孔洪水冲刷深度 h_{pm}(m)公式(9.6)计算[23]:

$$h_{pm} = \left[\frac{A \cdot \left(\dfrac{h_m}{h}\right)^{5/3} \cdot Q_p}{\mu \cdot L \cdot E \cdot d^{1/6}} \right]^{3/5} \qquad (9.6)$$

式中:$A = \left(\dfrac{B^{0.5}}{H}\right)^{0.15}$($B$ 为水面宽,H 为沟道平均水深,m);　(9.6-1)

h_m——桥孔处最大水深(m);

h——桥孔处断面平均水深(m);

Q_p——设计流量(m³/s);

μ——水流压缩系数,当孔跨不大于 10 m 且流速不小于 4.0 m/s 时取 0.85;

L——沟道宽(m);

E——系数，含沙量 < 1.0 kg/m³、1 kg/m³ ≤ 含沙量 ≤ 10 kg/m³、含沙量 > 10 kg/m³ 时分别取 0.46、0.66、0.86，泥石流的含沙量一般超过 500 kg/m³，E 可取 1.2~1.3；

d——沟床质平均粒径（mm）。

分析：关于冲刷深度的 3 个经验公式的计算原理不同，计算参数各异，式（8.1）基于泥沙起动流速，式（8.2）基于平均流速与不冲刷流速之对比，式（9.6）基于水深、流量与粒径，故应通过这三种计算相互印证。其中，式（8.1）是针对稀性泥石流的经验式，应用于桥墩台，因未考虑桥孔的束流增速因素，结果会偏小；式（8.2）是针对水流的，其泥沙容许不冲刷流速难以确定，也未考虑桥孔束流，用于桥墩台则偏差较大；式（9.6）是针对桥墩台水流的，用于泥石流偏于安全。

9.3 施工运输、弃渣处置与通道恢复问题

9.3.1 施工运输

泥石流沟陡峭，震后坡体松碎，对沟道中上游治理工程的原材料运输是制约施工，尤其是制约圬工工程施工的主要因素，在工程方案比选中应充分考虑。便道工程过巨、造成新的松散物源较多时，应考虑可就地取石料的浆砌石拦护工程和简便固床工程，甚至不设工程，而相应加强下游防治工程。

要完善施工便道设计，确保平面、纵剖面、横断面相配套。便道纵坡不宜高于乡村道路标准（12%），平面展线的弯道半径要满足要求，路面宽度按单车道辅以间隔的会车台，路面结构采用泥结石。旁山便道要用代表性横断面定线，据横断面调整平面线位：内侧深挖则外移，外侧高填则内靠，尽量低填浅挖和半填半挖，填、挖过高时设坡脚支挡工程收坡。

现采用的运输方式可归为以下 4 种，各有优劣与适用条件。

1）顺主沟底清理便道溯沟而上

适用于沟道较宽缓、顺直且工期较充裕者。

问题是对坝群只能自上而下逐一施工，工期长，如清平罗家沟；且改变沟道，翻松沟土，易于土石起动。例如，北川某沟，为修上游两座谷坊坝，施工便道沿沟展线而上百米高，全段翻松原已固结的沟土，形成的松散物量甚至大于两座谷坊坝拦固量，只好全段增设固床槽，费用超过建二坝的费用。

当工期较紧而坝体较高时，可在中下游坝体中暂留通道，但这对坝体结构不利，且筑坝完工后要妥善封闭。封闭后设清淤的翻坝路要再增高，难度甚大，如茂县棉簇沟。

2）傍山修便道到各坝

沟道纵坡较陡但坡体尚稳定者，施工便道可傍山而进，必要时还应盘山展线。

问题是路线长，填挖工程量大，弃土量大，占库容多，如绵竹文家沟；甚至从邻沟修便道越分水脊而下，工程更艰巨，还有挡护工程。

例如，汶川烧房沟的施工便道无法从沟口明洞向上修，只好借道毗邻的红椿沟而上，翻两沟间的分水脊，再展线而下，沿线设有不少挡墙和被动防护网，工程浩大。

3）建运输索道

对无法傍山展线而上的过陡沟道，不得已才建索道运料，对混凝土则建泵站泵送，往往不止一级。

问题是建站费用高，还需从站点二次转运到工地。比如绵竹洞子沟，拟建两级索道，要三次小搬运，运输费用高于建安工程费。

4）人背马驮

对无法机械运料的沟道或重点景区等禁地，采用人背马驮的原始方式也可运料。

人背马驮效率低，费用高，运输成本往往高于原材料价格。例如，青城山景区内的治理工程，每千米每千克材料的马驮运费平均达 0.3 元。

9.3.2 弃渣处置

要妥善处置工程弃方，包括挖基弃方、便道弃方和清库弃方，不允许其成为泥石流的人为固体物源。

对排护工程和施工便道，尽量以挖作填，将挖基、挖槽产生的土方回填于堤背，施工便道则半填半挖、内挖外填；对坝基和清库产生的大量弃方，要外运堆放，妥善处置，落实弃渣场地，必要时修建挡渣墙，尤其不能就地堆弃于沟（河）中和护坦外。

主体工程完工后，应立即清理沟道弃方，恢复库容与沟道。

例如，汶川某沟，将坝基挖方数千方直接堆弃于坝下护坦之下，有造成人为泥石流之患，初验要求清除，但施工通道已封堵，实施清方克服了不少困难。

弃方处置的一大难点是选取合适的堆渣场，对大规模的清库弃方更难。弃渣场不能过远，可就近弃于沟口附近滩地则最好；尽量少占农林用地，可运往灾后重建区填筑地基则最好；场地较平整，不建或少建挡渣工程则最好。为少占地和减少渣土流失，可兴建挡渣工程，按挡土墙设计。如果渣源地附近有非泥石流支沟的沟头，还可就近将沟头作为弃渣场，进行开发性填垦（参见《技术》3.5.3）。

新建弃渣场最好与业主、村委会共同协商，用文字载于现场会商记录中，概预算中列足相应的运输和征地费用。

9.3.3 恢复坝区通道

建坝、筑堤往往会切断沿沟道路，或施工车辆碾损路面，必须修复或补偿，但不宜提高标准，仅原过沟桥涵现过流能力不够的才予改扩建。

为交通和清库而复建和新建的翻坝路，工程量较大，路面应从坝肩靠山翻越，不能受溢流口过流的冲刷；其前后坡段在地形条件可行时应尽量挖方或半填半挖，以免填方侵占库容或受冲刷，并减小填方的护坡工程；坝肩向上游的下坡段进入了回淤区，应尽量放足纵坡，减少长度，简化路面。

翻坝路比照旁山便道设计，但标准应有所提高。建议纵坡不大于15%，且重车方向的长大下坡段应增多会车道，坡底设简易的反坡避难线；路面可适当硬化，必要时增设基层。

翻越高大拦沙坝的道路，坡道长，填挖大，挡护多，工程量大，必须精心设计、精心施工。

例如，保护汶川县城副中心七盘沟的骨干拦沙坝，坝高20多米，库容达70多万立方米，规模之大已属国内罕见，但仍不能满足拦沙要求，遂设计了清库预案。该坝设于出山口，谷坡陡峭，为清库所建翻坝路内挖外填加挡护，工程艰巨。施工中发现内挖会危及边坡稳定，遂外移以少挖多填，但使支挡填方路堤的桩板墙的悬臂高度大增至10多米，按原设计施工的悬臂桩的结构显然偏弱，只好在桩前进行部分回填，以减小悬臂高度和增大桩前抗力，回填土边坡还要设挡墙进行支挡与防冲，全路所耗经费甚高。

翻堤人行步道顺堤两侧设上、下人行梯步，至堤顶。

为坝上人行与工程管护，可顺下游面坝坡和溢流口两侧布设踏步，必要时还可在坝顶加设栏杆。

对跨排导槽的道路，通机动车应设小桥，人行则设盖板，两边设护栏。小桥涵设计见9.2.2。

9.4 清库、堤坝加高与维护问题

9.4.1 清库和加高堤坝

由于震后崩滑物源剧增和泥石流暴发频率加大，勘查设计往往对此估计不足，众多拦沙坝在竣工一两年后即被淤满，一些防护堤段的沟道也已淤高，清库和加高堤/坝已纳入工程维护的议事日程。

1）清库

坝后清淤要有完善设计。要据所需库容和弃渣场确定清淤规模，进行平面、纵剖面、横断面的配套设计。

要贯彻邻坝段浅清、远坝段多清的原则，以免影响坝的稳定性；设计纵坡要满足行车要求，重车下行要安全；设计横坡要稳定，并预留车辆进场的通道；要自上而下分层清挖，避免挖"神仙土"。

弃渣场应设在合理运距范围内，妥善处理占地与挡渣工程。清库弃方规模往往巨大，选取足够而合适的渣场确非易事，应深入现场调研与会商，择优选用。

清库要有施工运输条件，单纯为清库而筑路往往不划算。应在防治工程总体设计中预判清库规模，预设清库的翻坝路，尽量使之与施工便道永临结合，一举两得。

在汛期大规模清库还可能受天气和工期控制，应合理安排工期，赶在汛期前完成。

2）加高

坝的加高是竖直抬高坝的顶面，要据应增库容确定所增高度，并重新进行稳定性与应力检算，按施工图的深细度进行设计。

鉴于满库已增加了坝的稳定性，加高后的坝体稳定性（此时确为半库工况，建议参照附录 6.1 检算）不是主要问题，坝基应力检算和基底承载力校核成为关键。持力层承载力有富余且弃方需远运时，加高坝比清库在技术与经济上更可行。因为坝的顶宽小，加高的圬工有限，所增投资较少；增加的坝体自重也有限，所增坝基应力较小。当费用高或工期紧时，加高坝与清库二者可结合进行。

震后应急所建的一些坝，近年已淤满后拟加高，但因原坝体质量有缺陷，遂对坝体包边或注浆加固后再行加高。例如，汶川一沟的已淤满而拟加高的二浆砌石谷坊坝的砂浆不饱满，对坝体采用自流式注浆加固，坝体体积注浆率约为 1/4～1/3，效果有待抽芯检测。

由于拦排结合的拦沙坝被淤满后下泄峰值流量增大，又或沟道淤高，尤其是对凹岸超高估算不足，均使原建防护堤的高度显得不足，泥石流会漫堤成灾。对此，须对堤防按原堤顶宽予以加高，必要时还应增长上游端以封口。堤加高后，自重应力加大，稳定性有所提高，只要堤后不再填土，不必进行加高后的稳定性检算。

例如，都江堰市关凤沟，震后所建两座长大拦沙坝数年后即被淤满，泥石流翻坝后顺沟淤积并部分堵塞主河，还在近沟口段的凹岸漫过防护堤浸淤堤后村道和三文鱼场。对此，在工程维护中，除修复已损两坝和增建一座梳齿坝外，对会漫溢的凹岸防护堤进行了两次加高，并相应向上游加长。

加高堤/坝要做好新旧圬工的连接设计，包括采用竖向钢筋连接、接触面凿毛坐浆等，避免出现施工缝。

9.4.2 堤坝维护

因坝下防冲护坦工程不力或副坝未能回淤防冲，或防护堤埋深不足，竣工一两年后坝基和堤基掏蚀严重，成为普遍的安全隐患。对此，必须加强汛期和汛后排查，发现掏蚀及时维护。

仅原样修复是不够的，这可能使掏蚀重演，应在修复的基础上加大工程力度。对坝下加强护坦工程，最好采用多层复合抗冲措施，或设阶坎、肋槛消能；护坦端垂裙冲蚀严重的，要进一步加深或改为台阶状，垂裙外还可堆填巨石防掏。对堤底，要加深护脚工程，或在沟道中增设相连的防冲肋，对岸匆虑段也可增设丁坝挑流防冲。对圬工的修复则适当提高其强度，并加强与原圬工的连接。

除基础掏蚀外，拦沙坝溢流口易磨损，坝肩土坡易受冲蚀，均应及时修复与护坡。

排导槽的局部淤积要清除，小桥涵受淤堵要清通。排导槽因新建桥涵或搭建过沟工程而压缩过流断面，防护堤因开辟过沟通道而被扒口，停淤场和拦沙坝因修筑村道而占库容，都时有发生。要加强教育和排查，及时纠正。

要按沟道地形地质变化后的特征和工程损毁的现状进行修复与补强设计，达到施工图的深细度，必要时进行补充勘查，修改地形图件，较重大的作为设计变更通过专家评审。

必须简化程序，赶在下一个汛期之前完工，否则难以度汛，即使提心吊胆艰难度汛，又会因新的情况变化而重新变更设计，构成恶性循环，此类事例已不胜枚举。

9.5 坡面泥石流

坡面型泥石流是指在暴雨激发下在尚未形成明显沟谷的山坡上饱水土体起动而形成的小型泥石流。尽量其规模小，危害轻，但因其数量多，可群发，常堵涵淤路，也不可忽视。如在成昆铁路北段，坡面型泥石流占比达14%；川藏公路冷曲段K3893~K3913的20 km路段中，坡面型泥石流多达100处[78]。

9.5.1 坡面泥石流特征

1）一般特征[79]

（1）发育在较陡山坡上，坡度一般为27°~37°[80]；覆盖土层较薄，厚度一般小于4 m，不透水岩层埋藏较浅；有一定的凹形坡面汇水，无明显沟槽；土体含水率超过28%~30%，饱和度大于75%[81]。

（2）规模小，一般地，流域面积小于0.4 km²，冲出固体物质体积小于5 000 m³；平面形态为长条状，无流通区，暴发后形成浅沟槽或新生冲沟；堆积扩散角为 25°~47°，多为 30°[82]。可汇入、转化或发展为沟谷泥石流。

（3）常发育在暴雨中心、断层破碎带与软弱破碎岩区，以及伐木、垦荒、筑路、采石、开矿等人类活动剧烈区。震区更易发，在汶川"5·12"地震区，日雨量超过 20 mm 即可促发[83]。也可由崩塌、滑坡转化。

（4）常群发，同一坡面可多处同时发生，成梳状排列，成片分布；暴发频率高，突发性强，随机性大，无固定流路，不重复发生；为固液两相流，流速有快有慢，由每秒数厘米到数米。其触发的临界雨量的地区差异大，如东川蒋家沟为日雨量 17 mm、雨强 5 mm/10 min[84]。

2）分类[85]

（1）表土溜坍型：连续暴雨下，山坡、堑坡表层土体浅层溜坍而成，下铲上牵，顺坡而下。水动力为地下水浸泡、孔隙水压力和浮托力，发育在植被覆盖的陡坡上，呈剥皮状。规模很小，冲出固体物质体积少于 1 000 m³。

（2）崩塌滑坡型：由崩塌、浅层滑坡体的土石饱水后降低力学强度就地转化下涌而成，或崩塌滑坡体入浅沟与水混合流动而成。

（3）冲蚀下切型：暴雨径流冲刷斜坡松散土体并下蚀而成，土层薄且坡缓者多蚀成槽形浅沟，土层厚且坡陡者多切成新生冲沟。规模较大，冲出固体物质体积在 1 000 m³ 以上。

3）实例（图 9.1）

图 9.1 格鲁吉亚之冲蚀下切型坡面泥石流群（蒋良滩摄）

该图系 2018 年 8 月 20 日摄于格鲁吉亚古道里军事公路旁，4 条坡面泥石流并列于河谷台地区，为冲蚀下切型，系当年雨季暴发。台地后山坡上有明显的浅凹斗汇水；台地面甚缓，在坡面上仅塑造出浅沟槽（右1、左1），甚至无明显沟槽（右2、3）；在台地前缘陡坡上，均被下切出新生冲沟，其平面呈柳叶状，沟横坡陡，似V形，流体的重度和规模在此增大，为泥石流形成区；出冲沟口在坡脚即堆积成扇，毗连成裙，扇的纵坡较陡，空间上似锥，尚未生长植被；其间无流通区。后坡的汇水凹地、台地的较厚土层和前缘较陡的岸坡，为暴雨径流冲刷下切提供了条件。

前述都汶公路连山村大桥旁的2013年7月10日泥石流，则是因新生冲沟急剧加深加宽并溯源，而由冲蚀型坡面泥石流加剧而成的沟谷型泥石流，冲出泥沙数万立方米。

9.5.2 坡面泥石流防治

1）坡面泥石流的预防措施[85]

坡面泥石流规模小、危害轻，且量多面广，随机暴发。对此，除群策群防外，专业监测和避让搬迁均小题大做，而应以预防为主。预防措施以治坡、控制水土流失为主，辅以工程预防。

（1）保护和恢复山坡森林植被，控制地表侵蚀，减少坡面泥石流的地表径流和松散固体物源，包括封山育林、人工补植、飞播植树、荒坡治理。

（2）改变顺坡耕作、陡坡垦植，推广保土、增产的农耕措施，减少水土流失，如横坡种植、水平沟耕、坡地梯田化。

（3）控制各种人类活动，减少松散固体物质的产生，妥善处理弃土弃渣。

（4）改扩建小桥涵，加大过流能力，避免淤漫成灾，包括涵改小桥、既有涵落底升槽、平底改尖底。

（5）加固危险区内的建筑物，提高其抗冲能力；对边坡、弃土场、崩滑堆积体加以支挡，避免其失稳起动。

2）坡面泥石流的工程治理[78]

措施主要为源区截水、沟中拦沙、出口排导，有条件时辅以生物工程。

（1）截水沟：建于汇水的凹形坡地的下方，截拦所汇地表水流，避免起动泥石流。在高陡斜坡上修建沟槽要慎重设计与施工，出口应作无害化散流或汇入既有非泥石流沟道。

（2）谷坊群：小型、多道，设于沟槽中，拦沙固坡稳沟。在新生冲沟中修浆砌谷坊，因沟陡而要深埋；在小浅沟槽中修格宾石笼坝或生物谷坊。要按前述章节进行勘查设计。

（3）排导沟：小型。排入主沟有害者，与谷坊群结合而成排洪沟；无害者可单独设为泥石流排导槽。无明显沟槽者，也可在坡上斜向修建拦沙排洪沟，其范围长而截洪，纵坡缓而沉沙。

3）工程实例[78]

1995 年 8 月 15 日，中国科学院庐山疗养院后山两处凹型坡面内发生崩塌，演化为山坡型泥石流，在坡面侵蚀而成两条长条形凹槽（东沟、西沟），汇水面积共 0.046 km²。泥石流来势猛、重度大、挟石多、冲淤强，淤塞涵洞，堵埋公路，涌入疗养院，下泄入芦林湖。防治工程措施如下：

（1）在东、西两沟中分别设 11、13 座谷坊。其净高 3.5 m，坝基埋深 2.0 m。
（2）在含鄱路的边坡脚，修建挡土墙，长 355 m，净高 2.5 m。
（3）改造公路的边沟和涵洞，将山洪顺畅排入下游排洪沟，不漫溢上路。
（4）在疗养院南缘布设块石混凝土桩防冲墩，拦截泥石流所挟大石。
（5）改扩建疗养院内现有的 3 条排洪沟，加大排洪能力，消除漫淤之害。
（6）在两沟沟岸和挡墙后植草种树，保持水土。

川藏公路色季拉山 2003 年 7 月 9 日暴发的坡面泥石流致死 16 人，堆积 1.2 万立方米。西藏自治区交通厅等在物源区设 3 道高 5 m 的拦挡坝和 7 道高 4 m 的防冲槛，辅以建跌水槽、重建挡土墙和坡面植树等措施加以防治[86]。

9.6 冰川泥石流

冰川泥石流是由冰雪融水或冰湖溃决洪水冲蚀形成的含大量泥沙的特殊洪流，与暴雨泥石流有类似的形成条件，分布于高山冰川和积雪区的边缘地带。高山冰雪区沟谷甚陡，冰碛物和冰水沉积物丰富，普遍具备发育泥石流的地形条件和松散固体物源条件，故水力条件相对突出。与冰川泥石流相关的地貌问题，见附录 9.3。

根据水源，将冰川泥石流分为冰雪融水型、冰雪融水与雨水混合型、冰湖溃决型等三类。由于雪线以下沟道均可能有一定比例的降雨径流汇入，故可归并为冰雪融水泥石流和冰湖溃决泥石流两种成因类型加以论述。

9.6.1 冰雪融水泥石流

1）充足的冰雪融水是起动泥石流的主控因素

促发泥石流的冰雪融水一般是平时水量的 4~5 倍。雪线高度影响冰川、积雪的发育和消融。雪线愈低，地表气温则愈高，冰雪消融的范围和深度愈大。对青藏海洋性冰川，冰川融水径流深近似于消融深。平均年消融深 A（mm）与夏季年均气温 t（℃）成指数型上升关系[87]：

$$A = 1.33(9.66 + t)^{2.85} \tag{9.7}$$

雪线的高度受制于气候、地形等条件，呈现随纬度升高而上升的地带性，随远离东海岸而上升的经向变化，并受地势起伏的影响（见附录9.2）。

在我国季风区，由于冰雪消融的夏季也是雨季，冰雪融水往往与降雨叠加，更易诱发泥石流。

2）冰雪融水泥石流的特点与判别[88]

（1）泥石流特点：多在夏秋季暴发；规模大，峰值流量可达 28 600 m³/s；频率高，活动时间长，一年最多可达 85 次。

（2）沟域特征：流域平面上呈长条形或栎叶形；流域高差大，一般超于 2 500 m；广泛发育过古冰川；沟道纵剖面为凹形；沟床纵比降大，多为 100‰~230‰。

（3）判别标志：流域形态为瓢形或栎叶形，流域面积 15~32 km²，冰雪面积占比＞10%，岩坡、灌丛、草地面积占比＞15%，森林面积占比 14%~52%，流域高差＞3 000 m，沟谷纵剖面为凹形，主沟纵比降 100‰~220‰，源区纵比降＞0.5，松散固体物源总量＞$1×10^8$ m³。

3）泥沙起动条件

冰雪融水起动泥沙演化为泥石流可分两种起动方式。

（1）颗粒起动。

冰碛物和冰水沉积物属粗粒多、黏粒少的宽级配、双峰或多峰型砾石土体，属于广义的非均匀沙。非均匀沙起动流速主要与粒径 d、水深 H 有关。笔者根据吴宪生等的实验数据，并取 d_{95} 代表最大粒径，推导出非均匀沙起动流速 v 的经验公式[89]：

$$v = 2.80 H^{0.14} d_{95}^{0.21} \tag{9.8}$$

（2）土体起动[90]。

冰碛土体起动是黏滞阻力降低、孔隙水压力增高、拖曳力和渗流侵蚀共同作用的结果，受黏粒含量的突出影响。黏粒含量大于 3%，土体通过铲蚀后引发面蚀而起动；黏粒含量 0.32%~3%，大部分土体通过掏蚀和坍塌而起动；黏粒含量不到 0.32%，土体难以起动。

陈宁生等模拟所得土体发生液态流动的临界坡降为

$$J = (G-1)/(1+e) \tag{9.9}$$

式中：G 为土颗粒相对密度；e 为土体孔隙比。

4）工程防治措施[88]

现主要是防护公路、铁路等道路工程，防治措施与暴雨泥石流相类似，但又有其特点。

（1）排泄工程：

① 排泄道、急流槽：要有足够大的断面和超高，平面要圆顺，转角不超过 $10°\sim15°$，衔接要渐变，道槽不突然收窄和放宽，纵坡不突然减缓。

② 涵洞：不适用于高频、黏性泥石流。

③ 渡槽：纵坡大于 $8°\sim15°$，宽超过 4 m，深超过 3 m。

（2）调治工程：以扇颈为起点修建导流堤或护岸，沟宽扇大时还可建束流堤、分流堤或丁坝。除圬工外，还可采用干砌石、石笼、木笼等。

（3）拦挡工程：多坝成群，稀性泥石流沟可建格栅坝。坝高不超过 $8\sim10$ m，蓄满期按 $5\sim10$ 年计，可分期兴建，预留加高。在扇颈建坝肩两端带缺口的横拦坝兼顾拦沙和排水，对高频小型稀性泥石流沟很适用（图9.2）。

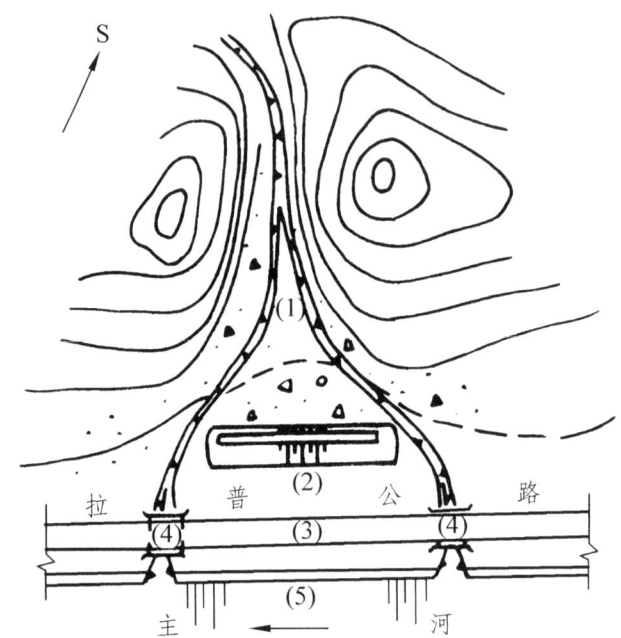

1—泥石流支沟；2—带缺口的横拦坝；3—公路；4—桥涵；5—防洪护坡。

图9.2 拉普公路4道班沟泥石流拦挡坝示意图[88]

9.6.2 冰湖溃决泥石流（附录9.4）

冰湖分以冰川冰为坝的冰坝湖、冰面湖、冰下湖，和以冰碛物为堤的终碛湖、侧碛湖、基碛湖，以及以基岩为堤的冰斗湖、槽谷湖、冰蚀洼地（图9.3）。我国的溃决冰湖多为终碛湖。

1）终碛湖的溃决[87,89]

终碛湖溃决分堤顶溢流型和堤底管涌型，以溢流型溃决为主，且多由冰崩入湖所致。

冰崩一般由冰舌滑坡诱发，亦可由地震引起。导致溃湖的冰崩的体积常达 $(500\sim700)\times 10^4\ m^3$，一般相当于冰湖容积的 $1/4\sim1/3$，堤顶溢流水头高达 $6\sim8\ m$，溃决洪水总量一般达 $(100\sim200)\times10^4\ m^3$。

冰川的运动（图9.4）是冰崩的前提，青藏海洋性冰川运动比新疆大陆性冰川要快，古乡沟冰川表面的平均流速达 $7\sim77\ m/a$，冰川跃动可使流速增大 $1\sim2$ 个量级。

图 9.3　吉尔吉斯斯坦天山之并列 4 冰斗（右上）与 5 冰川谷（中下）（蒋良潍摄）　　图 9.4　瑞典卡尔塔德维纳恩湖畔羊背石上之冰川擦痕

终碛湖的蓄满是溃决的前提，其渗流水量与 $5\sim10\ km^2$ 湖区的汇产流相平衡。

终碛堤溢流溃决所需临界水头和临界流速可按式（2.28）、式（2.30）计算，溃决流量计算见 2.3.6。

2）危险冰湖的要素[87-89]

（1）冰川：规模大，运动快，冰舌完整，抵近冰湖。有利于溃决的指标包括：① 补给冰湖的冰川、积雪面积大于 $2\ km^2$；② 冰雪区平均纵坡大于 $7°$；③ 冰舌末段坡度大于 $8°$；④ 冰舌末端距湖 $0\sim500\ m$。

（2）冰湖：面积较大，长度小，深度小，湖坡陡。冰湖面积 $(20\sim60)\times10^4\ m^2$，蓄水量大于 $100\times10^4\ m^3$，最有利于溃决。

（3）终碛堤：时代新，结构松散，稳定性差，粒径大而不均，厚度小，轴向下凹。有利于溃决的指标包括：① 堤顶厚度小于 $60\ m$；② 背水坡度小于 $25°$；③ 溢流段深凹或长度小于堤总长的 $1/3$。

3）溃决泥石流灾害链

溃决流量大，所挟溃口处泥沙有限，形成的是溃决洪水，尚达不到泥石流的重度。

溃决洪水下泄，势能转化为动能，加之溃口以下发育于冰川冰水沉积物中的沟道的坡降较陡，故水流湍急，强烈下蚀揭底沟床、侧蚀沟坡而冲刷坍塌，裹挟大量砂石，形成溃决泥石流，沿程造成灾害。

泥石流冲入主河，发生淤积，因规模大，常堵塞主河，回水淹没上游。堰塞体又会产生溃决，形成溃决洪水，一泻千里，横扫下游两岸道路、村寨。

溃决泥石流形成的灾害链：冰崩入湖→冰湖溃决洪水→溃决泥石流→主河堵塞回水→主河溃决洪水。

4）溃决泥石流的预防

溃决泥石流流量巨大，迅猛异常，对之拦挡如螳臂当车，加以排护将被摧枯拉朽，工程治理极其困难，针对性预防方为上策。预防措施可分以下三方面：

（1）监测危险的冰湖与冰川，及时预警预报。

监测内容包括：补给冰湖的冰川的运动速度，冰裂缝的形成及被其分割的可能崩滑的冰体的体积，冰舌前端与冰湖的距离，危险冰湖的充盈状况。

监测宜由无人机承担，在气候变热期和夏秋季要高度警惕。发现可能发生冰崩时立即发布警报。

（2）在堰塞堤上开渠排水，降低溃决风险。

西藏工布江达县仲沙区政府临危送炸药至危险冰湖，炸堤放水，免除了溃决灾害，是成功经验[88]。

但堰塞体过厚时，开渠工程量过大，可能尚未开通即已溃决，适得其反。例如，易贡湖于2000年6月10日就因开槽引流而溃决[91]，最大溃决流量达 12.1×10^4 m³/s。

（3）预测危险区范围，避让搬迁与改线。

根据溃决泥石流的峰值流量与流速，计算沿程泥位及坍岸范围，划定危险区域与危险标高。对危险区内的村寨进行避让搬迁或应急疏散村民，对道路加以改线绕避或抬高。

对跨沟桥涵，要及时改扩建，加大过流能力以安全渡流。

附录9.1 渗透变形判别公式

（据《水利水电工程地质勘察规范》[75]）

（1）管涌土的细粒含量 P（%）：　　　　$P \leqslant 25$　　　　　　　　（9.10-1）

可能管涌的土的细粒含量 P（%）：　　$25 < P < 35$　　　　　　（9.10-2）

对非连续级配土，细粒含量 P 采用**最优细粒含量 P_{CP}**（%）：

$$P_{CP} = \frac{0.30 + 3 \cdot n^2 - n}{1 - n} \tag{9.11-1}$$

对连续级配土，细粒含量 P 采用小于区分粒径 d_i 的土粒含量（%），有

$$d_i = \sqrt{d_{70} \cdot d_{10}} \quad \text{(《指南2014版》中有误)} \tag{9.11-2}$$

两式中：n——土的孔隙率（%）；

d_{70} 与 d_{10}——小于该粒径的含量占土重70%与10%的颗粒粒径（mm）。

注：P_{CP}、n 的单位似应为小数。2008修订版《水利水电工程地质勘察规范》中删除了1999年版的管涌土的细粒含量判别公式，即《指南2014版》中的式138。

（2）**管涌的临界水力比降 I_{cr} 可以用式（9.12）或式（9.13）计算：**

$$I_{cr} = 2.2 \times (\gamma_S - 1) \cdot (1-n)^2 \cdot \frac{d_5}{d_{20}} \tag{9.12}$$

$$I_{cr} = 42 \times \frac{d_3}{\sqrt{k/n^3}} \tag{9.13}$$

式中：γ_S——土的颗粒密度与水的密度之比；

d_5、d_{20}、d_3——占总土重5%、20%、3%的土粒粒径（mm）；

k——土的渗透系数（cm/s）。

附录9.2 中国西部雪线的地带性与分布规律

附9.2.1 自然地带性正态频率分布函数曲线模式

（摘自蒋忠信《关于自然带数学模式之商讨》[92]和《雪线地带性的定量分析》[93]）

自然地带性（包括水平地带性和垂直地带性）规律，主要是地表热量沿纬度方向和垂直高度发生规律性变化的反映。海陆分布和地形起伏所制约的地表水分状况的影响，则使地带性规律遭到削弱或畸变。

以正态频率分布函数型曲线（高斯曲线）描绘地带性规律最为贴切，即

$$H = a e^{-b(\phi - d)^2} - c \tag{9.14}$$

式中：H 为自然带分布高度（m）；ϕ 为纬度（°）；a、b、c、d 为正数。

（1）对北半球，各自然带的分布函数为

雪线：
$$H = 5462 \cdot e^{-0.0006353 \cdot (\phi - 18.5)^2} - 250 \tag{9.14-1}$$

树线：
$$H = 4726 \cdot e^{-0.0007129 \cdot (\phi - 15.5)^2} - 500 \tag{9.14-2}$$

山地寒漠土：
$$H = 10480 \cdot e^{-0.00008188 \cdot \phi^2} - 6000 \tag{9.14-3}$$

地带性模式函数形为反S曲线，具极值点与拐点（图9.5）。表明自然带分布高度随

纬度增大并不是单纯递减，而是从赤道开始，先随纬度增大而增高，至最高点后，才逐渐降低，但又不是匀速下降，而是先以加速度下降，至降速最大点（即拐点）后，再以减速度下降，直至极地。

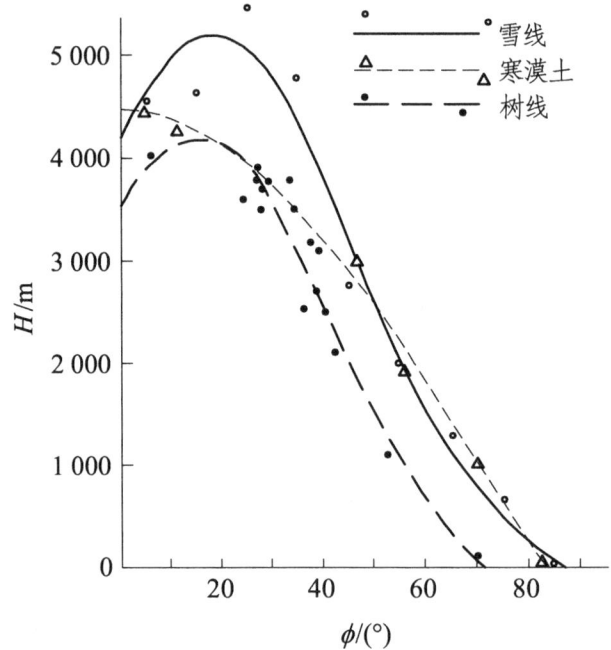

图 9.5　北半球自然带分布高度 H 随纬度 ϕ 的变化

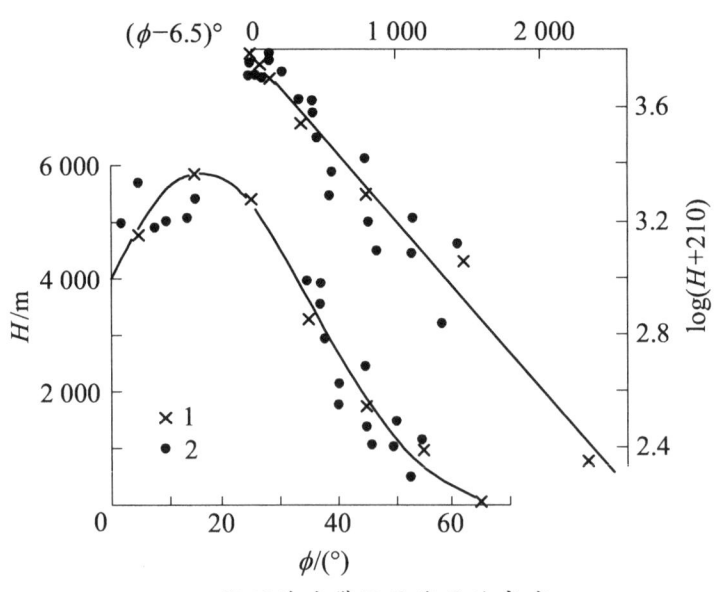

1—10°间距纬度带区雪线平均高度；

2—牛文元《自然地带性理论分析》图 2（B）中的雪线高度。

图 9.6　南半球雪线高度 H 随纬度 ϕ 的变化

当 $\phi=d$ 时，H 为极大值，记为 $\hat{\phi}$。对雪线、树线，$\hat{\phi}\neq 0$，表明其最高分布点不在赤道。雪线 $\hat{\phi}=18.5°$，树线 $\hat{\phi}=15.5°$，均处于气温最高处（$\phi=6.5°$）与副热带干旱区或回归荒漠之间，反映了气温和水分状况对自然带的综合影响。山地寒漠土 $\hat{\phi}=0°$，在赤道分布最高，反映其受水分状况的影响甚微。

将模式曲线下降速度最大点，即曲线拐点的纬度记为 ϕ'：

$$\phi'=\sqrt{\frac{1}{2b}}+d \tag{9.15}$$

雪线 $\phi'=46°33'$，树线 $\phi'=41°59'$，在中纬度；山地寒漠土 $\phi'=78°9'$，在高纬度。表明这些地区的自然带分布高度变化最快、变幅最大。

（2）对南半球，雪线的分布函数如下（图9.6）：

$$H=5\,995\cdot e^{-0.001\,354\cdot(\phi-16.5)^2}-210 \tag{9.16}$$

对南半球，中、高纬区雪线比北半球同纬度要低，模式零值纬度 ϕ_0 为 $66°15'$，比北半球的 $88°10'$ 小得多。而在低纬区，南半球雪线比北半球高，模式极值 $H_{\max}$ 为 5 785 m，比北半球的 5 215 m 高 500 多米。南半球模式极值点、拐点的纬度为 $16°30'$、$35°43'$，比北半球的 $18°30'$、$45°33'$ 稍低。总之，南半球雪线高度沿纬向的变化比北半球剧烈[116 m/（°）与 75 m/（°）]，变化幅度也较大（5 785 m 与 5 212 m）。

这种差异系因南半球海陆分布格局，从而水热状况与北半球相异所致。

附 9.2.2 中国西部雪线的分布规律
（据蒋忠信《中国西部现代雪线的趋势面分析》[94]）

中国西部山岳冰川很发育，选取东经 102.5° 以西中国境内具代表性的雪线高度值 25 处，分析其现代雪线的地理变化规律。可知，雪线既有由南向北降低的变化，也呈现由西向东降低的趋势。前者是纬度地带性的表现，后者是海陆分布引起的非地带性变化。为综合反映纬向和经向变化，进行了趋势面分析。

（1）中国西部现代雪线的一次趋势面方程为

$$H=7\,800+0.444L-110\phi \tag{9.17}$$

式中：H 以 m 计；距东海岸线距离 L 以 km 计；纬度 ϕ 以（°）计。

这呈现出一由西南向东北倾斜的平面，综合反映雪线由南向北沿纬向降低和由西向东沿经向降低的变化规律。其由南向北降低的速率[110 m/（°）]仅略高于北半球的平均速率［107.5 m/（°）］，二者的变化规律较吻合。沿纬向降低的速率（110 m/111 km＝0.991 m/km）比沿经向的 0.444 m/km 要大，说明纬度地带性是雪线变化的基本规律，经向变化只是叠加的次一级规律。

（2）中国西部现代雪线的二次趋势面方程为

$$H = 2.957L + 554.9\phi - 0.0001151L^2 - 0.05354L\phi - 6.991\phi^2 - 7555 \qquad (9.18)$$

这一曲面的形态类似于一向东北方降低的"倾伏背斜"，其南西—北东向轴部凸起，向北西、南东两翼下降。

二次趋势面首先继承了一次趋势面由南西向北东降低的特征。在此背景上，叠加了喜山中段—唐古拉山—祁连山的北东向凸起带，反映了地势轮廓对雪线高度的影响。故二次趋势面较客观地反映了雪线由主到次的以下三方面变化规律：由南向北降低的纬度地带性变化，因距海远近引起的由西向东降低的经向变化，因地势格局引起的喜山中段至祁连山的高值带。因此，影响中国西部雪线的三个主要因素包括：水平地带性、海陆分布和地势轮廓。

附录 9.3　冰川泥石流相关地貌问题（蒋忠信，考察报告，2002）

滇藏/川藏铁路拉萨至林芝段的雅鲁藏布江方案和尼洋河方案均有冰川泥石流分布。尼洋河方案全长约 395 km，其中冰川泥石流分布密集的林芝至进巴段长约 211 km，超过全长的一半。

1）特殊的冰川泥石流扇问题

（1）该区常见新、老泥石流扇相套叠，以及泥石流扇与冲洪积扇或阶地相叠置，要据这种重叠关系恢复泥石流发育历史。

（2）雅鲁藏布江一些大支流的堆积扇和套叠于老沟口扇下的新扇，纵坡缓，粒度小，要区分其成因是稀性泥石流或是高含沙水流。

（3）由于宽谷构造宁静，许多沟口泥石流扇均长满树丛，甚至扇缘已被主河切蚀，要辨识其到底是衰亡的古泥石流，或是不发则已、一发惊人的低频泥石流。

（4）随着铁路建设和通车后的人类活动，以及全球变暖的趋势，要预测在铁路工程有效期内，冰川泥石流的演化趋势是发展、企稳或是衰退。尤其是现处于衰亡的古泥石流，是否有复活之可能。

2）高原宽谷谷坡特殊重力-流水不良地质问题

由于高寒山区物理风化剧烈，冰、雪、风等外营力突出，高原宽谷、峡谷地貌独特，有的还处于板块缝合带，因此谷坡-沟口的不良地质体的成因类型比内地众多而且独特，还有具高寒山区特色的岩屑锥（坡）、坡洪积锥、冰积谷、冰水扇、冰川泥石流扇等。即便是内地常见的崩塌、滑坡、岩堆、坡积裙，其成因机制、地貌条件和构造环境也与内地有别。

（1）岩屑锥、岩屑坡：在拉萨河、雅鲁藏布江、尼洋河的宽谷，谷坡寒冻风化产物顺坡滚落于坡脚堆积成岩屑锥；越岭前后的季节性冻土区，谷坡草被滑塌后暴露出松散的岩屑坡。

（2）坡洪积锥：为相对低缓谷坡上小冲沟口的锥状堆积，既不同于坡积体也不同于洪积扇，以拉萨河宽谷内典型。

（3）冰积谷、冰水扇：西藏高原除河谷区外普遍为古冰川作用区，支沟多为古冰川槽谷，尤其是在加查—林芝段雅鲁藏布江与工布江达—林芝段尼洋河，多见支沟中上游沟谷被冰碛-冰水沉积物堆满淤平，并在沟口形成冰水扇。

3）高寒山区谷坡重力-流水不良地质系列的研究

将崩塌-岩堆、岩屑坡、岩屑锥、坡积裙、坡洪积锥、泥石流扇、冰水扇、冲洪积扇作为一个完整的高寒山区谷坡重力-流水不良地质系列，建议结合拟建工程进行以下方面研究：

（1）由风化-重力-片流-冰川-冰水流-洪流-河流组成的形成机制系列，包括混合成因。

（2）由沉积韵律、物质成分、物质组构和颗粒形态构成的沉积特征系列，及其对各成因类型的规律性差异。

（3）包括由谷坡-堆积体地形的从陡到缓、所在地貌单元的坡-沟-河、堆积体的堆-锥-扇-阶等组成的形态特征系列，及其各成因类型的差异规律。

（4）由低缓谷坡＋辫状水系宽谷—阶状谷坡＋深切曲流—高陡谷坡＋幽深峡谷组成的主河河谷地貌系列，各成因类型不良地质体沿河分布的差异规律。

（5）以形成机制、沉积特征、形态特征、主河地貌为标志的高寒山区谷坡重力-流水不良地质成因类型的判别标准。

附录9.4 冰碛湖溃决及其水文条件

(据蒋忠信《冰碛湖漫溢型溃决临界水文条件》[89]与《冰碛湖溃决临界漫溢水头公式的改进》[95])

附9.4.1 冰碛湖溃决的临界水文模式

冰碛湖溃决洪水与泥石流是冰川区突发的严重山地灾害,集中于西藏高原和喜马拉雅山区。在西藏地区,冰碛湖占高山冰湖的一半以上,其中危险冰碛湖约占1/4。现已调查1935年以来的溃决冰碛湖有12个(表9.3)。

表9.3 中国西藏溃决冰碛湖[89]

冰碛湖名称	所在沟河	所在县	溃决日期	$S^{①}$	溃决直接原因	成灾形式
塔阿错	波曲河	聂拉木	1935-08-28	6.3	冰滑坡,管涌	洪水,泥石流
穷比吓玛错		亚东	1940-07-10	2.0	冰崩	洪水,泥石流
桑旺错	涅如藏布	康马	1954-07-16	53.75	冰滑坡	稀性泥石流,洪水(湖长5.0 km)
隆达错	隆达沟	吉隆	1964-08-25	4.91	冰崩,冰滑坡	洪水,泥石流(堵溃吉隆河)
吉莱错	吉莱普沟	定结	1964-09-21	5.25	冰滑坡	泥石流(现冰舌前壁高10 m)
达门拉咳错	唐不朗沟	工布江达	1964-09-26	1.89	冰崩,冰滑坡	洪水,泥石流②
阿亚错	抗曲	定日	1968-08-15	4.2	冰滑坡	泥石流及洪水(连续三年溃决)
坡戈错		索县	1972-07-23	5.0	冰崩,冰滑坡	洪水,稀性泥石流(冰崩5.7×10^6 m³)
扎日错		洛扎	1981-06-24		冰崩,冰滑坡	洪水,泥石流
次仁玛错	章藏普沟	樟木口岸	1981-07-11	4.94	冰崩,管涌	洪水,泥石流③
金错		定结	1982-08-27	5.12	冰崩	洪水,泥石流
光谢错	米堆沟	波密	1988-07-15	2.72	冰崩,冰滑坡,管涌	稀性泥石流,洪水(见下文)

注:① S为溃前冰湖面积(10^5 m²)。
② 冰崩体积5×10^6 m³,下冲500~600 m,涌浪高10多米;终碛堤宽60 m,溃口顶宽50 m,底宽12 m;堵塞尼洋河。
③ 湖长1 500 m,宽500 m,深35 m以上;冰崩滑体积7×10^6m³;溃口顶宽230 m,底宽40~60 m,深50 m;堵断波曲。

据溃决起因，可将冰碛湖溃决分为两种成因类型：一类是漫溢型溃决；另一类是终碛堤底埋藏冰融化导致的管涌破坏。表 9.3 中，漫溢型溃决占 9 处，另 3 处为漫溢溃决与管涌破坏的叠加。

冰碛湖通常是蓄满的。当暖期冰雪融水增多时，则通过终碛堤最低凹处漫溢排出。如果因冰滑坡入湖而冰湖水面急剧上升，并叠加涌浪，会形成高于溢出口的漫溢水头。当水头足够高，其流速大于溢出口泥沙的起动流速，水流就会开始对溢出口进行冲刷和下切。一旦下切，且冰湖因泄流所致水位下降速度小于下切速度，则水头和流速会随下切而增大，导致更快的冲刷下切，直至堤底，形成局部堤段的瞬时溃决，并一溃到底。在少数情况下，或因冰湖规模过小，或因终碛堤过厚，冰湖水位下降速度大于下切速度时，冲刷下切到一定深度即会因流速减小至止动流速而停止，溃决不到底。这两种情况统称为局部瞬时溃决。

1）冰碛湖溃决的临界漫溢水头模式

分析局部瞬时溃决的临界水文条件，首先必须求得临界漫溢水头的高度，即能导致开始冲刷下切的高于溢出口的水头高度，以 H_0 表示。推求分以下三步。

（1）起动流速 V_0。

冰川终碛物粗细混杂，类似于非均匀沙，其起动流速主要与粒径 d、水深 H 有关。根据吴宪生等的非均匀沙起动实验数据[96]，选取 d_{95} 代表起动粒径，改造成非均匀沙起动流速的经验式：

$$V_0 = 2.80 H^{0.14} d_{95}^{0.21} \tag{1}$$

式中：H 为水深（m）；d 为粒径（m）。

（2）溃口处流速 V_1。

当将漫溢水头作为坝前水深时，溃口处的流速 V_1（m/s）可借用肖克利契的瞬间局部堤段一溃到底的公式[97]计算：

$$V_1 = 0.9 \times 10^{0.3 \cdot \frac{b}{B}} \left(\frac{B}{b}\right)^{0.25} H_0^{0.5} \tag{2}$$

式中：B 为坝长，对溃决冰湖为堵湖终碛堤长度（m）。

b 为矩形溃口宽度，对溃决冰湖为达起动流速的漫溢段的宽度（m）。冰碛湖溃口断面一般为上宽下窄的倒梯形，建议以平均宽度作为漫溢宽度。当堰塞坝轴向较平、溢流段不明显时，对上式取 (b/B) 的一阶导数并令其为 0，可知 $(b/B) = 0.362$ 时的 V 为极小值；(b/B) 趋近于 0 时的 V 为极大值。也可据经验确定 b 值，西藏的经验值为 $b/B =$

$0.069\sim0.28$，中值为 0.175，唐家山堰塞湖 $b/B = 145/803.4 = 0.180^{[98]}$，故建议可取 b 为 $(0.1\sim0.25)B$。

H_0 为坝前水深。对于漫溢溃决之始，则为漫堤水头（m）。

（3）冰湖溃决的临界漫溢水头高度 H_0。

对粗颗粒，联立式（1）与式（2），由 $V_0 = V_1$，$H = H_0$，故漫堤溃决临界水头 H_0：

$$H_0 = 23.4 \times \frac{d_{95}^{0.583}}{10^{0.833\frac{b}{B}} \cdot \left(\frac{B}{b}\right)^{0.694}} \tag{2.28}$$

2）冰滑坡入湖所致水位上涨模式

导致冰碛湖溃决的总漫溢水头，来自入湖冰滑坡的体积和动能。浸没于湖水中的冰滑坡使冰湖静水位上涨，在溢流口形成相对稳定的漫溢水头。同时，冰滑坡撞击冰湖激起涌浪并向溢流口衰减，形成瞬时漫溢水头，叠加于湖水位之上。

（1）入湖冰滑坡的体积所致静水位上涨值 H_1。

设入湖冰滑坡的体积为 C（m³），冰湖水面面积为 A（m²），周边湖岸平均坡度为 β（°），冰的重度 γ_1 取 0.9，入湖冰滑坡所致湖水位上升值为 H_1（m），湖面近似按正方形计，忽略小项，则：

$$H_1 = \frac{\left(A^2 + 7.2A^{0.5}C \cdot \cot\beta\right)^{0.5} - A}{4A^{0.5}\cot\beta} \tag{3}$$

（2）冰滑坡所激涌浪高度 H_C。

冰滑坡坠入湖所激起的涌浪高度 H_C，可用康费恩-布雷恩经验公式[99]计算：

$$H_C = D \cdot F^{0.7}(0.31 + 0.2 \cdot \lg Q) \tag{4}$$

其中：$F = v/(g \cdot D)^{1/2}$；$Q = L \cdot h_1/D^2$。

式中：H_C 为高于静水位的最大稳定波浪高度（m）；D 为冰湖平均水深（m）；v 为滑体与水撞击时的速度（m/s）；g 为重力加速度（9.8 m/s²）；L 为冰滑坡重心至撞击水面间的斜长（m）；h_1 为滑体厚度（m）。

对冰滑坡入湖，设 h_2 为滑体质心与湖水面的高差（m），α 为冰舌底坡面之坡度（°），h 为滑坡后缘与湖面间的高差（m），则

$$v = (2gh_2)^{0.5} \tag{4-1}$$

$$h_2 = h/2 + h_1/(2\cos\alpha) \tag{4-2}$$

(3) 涌浪衰减至溃口处的高度 H_2。

据新滩滑坡，涌浪高度的沿河衰减与距离呈幂函数关系。参考湖南柘溪水库塘岩光滑坡涌浪的观测资料，得冰湖涌浪衰减至溢流口处高度 H_2 的计算公式：

$$H_2 = 0.17 H_C \cdot x^{-0.84} \tag{5}$$

式中：H_C 以 m 计；x 为至溢流口的距离（km）。

附 9.4.2 冰碛湖漫溢型溃决的临界水文条件及其控制因素

1）冰碛湖漫溢型溃决的临界水文条件

如果冰滑坡入湖所致静水位上涨 H_1，大于临界漫溢水头高度 H_0，则溢流口处的流速会达到终碛堤物质的起动流速，从而冲刷下切，冰湖开始溃口。因此，$H_1 > H_0$ 必定发生漫溢型溃决。

当 $H_1 < H_0$ 但（H_1+H_2）$> H_0$ 时，冰湖可能发生也可能不发生漫溢型溃决。因为传至溢流口的涌浪高度 H_2 瞬间即逝。H_2 与 H_1 之叠加虽大于 H_0，但瞬间冲击不一定能使溢出口发生下切。

当（H_1+H_2）$< H_0$ 时，冰湖不会发生漫溢型溃决。

综上，冰碛湖漫溢型溃决临界水文条件如下：

$H_1 > H_0$ 必定溃决；$H_1 < H_0$ 且（H_1+H_2）$> H_0$ 可能溃决；（H_1+H_2）$< H_0$ 不会溃决。

2）控制漫溢型溃决临界水文条件的主要因素

（1）终碛堤：

① 终碛堤粒度分布愈不均匀，最大粒径愈大，所需起动流速愈大，要愈高的漫溢水头才能开始下切。溃决临界水头与 $d_{95}^{0.583}$ 成正比。

② 溢流段愈深凹，形成的溢流水头则愈高，愈易下切致溃决。当溢流段的宽度与终碛堤的长度之比 N（$N=b/B$，$0<N\leq1$）$=0.362$ 时，V_{c1} 为极小值；$N<0.362$ 时，V_{c1} 随 N 的减小而增大，即 N 愈小，愈易溃决。

③ 终碛堤愈宽，冲刷下切所需输沙量和流量愈大，不利于较小冰湖的溃决。

（2）冰碛湖：

① 冰湖面积 A 越大，以及湖岸坡度 β 越小，则相同体积的冰滑坡入湖所致湖水位的溢高 H_1 愈小，愈不易溃决。但是，冰湖规模过小，在开始溢冲后则水位下降过快，可能使溃口水头降至临界水头以下而停止下切，不利于溃决的发展。

② 冰湖愈长，冰滑坡入水处与溢流口的距离 x 愈大，则涌浪衰减幅度愈大，愈不利于溃决。水深 D 较大时，湖水体积较大，涌浪也稍大，有利于溃决。

③ 综合认为，冰湖规模适中（面积 10^5 m² 量级）最有利于溃决。如表 9.3，11 个溃决冰碛湖中有 10 个的面积为（1.89~6.3）×10^5 m²。

（3）冰滑坡：

① 冰滑坡入水体积愈大，湖水位上升值 H_1 就愈大，愈利于溃决。

② 冰滑坡的长度、厚度和坡度愈大，则滑速和涌浪高度愈大，愈利于溃决。

③ 冰舌前端与冰湖的距离愈短，甚至冰舌已抵湖，则一方面因滑面摩擦系数小甚至趋于 0 而使滑速较大、涌浪较高，另一方面又因滑程短、滑体质心低而使滑速较小、涌浪较低。故冰舌与冰湖间距离较小有利于溃决。

④ 冰舌较完整，则以整体性滑坡状入湖，有利于溃决。如冰舌不完整，以多次冰崩的方式入湖，则涌浪相对较小，对溃决不利。

（下篇）参考文献

[1] 蒋忠信, 陈光曦, 等. 中国山区道路灾害防治. 重庆: 重庆大学出版社, 1996.

[2] 钟敦伦, 等. 初论矿山泥石流//山地所泥石流论文集（1）. 重庆: 科学技术文献出版社重庆分社, 1981.

[3] 陈光曦, 等. 泥石流防治. 北京: 中国铁道出版社, 1983.

[4] 杜榕桓, 等. 云南小江泥石流综合考察与防治规划研究. 重庆: 科学技术文献出版社重庆分社, 1987.

[5] 蒋忠信. 云南滑坡分布的坡向性浅析//国际滑坡与岩土工程学术会议论文集. 武汉: 华中理工大学出版社, 1991.

[6] 蒋忠信. 西藏帕隆藏布河谷崩塌滑坡泥石流的分布规律. 地理研究, 2002（4）.

[7] 陈光曦. 成昆铁路安宁河泸沽至漫水湾段工程地质评价与方案选择. 路基工程, 1987（2）.

[8] 中国科学院成都山地灾害与环境研究所. 泥石流研究与防治. 成都: 四川科学技术出版社, 1989.

[9] 陈光曦, 严碧玉, 罗鉴银, 等. 南昆线段家河泥石流减灾试验工程规划. 中国地质灾害与防治学报, 1995（6）.

[10] 唐邦兴, 等. 岷江上游茂县叠溪大小海子溃决型山洪泥石流//泥石流（4）. 北京: 科学出版社, 1995.

[11] 殷跃平. 西藏波密易贡高速巨型滑坡特征及减灾研究. 水文地质工程地质, 2000（4）.

[12] 四川省公路设计院, 等. 强震后山区公路地质灾害演变规律与防灾减灾成套技术. 科研总结报告. 2017.

[13] 中科院成都山地所. 泥石流防治工程设计手册. 内部资料. 2002.

[14] 崔鹏, 等. 汶川地震山地灾害形成机理与风险控制. 北京: 科学出版社, 2011.

[15] 江崎一博. 拦砂坝堆积泥砂的纵剖面形状//孟河清, 译. 泥石流译文集（三）. 铁道部科学研究院西南研究所. 1985

[16] 田连权, 等. 泥石流侵蚀搬运与堆积. 成都: 成都地图出版社, 1993.

[17] 李峰, 等. 坝后泥石流回淤坡度的模型实验研究. 人民长江, 2013（9）.

[18] 吴鑫, 等. 粘性泥石流坝后回淤比降的实验. 山地学报, 2013（5）.

[19] 赵静静, 等. 粘性泥石流拦砂坝坝后回淤坡度试验. 西南科技大学学报, 2018（2）.

[20] 中国地质灾害防治工程行业协会. 泥石流防治工程设计规范（试行）：T/CAGHP 021—2018. 北京：中国地质大学出版社，2018.

[21] 禹磊. 泥石流平衡坡度的试验研究. 成都：成都理工大学，2017.

[22] 周必凡，等. 泥石流防治指南. 北京：科学出版社，1991.

[23] 铁道部第三勘测设计院. 铁路工程设计技术手册：桥涵水文. 北京：中国铁道出版社，1978.

[24] 矢野义男，等. 泥沙、泥石流、滑坡、崩坍防治工程. 谭炳炎，等，译. 重庆：科学技术文献出版社重庆分社，1983.

[25] 陈生水，等. 混凝土面板砂砾石坝漫顶溃决过程数值模拟. 岩土工程学报，2012（7）.

[26] 张军. 泥石流拦砂坝设计荷载初步分析//泥石流（2）. 重庆：科学技术文献出版社重庆分社，1983.

[27] 孙昊，游勇，等. 粘性泥石流拦砂坝受力及稳定性分析. 中国科学院大学学报，2018（6）.

[28] 蒋忠信. 深埋岩溶隧道水压力的预测与防治. 铁道工程学报，2005（6）.

[29] 张莉，游勇，柳金峰等. 泥石流拦砂坝坝基土颗粒级配对扬压力影响实验研究. 岩石力学与工程学报，2018（1）.

[30] 徐至均，等. 逆作法设计与施工. 北京：机械工业出版社，2002.

[31] 曾超，等. 泥石流浆体与大颗粒冲击力特征的试验研究. 岩土力学，2015（7）.

[32] 住房和城乡建设部. 建筑地基基础设计规范：GB 50007—2011. 北京：中国建筑工业出版社，2011.

[33] 吴积善，等. 泥石流及其综合治理. 北京：科学出版社，1993.

[34] 薛莉云，等. 梯级肋槛-桩基组合结构在泥石流拦沙坎下防护中的应用. 四川地质学报，2022（2）.

[35] 石胜伟，等. 小口径钢管桩修复加固拦沙坝坝基土的技术方法研究. 工程科学与技术，2019（5）.

[36] 铁道部第二勘测设计院. 铁路小桥涵设计. 北京：人民铁道出版社，1978.

[37] 罗祥，等. 利用废旧轮胎防治滚石的数值模拟分析. 中国地质灾害与防治学报，2011（4）.

[38] 铁道部第一勘测设计院. 铁路工程设计技术手册：路基. 北京：中国铁道出版社，1992.

[39] 谭炳炎. 泥石流地区格栅坝的试验研究//泥石流防治理论与实践. 成都：西南交通大学出版社，1991.

[40] 薛祖淇，等. A 型梳子坝与梳子坝试验之比较分析//海峡两岸山地灾害与环境保育研究：第二卷. 中华防灾学会. 2000.

[41] 游勇. 泥石流梁式格栅坝拦沙性能试验研究. 水土保持学报，2001（1）.

[42] 韩文兵,等. 水石流梳子型切口坝拦沙性能试验研究. 水土保持研究, 2001（1）.

[43] 孙昊,等. 泥石流梁式格栅坝闭塞临界判据及拦沙性能试验研究. 自然灾害学报, 2017（4）.

[44] 袁东,等. 格子坝拦挡粘性泥石流闭塞过程及其闭塞判识实验研究. 岩石力学与工程学报, 2019（s1）.

[45] 阳友奎,等. 坡面地质灾害柔性防护的理论与实践. 北京：科学出版社, 2005.

[46] 阳友奎,等. SNS 泥石流柔性格栅坝的功能原理及应用. 中国地质灾害与防治学报, 1998（3）.

[47] 吴红刚,等. 格宾-柔性网泥石流组合拦阻结构模型试验研究. 防灾减灾学报, 2017（5）.

[48] 李德基,等. 用于泥石流防治的桩基组合式圬工重力坝//泥石流（3）. 重庆：科学技术文献出版社重庆分社, 1986.

[49] 曾思伟,等. 甘肃火烧沟泥石流排导槽的工程实践. 中科院兰州冰川冻土研究所集刊（4）. 北京：科学出版社, 1985.

[50] 陈宁生,等. 山区道路泥石流工程防治原则与模式. 中国地质灾害与防治学报, 2009（1）.

[51] 游勇. 泥石流排导槽最小不淤纵坡初步试验研究. 水土保持通报, 2000（6）.

[52] 游勇,等. 泥石流排导槽水力最佳断面. 山地学报, 1999（3）.

[53] 严璧玉. 成昆铁路利子依达沟泥石流灾害//铁路工程地质实例. 北京：中国铁道出版社, 2011.

[54] 陈晓清,等. 泥石流排导槽研究进展及发展方向. 中国地质灾害与防治学报. 2010（2）

[55] 王继康. 泥石流防治工程技术. 北京：中国铁道出版社, 1996.

[56] 游勇,等. 泥石流常用排导槽水力条件的比较. 岩石力学与工程学报, 2006（s1）.

[57] 刘建康,等. V 型排导槽横纵比降对泥石流流速的差异影响研究. 防灾减灾学报, 2019（1）.

[58] 李德基,等. 四川金川八步里沟泥石流及其治理工程设计要点//泥石流（3）. 重庆：科学技术文献出版社重庆分社, 1986.

[59] 中国科学院冰川冻土研究所. 泥石流. 北京：科学出版社, 1973.

[60] 水利部水利水电规划设计总院. 堤防工程设计规范：GB 50286—2013. 北京：中国计划出版社, 2013

[61] 陈近中,等. 潜坝（槛）在都江堰黄央沟泥石流防治中的应用. 四川建材, 2014（2）.

[62] 王士革，等. 蒋家沟泥石流治理效益及改进意见//云南蒋家沟泥石流观测研究. 北京：科学出版社，1990.

[63] 中国科学院·水利部成都山地灾害与环境研究所. 中国泥石流. 北京：商务印书馆，2000.

[64] 余冠群. 瓦洪沟泥石流整治工程设计//地质灾害国际交流论文集. 成都：西南交通大学出版社，1993.

[65] 徐惟惠. 宝成铁路红花铺站拼装式刚架拱泥石流渡槽. 总结报告. 1986.

[66] 田昭一，等. 森林破坏与泥石流形成关系的探讨. 学术论文.

[67] 陈晓清，等. 良好植被区泥石流防治初探. 山地学报，2006（3）.

[68] 张信宝，等. 云南大盈江流域泥石流. 成都：成都地图出版社，1989.

[69] 胡卸文，等. 火后泥石流成灾特点及研究现状. 工程地质学报，2018（6）.

[70] 胡卸文，等. 西昌市经久乡森林火灾火烧区特点及火后泥石流易发性评价. 工程地质学报，2020（4）.

[71] 杨太强. 怒江东月各大型高速远程泥石流在低梯塘沟床上的维持机理. 昆明：昆明理工大学，2017.

[72] 介玉新，等. 管涌发展的时间过程模拟. 岩土工程学报，2011（2）.

[73] 刘杰，等. 江河大堤堤基砂砾石层管涌破坏危害性试验研究. 岩土工程学报，2009（8）.

[74] 齐得旭，等. 泥石流拦挡坝破坏模式调查研究. 资源环境与工程，2018（1）.

[75] 水利部. 水利水电工程地质勘察规范：GB 50487—2008（2022 年版）. 北京：中国计划出版社，2008.

[76] 李永乐，等. 黄河大堤加固工程饱和-非饱和土渗流分析. 工程勘察，2012（10）.

[77] 蒋忠信. 桥涵工程岩土工程施工监理//简明岩土工程监理手册. 北京：中国建筑工业出版社，2003：第4篇第16章.

[78] 王士革. 坡面泥石流的特征与防治. 宣讲稿. 2018.

[79] 姚一江. 对山坡坡面泥石流的分布及控制. 路基工程，1991（4）.

[80] 曾凡伟，等. 坡度阈值与坡面泥石流. 山地学报，2004（5）.

[81] 杨为民，等. 降雨诱发坡面型泥石流形成机理. 水文地质工程地质，2007（6）.

[82] 马超，等. 汶川地震区坡面和沟谷泥石流冲出距离计算方法. 防灾减灾工程学报，2012（6）.

[83] 李艳富，等. 汶川震区的坡面泥石流调查研究. 泥沙研究，2011（1）.

[84] 崔鹏. 坡面泥石流形成条件分析//海峡两岸山地灾害与环境保育研究：第一卷. 成都：四川科学技术出版社，1998.

[85] 姚一江. 坡面泥石流的类型、分布规律及防治. 中国水土保持，1991（9）.

[86] 西藏自治区交通厅，等. 国道318线色季拉山段地质病害整治工程. 2003.

[87] 中国科学院-水利部成都山地灾害与环境研究所,等. 川藏公路南线(西藏境内)山地灾害及防治对策. 北京:科学出版社,1995.

[88] 中国科学院-水利部成都山地灾害与环境研究所,等. 西藏泥石流与环境. 成都:成都科技大学出版社,1999.

[89] 蒋忠信,崔鹏,蒋良潍. 冰碛湖漫溢型溃决临界水文条件. 铁道工程学报,2004(4).

[90] 陈宁生,等. 冰碛土体起动泥石流的特征研究. 第四纪研究,2019(5).

[91] 鲁修元,等. 西藏易贡藏布扎木弄沟特大型滑坡成因及溃决分析. 工程地质学报,2000(8).

[92] 蒋忠信. 关于自然地带性数学模式之商讨. 地理学报,1982(1).

[93] 蒋忠信. 雪线地带性的定量分析. 冰川冻土,1984(2).

[94] 蒋忠信. 中国西部现代雪线的趋势面分析. 地理科学,1987(1).

[95] 蒋忠信. 冰碛湖溃决临界漫溢水头公式的改进//第八次全国岩石力学与工程学术大会论文集. 北京:科学出版社,2004.

[96] 郭志学,等. 近底水流结构对非均匀沙起动影响的研究. 四川大学学报(工科版),2002(6).

[97] 谢任之. 溃坝水力学. 济南:山东科学技术出版社,1993.

[98] 王琳,等. 堰塞坝水力驱动溃滑过程模拟方法研究. 工程科学与技术,2019(4).

[99] 郑黎明,杨立中. 铁路环境地质与灾害地质. 成都:成都科技大学出版社,1994.

附件　成果汇总、《技术》补正与三著勘误

附件1　泥石流治理工程勘查设计定量技术研讨成果汇总

自1965年毕业分配到铁道部第二设计院从事铁路工程地质工作以来，至今近六十载。在参与对西南山区29条干/支线铁路沿线和多处地震震区的千余条泥石流的调研和治理中，面临系列的泥石流治理工程勘查设计技术问题。遂在学习前人知识、总结实践经验的基础上，对这些问题进行了定量研讨，结果体现在既有计算模式的改进与修正，或对既有定量方法的更新与构建上，主要在泥石流参数厘定、泥沙堆淤和堵溃、非线性研究方法、拦沙坝设计检算和排导槽结构设计等五个方面。现将之简明汇总，既为回首以自省，也为讨教于同仁。

附件1.1　泥石流特征参数厘定方法

1）泥石流重度的反演法［式（1.4）］

确定泥石流体的重度 γ_C，现《勘查规范》推荐采用的配重法、查表法及粒径法均有较大偏差或局限性，有条件时可据下式反演泥石流体重度（t/m³）：

$$\gamma_C = \frac{72 \cdot (1-n) \cdot V_H \cdot (\gamma_H - \gamma_W)}{19 \cdot T \cdot Q_C} + \gamma_W \quad (1.4)$$

式中：V_H 为泥石流堆积体积（m³）；n 为其平均孔隙率；T 为泥石流历时（s）；Q_C 为据弯道形态勘查所得泥石流峰值流量（m³/s）；γ_H、γ_W 分别为泥石流中固体物质的重度和水的重度。

2）稀性泥石流流速公式的改进［式（1.9）］

计算稀性泥石流断面平均流速的现有公式都是采用以谢才-曼宁公式 $v = C \cdot R^{1/2} \cdot I^{1/2}$ 为基础的斯式改进公式修正而成。其流速系数 C 按曼宁公式计算，$C = \frac{1}{n} \cdot R^y$（$y = 1/6$）。

y 取 1/6 的适用范围，糙率 $n < 0.02$，水力半径 $R < 0.5$ m。对泥石流排导槽和沟谷泥石流，n、R 一般超出该适用范围。因此，y 应按巴甫洛夫斯基公式（简便式为 $y = A\sqrt{n}$，当 $R > 1.0$ m 时，$A = 1.3$；当 $R < 1.0$ m 时，$A = 1.5$）取值。该式适用于 $0.011 < n < 0.04$，0.1 m $< R < 3.0$ m 的情况。对此，排导槽一般均符合，沟谷泥石流基本符合。

据此，稀性泥石流流速公式中的 $R_C^{\frac{2}{3}}$ 项应修正为 $R_C^{\frac{1}{2}+A\sqrt{n}}$，流速公式改进为

$$V_C = \frac{1}{\sqrt{\gamma_H \Phi_C + 1}} \cdot \frac{1}{n} \cdot R_C^{\frac{1}{2}+A\sqrt{n}} \cdot I^{\frac{1}{2}} \quad (1.9)$$

式中：当 $R > 1.0$ m 时，A 取 1.3；当 $R < 1.0$ m 时，A 取 1.5。

泥石流的 R_C 一般大于 1.0，改进式计算的流速要比原式大 $R_C^{\left(1.3\sqrt{n}-\frac{1}{6}\right)}$ 倍。

3）计算稀性泥石流排导槽流速之糙率取值的调增（表1.5）

行泥石流时，其糙率 n 值应大于行洪。因圬工槽与自然沟道不同，其底部和两边堤均具糙率，致糙面积增大。虽计算时的 R 值是用比自然沟道的泥深值要小的水力半径，但 R 取值的减小所致计算流速的减小尚达不到致糙面积增大所致的流速减小幅度，故计算稀性泥石流排导槽流速时应增大糙率取值。设矩形槽的宽度为 L、流深为 H，则计算所取糙率应为水流的 $\left(\frac{L+2H}{L}\right)^{1/3}$ 倍，如表1.5。

表1.5 行稀性泥石流矩形混凝土槽的糙率 n 修正值（*水流 n 取 0.017）

槽的宽/深比	8	4	2	1.0	0.5
糙率 n 增大比	1.077	1.145	1.260	1.442	1.710
混凝土槽 n 增加值	0.0013	0.0025	0.0044	0.0075	0.0121
混凝土槽 n*	0.0183	0.0195	0.0214	0.0245	0.0291

4）据弯道泥痕高差计算流速的理论公式 [（式(1.20)、式(1.21)、式(1.22)]

因糙率系数 $1/n$ 的取值困难，根据弯道泥痕调查所得凹、凸岸泥痕之高差值 ΔH(m)，归纳出据之计算流速的理论公式如下。

稀性泥石流：
$$v = \sqrt{R \cdot g \cdot \left(\frac{\Delta H}{B} - \tan\varphi\right)} \quad (1.20)$$

黏性泥石流：
$$v = \sqrt{R \cdot g \cdot \left(\frac{\Delta H}{B} - \tan\varphi - \frac{c}{H \cdot \gamma \cdot \cos^2\theta}\right)} \quad (1.21)$$

水流：
$$v = \sqrt{R \cdot g \cdot \frac{\Delta H}{B}} \quad (1.22)$$

式中：v 为断面平均流速（m/s）；R 为沟道中心曲率半径（m）；g 为重力加速度；B 为水流断面宽度（m）；φ、c 为泥石流流体的内摩擦角（°）、内聚力（kN/m²）；θ 为泥面倾角（°）；H 为平均泥深（m）；γ 为流体重度（kN/m³）。

5）泥石流冲击力计算的参数调整

（1）大石冲击力计算的参数调整。

经实例验证，将泥石流大石冲击力计算式（1.53）中的对拦沙坝的弹性变形系数（$C_1 + C_2$）由 0.005 调为 0.000 5。

（2）泥石流总冲击力计算的简化［沿用式（1.52），但调整 λ 取值］。

对黏性泥石流，分算流体冲击力、巨石冲击力有困难，可据所挟石块最大粒径 D 将式（1.52）的 λ 取值作如下调整，合算泥石流总冲击力：$D \leqslant 0.5$ m，λ 取 1.47；$D = 1.5$ m，λ 取 2.7；$D = 3.0$ m，λ 取 4.0；$D > 3.0$ m，λ 最大取 8.0。可内插取值。

$$\delta = \lambda \cdot \frac{\gamma_C}{g} \cdot V_C^2 \sin \alpha \quad (\text{kPa}) \quad (1.52)$$

式中：λ 为建筑物形状系数，对拦沙坝，水流冲压时宜取 1.47；γ_C 为泥石流重度（kN/m³）；V_C 为泥石流断面平均流速（m/s）；α 为泥石流冲击角度（°）。

6）冲起高度与爬高公式的夹角修正［式（1.55）、式（1.56）］

泥石流斜冲时，冲高与爬高应按 $\sin \alpha$ 折减。

最大冲起高度 ΔH_1（m）：
$$\Delta H_1 = \frac{V_C^2}{2g} \cdot \sin \alpha \quad (1.55)$$

泥石流爬高 ΔH_2（m）：
$$\Delta H_2 = \frac{bV_C^2}{2g} \cdot \sin \alpha \approx (0.6 \sim 0.8) \cdot \frac{V_C^2}{g} \cdot \sin \alpha \quad (1.56)$$

式中：V_C 为泥石流断面平均流速（m/s）；α 为泥石流与岸堤交角（°）；b 为迎面坡度的函数，对爬高取 1.2；对泥浆飞溅高度取 1.6。

附件 1.2 泥石流堆淤特征与堵溃判别

1）堆积体积的换算［式（1.51）］

现一般按式（1.50）计算的一次泥石流冲出固体物质总量 Q_H，系按固体物质的重度 γ_H 而非容重 ρ_H 计算出的，未包含堆积孔隙，不等于堆积体积 V_H。作为厘定拦沙坝和停淤场规模的关键参数，V_H 应据堆积体孔隙率 n 换算：

$$V_H = \frac{Q_H}{1-n} \quad (1.51)$$

如果用现场测试出的泥石流堆积体的容重 ρ_H（包含孔隙的单位体积的重量，kN/m^3）代替 γ_H，则计算的 Q_H 就为堆积体积 V_H。

2）松散固体物源动储量算式的修正

（1）**沟床下切物源量**：沟床下切形成的岸坡坡度 α 应比自然休止角 θ 要大，近于垂直下切塑造的岸坡坡度 $\alpha = 45° + \varphi/2$，故沟床下切物源量 V_{01}（m^3）的估算式应修正为

$$V_{01} = \frac{h^2 \cdot L}{2} \cdot \tan(45° - \varphi) \quad (2.2)$$

式中：h 为下切深度（m）；L 为下切沟段长度（m）；φ 为土体的内摩擦角（°）。

（2）**崩滑物源量**：边坡坍塌是顺破裂角 β 而非松散堆积物的自然休止角 θ，应将边坡体被滑塌角切割的破裂楔体作为失稳坡体，计为崩滑物源动储量。

在坡顶水平的条件下，推导出长 L 岸坡段坍塌物源量 V_{02}（m^3）的修正式为

$$V_{02} = \frac{h^2 \cdot L}{2} \cdot \left[\tan\left(67.5° - \frac{3\varphi}{4}\right) - \tan\left(45° - \frac{\varphi}{2}\right) \right] \quad (2.5)$$

《勘查规范》中所列估算侧蚀物源量的公式 $V_{02} = \frac{l^2}{2} \cdot \tan(\alpha - \theta) \cdot L$，计算的是图 2.1 中 $\triangle OAC$ 的面积，少计了 $\triangle ABC$ 的面积。对坡顶倾斜的情况，岸坡坍塌物源量应在 $\triangle OAB$ 面积的基础上，再增加 $\triangle AEB$ 的面积。

3）面状侵蚀相关公式的改进

（1）**雨滴溅蚀量经验公式**（2.6）。

经改进的估算单位面积（m^2）单位时间（min）的雨滴溅蚀总量 S_r（g）的经验公式为

$$S_r = 7.459(EI)^{0.544}\alpha^{0.471} - 150.05 \quad (2.6)$$

式中：E 为雨滴动能（J/m^2）；I 为降雨强度（mm/min）；α 为地表坡度（°）。

（2）**流域沟壑密度理论极值公式**（2.7）。

按正六边形模式改进的流域沟壑密度理论极值公式为

$$D = \frac{1}{h_0 \cot\theta + a} - \frac{1}{h_m \cot\theta + a} \quad (2.7)$$

式中：D 为单位面积上的沟壑长度（km/km^2）；h_0、h_m 为沟壑的最小、最大深度（km）；

θ 为地表坡度（°）；a 为沟道最窄处的半宽（km）。

4）沟道冲刷起动粒径公式的选用

泥石流堆积物粗细混杂，属广义非均匀沙，其起动流速主要与粒径 d（m）、水深 H（m）有关，据之推导出的公式（2.9-1），较适用于粒径 0.5～20 mm 的粗砂砾石。更大粒径采用毛昶熙公式的化简式（2.9-2）较合适。可视粒径分别选用。

$$V_C = 2.81 H^{0.14} d^{0.21} \quad (2.9\text{-}1)$$

$$V_C = A H^{1/6} d^{1/3} \quad (2.9\text{-}2)$$

对沟床堆积，正规水流（直道、匀坡）和较大粒径（>20 mm）用式（2.9-2）较合适（A 取 6.08），对非正规水流（弯道、变坡）的局部冲刷和较小粒径（0.5～20 mm）用式（2.9-1）较合适。

5）泥石流堵河泥沙规模判别式的更新［式（2.21）、式（2.22）］

山地所堵河经验式未计岸坡加积项，且视堰塞体纵坡为 0，结果偏小。泥石流堆积扇和崩滑堆积体均具有一定纵坡，且顺主河截面也可不是严格的三角形，通常还有一定顶宽。据之将顺河截面近似为三角形和梯形，推导出新的堵塞公式如下。

（1）**三角形堵河**［（图 2.3（b）、（c）］所需的泥石流堆积体体积 Q_S（m³）：

$$Q_S = \frac{B}{2} \times \left(\frac{1}{\tan 14°} + \frac{1}{\tan \varphi_w} \right) \cdot \left(\frac{\tan^2 \varphi_C \cdot B^2}{3} + \tan \varphi_C \cdot h \cdot B + h^2 \right) + \frac{(\tan \varphi_C \cdot B + h)^3}{3 \times \tan \varphi_w \cdot (\tan \alpha - \tan \varphi_C)} \quad (2.21)$$

式中：B、h 分别为河面宽度、水深（m）；α 为沟口原堆积扇或岸坡的坡度（°）；φ_C 为泥石流堆积体纵坡（°）；φ_w 为堆积体水下安息角（°）。

（2）**梯形堵沟**［（图 2.3（d）、（e）］所需的崩滑堆积体体积 Q_S（m³）：

$$Q_S = \left[\frac{B}{2} \times \left(\frac{1}{\tan \varphi_1} + \frac{1}{\tan \varphi_2} \right) + b \right] \cdot \left(\frac{\tan^2 \varphi_L \cdot B^2}{3} + \tan \varphi_L \cdot h \cdot B + h^2 \right) + \left[\frac{(\tan \varphi_L \cdot B + h)^2}{\tan \alpha - \tan \varphi_L} \right] \cdot \left(\frac{\tan \varphi_L \cdot B + h}{3 \times \tan \varphi_0} + \frac{b}{4} \right) \quad (2.22)$$

式中：b 为崩滑堆积体顺河顶宽（m，可近似采用崩滑体后缘主控裂缝或前缘临空面最高段的长度计）；φ_L 为崩滑堆积体纵坡（°）；φ_0 为崩滑堆积体的安息角（°）；φ_1、φ_2 分别为崩滑堆积体的安息角与 14°、与水下安息角按高度的加权平均值。

6）泥石流部分堵塞与壅水的计算方法［（式（2.24）、式（2.25）、式（2.27）］

（1）泥石流堆积部分堵塞主河：当堵塞体较小，按水上纵坡顺延至河对岸的堆积高度 h_S 小于河的水深 h，仅形成部分堵河时，则由式（2.21）改写为

$$Q_S = \frac{B}{2} \times \left(\frac{1}{\tan 14°} + \frac{1}{\tan \varphi_W}\right) \cdot \left(\frac{\tan^2 \varphi_C \cdot B^2}{3} + \tan \varphi_C \cdot h_S \cdot B + h_S^2\right) + \frac{(\tan \varphi_C \cdot B + h_S)^3}{3 \times \tan \varphi_W \cdot (\tan \alpha - \tan \varphi_C)}$$

(2.24)

部分堵塞主河的计算步骤：从式（2.24）析出 h_S 值→按 $h_W = h - h_S$ 求对岸水深 h_W→按下式求出堵塞体水上长度 B_L：

$$B_L = B_W - \frac{h_W}{\tan \varphi_C}$$

(2.25)

（2）**壅水高度**：

部分堵塞之堰塞体形成的壅水高度：

$$H_W = \left(\frac{Q}{mB_0\sqrt{2g}}\right)^{\frac{2}{3}}$$

(2.27)

式中：Q 采用主河流量（m³/s）；m 为流量系数，取 0.35；B_0 为溢流口宽度（m）。

7）溢流溃决临界水文条件的估算方法［（式（2.28）、式（2.30）、式（2.31）、式（2.32）］

（1）坝全长为 B（m），溃口宽度为 b（m），对应 95%体积的粒径为 d_{95}（m），则**溢流溃决的临界水头 H_{cr}**：

$$H_{cr} = 23.4 \times \frac{d_{95}^{0.583}}{10^{0.833\frac{b}{B}} \cdot \left(\frac{B}{b}\right)^{0.694}}$$

(2.28)

（2）将溃决时的溃口流速视为**临界流速 v_{cr}**，则据肖克利契瞬间局部坝段一溃到底的溃口流速公式推导得

$$v_{cr} = 4.35 \times 10^{-0.116\frac{b}{B}} \cdot \left(\frac{B}{b}\right)^{-0.097} d_{95}^{0.292}$$

(2.30)

（3）设溃口为底宽 b（m）、两坡坡角为 α（°）、高为临界水头高度 H_{cr}（m）的等腰倒梯形，则其面积 A（m²）：

$$A = \left(b + \frac{H_{cr}}{\tan\alpha}\right) \cdot H_{cr} \quad (2.31)$$

故溢流溃决的临界流量 Q_{cr}:
$$Q_{cr} = A \cdot v_{cr} \quad (2.32)$$

8）泥石流危险区的定量划分（5.1.1）

对泥石流的堆积区、流通区和形成区的危险区范围以及堵溃危险区提出了定量划分原则建议。

对形成区的沟岸坍塌建议按第二级坍塌的范围定为危险区的边界，具体位置为剖面图上第二级破裂面与岸坡坡面的交点。第二级破裂角 β_2（°），据侵蚀形成的岸坡坡度 α（°）和高度 h（m）以及土体内摩擦角 φ（°），按下式计算：

$$\beta_2 = 0.25\alpha + 0.75\varphi \quad (5.1)$$

附件 1.3　泥石流评判与演化研究的非线性方法

1）泥石流沟谷纵剖面的形态与演化［式（3.1）、式（3.2）］

（1）泥石流沟谷纵剖面形态类似于伊凡诺夫曲线：

$$h = H \cdot \left(\frac{l}{L}\right)^N \quad (3.1)$$

式中：h 和 l 为纵剖面上某点与河口之间的高差和水平距离；

H 和 L 分别为河源与河口之间的高差和水平距离。

形态指数 N 恒为正。$0<N<1$ 时剖面上凸；$N=1$ 时为直线；$N>1$ 时剖面下凹。

（2）泥石流沟谷纵剖面演化的最小能耗模式。

对泥石流沟谷，其纵剖面演化遵循最小能耗原理，通过调整坡降使流速增大，表现为单位流体的流速全程平均值 $\bar{u}$ 与形态指数 N 正相关：$\bar{u} \propto f(N)$。

对雨水型泥石流沟：
$$f(N) = \left[\frac{1}{3} - \frac{2}{(N+1)\cdot(N+2)\cdot(N+3)}\right]^{\frac{1}{2}} \quad (3.2\text{-}1)$$

对冰雪融水型泥石流沟：
$$f(N) = \left[\frac{2}{3} - \frac{2}{(N+1)\cdot(N+3)}\right]^{\frac{1}{2}} \quad (3.2\text{-}2)$$

对溃决型泥石流沟：
$$f(N) = \left(\frac{N}{N+1}\right)^{\frac{2}{3}} \quad (3.2\text{-}3)$$

在戴维斯地貌侵蚀旋回中，沟谷纵剖面的演化因遵循最小能耗原理，其形态从上凸（$N<1$）经直线（$N=1$）向下凹形（$N>1$）演化，流域地貌从幼年期经壮年期向老年期演化，泥石流相应由孕育、发展、旺盛，向衰减阶段演替。

2）泥石流流域系统的熵模式与稳定性［式（3.7）、式（3.9）］

（1）泥石流流域系统的信息熵与稳定性。

据艾南山的定义，推演得泥石流等小流域系统的地貌信息熵为

$$P = \ln\frac{N+2}{2} - \frac{N}{N+2} \tag{3.7}$$

信息熵随流域演化而由小变大，是表征流域稳定性的非线性指标：$P<0.091$（$N<1.33$）流域稳定性开始变差，泥石流得以孕育与暴发；$P=0.091\sim0.193$（$N=1.33\sim2.0$），流域地貌不稳定，泥石流旺盛；$P=0.193\sim0.40$（$N=2.0\sim3.71$）流域开始稳定，泥石流衰退；$P>0.40$（$N>3.71$），流域地貌已趋稳定，泥石流停息。

（2）泥石流流域系统的超熵与稳定性。

据岳天祥、艾南山给出的流域系统超熵的一般式，推导出泥石流流域的超熵：

$$\delta_x P_m = \frac{N^3(N^2-4)(N+2)}{32(6-N)} \tag{3.9}$$

$\delta_x P > 0$，流域稳定，绝对值愈大稳定性愈高；$\delta_x P < 0$，流域不稳定，绝对值愈大愈不稳定。据之可将泥石流划分为两个地貌演化期和5个演化阶段。

Ⅰ．泥石流发育期（$\delta_x P<0$，$N<2$）：流域系统不稳定。

① 孕育阶段：$\delta_x P$ 为（0，−0.0131］，N 为（0，0.62］，不属于泥石流沟。

② 发展阶段：$\delta_x P$ 为（−0.0131，−0.0979］，N 为（0.62，1.23］，大多属泥石流沟。

③ 旺盛阶段：$\delta_x P$ 由 −0.0979 降至 −0.151（$N=1.62$）再增至 0，N 为（1.23，2.0）。泥石流发育旺盛，划为泥石流沟。

Ⅱ．泥石流衰退期（$\delta_x P \geq 0$，$2 \leq N < 6$）：流域系统趋向稳定。

④ 衰减阶段：$\delta_x P$ 为［0，38.85），N 为［2.0，3.71），泥石流衰退但仍可零星暴发。

⑤ 停息阶段：$\delta_x P$ 为［38.85，∞），N 为［3.71，6.0），流域系统稳定，泥石流消亡。

3）判别泥石流沟的成昆铁路法（表3.3）

为6因子评分法。判识因子为暴雨、流域地貌、地质、松散固体物质与植被。判别阈值具地区经验性。对成昆铁路北段，总分50以上为泥石流沟，50分以下为非泥石流沟。对内昆铁路，判别阈值为56分。

表 3.3 泥石流沟简易判别方案

判别指标	单位	分值	评分
H_{24}	mm		≤40—50—60—70—80—100—120—150
		30	0　　5　　9　　12　　15　　20　　24　　27　　30
N			≤0.62　　　0.62—1.0　　　1.0—1.3　　　1.3—1.8 2.0—3.71　　　1.8—2.0
		20	0　　　　7　　　　14　　　　20
岩性		15	硬岩/5　　　　中硬岩/10　　　　软岩/15
Q	$10^4 \text{m}^3/\text{km}^2$		≤1——2——5——10———20
		15	2.5　　5　　7.5　　10　　12.5　　15
F	km/km²		0—0.1—0.2—0.3—0.4—0.5—0.6—0.7—0.8—0.9—1
		10	0　1　2　3　4　5　6　7　8　9　10
P	%	10	（1-P）×10

表中：H_{24}——年最大 24 h 雨量的多年平均值；N——沟谷纵剖面形态指数；Q——单位流域面积松散固体物质动储量；F——单位流域面积断裂长度；P——流域林地率。

4）泥石流演化趋势的预测方法（附录 3.1）

泥石流暴发后，流域条件会有变化，以今推论未来存在逻辑困难。为解此惑，研究提出了泥石流演化趋势的预测方法，包括泥石流暴发年份的暴雨灾变预测模型（见 4.3.2），泥石流沟谷纵剖面形态演化的不等时距 GM（1，1）灰色预测模型（见 3.5.3），松散固体物源量变化的 GM（1，3）灰色预测模型（见 2.1.6），植被覆盖变化的马尔柯夫模型和采掘弃渣变化的高斯预测模型（见 3.5.4）。按各因素的预测结果重新评分，据之评判演化趋势。

其中，为解决不等时距问题，在黄阳才处理时距权的方法上加以改进，即将时距[$T(k) - T(k-1)$]的 1/4 赋予在 $x^{(0)}(k-1)$ 上，3/4 赋予在 $x^{(0)}(k)$ 上，其预测结果最佳。

5）山地降水的垂直分布模式的改进［式（4.3）］

山地降水量 P_Z 一般是先随海拔 Z 的增高而增大，达最大值 $P_{\max}$ 后又随 Z 的增高而递减。对这种具极值和拐点的曲线，用高斯曲线描述更为贴切：

$$P_Z = a\mathrm{e}^{-b(Z-H)^2} + c \tag{4.3}$$

这一方程可直线化后求参：$\ln(P_Z - c) = \ln a - b(Z - H)^2$。

高斯曲线模式的特征值：① H 为最大降水高度；② 最大降水量 $P_{max} = a + c$；③ 曲线的上、下拐点海拔 $\hat{Z} = \pm 0.707b$；④ c 为降水量在山麓最低处所趋近的下限。

6）气候序列等的最优分割法

（1）气候要素主要是降水和气温，气候变化要二者同时考虑。气候序列是沿时间轴的有序样品序列，可应用有序样品的最优分割法按水热双指标进行气候分期（附录4.2）。

对有 n 年的气候序列，用降水和气温双指标构成矩阵：

$$X = \begin{bmatrix} x_{11} & x_{21} & \cdots & x_{n1} \\ x_{12} & x_{22} & \cdots & x_{n2} \end{bmatrix}^T$$

同一气候期中各年度之间的指标差异用距离系数 D 来刻画：

$$D(i,j) = \sum_{\alpha=i}^{j} \sum_{\beta=1}^{2} \left[x_{\alpha\beta} - \bar{x}_\beta(i,j) \right]^2 \qquad \bar{x}_\beta(i,j) = \sum_{\alpha=i}^{j} x_{\alpha\beta} / (j-i+1) \qquad (4.8)$$

$D(i,j)$ 称为该气候期（$i, \cdots, j$）的直径。最优分割的目标，是将气候序列按时间顺序划分为若干个气候期，且要求各气候期直径之总和 S 达到最小值。

（2）对西藏帕隆藏布两岸和北岸分布的崩塌滑坡、泥石流分别进行最优分割，并综合得出其沿程分布规律，进而将灾害区划分为 3 类河段［附录 5.1 之 2）］。

7）回归分析方法的应用

（1）**线性回归**：对帕隆藏布北岸泥石流沟谷纵剖面的形态指数 N 值与距起点河长 L（km）的线性回归分析结果：$N = 1.503 - 0.0029L$（图3.10）。反映纵剖面的形态向上游由大趋小，由下凹为主变为上凸为主，支沟小流域地貌愈向上游愈不成熟（附录3.4.2）。

（2）**曲线回归**：对北半球雪线、树线和山地寒漠土等自然带分布高度 H（m）随纬度（°）变化的地带性规律，以正态频率分布函数型曲线进行曲线回归，得

$$H = a e^{-b(\phi - d)^2} - c \qquad (9.14)$$

当 $\phi = d$ 时，H 为极大值；拐点的纬度 $\phi' = \sqrt{\dfrac{1}{2b}} + d$（附录9.2.1）。

8）方差分析方法的应用

（1）**帕隆藏布北岸泥石流沟谷纵剖面形态的差异分析**。

对纵剖面形态指数 N 值按不同类型进行方差分析检验其差异性，表明已发（特大型和一般性）泥石流沟与潜在泥石流沟形态差异"稍显著"，特大型与一般性泥石流沟的差异"较显著"。特大型泥石流沟谷地貌主要处于泥石流旺盛阶段，一般性和潜在型泥

石流沟谷地貌主要处于泥石流发展阶段［附录3.4.3之1）］。

同时，冰雪融水泥石流与雨水泥石流 N 值的方差分析表明，这两类泥石流沟的纵剖面形态差异"显著"，达0.01的显著性水平［附录3.4.3之2）］。

（2）帕隆藏布河谷崩塌滑坡、泥石流分布的坡向差异分析。

近于东西流向的帕隆藏布，北岸谷坡为阳坡，南岸为阴坡。综合单、双因子方差分析结果表明：崩塌滑坡、泥石流在北岸比南岸数量多，规模大，灾害重。著名灾点除米堆沟外均在北岸；分河段计，崩塌滑坡、泥石流分布的坡向差异如表5.2，各河段的北岸均比南岸分布密集［附录5.1之3）］。

附件1.4 泥石流拦沙坝设计与稳定性的计算模式

1）基于江崎一博实验的拦沙坝库容计算方法［式（6.5）］

江崎一博实验之拦沙坝回淤的纵剖面形状是 $H_x = I \cdot x + H_0 \cdot e^{-\left(\frac{I}{H_0}\right)x}$，回淤厚度随远离坝位而呈指数型递减。据之积分得单位宽度回淤体的纵剖面的面积 $S = H_0^2 / I$；将坝位处回淤体横剖面概化为顶宽为 B、底宽为 b 的倒梯形，则其平均宽度 $D_0 = (b+B)/2$；将回淤体平面概化为顶宽为 b、底宽为 D_0 的梯形，则回淤体横剖面的平均宽度 $\bar{D} = \frac{B}{4} + \frac{3 \cdot b}{4}$；坝位处回淤体顶宽 $B = \frac{2 \cdot H_0}{\tan \alpha} + b$、$\bar{D} = \frac{H_0}{2\tan\alpha} + b$，故回淤体积即库容：

$$V_K = S \cdot \bar{D} = \frac{H_0^2}{I} \cdot \left(\frac{H_0}{2\tan\alpha} + b \right) \tag{6.5}$$

式中：V_K——拦沙坝库容（m³）；H_0——有效坝高（m）；I——回淤段沟床平均纵坡降（小数）；b——回淤段沟床平均底宽（m）；α——回淤沟段岸坡坡度（°）。

2）泥石流流体冲刷深度伏谷伊一公式的简化［式（6.6）］

泥石流流体过坝冲刷深度 h 的伏谷伊一实验式较合理：

$$h = \frac{0.095}{D_S^{0.2}} \left[102.04 q U_{WO} - 0.0139(G_S - G_W) D_S^{1.63} \right]^{0.42} \tag{6.6-1}$$

因式中负号项［$0.0139(G_S - G_W) D_S^{1.63}$］相对于正号项（$102.04 q U_{WO}$）微不足道，为简便且偏于安全，省去负号项，且用坝下流速代替坝下水面流速，将上式简化为

$$h = 0.663 \times \frac{(v \cdot q)^{0.42}}{D_{90}^{0.2}} \qquad (6.6\text{-}2)$$

式中：D_{90} 为床质砂的标准粒径（mm）；v 为坝下流速（m/s）；q 为单宽流量 [m³/(s·m)]。

3）落石坠击速度和强度计算的探讨 [式（7.41）]

基于自由落体原理，泥石流体过坝射流至护坦的流速 v 可按公式（6.41）试算；据此 v 按《技术》中 5.1.6.4、5.1.6.6 落石公式计算坠石冲击力和冲击坑深度。

$$v = \left(\sqrt{2gH + v_0^2}\right)\sin\theta \quad (\text{m/s}) \qquad (6.41)$$

式中：H 为溢流口泥面至坝下冲刷点高差（m）；v_0 为泥石流过坝流速（m/s）；θ 为过坝射流与护坦面的夹角（°），一般约为 60°。

对坝工护坦上加大石层的二元结构，示范了计算的技术路线。

4）实体坝半库工况稳定性的探讨（附录 6.1）

从稳定性与基底应力两方面看，空库和满库为两种极端工况，特殊条件下（如满库后加高）才须计半库工况。

半库工况的垂直力系：坝体自重 W_d + 前阵泥石流在上游坝斜面上沉积的土体重 W_s + 后阵泥石流在上游坝斜面上的流体重 W_c - 坝底水的扬压力 F_y（按最危险工况而未计坝顶溢流体垂直力）；水平力系：前阵泥石流在上游坝斜面上沉积泥沙的水平土压力 F_{dL} + 后阵黏性泥石流体侧压力 F_{cL} + 大石冲击力 F_c。

（1）**半库工况稳定性验算**结果：

① 坝的抗滑稳定系数：$K_C = \dfrac{\sum W \cdot f}{\sum Q} = \dfrac{(W_d + W_s + W_c - F_y) \cdot f}{F_{dL} + F_{cL} + F_c}$ （6.45）

抗滑稳定性在空库工况下最小，在半库工况下随淤土厚度的增高而呈减速度地逐渐增大，至满库工况下达到最大。

② 坝的抗倾稳定系数：$K_y = \dfrac{\sum M_y}{\sum M_0} = \dfrac{MW_d + MW_s + MW_c - MF_y}{MF_{dL} + MF_{cL} + MF_c}$ （6.47）

总倾覆力矩 $\sum M_0$：空库工况最大，满库工况最小，半库工况居中且随淤土厚度的增大而减小。各工况下的抗倾力矩 $\sum M_y$ 相近，故抗倾稳定系数仅与倾覆力矩 $\sum M_0$ 成反比关系，即抗倾稳定性在空库最小，在半库随淤土厚度的增高而呈减速度地逐渐增大，至满库达到最大。

（2）前阵泥石流在上游坝斜面上沉积**泥沙的水平土压力** F_{dL} 应按双层填土模式计算，将淤土层之上的泥石流体的重力作为附加荷载：

$$F_{dL} = \left(\gamma_C H_2 + \frac{1}{2} \times \gamma \cdot H_1\right) \cdot H_1 \cdot K_{a1} \tag{6.46-1}$$

式中：γ 为淤土饱和容重（t/m³）；H_1 为淤土厚度（m）；计算 k_{a1} 的 φ_s 取淤土内摩擦角。

其合力作用点：
$$Z_d = Z_d \frac{H_1}{3} \cdot \left(\frac{3H_c - 2H_1}{2H_c - H_1}\right) \tag{6.49}$$

5）实体坝的荷载组合及其计算方法（表6.4）

（1）坝的垂直力系和水平力系。研究得空库与满库的力组合如表6.4。

表6.4 不同性质泥石流在空库与满库工况下的力系组合

力系组合	满库	空库	
	稀性+黏性泥石流	稀性泥石流	黏性泥石流
垂直力系 $\sum W$	$W_d + W_S + W_f - F_y$	$W_d + W_c - F_y$	
水平力系 $\sum Q$	F_{aL}、F_P	$F_{dL1.3} + F_{L1.3} + F_c$	[F_c + max (F_{cL}, F_{vL})] 或 F_{cv}*

注：W_d—坝体自重（kN）；

W_S—上游坝斜面上土体重（kN）；

W_f—坝顶溢流体重（kN）；

F_y—坝底水的扬压力（kPa），式（6.14），满库之地下水位取有效坝高的 3/5，空库之坝上下游水位差按泥面高；

W_c—上游坝斜面上泥石流体重（kN）；

F_{aL}—叠加渗透压力的主动土压力（kN/m），式（6.16）；

F_p—被动土压力（kN/m），符合条件时计 1/3，式（6.17）；

$F_{dL1.3}$—部分泥沙的水平土压力（kN/m），式（6.24）；

$F_{L1.3}$—高含沙水体侧压力（kN/m），式（6.26）；

F_c—大石冲击力（kN），式（1.53）；

F_{cL}—黏性泥石流流体水平侧压力（kN/m），式（6.27）；

F_{vL}—黏性泥石流流体动压力（kN/m），式（6.28）；

F_c—黏性泥石流总冲击力（kN/m），式（6.28），计算参数 λ 取值与 F_{vL} 有别。

*取 F_{vL} 与 F_{cL} 二者中较大值，再加上 F_c 与 F_{cv} 比较，再取较大值。

（2）水的扬压力 F_y 的计算参数取值：

$$F_y = 0.5 K \gamma_w L \Delta H \text{（kN/m}^2\text{）} \tag{6.14}$$

式中：K——水头折减系数，可参照表6.2按持力层渗透系数 k 取值，拦沙坝宜取 0.55~0.70；

ΔH——坝上下游水位差（m），空库按泥面高，满库按地下水位取值。

（3）坝后淤积泥沙叠加渗透压力的主动土压力 F_{aL} ［式（6.16）］。

泥石流过流时库内饱水堆积层会产生渗流，侧压力应综合考虑土压力与渗透压力，得坝后主动土压力 F_{aL} 算式（7.17）：

$$F_{aL} = \frac{1}{2}H^2 \cdot \left[(\gamma' + n \cdot \gamma_w \cdot i) \cdot \tan^2\left(45° - \frac{\varphi}{2}\right) + \gamma_w(1 - 2 \cdot n \cdot i)\right] \quad (\text{kN/m}) \quad (6.16)$$

式中：H 为坝底面以上土体高度（m）；γ'、γ_w 分别为土体的浮重度和水的重度（kN/m³）；n 为土体孔隙率（小数）；i 为坝的水力梯度（小数）；φ 为干泥沙的综合内摩擦角（°）。

6）坝基应力偏心距问题的探讨（见 6.2.6.2）

坝体是面坡陡、背坡甚缓的向下游偏心的不对称梯形截面，致其稳定性虽达标，但偏心距 e 在空库工况下难达土基的小于等于 $b/6$ 之要求，而满库工况下则可达标。

因为，空库下上游坝斜面上流体的水平力要大于满库的土压力，加上大石冲击力，故空库的水平力系大于满库。再由于空库下上游坝斜面上流体水平力的合力作用点在 1/2 坝高处，远高于满库下土压力的合力作用点（1/3 坝高处）。故空库的倾覆力矩更大于满库。同时，空库下上游坝斜面上流体的垂向力要小于或近似于满库下的淤积土体，故空库的垂直力系及抗倾覆力矩小于或近似于满库。两相叠加，空库坝体的抗倾覆力矩与倾覆力矩之差（$\sum M_y - \sum M_0$）要远小于满库，偏心距 e 往往大于 $b/6$，此时，最大压应力按应力重分布而增大：$\sigma_{max} = \frac{2\sum W}{3} \Big/ \frac{\sum M_y - \sum M_0}{\sum W}$，大大提高了对坝基土承载能力的要求。

7）坝体强度检算方法（见 6.2.6.3）

（1）对**圬工坝**，进行抗剪检算：最危险工况下总的水平荷载 $\sum Q$，除以合力作用点高度处的一个坝段的坝体水平截面积，所得即为剪应力。该剪应力不大于坝体圬工在一定安全系数下的容许剪应力，则坝体强度可靠。

（2）对类似**干砌的坝**，进行抗滑检算：计算最危险工况下总的水平荷载 $\sum Q$ 及其合力作用点，合力作用点以上总的垂直荷载 $\sum W$ 及干砌石摩擦系数 f（取 0.6~0.75），则坝体的抗滑稳定系数 K：

$$K = \sum W \cdot f \Big/ \sum Q \quad (6.38)$$

附件1.5 泥石流排导槽的设计计算

1)排导槽的最佳宽深比

推导得排导槽过流断面的水力最佳宽/深比为2,此时相同过流断面的水力半径最大,从而流速与过流能力最大。故对水流和黏性泥石流,最佳宽/深比为2。

对稀性泥石流,随宽/深比的变化,槽的圬工量(边堤+铺底)和边堤的增糙会相应变化,单位圬工的过流能力最大所对应的最佳宽/深比为2~4,比黏性泥石流槽稍宽坦。

2)提出并示例迭代修改排导槽断面的技术路线(7.1.5)

据经验取容许流速值→与峰值流量结合初拟出截面面积与泥位→据此泥位计算水力半径→据水力半径、纵坡和铺底圬工的糙率系数计算流速。反复迭代直至所得流速与输入流速相一致(偏差宜不大于2%),此时的泥位即为所求。

3)泥石流凹岸超高的理论公式 [式(1.45)、式(1.46)、式(1.47)]

基于离心力与横向力相平衡,推导出泥石流在排导槽/堤的凹岸超高计算式:

黏性泥石流:
$$\Delta h = \frac{B}{2} \cdot \left(\frac{V_C^2}{R \cdot g} + \tan\varphi + \frac{c}{H \cdot \gamma \cdot \cos^2\theta} \right) \tag{1.45}$$

稀性泥石流:
$$\Delta h = \frac{B}{2} \cdot \left(\frac{V_C^2}{R \cdot g} + \tan\varphi \right) \tag{1.46}$$

泥流:
$$\Delta h = \frac{B}{2} \cdot \left(\frac{V_C^2}{R \cdot g} + \frac{c}{H \cdot \gamma \cdot \cos^2\theta} \right) \tag{1.47}$$

4)潜肋型肋底槽结构的估算 [7.2.2 之2)]

潜肋的上游侧肋顶不高出沟底,其冲刷深度难以计算。潜肋底面深于其下相邻潜肋回淤面的安全深度 h,最小为潜肋全高 H_1 的 1/6,即潜肋最小高度为

$$H_1 = b \times I_c + (I_c - I_0) \times (L - b) \times 7/6 \tag{7.7-1}$$

式中:I_c、I_0 分别为沟床纵比降、回淤纵比降(小数);

b、L 分别为肋槛厚度、间距(m)。

建议将边堤的埋深 H_2 按冲刷-回淤线控制,且加大安全储备至1.0 m,即

$$H_2 = (I_c - I_0) \times (L - b) + 1.0 \tag{7.7-2}$$

5）V形槽断面平均流速计算的修正［式（7.12）］

分析用以计算V形槽流速的综合比降 I_V 公式 $I_V = \left(I_纵^2 + I_横^2\right)^{1/2}$ 发现，当 $I_纵 = 0$ 时，$I_V = I_横$，还有流速，令人困惑；且 $I_横$ 权重过大，以所得 I_V 进而计算流速偏大。

研究得
$$I = \left\{\left(I_纵^2 + I_横^2\right) \times \cos\left[\arctan\left(I_横 / I_纵\right)\right]\right\}^{1/2} \tag{7.12}$$

将式（7.12）所得 I（小数）代入流速公式所得V形槽平均流速更合实际，结果比原式小 8.4%～36.4%（横、纵坡比 1～6 时）。

当 $I_纵 = 0$ 时，$I = 0$，困惑消除；当 $I_横 = 0$ 时，$I = I_纵$，合理。

附件2 《震后山地地质灾害治理工程勘查设计实用技术》补正

附件2.1 芦山地震机制与海螺沟震区谷坡锚固

1）芦山地震震源断层

在《技术》附录1.3"'5·12'汶川8.0级特大地震的震源机制与启示"中，针对龙门山前山断裂的发震可能性问题，认为"'5·12'汶川大地震震源断层为龙门山中央断裂，并导致前山断裂破裂80 km（后测定为90 km[1]），相当于释放了7.1级强震的能量，因此百年内前山断裂不大可能再发生破坏性地震"。

这一预判尚不够全面，仅针对"5·12"汶川地震中释放了应变能的前山断裂中的都江堰以北的中—北段，不能涵盖未在汶川地震中释能的前山断裂南支。2013年4月20日发生芦山7.0级地震的大川—双石断裂，就属于龙门山前山断裂的南支，其大川至太平段在地貌上表现为条状高位谷地，显示在晚近地质时期曾有过活动，长期聚集的应变能可能会释放。

2022年6月1日发生的芦山6.1级地震，虽是位于与大川—双石断裂平行、相距5 km的一条新的反冲断层上，但其深部仍与龙门山前山断裂的基底滑脱面相连[2]，被视为2013年4月20日芦山7.0级地震的特殊余震。

2）海螺沟震区崩塌谷坡的格构锚固

在川西海螺沟2022年9月5日发生的6.8级地震，普遍引发深切于冰水台地的高陡谷坡失稳崩塌；其后缘距原谷肩不远，崩塌面近似于陡直的破裂面。

震区位于贡嘎山冰川区下游，第四纪冰期中的冰水堆积旺盛，冰水台地广布，后期被海螺沟深切，谷坡高数十至上百米，且因更新世冰水砂砾层强度高，构成的谷坡甚陡，一般均陡于1:1。

谷坡震塌后虽坡度稍变缓，但因被震松而强度降低，多仍处于欠稳定状态，安全储备不足，故在震区恢复重建中必须对有潜在危害段加以治理。

对于这样高陡的欠稳定坡体，坡脚支挡是无效的，分级支挡也不可行，只好采用坡面锚固的原位加固方案。在锚固工程类型中，除个别过陡坡段选用土钉墙外，一般选用较经济且绿色的格构锚固，辅以格构中植草、脚墙或底梁固脚以及必要时的天沟排水等措施。

由于震后坡体的强度仍较高，潜在破裂面尚不太深，故锚杆长度一般可及，仅少数在坡顶段改设为预应力锚索；因破裂棱体厚度有限，即使甚高其下滑力仍可控，锚杆的锚固力可满足要求。对于陡缓段相间的剖面，先进行整体稳定性检算，整体稳定无虑时，再分段检算其稳定性，仅对欠稳定的较陡段实施锚固，简化或取消较缓段的锚固工程。

设计难点是冰水砂砾层坡体因颗粒粗大，其土体的内摩擦角、孔壁与水泥砂浆间的极限剪应力均难用现场试验来确定，室内试验值与经验值则误差大，致使难以计算潜在破裂角和锚杆锚固力，只好凭经验偏于保守地设计。而在高陡坡面上搭脚手架实施锚固工程，对施工单位也是考验。

附件2.2 预应力锚索锚固应力与应变分布

1）锚固应力的高斯曲线模式的机理

《技术》4.2.4"锚索锚固力的分布"中提出了锚固应力的高斯曲线分布模式，但机理尚待阐明。

近年的试验研究表明[3]，锚索随拉拔荷载的增大，将历经弹性变形、弹塑性变形或滑移、残余变形等三个阶段。在荷载较小的弹性变形阶段，剪应力峰值在锚固段起点（有的试验峰值出现在起点后0.1~0.25 m段[4]）；随荷载增大，进入弹塑性变形阶段，接触面部分屈服，锚固段起点承担的剪应力减小，峰值开始内移；当荷载增大到接触面破坏时，进入残余变形阶段，锚固段起点剪应力已为0，剪应力分布呈最终趋于0的单峰曲线，且峰值不断内移但大小不变[5]。这体现了锚杆界面应力软化所致损伤积累并传递的过程[6]。

荷载稳定后，剪应力峰值的大小和出现位置与岩土体性质、锚固段长度有关。岩土体强度越大、锚固段越短，则峰值愈明显。在黏土层中，极限状态下的剪应力峰值处于锚固段的中点[7]；锚固界面综合刚度系数愈大，剪应力则愈集中于端部[8]。

2）锚杆黏结应变的高斯曲线模式

应力与应变是因果关系，锚固段黏结应变曲线也呈现为与剪应力相似的高斯曲线分布。以北京京城大厦深基坑长12 m的拉力型锚杆为例，据程良奎等进行的4级（500 kN、700 kN、900 kN、1 100 kN）拉拔试验所得的锚固段黏结应变分布曲线（图附1，文献[9]之图4），设其末端的应变ε_0略大于0（因$\log\varepsilon$不能≤ 0），进行d和ε_0的双向寻优，得其高斯曲线最佳拟合式及其特征值,如表附 1 所示。

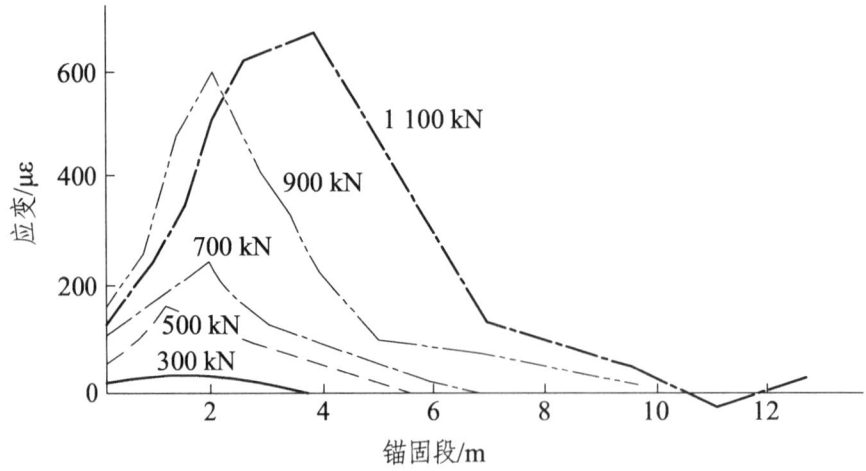

图附 1　某深基坑锚杆黏结应变(ε)沿锚固段的分布[9]

表附 1　对某深基坑锚杆锚固段黏结应变的高斯曲线拟合结果

高斯曲线参数与特征值	500 kN	700 kN	900 kN	1 100 kN
设末端位移 ε_0/μm	2	2	0.02	0.2
极大值 a($\varepsilon_{\max}$)/μm	139.7	207.2	473.6	630.0
极值点位置 d($L_{\max}$)/m	1.65	1.82	2.24	3.56
b	−0.226 1	−0.161 7	−0.114 4	−0.102 8
前拐点位置 L_1'/m	0.16	0.06	0.15	1.36
后拐点位置 L_2'/m	3.14	3.58	4.33	5.76
总应变 $\sum\varepsilon$/μm	444.3	761.6	2 089	3 245
平峰比 k	0.66	0.66	0.66	0.62

附件 2.3　落石冲击力计算

(1)《技术》5.1.6.4 中落石冲击力计算,推介了铁路公式、公路公式、杨其新公式和日本道路公团公式,应再补充:

瑞士联邦政府规范公式[10]:(为经验公式,不统一量纲)

$$P_{\max} = 2.8 \cdot h^{-0.5} R^{0.7} E^{0.4} \tan\phi \cdot \left(\frac{mv^2}{2}\right)^{0.6} \quad (\text{kN}) \qquad (\text{附 1})$$

式中:m 为落石质量(t)。

（2）《技术》5.1.6.5"落石冲击力计算公式的讨论"中的算例，有若干笔误，校正于下。

算例：直径 1.0 m 的球状危石，坠于崖脚 $\alpha_1 = 65°$ 的岩质陡坡上，落差 $H_1 = 30$ m。

由 $K_1 = 1.05 - 0.012\,5 \times 65 + 0.000\,002\,5 \times 65^3 = 0.924$，$\beta_1 = \sqrt{1 - K_1 \cot\alpha_1} = 0.754$，得冲击速度 $v_0 = \beta_1\sqrt{2gH_1} = 18.3$ m/s。

（1）铁路公式：

缓冲层泊松比 μ 取 0.37、弹性模量 E 取 35 000 kPa、密度 $\rho = 18.7/9.81 = 1.91$，则波速 $C = \sqrt{\dfrac{(1-0.37)}{(1+0.37)\cdot(1-2\times0.37)} \times \dfrac{35\,000}{1.91}} = 180.0$ m/s；缓冲层厚 h 为 1.5 m，则冲击往返持续时间 $T = 2 \times 1.5/180 = 0.016\,7$ s（刘维维[11]试验的自由落石冲击持续时间接近 0.03 s，与此值相近）；落石重量 Q 取 1.41（9.81 kN），则冲击力：

$$P = \frac{Q \cdot v_0}{g \cdot T} = \frac{1.41 \times 18.3}{9.81 \times 0.016\,7} = 157.5\,(\times 9.81\text{ kN}) = 1\,545\text{ kN}$$

（2）公路公式（对《技术》中相应内容有校正）：

缓冲层土容重 γ 取 18.7 kN/m³、内摩擦角 φ 取 25°，将计算落石投影面积 F 之式（5.26-1）与落石嵌入深度 X 之式（5.26）进行迭代，得 $F = 0.749$ m²，

$$X = 18.3 \times \sqrt{\frac{1.41}{2 \times 9.81 \times 18.7 \times 0.749} \times \frac{1}{2 \times \tan^4(45° + 12.5°) - 1}} = 0.393\text{ m}$$

则冲击力：

$$P = 2 \times 18.7 \times 0.393 \times 0.749 \times [2 \times \tan^4(45° + 12.5°) - 1] = 122.7\text{ t} = 1\,203.7\text{ kN}$$

（3）杨其新公式（对《技术》中相应内容有校正）：

冲击持续时间：

$$T = \frac{1}{100} \cdot \left(0.097 \times 1.41 \times 9.81 + 2.21 \times 1.5 + \frac{0.045}{30} + 1.2\right) = 0.058\,6\text{ s}$$

冲击力：$P = \dfrac{1.41 \times 9.81 \times \sqrt{2 \times 9.81 \times 30}}{9.81 \times 0.058\,6} = 584$ kN（因 T 较大，故 P 较小）

（4）日本道路公团公式（对《技术》中相应内容有校正）：

冲击力：$P_{\max} = 2.108 \times 1\,000^{\frac{2}{5}} \times (1.41 \times 9.81)^{\frac{2}{3}} \times 30^{\frac{3}{5}} \times \left(\dfrac{1.5}{2 \times 0.5}\right)^{-0.58} = 1171.1$ kN

（如 M 按 t 计[12]，则 $P_{\max} = 2.108 \times 1\,000^{\frac{2}{5}} \times 1.41^{\frac{2}{3}} \times 30^{\frac{3}{5}} \times 1.5^{-0.58} = 255.6$ kN，偏小）

（5）瑞士联邦政府规范公式：

冲击力：

$$P_{\max} = 2.8 \times 1.5^{-0.5} \times 0.5^{0.7} \times \tan 25° \times 35\,000^{0.4} \times (1.41 \times 18.3^2/2)^{0.6} = 1144.3\text{ kN}$$

附件2　参考文献

[1] 周庆，等. 汶川地震次生灾害与地表破裂带调查. 北京：地震出版社，2011.
[2] 傅莺，等. 2022年芦山Ms6.1地震序列的精确定位及发震构造. 地震地质，2023（4）.
[3] 张雄，等. 预应力锚索锚固段荷载传递解析算法. 岩土力学，2015（6）.
[4] 李桂臣，等. 基于锚索剪应力分布规律的新型高强锚索束应用研究. 煤炭学报，2015（5）.
[5] 李金华，等. 预应力锚索内锚固段剪应力分布规律研究. 西安科技大学学报，2016（3）.
[6] 王保田，等. 基于统计损伤理论的锚杆受力全历程分析. 河海大学学报，2018（4）.
[7] 刘丹，等. 粘土层中预应力锚索锚固段剪应力分布的试验研究. 地下空间与工程学报，2015（s2）.
[8] 赵明华，等. 基于有限差分法的锚杆荷载传递非线性计算方法研究. 铁道科学与工程学报，2018（8）.
[9] 程良奎，等. 土层锚杆的几个力学问题//岩土锚固工程技术. 北京：人民交通出版社，1996.
[10] 章广成，等. 斜坡落石研究. 北京：科学出版社，2016.
[11] 刘维维. 落石冲击下构筑物的缓冲防护试验研究及动力响应分析. 西安：西安理工大学，2015.
[12] 中国地质灾害防治工程行业协会. 地质灾害防治工程拦石墙设计规范（征求意见稿）. 2017.

附件3 三著勘误（均主要为原稿之误，谨致歉意）

附件3.1 《震后泥石流治理工程设计简明指南》勘误
（西南交通大学出版社，2014）

页/行	误	正
12/表2第4行第2、3列	2.5~3.5　3.0~4.0	3.5~5.0　4.0~6.0
20/4、7	减小比例	比例
25/5	负相关	正相关
29/表11第2行倒2列	式（26）	式（25）
37/7	[17]	[18]
52/2	临界雨量	临界水量
53/1	3 340 m	2 340 m
68/5	85	67.5
91/倒11	半满库	半库
95/倒2（式81）	$\gamma = \gamma_d - (1-n) \times \gamma_w = \gamma' + n \times \gamma_w$	$\gamma' = \gamma_d - (1-n) \times \gamma_w = (\gamma_H - \gamma_w) \times (1-n)$
96/倒2	γ_d	γ
97/1	$\gamma = 14.2$	$\gamma' = 10.7$
97/2	57.8 kN/m³，偏小19%	84.3 kN/m³，偏大18%
100/倒2（式92）	$[K_C]$	$[k_C]$
101/1（式93）	$K_y = \dfrac{\sum M_x}{\sum M_0} \geq [K_y]$	$K_y = \dfrac{\sum M_y}{\sum M_0} \geq [k_y]$
101/5	$\sum M_x$	$\sum M_y$
101/7	$[K_c]$、$[K_y]$	$[k_c]$、$[k_y]$
102/3	$240.0 \times 3/5 = 144.0$	$0.5 \times 0.6 \times 10 \times (8 \times 3/5 + 2.0) \times 10 = 204.0$

续表

页/行	误	正
102/6	144.0	204.0
102/7	1 759.0	1 699.0
102/8	$\sum W = W_d + W_s + W_f - F_y$	$\sum W = W_d + W_c - F_y$
102/12、倒 10	F_a	F_{aL}
102/倒 13、倒 8	F_{VC}	F_{CL}
102/倒 6	$0.5 \times 1\ 759.0/447.9 = 1.96$	$0.5 \times 1\ 699.2/447.9 = 1.90$
104/10（式 96）	$e = \dfrac{b}{2} - \dfrac{\sum M_x - \sum M_0}{\sum W}$	$e = \dfrac{b}{2} - \dfrac{\sum M_y - \sum M_0}{\sum W}$
106/13	溢口	溢流口
106/15	γ'	γ
109/表 21 末行 9 列	16.1	19.1
110/（式 101）	$v = \left(\sqrt{2gH} + v_0\right)\cos\theta$	$v = \left(\sqrt{2gH + v_0^2}\right)\sin\theta$
114/10	最小坝	最下坝
121/9	重和	重变化，
122/9	通过叠化	通过迭代
128/倒 4	7.634	7.534
132/倒 4	再减小	再加大
134/图 16		图顶加"6"
135/倒 2～1	0.02 mm，据表 1 起动流速为 3.0 m/s	0.02 m
138/1	淤积纵坡、沟道纵坡	淤积纵比降、沟道纵比降
138/4	槛上、下游	槛下、上
148/10、11	1.0 m/s	1.0 m
161/倒 3	经寺导流堤	经导流堤
166/9	锚系板桩	锚碇板桩
174/图 24 第 b、d 图	$\tan(\varphi_c B + h)$	$\tan\varphi_c B + h$
183/（式 139）	$d_i = \sqrt{d_{70}/d_{10}}$	$d_i = \sqrt{d_{70} \cdot d_{10}}$
185/倒 7	可研、初设对	对可研、初设
188/倒 1	机成机理	形成机理

附件 3.2 《震后山地地质灾害治理工程勘查设计实用技术》第 6 章勘误（西南交通大学出版社，2018）

页/行	误	正
377/倒 2	$R_C^{1.3\sqrt{n}}$	$R_C^{(1.3\sqrt{n}-1/6)}$
378/表 6.1 第 3 行	1.50、1.59、2.25、2.56 1.37、1.64、1.87、2.06 1.25、1.42、1.55、1.67	1.33、1.58、1.78、1.95 1.22、1.36、1.48、1.58 1.11、1.19、1.25、1.30
384/14	6.3%	5.6%
387/倒 7	×1.2+0.1×1）	×1.2+1×1）
388/9	暴两径流	暴雨径流
393/倒 3、倒 1 394/倒 8	（45-φ/2）	（90°-α）
394/倒 6	（45-φ/2）	（90°-45°-φ/2）
395/倒 2	（小数）	（°）
398/倒 8 之分母	（1.60–1.0）	（2.60–1.0）
399/5	另辟径	另辟蹊径
402/图 6.5 第 b、d 图	tan（$\varphi_c B+h$）	$\tan\varphi_c B+h$
417/倒 3	$N>1$	$N<1$
418/1	$N<1$	$N>1$
427/倒 1（式 6.76）	$\gamma = \gamma_d-(1-n)\times\gamma_w$ $=\gamma'+n\times\gamma_w$	$=\gamma_d-(1-n)\times\gamma_w$ $=(\gamma_H-\gamma_w)\times(1-n)$
428/9	（6.18）	（6.6）
428/10	泥沙总量	泥沙所占比例
428/倒 2	泥沙量	泥沙占比
431/倒 3	γ_d	γ
431/倒 2~1	$\gamma=20.7-(1-0.35)\times10$ $=14.2$	$\gamma'=(26.5-10)(1-0.35)$ $=10.7$
431/2	14.2	20.7
431/3	57.7	84.3
431/6	57.7+320=377.7	84.3+320=404.3
431/7	14.4	21.0
431/9	430.4	437.0
442/9	由 $\alpha=$	由 $\beta=$
446/9	（6.29）	（6.30）

续表

页/行	误	正
446/倒 4	防冲基础防冲措施	基础防冲措施
452/表 6.10	（kPa）	（0.1kPa）
461/倒 2	纵剖面（上）…曲线（下）	纵剖面（下）…曲线（上）
462/8	1980	1990
462/9	1.78	1.23

附件 3.3 《特殊岩土研究与道路工程实践》5.3、5.4 勘误

（蒋忠信、秦小林、黄俊著，四川科学技术出版社，2022）

页/行	误	正
391/倒 8 392/8	"[7]"	"[36]"
394/4	"力距中" "M$_{Wd}$" "M$_{Fy}$"	"力矩中" "MW_d" "MF_y"
394/7	"M$_{WS}$+M$_{FC}$"	"MW_S+MW_C"
394/图 5.7	"$L_1/2+l$" "$0.293L$" "$0.293L_1$"	"$(L^2+L_1^2+LL_1)/[3(L+L_1)]$" "$L/3$" "$L_1/3$"
394/倒 7		删除末句 "$l=\cdots\cdots$"
397/图 5.8	"2.41" "3.13" "5.65"	"1.60" "3.49" "5.33"
397/倒 7	"[7]"	"[22]"
397/倒 2	γ'	γ
397/倒	10.7 10.9	20.7 21.0
398/10	10.9 486.8	21.0 496.9
398/13	$W_d = 3.13$ m $W_c = 4.8×0.707+（2+1.2）= 6.594$	$W_d = 3.49$ m $W_c = 4.8×2/3+（2+1.2）= 6.40$
398/14	$F_y = 8×0.707 = 5.656$ m	$F_y = 8×2/3 = 5.33$ m
398/15~17	$MW_d = 1288.0×3.13 = 4031.4$ $MW_C = 307.2×6.594 = 2025.7$ $MF_y = 240×5.656 = 1357.4$ $4031.4+2025.7-1357.4 = 4699.7$	$MW_d = 1288.0×3.49 = 4\ 495.1$ $MW_C = 307.2×6.40 = 1\ 966.1$ $MF_y = 240×5.33 = 1\ 279.2$ $4\ 495.1+1\ 966.1-1\ 279.2 = 5\ 182.0$

续表

页/行	误	正
398/18	10.9/10.7	21.0/20.7
398/20	10.9　31.0	21.0　59.6
398/21	31.0　3004.6	59.6　3033.2
398/倒13	$K_y = 4699.7/3004.6 = 1.564$	$K_y = 5\,182.0/3\,033.2 = 1.708$
398/倒11	$e = 8/2 - (4699.7 - 3004.6)/1355.2 = 4 - 1.251 = 2.75$ m	$e = 8/2 - (5\,182.0 - 3\,033.2)/1\,355.2 = 4 - 1.586 = 2.414$ m
398/倒10	$2 \times 1355.2/(3 \times 1.251) = 722.2$	$2 \times 1355.2/(3 \times 1.586) = 569.8$
398/倒7~6	$W_f = (2 + 0.6 \times 8/2) = 4.4$ m	$W_f = (2 + 0.6 \times 8)/2 = 3.4$ m
398/倒5	$MW_d = 4031.4$ kNm $MW_S = 397.4 \times 6.594 = 2620.5$ kNm	$MW_d = 4\,495.1$ kN·m $MW_S = 397.4 \times 6.40 = 2\,543.4$ kN·m
398/倒4	$MW_f = 217.6 \times 4.4 = 957.4$ kNm $MF_y = 204.0 \times 5.656 = 1153.8$ kNm	$MW_f = 217.6 \times 3.4 = 739.8$ kN·m $MF_y = 163.2 \times 5.33 = 869.9$ kN·m
398/倒3	$4\,031.4 + 2\,620.5 + 857.4 - 1\,153.8 = 6355.5$	$4\,495.1 + 2\,543.4 + 739.8 - 869.9 = 6\,908.4$
398/倒2	"–2.5/3"	"2.5/3"
399/2	$K_y = 6355.5/1709.3 = 3.718$	$K_y = 6\,908.4/1\,709.3 = 4.042$
399/4	$e = 8/2 - (6\,355.5 - 1\,709.3)/1\,699.0 = 4 - 2.735 = 1.265$ m	$e = 8/2 - (6908.4 - 1709.3)/1\,739.8 = 4 - 2.988 = 1.012$ m
399/6	$\dfrac{1\,739.8}{8}\left(1 + \dfrac{6 \times 1.265}{8}\right) = 423.8$	$\dfrac{1\,739.8}{8}\left(1 + \dfrac{6 \times 1.012}{8}\right) = 382.5$
399/7	$\dfrac{1\,739.8}{8}\left(1 - \dfrac{6 \times 1.265}{8}\right) = 14.2$	$\dfrac{1\,739.8}{8}\left(1 - \dfrac{6 \times 1.012}{8}\right) = 52.4$
399/倒14	"但受…，仍难"	"虽受…，仍能"
404/倒9	"[32]"	"[37]"
405/11	"[33]"	"[32]"
405/倒12	"[34]"	"[33]"
405/倒10	"[35]"	"[34]"
405/倒2	"[36]"	"[35]"
410页末	增： "[36]中国地质灾害防治工程行业协会. 泥石流防治工程设计规范（试行）：T/CAGHP 021—2018. 北京：中国地质大学出版社，2018." "[37]钱宁，王兆印. 泥石流运动机理的初步探讨. 水利学报，1984（1）."	